U0266426

财经
法治

中国政法大学互联网金融法律研究院文库

李爱君 主编

实务系列 02

国际数据保护规则要览

李爱君 苏桂梅 主编

中国政法大学互联网金融法律研究院
中国政法大学大数据与法制研究中心 译

法律出版社 LAW PRESS·CHINA

中国政法大学2016年校级科学研究专项项目
“大数据的运用与法律问题研究”（批准号16ZFZ001）
第一批资助

序

2015年9月,国务院印发《促进大数据发展行动纲要》,明确"加大大数据关键技术研发、产业发展和人才培养力度,着力推进数据汇集和发掘,深化大数据在各行业创新应用,促进大数据产业健康发展;完善法规制度和标准体系,科学规范利用大数据,切实保障数据安全"。纲要明确了7方面政策机制:一是建立国家大数据发展和应用统筹协调机制;二是加快法规制度建设,积极研究数据开放、保护等方面制度;三是健全市场发展机制,鼓励政府与企业、社会机构开展合作;四是建立标准规范体系,积极参与相关国际标准制定工作;五是加大财政金融支持,推动建设一批国际领先的重大示范工程;六是加强专业人才培养,建立健全多层次、多类型的大数据人才培养体系;七是促进国际交流合作,建立完善国际合作机制。党的十九大报告从国家发展战略层面提出:"加快建设制造强国,加快发展先进制造业,推动互联网、大数据、人工智能和实体经济深度融合,在中高端消费、创新引领、绿色低碳、共享经济、现代供应链、人力资本服务等领域培育新增长点、形成新动能。"

在大数据应用快速发展的同时,国内外屡屡出现数据泄露、数据权属界定不清、数据收集无序等恶性事件。身份盗窃资源中心(Identity Theft Resource Center)和网络侦察(CyberScout)的报告显示,2017年前11个月,数据泄露事件持续猛增,数量增加到1202起,比2016年全年的1093起多出了10%。除了政府机构和财富500强的最终客户的数据被泄露之外,第三方承包商和数据集成商,以及安全厂商和解决方案提供商自身的数据也被泄露。攻击者的攻击范围也从信用卡号码扩大到选民登记细节以及密码和加密密钥等方面。此外,自2017年以来,这些重大的数据泄露事件引发的安全问题数量也在不断增加。这些安全问题大多是由于错误配置或者使用安全性较差的云服务器引起,例如,"勒索软件(WannaCry)全球蔓延""徐某某遭电信诈骗致死""国内酒店2000万入住信息遭泄露"等事件。2016年9月22日,全球互联网巨头雅虎证实,2014 年至少有 5 亿用户的账户信息被人窃取,窃取的内容涉及用户姓名、电子邮箱、电话号码、出生日期和部分登录密码。

大数据时代,在充分挖掘和发挥大数据价值的同时,必须处理好数据安全与个人信息保护等问题。

2017 年 6 月 1 日施行的《网络安全法》特别对企业机构泄露数据的问题作出规定,要求各类组织应切实承担保障数据安全的责任,即保密性、完整性和可用性,并保障个人对其信息的安全可控。但是《网络安全法》在个人信息保护方面只是构建了一个体系,缺乏可操作性。为了进一步保护个人数据,我国应及早制定个人数据保护法,明确个人数据的法律性质、个人数据权利的性质、个人数据的权利归属,构建个人数据权利在受到侵害时的救济体系。为了推进个人数据保护的立法,方便社会各界对相关内容进行研究,中国政法大学互联网金融法律研究院和大数据与法制研究中心,选取 7 个国家和地区近期比较具有权威性的有关数据保护的法律文件,开展了《国际数据保护规则要览》的翻译与出版工作。

德国《联邦数据保护法》(Federal Data Protection Act)包括 3 个部分,共 48 节(另有 1 个附件)。该法旨在执行欧洲议会和理事会于 1995 年 10 月 24 日通过的《有关个人资料处理以及数据自由流动中的个人保护的第 95/46/EC 号指令》(OJEC 第 L281 号),界定了"公共机构""私人机构""个人数据""自动处理""修改""匿名"等关键词的含义,扩大了个人数据保护范围,赋予了数据官更多权能以更好地实现个人权利保护。

加拿大《个人信息保护法案》(Personal Information Protection Act)于 2003 年 10 月 23 日通过,2004 年 1 月 1 日实施,共 12 个部分、60 条。其规范对象为从事个人信息商业运作的机构,包括与信息采集、使用和披露相关的作业。法律定义个人信息为"个人识别信息",但不包括姓名、职务、办公地址、办公电话;法律描写的"商业活动"是指任何交易,即具有商业特征的常规活动,包括销售、换货、出租。该法案对个人隐私权的保护,主要体现在个人信息保护条款之中。

法国《数字共和国法案》(Digital Republic Law)于 2016 年 10 月 7 日颁布,共 4 编、113 条。该法引入了许多新的规定,旨在对数字经济进行一体化的管理,管理内容包括数据开放、在线合作经济、打击色情行业、访问互联网等。该法对与隐私相关的行业来说十分重要,在欧盟《一般数据保护条例》生效之前,该法率先对法国《1978 年数据保护法》和其他法律作出了一系列重要修订。

英国2017年《数据保护法案(草案)》(Data Protection Bill [HL])由英国数字、文化媒体和体育部于2017年8月7日发布,共7个部分、194条。该法案进一步强化了对个人信息的保护,给予了公民更多的个人信息控制权,完善了对企业利益的保护,也为刑事司法机构设定了专门的数据保护框架。旨在营造一个最好、最安全的在线生活和商业环境,并致力于实现维持可信、推动未来贸易发展和确保安全三大目标。

欧盟《一般数据保护条例》(General Data Protection Regulation)。为了应对数字时代个人数据的新挑战,并且确保欧盟规则的前瞻性,欧盟委员会重新审视现有的个人数据保护法律框架,于2012年11月制定了具有更强包容性和合作性的《一般数据保护条例》。该条例于2016年5月25日公布,2018年5月25日生效,正文部分共6章、99条。其目的在于在当今快速的技术变化中,加强对欧盟所有人和物联网的隐私权保护,并简化数据保护的管理。新的数据监管方案将取代1995年欧盟数据保护指令,着重强调个人隐私权利以及欧盟内部的隐私和安全法律。

新加坡《个人数据保护法》(Personal Data Protection Act)于2012年通过,共10章、68条(另有9个附件)。该法列出了企业在数据收集、使用、披露等环节的重要义务,授予了委员会各种权力以执行法令和调查违反法令的职权,赋予了个人保护其个人信息的各项权利(包括获得权和修改权),通过设立个人数据保护委员会以及特殊的登记方式,对个人数据的处理活动进行管理,以巩固新加坡作为可信的、世界级商业中心的地位。

韩国《个人信息保护法》(Personal Information Protection Act)于2011年3月29日公布,2011年9月30日生效,共分为9章、75条(另有附录7条)。由总则、个人信息保护政策的树立、个人信息的处理、个人信息的安全管理、信息主体的权利保障、个人信息纷争调停委员会、个人信息团体诉讼、附则、罚则等章节组成,对个人信息保护的基本原则、个人信息保护的基准、信息主体的权利保障、个人信息自决权的救济等问题作出了全面规定。

通过对以上7个个人数据保护法律文件的翻译与研究发现,各个国家对个人数据的保护不仅是在私权的层面,还通过国家公权力制定行业标准、技术标准和法律强制性规范,对个人数据进行保护。具体措施是通过扩大数据控制者的义务、强化他们的自我约束和完善政府监管机构的监督管理体系,实现个人数据的保护与相关法律的实施。另外,通过建立由监管机构主导的行政救济制度框架对数据主体进行维权。这样的立法理念是基于数据客体本身的特征,尤其是数据主体难以实现网络空间中个人数据的自我保护。因为网络空间的行为数据是在网络基础实施上形成的,不仅具有专业技术性,还具有隐蔽性,行为者无法实现自我保护。因此,仅仅在私法层面给予数据主体保护形同虚设,无法达到保护数据主体的立法目标。我国未来的个人数据保护法应解决以下三个方面的问题:一是平衡数据应用和数据保护;二是解决个人数据私法保护的失灵;三是避免政府监管的失灵。平衡数据应用和数据保护是为了避免私法神圣的绝对化和身份平等的极端化。私法神圣的绝对化会限制数据的社会价值和经济价值的发挥;身份平等的极端化会成为处于优势地位的数据控制主体在数据应用中随心所欲的依据。解决个人数据私法保护的失灵,即避免数据客体本身特征和网络空间特殊性导致的数据主体与数据控制主体的信息不对称和行为隐蔽性等。避免政府监管失灵,是因为数据客体本身的特征与网路空间的行为与数据形成的特点会使监管主体无法进行有效的监管。

因此,个人数据保护法立法要解决的三个方面的问题,决定了个人数据保护立法不仅应从私法层面进行,还需要国家公权力介入。但由于数据客体本身的可无限复制性、使用的无消耗性、数据主体对数据的无控制性、数据控制主体应用数据行为的隐蔽性等特点,我们应从加大数据应用主体义务的层面进行立法。

中国政法大学互联网金融法律研究院和大数据与法制研究中心在进行翻译与研究工作的同时,历经三年对“数据应用的法律问题研究”(中国政法大学的科研专项课题)课题进行了系统研究。研究内容包括:数据、大数据、信息的界定,数据的法律性质,数据权利的性质,数据权利的归属,数据行为与法律关系,数据监管,政府数据的开放与共享,数据的跨境流动和《个人数据保护法》草案。相关研究成果将于 2018 年 5 月出版。

在中国政法大学的支持和领导下,金融监管部门、公检法和网信办部门的支持下,中国政法大学互联网金融法律研究院和大数据与法制研究中心在大数据应用法律问题与立法方面,取得了一些研究成果,这仅仅是我们的第一步。我们将更加努力,为我国从数据大国发展成为数据强国的法学研究和立法工作做出应有的贡献。

李爱君
于北京
2018 年 2 月 8 日

Contents

目录

德国《联邦数据保护法》

Federal Data Protection Act

（修订版生效时间：2009年）

翻译指导人员：李爱君　苏桂梅
翻译组成员：李　昊　李廷达　姚　岚
方　颖　方宇菲　任依依

全文引用：《联邦数据保护法》在2003年1月14日颁布的版本(《联邦法律公报Ⅰ》第66页)，最近对2009年8月14日颁布版本的第1节法令(《联邦法律公报Ⅰ》第2814页)进行了修订。

该法旨在执行欧洲议会和理事会于1995年10月24日通过的，《有关个人资料处理以及数据自由流动中的个人保护的第95/46/EC号指令》(OJ EC第L281号，第31页)。

第一部分　一般规定和共同规定

第1节　目的和范围

(1)本法的目的是保护个人以防因其个人数据被处理而使其隐私权遭受侵害的权利。

(2)本法适用于以下机构对个人资料的收集、处理和使用：

1. 联邦公共机构。

2. 在以下数据保护不受土地立法管辖的情况下，各州的公共机构也是如此：

(a)执行联邦法律；或者

(b)作为司法机构,不处理行政事项。

3.通过数据处理系统或非自动归档系统处理或使用数据,或者为这些系统收集数据的私营机构,但收集、处理或使用的这些数据仅用于个人或家庭活动的除外。

(3)联邦的其他法律规定适用于个人数据,包括个人数据的公布,这些规定应优先于本法的规定。但是这些其他法律规定不应影响非基于法律规定的保密义务或专业或特殊官员保密义务。

(4)个人数据是在查明事实的过程中被予以处理,则本法的规定应优先于行政程序法的规定。

(5)本法不适用于现在位于欧盟其他成员国或依据欧洲经济区协议的另一缔约国的控制者收集、处理或使用个人信息的行为,除非该收集、处理或使用活动发生于德国的一个分支。本法适用于不处于欧盟成员国或欧洲经济区协定的另一缔约国的控制者在德国收集、处理或使用个人数据的行为。本法所称的控制者,应向设在德国的代表处提供数据。为了从德国过境的目的而使用数据存储媒介,则不适用于第2句和第3句,但第38节第(1)款第1句不受影响。

第2节 公共机构和私人机构

(1)"联邦的公共机构"是指联邦机构、司法机构和其他公法机构、联邦公司、公立机构和基金会以及公司的组织,而不论其法律结构。德意志联邦议会通过法律法令创建的德意志联邦特别基金会继任公司只要具有《邮政法》规定的专有权,即被视为公共机构。

(2)"各州公共机构"是指受土地法监管的当局、司法机构和其他公法机构,市、城市协会或其他法人公法主体及协会以及他们的内部机构,而不论其法律结构。

(3)在下列情形中,无论是否为私人持股,联邦公共机构的私法组织以及执行公共管理职能的州组织应视为联合会联邦的公共机构:

1.它们在领土范围以外的地区运行;或者

2.联邦拥有绝对多数的股份或投票权,否则将被视为州的公共机构。

(4)"私人机构"是指上述第(1)款至第(3)款未涵盖的自然人或法人、公司和其他私法组织。私人机构行使公共行政职责时,应视为本法所说的公共机构。

第3节　进一步定义

(1)"个人数据"是指已识别或可识别个人(数据主体)的个人情况或实质情况的任何信息。

(2)"自动处理"是指通过数据处理系统收集、处理或使用个人数据。非自动归档系统是任何对个人数据的非自动收集,其结构相似,并可以根据其特性进行访问和评估。

(3)"收集"是指获取关于数据主体的数据。

(4)"处理"是指对个人数据的存储、修改、转让、封锁和删除。

在特定情况下,无论采用何种程序:

1."存储"是指在存储介质上输入、记录或保存个人数据,以便可以再次处理或再次使用。

2."修改"是指存储的个人数据的实质变更。

3."转让"是指通过数据处理的方式将存储或获取的个人数据泄露给第三方。

(a)通过将数据传送给第三方;或者

(b)通过第三方对已准备好进行检查或检索的数据进行检查或检索。

4."封锁"是指标记已存储的个人数据,以限制其进一步处理或使用。

5."擦除"是指删除存储的个人数据。

(5)"使用"是指除处理以外的,对个人数据进行任何形式的利用。

(6)"匿名"是指对个人数据的修改,使有关个人或实质情况的信息不再或者仅以不相称的时间、费用和劳动归于确定或可识别的个人。

(6a)"别名"是指用一个标签指代一个人的姓名和其他识别特征,以便排除对数据主体的识别,或使这种识别本质上变得困难。

(7)"控制者"是指任何以个人名义收集、处理或使用个人数据或委托他人做同样工作的个人或者机构。

(8)"接收者"是指接收数据的任何个人或机构。"第三方"是指除控制者以外的任何人或团体。且不包括德国、欧盟其他成员国或欧洲经济区协定另一缔约国的数据主体或受委托对个人资料进行收集、处理或使用的个人和机构。

(9)"个人数据的特殊类别"是指一个人的种族或族裔出身、政治观点、宗教或哲学信仰、工会会员身份、健康或性生活的信息。

(10)“移动个人存储和处理介质”是指以下存储介质：

1. 发送给数据主体的；

2. 除了具备存储功能外，还可以被发行机构或其他机构用来对个人数据进行自动化处理的；以及

3. 使数据主体可以仅通过使用介质影响此处理的。

(11)“雇员”包括：

1. 员工；

2. 为职业培训而雇用的人员；

3. 采取参与措施使其融入劳动力市场或阐明其工作能力或适应性的人(康复措施)；

4. 在经过认证的残疾人工作车间工作的人；

5. 根据《青年志愿者服务法》雇用的人员；

6. 由于具有经济依赖性而与雇员相似的人，包括以家庭为基础的工人和类似的雇员；

7. 申请就业者和已失业的人；

8. 公务员、联邦法官、军事人员和可替代文职人员。

第3a节　数据缩减与数据经济

个人数据的收集、处理和使用以及数据处理系统的设计必须以收集、处理和使用尽可能少的个人数据为宗旨。特别是，个人数据应该被尽可能的别名化或匿名化，为实现上述要求的努力，对于所期望的保护水平是合理的。

第4节　数据采集、处理和使用的准许

(1)个人数据的收集、处理和使用，只有在本法或任何其他法律规定允许或有规定的情况下或数据主体同意的情况下才可准许。

(2)个人信息只能向数据主体进行收集，在下列情形中，可以在未获得数据主体同意的情况下进行收集。

1. 法律规定或强制预先设定这种收集。

2. a)依据行政职责的性质或业务目的的需要从其他人或团体收集数据；或者

b)向数据主体收集数据需付出不相称的努力，并且没有迹象表明数据主体的最重要的合法权益受到损害。

(3)从数据主体收集个人资料时,控制者应当告知他/她如下信息:

1. 控制者的身份。

2. 收集、处理或使用的目的。

3. 收件人的类别。条件是在个案中,没有理由让数据主体认为数据将被传送给上述接收者,除非数据主体已经通过其他方式得知。如果个人资料是根据法律规定向数据主体收集的(这些规定使数据主体有供应数据的特定强制义务)或者如果这种供应是享有法定利益的先决条件,应视情况告知数据主体该供应是强制的还是自愿的。根据个人情况的规定或数据主体的要求,他/她将被告知法律规定和拒绝规定的具体后果。

第4a节 同 意

(1)只有在数据主体自由决定的基础上作出的同意才有效。数据主体应被告知数据收集、处理或使用的目的,以及个别指令或要求或者拒绝同意的后果。除非特殊情况需要以其他形式提供同意书,否则应以书面形式提供。如果同意与其他书面声明一起提交,应在外观上加以区分。

(2)在科学研究领域,如果获得书面同意,研究的目的将受到严重损害。上述情形被视为第(1)款第3句规定的特殊情况。在这种情况下,对于第(1)款第2句所述的信息,以及特定研究目的所引起的严重损害的原因应予以书面记录。

(3)在收集、处理或使用特殊类别的个人数据[第3节第(9)款]的情况下,同意书必须进一步明确这些数据。

第4b节 个人数据向国外、超国家机构或国际机构的转移

(1)将个人数据转移给以下机构时:

1. 欧盟的其他成员国;

2. 欧洲经济区协定的其他缔约国;或者

3. 欧洲共同体的组织和机构。

只要传输的影响与活动的部分或全部落在欧共体法的范围,就应当遵照第15节第(1)款、第16节第(1)款和第28节到第30a节的规定。

(2)如果个人数据向机构进行转移的数据转移活动的部分或全部落在欧共体法的范围内并且这种转移活动是向国外、超国家机构或国际机构的转移,当这种转移活动对外产生影响时,第(1)款的规定就应该准用于这种转移活

动。只要是数据主体有排除转让的合法权益，特别是在本款第 1 句所述的机构没有足够数据保护保证的情况下，就不应进行转移。如果数据转移是为了联邦公共机构履行防卫义务或者履行危机管理、冲突预防、人道主义措施等国际义务，此时数据转移又是必要的，那么第 2 句不应适用。

（3）提供的保护等级的适当性应根据数据传输操作或数据传输操作类别的所有情况进行评估；应特别考虑数据的性质、目的以及被建议的处理操作的持续过程、原产国、接收国以及适用于接收方的法律规范、专业规则和证券规则。

（4）在上述第 16 节第（1）款第 2 项所述的情况下，转移数据的机构应将其数据的转移通知数据主体。如果数据主体以另一种方式获得转移信息或此种信息将危及公共安全或以其他方式损害联邦或各州时，则上述规则不能得以适用。

（5）允许转移的责任应由转移数据的机构承担。

（6）受转让的机构应将数据转让的目的通知数据主体。

第 4c 节 例 外

（1）在欧共体法律范围内的个人数据转移活动即便未获得机构足够水平的数据保护，若符合以下情形，则应允许向上述第 4b 节第（1）款以外的机构进行的个人数据转移：

1. 数据主体已经同意；

2. 转让是履行数据主体与控制者之间的合同或根据数据主体的请求执行先合同行为的必要条件；

3. 转让是合同订立或履行的必要条件，该合同已订立或是控制者与第三方基于数据主体的利益而订立；

4. 转让基于重要的公共利益，或者基于法律诉求的提出、实施或者辩护；

5. 为了保护数据主体的切身利益，数据转让是必要的；

6. 转让的目的是向公众提供信息，只要在特定情况下满足法定条件，可向公众开放，也可向任何能够证明合法权益的人开放咨询。

应向接收机构指出，所转让的数据只能基于转让的目的进行处理或使用。

（2）除了第（1）款第 1 句所述的机构，监管机构可以授权个人转移者或特定的个人数据转移者将数据转移给除了上述第 4b 节第（1）款中所述机构之外的其他机构，只要数据控制者举证其具有隐私保护及相关权利保障的充分保护措施(这些保护措施可能源于合同条款或公司规章)。就邮政和电信公司而言,由联邦数据保护和信息自由委员负责。在公共机构进行转移时,后者应按照上述第1句进行检查。

(3)各州应将其根据上述第(2)款第1句的规定所作出的决定通知联邦。

第4d节 强制性登记

(1)自动处理程序在运行之前,应履行登记等手续。根据第4e节的要求,联邦控制者、电讯公司控制者应向联邦数据保护和信息自由委员进行注册登记,而私人控制者应向相应的监管机构进行注册。

(2)如果数据控制者已任命数据保护官员,则不适用强制登记。

(3)如果出现以下情况,则强制性的注册义务不应适用:数据控制者是为了其个人目的而收集、处理或使用个人数据,或者永久性收集、处理或使用个人数据的雇员不超过9人,或者数据主体已经表示同意,或者数据的收集、处理、使用是产生、履行或终止数据主体的法律义务或准法律义务所必要的。

(4)出于下列目的,上述第(2)款和第(3)款不适用于有关数据控制者在业务过程中存储的个人数据自动处理的过程:

1. 出于信息转移的目的;

2. 出于匿名转移的目的;

3. 出于市场或观点研究的目的。

(5)如果自动化处理过程会给数据主体权利和自由带来风险,在处理开始之前,他们必须接受检查(事先检查),特别是在以下情况下:

1. 处理的个人资料属于特殊类别[第3节第(9)款规定的];

2. 个人资料的处理旨在完成数据主体的个性化评估,包括他的能力、表现或行为。

除非行为符合法定义务,取得数据主体的同意,或者数据的收集、处理、使用是产生、履行或终止数据主体的法律义务或准法律义务所必要的。

(6)事先检查是数据保护官员的职责,根据第4g节第(2)款第1句,数据保护官员在收到清单后进行事先检查。在有疑问的情况下,“他”是指监管当局或者在邮政和电信公司的情况下,联邦数据保护和信息自由委员。

第4e节 强制注册的内容

在自动处理程序必须进行强制性登记的情况下,必须提供以下信息:

1. 控制者的名称或头衔;

2. 所有者、董事会、总经理或其他依据宪法或法律任命的管理者以及负责数据处理的人员;

3. 控制者的地址;

4. 收集、处理或使用数据的目的;

5. 对数据主体、附带数据或数据类别的一系列描述;

6. 接收转移的数据接收者或接受者接收者的类别;

7. 数据擦除的标准期间;

8. 向第三国转移数据的任何计划;

9. 能够初步评估符合第9节确保处理安全性的措施是否是足够的一般性描述。

第4d节第(1)款和第(4)款应比照适用适用于根据上文第1句提供的信息修改,以及适用行为主体强制注册的开始和终止时间。

第4f节 数据保护官员

(1)自动处理个人数据的公私机构应以书面形式任命数据保护官员。私人机构有义务在开始他们的活动后1个月内任命上述官员。如果以其他方式处理个人数据,且为达到此目的,不少于20人被永久雇佣,上述规定同样适用。上述第1句及第2句不适用于通常最多配置9名员工,并在此基础上自动处理个人数据的私人机构。就公共机构的结构而言,为若干地区任命一名数据保护官员即足够。在私人机构进行自动化处理业务时,为了转移、匿名化转移、市场或意见调查的目的,在业务过程中需要预先检查或处理个人数据,他们将任命一名数据保护官员,而不用考虑进行自动处理的人员数量。

(2)只有拥有专业知识和证明其具有履行有关职责所必需的可靠性的人,才可以被指定为数据保护官员。尤其是所需的专业知识水平是根据有关控制者进行的数据处理范围和有关控制者收集或使用的个人数据的保护要求而确定的。机构之外的有关人员也可以被指定为数据保护官员,监管范围还应扩大到根据《财政法典》第30节规定的专业或官方保密的数据,特别是税务保密的个人数据。

(3)数据保护官员应当直接隶属于公共或私营机构的负责人。他或她可以自由地使用他/她在数据保护领域的专业知识。他/她在履行职责时不会受到任何不利影响。对数据保护官员的任命可以比照适用《民法典》第626节之规定予以撤销或者在私营机构中应监察机关的请求予以撤销。如果根据第(1)款规定任命了数据保护官员,仅在没有遵守通知期限的情况下,控制者有理由终止任命,否则该任命不应被终止。数据保护官员被撤职后,除非责任机构以不遵守通知期限为由撤销其任命,否则他或她不能在完成任命后的1年内被撤销。控制者应为数据保护官员安排高级培训,并承担此类培训的费用,以使数据保护官员保持执行其任务所需的专业知识。

(4)数据保护官员必须对数据主体的身份,以及对经数据主体允许而得出的结果进行保密,除非他/她被数据主体免除此义务。

(4a)只要数据保护官员在其活动过程中获取数据的知识,与拒绝提供证据的权利相关,该权利适用于专业领域的公共或私营机构的负责人或在该机构受雇的人,那么这项权利也应适用于数据保护官员及其助理。拒绝提供证据的权利,适用于专业领域的人,应当决定是否行使该项权利,除非在可预见的将来无法作出此类决定。对于数据保护官员拒绝提供证据的权利范围,数据保护官员的文件和其他文件应当服从禁止扣押的规定。

(5)公共和私营机构应当在数据保护官员履行其职责的情况下支持数据保护官员,特别是在该履行(职责)需要的范围内,提供可获得的助手以及房屋、家具、设备和其他资源。数据主体可以随时接触到数据保护官员。

第4g节　数据保护官员的职责

(1)数据保护官员应努力确保遵守本法和其他数据保护规定。为此,数据保护官员可向负责有关数据保护控制的主管当局咨询,特别是应该:

1. 借助于被处理的个人数据,监控数据处理程序的正确使用,为此目的,应及时通知他/她个人数据自动处理项目;

2. 采取适当步骤,熟悉依照本法规定处理个人数据的人员以及有关数据保护的其他规定以及数据保护的各种特殊要求。

数据保护官员可以依照第38节第(1)款第2句的方式利用他或者她自己的咨询服务。

(2)控制者应当向数据保护官员提供第4e节第1句所规定的信息概况和有权访问的人员名单。数据保护官员应根据要求,按照第4e节第1句第1项至第8项的规定，以适当的方式向他人提供信息。

（2a）私人机构负责人如果没有义务在私人机构中任命一名数据保护官员，私人机构的负责人应确保按照第（1）款、第（2）款适当履行职责。

（3）第（2）款第2句不适用于第6节第（2）款第4句所述的当局。第（1）款第2句应适用于当局的数据保护官员与当局负责人接触的情况；当局的数据保护官员与当局负责人之间的任何分歧都应由最高联邦当局解决。

第5节　保　　密

数据处理人员不得擅自收集、处理或使用个人数据（保密）。在履行其职责时，数据处理人员只要为私人机构工作，就必须承诺承担保密义务。

这项承诺在其活动终止后仍将继续有效。

第6节　数据主体的权利

（1）数据主体的访问权（第19节、第34节）以及纠正，删除或封锁的权利（第20节、第35节）不得被法律协议所排除或限制。

（2）如果数据主体的数据通过自动程序存储，使若干机构有权保存，同时如果数据主体无法确定哪个机构存储了数据，则他可以联系任何这些机构。这些机构有义务将数据主体的要求转交给存储数据的机构。数据主体应被告知请求的转发以及相关机构的身份。只有在《财政法典》监测和控制的适用范围内履行其法定职责的情况下，本法第19节第（3）款下所列的机构、公诉机关、警察机关以及公共财政部门才可以存储个人数据，且应向联邦数据保护和信息自由委员报告而非向数据主体报告。在这种情况下，进一步的程序应如本法第19节第（6）款所述。

（3）关于数据主体基于本法或另一项有关数据保护的法律行使权利的个人数据，可被因上述权利的行使而产生的责任主体用于履行其义务。

第6a节　个人决定自动化

（1）对数据主体的利益具有法律后果或实质性损害的决定，不应完全以对用以评估具有个人特质的个人数据所进行的自动化处理为基础。特别是，自然人非基于内容的评估而作出的决定应构成完全基于自动化处理的决定。

（2）其不适用于以下情形：

1. 如果该决定是与合同或其他法律关系的订立或履行有关的，而数据主

体的要求已得到满足;或

2. 如果采取适当的措施保护数据主体的合法利益,同时控制者告知数据主体在第(1)款中规定的决定已经做出,并应数据主体的要求,解释了做出决定的主要原因。

(3)第19节和第34节规定的数据主体的访问权,也应延伸至对其个人数据的处理。

第6b节 使用光电子设备监控公开访问区域

(1)只有在有必要的情况下才允许使用光电子设备(视频监控)监控可公开访问的区域:

1. 履行公务;

2. 行使决定何者被允许或被拒绝访问的权利;或

3. 为特定的目的追求合法的利益,同时如果没有迹象表明数据主体的合法利益优先。

(2)某区域已经被监控,并且控制者的身份应该通过适当的方式来进行识别。

(3)根据上述第(1)款收集的数据,如果为追求目的之必要且没有迹象表明数据主体的合法利益优先,可以被处理或使用。如果为了避免对国家安全或公共安全造成危险或起诉犯罪,则这些数据只能为了其他目的而被处理或使用。

(4)通过视频监控收集的数据归属于特定个人时,处理或使用的行为应按照第19a节和第33节的规定通知该个人。

(5)如果数据不再是追求特定目的之必要或数据主体的合法利益阻碍了进一步的存储,则应立即删除数据。

第6c节 个人数据的移动存储和处理介质

(1)发布用于个人数据的移动存储和处理介质或者将用于自动处理个人数据的程序的机构,部分运行或运行上述介质或对介质进行修改或使这些数据处于可获得的状态时,必须通知数据主体:

1. 其身份和地址;

2. 以通俗易懂的术语描述介质的运作方式,包括要处理的个人数据的类型;

3. 他如何按照第19节、第20节、第34节和第35节行使其权利；以及

4. 在发生介质灭失或毁坏时所采取的措施，只要数据主体尚未获知上述内容。

（2）受上述所规定之义务约束的机构，应确保必要的设备或设施，以保证数据主体主张访问权利时有足够数量的设备或设施以供免费使用。

（3）在介质上进行数据处理的通信程序必须向数据主体清楚地显示。

第7节　赔　偿　金

如果控制者根据本法或其他数据保护法规，因收集、处理或使用非经同意或错误的个人数据而对数据主体造成损害，则该控制者或其支持机构有义务赔偿数据主体造成的损害。如果控制者已经确实按照有关情况采取适当的保护措施，则不负有该提供补偿赔偿的义务。

第8节　公共机构自动数据处理下的赔偿

（1）如果公共机构根据本法或其他数据保护法规，因收集、处理或使用非经同意或错误的个人数据而对数据主体造成损害，则其辅助机构有义务赔偿其造成损害的数据主体的损失，无论有何过失。

（2）在严重侵犯隐私的情况下，数据主体应当获得对其受到的非物质损害的充足的金钱赔偿。

（3）上述第（1）款和第（2）款下的索赔的总额应限于130,000欧元。由于同一事件，必须向若干人支付赔偿金，超过最高赔偿金额130,000欧元的，其中每一笔赔偿额应按最高金额的比例减少。

（4）在自动处理的情况下，如果有多个机构有权存储数据，而受损人员无法确定归档系统的控制者，则每个机构都应负责。

（5）《民法典》第254节适用于数据主体的共同过失。

（6）《民法典》规定的侵权行为的限制性规定，比照法定限制适用。

第9节　技术和组织措施

处理个人数据的公私机构，无论是其自身还是代表他人，应采取必要的技术和组织措施，确保执行本法规定，特别是本法附件中规定的要求。只有在相关努力跟预期的保护水平相比合理时，才应采取措施。

第9a节 数据保护审计

为了提高数据保护和数据安全性，数据处理系统、程序的供应商和进行数据处理的机构可以通过独立和经批准的评估人员对其数据保护策略及其技术设施进行审查和评估，并可以公布审计结果。审查、评价的具体要求以及审计人员的遴选和批准程序，应当单独规定。

第10节 自动检索程序的建立

(1)在程序适合的情况下，适当考虑到数据主体的合法利益以及有关机构的职责或业务目的，可以建立个人数据检索的自动程序。在特定情况下，检索可采性的规定应保持不变。

(2)有关机构应确保检查程序的可采性得到监督。为此目的，他们应书面指明：

1. 检索程序的原因和目的；

2. 受转移影响的第三方；

3. 转移的数据类型；

4. 本法第9节规定的技术和组织措施。在公共部门中的监管机构可以制定这样的规范。

(3)在涉及本法第12节第(1)款所述机构的情况下，应通知联邦数据保护和信息自由委员依据上述第(2)款规定建立检索程序和技术指标。只有在负责档案系统和检索机构的联邦或地方部门，或其代表表示同意的情况下，涉及本法第6节第(2)款和第19节第(3)款所述机构的检索程序建立。

(4)受转移影响的第三方应当对特殊情况下检索的可采性负责。档案系统的控制者只有在有这种检索原因的情况下才能检查检索系统的可采性。档案系统的控制者应确保个人数据的转移至少可以通过适当的抽样程序得到确定和检查。如果所有个人数据都被检索或转移(批处理)，则应确保所有数据的检索或转移的可采性可以得到确定和检查。

(5)上述第(1)款到第(4)款不应适用于检索一般可访问的数据。一般可访问的数据是任何人都可以使用的数据，无论是否有事先注册、许可或者支付费用。

第11节　委托收集、处理或使用个人数据

(1)委托其他机构收集、处理或者使用个人数据的,依照本法规定和其他数据保护规定的责任应由委托人负责。本法第6节、第7节和第8节所述的权利主体应指委托人。

(2)应谨慎选择代理,特别考虑其所采取的技术和组织措施的适当性。委员会应以书面形式,指定数据的收集、处理和使用、技术和组织措施以及任何小组委员会。委员会应以书面形式提出,具体规定如下:

1.委员会的主体和委托期限;

2.计划收集,处理或使用数据的范围、类型和目的;数据类型和受影响群体;

3.根据第9节采取的技术和组织措施;

4.修改,删除和封锁数据;

5.代理人根据第(4)款的规定,在特定情况下的控制义务;

6.任何发行分包合同的权利;

7.委托人的控制权和代理人的相应容忍和配合义务;

8.受雇于他/她的代理人违反保护个人数据的规定或委员会规定的必须报告的条款;

9.委托人向代理人发出指示的权限范围;

10.在委员会完成后,数据存储介质的返还以及代理完成后存储的数据的删除。

如果是公共机构,监督机关可以给予委托。在数据处理开始之前和之后,委托人应当定期对代理人所采取的技术和组织措施进行验证。应记录其结果。

(3)代理人可以按照委托人的指示收集、处理或使用数据。如果代理人认为委托人的指令违反本法或者其他数据保护规定的,应当及时向委托人指出。

(4)下列主体作为代理人,只适用除了本法第5节、第9节、第43节第(1)款第2项、第10项和第11项,第(2)款第1项至第3项,第(3)款,以及第44节以外的关于数据保护控制或监督的规定,即

1.(a)公共机构;

(b)多数股份或表决权属于公共部门的私人机构,以及委托人为公共机

构的私人机构，适用本法第18节、第24节至第26节，或各州有关数据保护的法律。

2. 其他私人机构，只要被委托在其服务企业的过程中收集，处理或使用个人数据，适用本法第4f节、第4g节以及第38节。

(5)如果其他机构被委托执行自动化程序或数据处理系统的检查或维护，而在此过程中，无法排除访问个人数据的可能性，则此时应比照适用第1节至第4节。

第二部分　公共机构的数据处理

第一章　数据处理的立法基础

第12节　范　　围

(1)此节的规则应适用于像公法企业一样不参与竞争的联邦公共机构。

(2)在下列情形中，州立法未规定数据保护的情况下，本规则的第12~16节、第19节和第20节也应该适用于州公共机构：

1. 像公法企业一样执行联邦法律并且不参与竞争；或者

2. 作为司法机关并且不处理行政事务。

(3)如果涉及数据保护，本法第23节第(4)款适用于地区委员会。

(4)如果个人资料被收集、处理或用于过去、现在或未来的雇佣合同，则适用本法第28节第(2)款第2项和本法第32~35节的规定，而不适用第13~16节和第19~20节的规定。

第13节　数据收集

(1)如果收集数据的机构履行职责需要获知个人数据的内容，应允许其收集个人数据。

(1a)在通过私人机构而不是数据主体收集个人数据的情况下，应根据情况通知该机构要求其提供数据的法律规定或者提供数据是自愿的。

(2)只有在下列情况中，才能收集第3节第(9)款规定的特殊类型的个人数据：

1. 法律授权了此项数据收集或者此项数据收集具有事关公共利益的重要性；

2. 根据本法第4a节第(3)款的规定，数据主体授权此项数据收集；

3. 此项数据收集是为了保护数据主体或者第三方的重要利益，而数据主体由于身体上或者法律上的原因不能作出同意的意思表示；

4. 数据收集涉及的数据显然已经被数据主体公示；

5. 此项收集对于避免对公共安全的潜在威胁是必要的；

6. 此项收集对于避免对公共福利造成重大损害或保护公共福利的重大利益是必要的；

7. 此项收集对于预防医学、医疗诊断、卫生保健或健康服务管理是必要的，而且数据处理是由医务人员或其他有保密义务的人员进行的；

8. 此项收集对于科学研究来说是必要的，进行该项科学研究的科学利益远远大于数据主体拒绝收集而保护的数据主体利益，而且研究目的也不能以任何其他方式实现或者以其他方式实现需要付出不相称的努力；

9. 这样的收集对于联邦的公共机构履行其在危机管理或冲突预防或人道主义措施方面的国防职责、超国家或者国际责任是必要的。

第 14 节　数据存储、修改及使用

(1) 只有在数据库的控制部门履行职责所需并且为实现数据收集目的的情况下，才允许存储、修改和使用数据。如果数据没有经过在先的收集程序，只有在为了数据储存目的的情况下才能修改或者使用该数据。

(2) 只有在下列情况中，才可以为其他目的而存储、修改或者使用数据：

1. 现有法律规定；

2. 数据主体同意；

3. 有证据表明是为了数据主体的利益，并且可以合理地推测数据主体知晓原因后会同意；

4. 有实质性证据表明数据有误，必须要核查数据主体提供的详细数据；

5. 数据从一般渠道可以获得或者数据控制部门可以公开该数据（除非与数据主体重大的利益相违背）；

6. 为避免对公共福利的潜在危害或者避免对公共安全的威胁，或者为保护公共福利的潜在利益的需要；

7. 为追究刑事犯罪或者行政违法行为的需要，为执行《刑法》第 11 节第 (1) 款第 8 项规定的判决或者措施以及执行少年法院规定的少年管教所或惩戒措施的需要，或者执行征收行政费用的决定的需要；

8. 为避免严重侵害另一主体的权利的需要；或者

9. 为进行科学研究所需,进行该项研究的科学利益远远大于不披露数据所保护的数据主体利益,并且研究目的无法通过其他方式实现或者通过其他方式实现需要付出不相称的努力。

(3)为行使监督权、控制权、执行审计权或者对数据库控制者进行管理性研究,不认为是为其他目的而进行加工或者使用数据。由于数据控制部门的培训或者考试,也不认为是为其他目的而加工或者使用数据,除非数据主体对数据保护有重大的法律利益。

(4)专门为监控数据保护、保护数据或者保障数据运行系统的适当运行而储存的数据,且只能为此目的而使用。

(5)只有在下列情况中,才能为其他目的而存储、修改或者使用第3节第(9)款规定的特殊类型的个人数据:

1. 满足第13节第(2)款第1项至第9项的要求而允许收集或者;

2. 为进行科学研究所需,进行该项研究的科学利益远远大于不披露数据所保护的数据主体利益,并且研究目的无法通过其他方式实现或者通过其他方式实现需要付出不相称的努力。

第2项第1句规定的研究项目,其科学利益是出于在公众利益的背景上的特殊考虑。

(6)为第13节第(2)款第7项的目的存储、修改或者使用第3节第(9)款规定的特殊类型的个人数据,应遵守第13节第(2)款第7项规定的人员的保密义务。

第15节　向公共机构提供数据

(1)在下述情况中,允许向公共机构提供个人数据:

1. 向接收数据的主体提供数据是出于数据提供机构或者第三方机构履行职责的需要;并且

2. 满足本法第14节的要求。

(2)同意转移数据的责任由数据转移机构承担。如果是应第三方主体的要求向其提供数据,第三方主体应承担责任。在这种情况下,提供数据的机构只应审查请求是否属于第三方主体的职权范围,除非存在特殊理由需审查转让是否经同意。且不得违反本法第10节第(4)款的规定。

(3)接收数据的第三方主体可以出于转移数据的目的而处理或者使用被提供的数据。只有在满足本规定第14节第(2)款的要求时,才可以为其他目的处理或使用数据。

(4)前述的第(1)款至第(3)款应变通适用于向公立宗教团体的机构提供个人数据,且保证该机构采取充足的保护措施。

(5)在前述第(1)款规定的情况下可能被提供的数据,与其他数据主体或者第三方主体的个人数据相关联而无法分割或者分割需要付出不合理的努力,此时也应当允许转移数据,除非数据主体或者第三方主体对于该数据的保密享有重大的法定利益;但不允许使用这些数据。

(6)前述第(5)款也应该变通适用于在公共机构内部传递个人数据的情况。

第16节 向私人机构提供数据

(1)在下列情况中应允许向私人机构提供个人信息:

1. 为了数据转移机构履行职责的需要并且满足本法第14节规定的要求;或者

2. 接收数据的第三方主体有充足的理由证明其对提供的数据中包含的信息有合法的利益,并且数据主体对于拒绝数据转移并不享有合法利益。只有在满足第14节第(5)款和第(9)款允许使用的规定的要求或者是为了提出、实现或者辩护合法诉求时,才能提供第3节第(9)款规定的特殊类型个人数据。

(2)数据转移机构对数据转移的允许承担责任。

(3)在前述第(1)款第2句规定的情况下,提供数据的机构应通知数据主体其数据将被转移。如果可以认为,数据主体可以以其他方式得知其数据被转移,或者这些数据将危及公共安全,或者对联邦或州造成损害,则不必通知。

(4)接收数据的第三方只能为数据转移的目的而处理或者使用转移的数据,提供数据的机构应提醒第三方机构。如果符合前述第(1)款规定且数据转移机构同意,则可以为其他目的而处理或者使用数据。

第17节 向本规则规定以外的机构提供数据

已删除。

第18节 联邦政府内部数据保护措施

(1)最高联邦政府、联邦铁路负责人以及联邦公司负责人、联邦机构和基金会等按照公法规定只受联邦政府法律监督的机构或最高联邦机关,应保证在各自的职权范围内执行本法以及其他有关数据保护的法律规定。只要其根据《邮政法》拥有排他性权利,则本规则同样适用于根据《德意志联邦法律法》所设立的继承人公司的组织机构。

(2)公共机构应当保存使用过的数据处理系统的记录。在自动处理操作时,其应根据第4e节的规定书面记录数据以及法律依据。在以行政目的自动处理操作而没有涉及限制数据主体根据第19节第(3)款和第(4)款规定而享有权利的情况下,可以不适用上述规定。以同样的方式或类似的方式进行的自动处理操作,可以合并记录。

第二章　数据主体的权利

第19节　向数据主体提供信息

(1)应数据主体的要求应向其提供以下信息:

1. 存储的与其相关的数据,包括来源与其相关的数据;
2. 接收数据的主体或者主体类别;以及
3. 存储的目的。

提供信息要求明确个人数据的类型。如果个人数据存储既不是通过自动化程序,也不是通过人工归档系统,只有数据主体提供具体细节以定位且提供该信息所耗费的资源对于数据主体获得信息来说不是过度的前提下才能提供信息。数据的控制者有决定提供数据的程序的自由裁量权,特别是提供数据的形式。

(2)前述第(1)款不应适用于仅因为法律规定或合同规定的存储,或者完全用于数据安全或数据保护控制以及提供信息需要付出巨大的努力的个人信息。

(3)如果提供的信息涉及将个人资料提供给执行宪法部门、联邦情报机构、联邦军队反间谍的办公室以及涉及联邦安全的联邦国防部的其他部门,则只能在相关机构同意的情况下才能提供。

(4)在下列情形中,不应提供信息:

1. 将有损数据控制者合理履行职权;
2. 提供信息将损害公共安全或秩序,或者将损害联邦或州;或者
3. 存储的数据或事实,依照法律规定或由于其性质均须保密,特别是考虑

到第三方主体重要的合理利益，且该合理利益高于数据主体对于提供信息而享有的利益。

(5)如果告知拒绝的实际法律理由有损拒绝提供信息所追求的目的，拒绝提供信息的理由不需要说明。在这种情况下，应告知数据主体其可以向联邦数据保护与信息自由委员提出申请。

(6)如果没有将信息提供给数据主体，应数据主体的请求应告知联邦数据保护和信息自由委员，除非有关最高联邦机构根据具体情况认为，这将危及联邦或州的安全。除非后者同意提供更广泛信息，否则从联邦专员到数据主体的信息传递不应在数据控制者的处理程序中留下任何痕迹。

(7)提供信息应予免费。

第19a节 通　　知

(1)如果数据是在数据主体不知晓数据控制者身份和收集、加工、使用的目的的情况下收集的，其应告知其数据被存储。也应通知其数据接收者或者数据接收者的类别，除非其本应知晓其数据将会被提供给该数据接收者。如果将向他人提供数据，那么至少应该在第一次提供数据时发出通知。

(2)在以下情况下，不要求发出通知：

1. 数据主体已经通过其他方式知晓存储的方式或者其数据被提供的事实；

2. 通知数据主体需要付出不相称的努力；

3. 法律明确规定了该项个人数据的存储和提供。

数据的控制者应书面规定根据上述第(2)款、第(3)款的规定，在何种情况下不对数据主体进行通知。

(3)第19节第(2)款至第(4)款需变通适用。

第20节 数据修正、删除以及限制；反对权

(1)个人数据有误应予修正。如果既不是以自动化程序处理也不是自动归档系统有误，或者数据主体质疑数据的准确性，则应采取适当的方式记录。

(2)在下列情况下，以自动化程序处理或者人工归档的个人数据应予删除：

1. 该数据未经同意而被存储；或者

2. 数据库的控制者履行其职责不再需要掌握该数据的内容。

(3)在以下情况下，个人数据应被限制而不是被删除：

1. 法律、法规或者合同条款规定的保留期限内不得删除相关数据；

2. 有理由认为删除数据将会损害数据主体的合法利益；或者

3. 不可能删除该数据或者由于存储的特殊方式故而删除该数据需要付出不相称的努力。

(4)在数据主体认为该数据错误且不能证实该数据是否真的有误的情况下，也应限制该以自动化程序处理或者人工归档存储的个人数据。

(5)考虑数据主体的个人情况，如果数据主体向数据控制者提出反对意见，且有证据证明在此争议上数据主体的合法利益高于数据控制者，则该个人数据不应被以自动化处理程序或者人工归档程序进行收集、处理或者使用。只有当法律规定了收集、处理或者使用的义务时，第1句的规定才得以适用。

(6)如果在相关个案中机构认为不进行限制将会损害数据主体的合法利益，并且该数据不再为机构履行职责所需，则应限制该既不是通过自动程序处理也不是存储于人工归档的个人数据。

(7)在下列情形中，才能未经数据主体同意提供或者使用被限制的数据：

1. 这种提供或使用行为是达到科学目的所必需，作为证据使用或者为其他对于数据控制者或者第三方主体有重大利益的原因而使用；以及

2. 如果未被限制，以该理由转移或使用该数据会被同意。

(8)在不用付出不相称的努力且不与数据主体的合法利益相冲突的情况下，修改错误的数据、限制有争议的数据以及删除或者限制不被允许存储的数据应通知在常规数据传输制度内接收并存储该数据的机构。

(9)《联邦档案法》第2节第(1)款至第(6)款、第(8)款和第(9)款应予以适用。

第21节　向联邦数据保护和信息自由委员提出申请

任何认为其权利因联邦公共机构收集、处理或者使用其个人数据而被侵害的数据主体，都可以向联邦数据保护和信息自由委员提出申请。上述规定只有在涉及行政事务时，才能适用于联邦法院收集、处理或使用个人数据的情况。

第三章　联邦数据保护和信息自由委员

第22节　联邦数据保护和信息自由委员的选任

(1)经联邦政府建议，由联邦议院以全体成员过半数表决通过选举联邦

数据保护和信息自由委员。被选举人参加选举时应年满35岁。被选举的委员应由联邦总统任命。

(2)联邦数据保护和信息自由委员应在联邦内政部长面前宣读以下誓词:

"我发誓在我任职期间,尽我所能在职权范围内提高德国人民的福祉,保护他们免受伤害,维护联邦基本法以及其他法律,谨慎尽职,公平公正,愿上帝保佑我。"

提及上帝的誓词可以在宣誓中省略。

(3)联邦数据保护和信息自由委员每届任期为5年。在此期间,可以连选连任一次。

(4)根据本法的规定,联邦数据保护和信息自由委员应享有与联邦政府相关的公法地位。其在履行职责时应保持独立,只受法律的约束,同时受到联邦政府的法律监督。

(5)联邦委员应由联邦内政部长指定。他或她将受到联邦内政部长的分级监督。应向联邦委员提供履行职责所需的人员和物资;这些资源应在联邦内政部预算的单独一章中说明。这些职位应得到联邦委员的一致同意。如果他们不同意所设想的措施,工作人员只能在联邦委员同意后进行转移、下放或搬迁。

(6)如果联邦委员暂时不能履行其职责,则联邦内政部长可任命1名替代人履行职责。该任命应征求联邦委员的意见。

第23节 联邦数据保护和信息自由委员的法律地位

(1)联邦数据保护和信息自由委员的任期应从提交委任证书开始之日起算。其任期在以下情况下出现时结束:

1. 任期届满;

2. 他/她被解雇时。

联邦总统应根据联邦委员的请求解雇联邦委员,或者是在有法官认为有正当解雇理由时根据联邦政府的建议解雇委员。在终止职务时,联邦委员应收到联邦总统签署的文件。解雇应在本文件交付时有效。如果联邦内政部长提出要求,则联邦委员将有义务继续工作,直到任命继任者为止。

(2)联邦委员不得担任任何其他有偿的职务或从事任何有报酬的活动或职业,除其公务外,不得担任管理层,营利性企业的监事会、董事会也不得就职于联邦或某地某州的政府或者立法机关。他或她不可提供其他有偿的司法意见。

(3)联邦委员应将在履行职责时所收到的一切赠予物告知联邦内政部。联邦内政部应决定如何使用这些赠予物。

(4)联邦委员有权拒绝以联邦委员的身份向其提供信息的人作证,以及就这些资料本身作证。这同样适用于联邦委员的工作人员,条件是联邦委员决定行使这项权利。在联邦委员拒绝作证的权利范围内,其可以不被要求提交或交出文件或其他文档。

(5)联邦委员即使在其服务终止后,仍有义务对因其职责而知悉的信息保密。这不适用于在正常工作过程中所作的通知,或者对于常识或不够重要的事实进行保密处理。联邦委员即使在离职后,也不得在未经联邦内政部同意的情况下,在法庭内外就此类事项发表任何声明或公告。然而,这项规定不应影响他或她的法律义务,包括报告刑事犯罪,以及在其受到危害时采取行动维护自由民主的基本秩序。如果联邦委员确定违反数据保护条款,且财政局需要信息以便进行税收犯罪及其相关的法律程序,而这种控告又是为了公共利益的需要;或者个人有义务提供信息;或者个人为了其利益已经提供了错误信息,此时第93节、第97节、第105节第(1)款、第111节第(5)款以及《财政法典》第105节第(1)款及第116节第(1)款则不应适用于联邦数据保护委员及其工作人员。如果联邦委员确定违反数据保护条款,他/她将被授权提出指控,并据此通知数据主体。

(6)只有当这种证词损害联邦或某地区,或严重危害或妨碍履行公务时,才应拒绝作证。在违反服务利益的情况下,可以拒绝发表意见。《联邦宪法法院法》第28节应保持不受影响。

(7)从他或她开始职务的月初到他/她终止职责的月末结束之前,或者如果适用第(1)款第6句,则是到他或她的工作停止的月底,联邦委员将领取B9级联邦官员的报酬。“联邦旅行费用法”和“联邦移除费用法”参照适用。在其他方面,适用“联邦部长法”第12节第(6)款、第13节至第20节和第21a节第(5)款,除了联邦法令第15节第(1)款规定的4年任期,部长按照《联邦部长法》第21a节第(5)款规定的5年的职位,由B9级代替。尽管上述第3句与《联邦部长法》第15~17节和第21a节第(5)款相结合,联邦委员的养恤金应予计算,考虑到服务的应计养恤金期,根据《公务员养恤金法》,如果这种情况更有利,而且在他或她当选之前,联邦委员上一个职位至少应当是公务员或法官,通常需要达到 B9 工资等级。

(8)第(5)款第 5 句至第 7 句应比照适用于负责监督各州数据保护规定的公共机构。

第 24 节 联邦数据保护和信息自由委员的监督

(1)联邦数据保护和信息自由委员应监督联邦公共机构遵守本法规定和其他有关数据保护的规定。

(2)联邦委员监督也应包括:

1. 联邦公共机构就通信、邮政通信和电信的内容和具体情况取得的个人资料;以及

2. 个人资料须受专业或特别的官方保密,尤其指根据《税务节例》第 30 节所规定的税务保密。

《基本法》第 10 条所规定的通信、职位和电讯的隐私权受到限制。根据第 15 节第 10 条设立的委员会监督的个人资料不得受联邦委员监督,除非委员会要求联邦委员监督与具体程序有关的数据保护规定的具体领域,并专门向其报告。如果数据主体向联邦委员提出投诉,反对在有关个人案件中监督与其有关的数据,则安全检查文件中的个人资料不得受到联邦委员的监督。

(3)直接用于裁决目的的联邦法院法官的活动不受监督。

(4)联邦公共机构有义务支持联邦委员及其助理执行职务。特别是他们将被授予以下权利:

1. 获取答复其问题的信息以及检查所有文件的机会,特别是存储的数据和数据处理程序,与上文第(1)款所述的监督有关;

2. 随时访问所有官方场所。

本法第 6 节第(2)款和第 19 节第(3)款所指的当局应仅向联邦委员本人及其任命的助理提供书面支持。上述第 2 句不适用于最高联邦当局在某一案件中所确立的这种资料或检查将危及联邦或某地区的安全的当局。

(5)联邦委员应将其监督结果通知公共机构。他/她可以将他们与改进数据保护的建议结合起来,特别是纠正在处理或使用个人数据时发现的违规行为。本法第 25 节应保持不变。

(6)上文第(2)款应比照适用于负责监督各州数据保护规定的公共机构。

第25节 联邦数据保护和信息自由委员提出的申诉

(1)如果联邦数据保护和信息自由委员在处理或使用个人资料时发现违反本法或其他数据保护规定,他或她应提出申诉:

1. 就联邦政府而言,向主管它的最高联邦当局申诉;

2. 就联邦铁路财产而言,向总统提出申诉;

3. 就德意志联邦议会通过法律制造的后继公司而言,只要他们拥有《邮政法》下的专有权,就可向其董事会申诉;

4. 就联邦公司,公法下的机构和基金会以及这些公司,机构和基金会的协会而言,向管理委员会或相关代表机构提出申诉,并须按他所决定的日期作出陈述。在上文第1句第4项所指的案件中,联邦委员应同时通知主管监督机关。

(2)联邦委员可免除有关机构的申诉或陈述,特别是如果涉及的违规行为微不足道或已纠正。

(3)发表的声明还应说明因联邦委员申诉而采取的措施。第(1)款第1句第4项所述的机构应向主管监督机构提交向联邦委员转交的声明的副本。

第26节 联邦数据保护和信息自由委员的进一步职责

(1)联邦数据保护和信息自由委员应每2年向联邦议院提交活动报告。报告应向联邦议院和公众通报数据保护领域的主要发展情况。

(2)联邦议院或联邦政府要求时,联邦委员要起草意见和报告。联邦议院,请愿委员会,内部事务委员会或联邦政府要求时,联邦委员还应对联邦公共机构的数据保护事宜和事件进行调查。联邦委员可随时咨询联邦议院。

(3)联邦委员可以就联邦政府和本法第12节第(1)款提及的联邦机构改善数据保护提出建议,并就有关数据保护的事宜提出建议。当该建议或建议不直接涉及本法第25节第(1)款第1项至第4项提及的机构时,应由联邦委员通知。

(4)联邦委员应与负责监督各州数据保护规定的公共机构和本法第38节规定的监督机构寻求合作。第38节第(1)款第4句和第5句应比照适用。

第三部分　私营机构和参与竞争的公法企业的数据处理

第一章　数据处理的法律依据

第27节　范　　围

(1)本部分的条文应适用于下列机构通过数据系统处理或使用或为此目的收集的个人数据,或者自动归档系统中或通过自动归档系统处理或使用或为此目的而收集的数据:

1. 私人机构。

2. (a)作为公法企业参加竞争的联合会公共机构;

(b)各州的公共机构在作为公法企业参与竞争的情况下,执行联邦法律和进行数据保护不受地区立法的管辖。

如果收集,处理或使用这些数据仅用于个人或家庭活动,则不适用。在上述第2项第(a)分项所述的情况下,应适用第18节、第21节和第24~26节,而不是第38节。

(2)本部分的规定不适用于非自动归档系统之外的个人资料的处理和使用,因为这些数据不是明确地来源于自动化处理操作。

第28节　用于自己的商业目的的数据收集和存储

(1)收集、存储、修改或转让个人资料或将其用作实现自己的商业目的的手段,应予受理:

1. 当需要创建,执行或终止数据主体的法律义务或准法律义务时;

2. 在维护归档系统控制者的正当利益的必要情况下,没有理由认为数据主体具有要求其数据被排除在处理或使用之外的首要合法利益;

3. 如果数据通常可访问或归档系统的控制者有权发布,除非数据对象要求其数据被排除在处理或使用之外的合法利益明显超过归档系统控制者的正当利益。

在收集个人资料方面,将以具体条款规定处理或使用数据的目的。

(2)允许转让或用于另一目的:

1. 第(1)款第2项或第3项规定的条件下。

2. 必要时:

(a)保护第三方的合法利益或者;

(b)避免对国家或公共安全造成的威胁或起诉刑事犯罪,没有理由相信数据主体有排除转让或使用的合法权益。

3. 有必要为研究机构的利益进行科学研究项目,或者在排除目的的变更上,如果科学研究项目的科学重要性大大超过数据主体的重要性,或者研究目的不能通过其他方式实现或者只有通过不成比例的努力才能实现。

(3)处理或使用个人数据做广告或进行地址交易时,数据主体已同意,且这种同意未以书面形式提供,若数据控制者依据第(3a)款进行处理的,应予受理。此外,对个人数据的处理或使用应予受理,但此类数据应仅限于来自清单或者其他数据主体所属的群体的数据摘要,包括他/她的职业、姓名、头衔、学位、住址和出生年份以及需要处理或使用的地方。

1. 对于从收集数据的控制者那里获得的广告,除了关于小组成员的信息以外,从数据主体按照第(1)款第1句第1项获得的广告,或从一般可访问的来源如地址、电话和分类目录等获得的广告;

2. 为广告目的,根据资料主体的职业及工作地址;或者

3. 根据《所得税法》第10B节第(1)款和第34G节规定的税收优惠的捐款。

根据第2句第1项的规定,控制者可以存储除所述数据之外的数据。当转移的数据按照第34节第(1a)款第1句存储时,第2句中提到的经总结的个人数据也可以用于广告目的;在这种情况下,广告必须明确最初收集数据机构。无论是否满足第2句的条件,如果数据主体可以从广告中清楚地识别负责使用数据的机构,则可以使用个人数据用于向广告第三方进行报价。第2~4句中所述的处理或使用,如果不与数据主体的合法利益相冲突,即可受理。根据第1句、第2句和第4句传送的数据只能用于与之相同的目的。

(3a)如果第4节第(1)款第3句所述的同意以书面形式提供,则控制者应向数据主体提供书面确认的实质内容,除非数据主体同意以电子形式提供,并且控制者确保发出声明事实已记录下来,数据主体可以随时访问和撤销,以备将来使用。如果书面同意与其他声明一起提供,则声明的印刷和格式应与其他声明区分开。

(3b)如果未经同意而无法或不合理地获得同等的合同利益,则控制者不得根据第(3)款第1句的规定,就合同中的数据主体的行为订立合同。在此情况下提供的同意书无效。

(4)如果数据主体针对文件系统的控制者处理或使用其数据用于广告或

市场或意见调查,则为此目的的处理或使用不予受理。在为广告或市场或意见调查的目的接触数据主体时,在第(1)款第1句第1项中提及的情况下,在制定法律或准法律义务时,应根据上文第1句,通知数据主体其身份和其反对的权利;当事人使用该当事人不知道的主体所储存的数据主体的个人数据来接触数据主体时,接近方还应确保数据主体能够获取有关数据来源的信息。如果数据主体为了广告或市场或意见调查的目的根据第(3)款的规定而将数据处理或使用的权利转让给第三方,则后者须为上述目的而阻止数据。在第(1)款第1句第1项的情况下,对反对的形式的要求不能比创设法律或准法律义务更严格。

(5)已转让数据的第三方可以仅以转移的目的处理或使用所转让的数据。只有在满足第(1)款和第(2)款的要求的情况下,才能满足私人机构的处理或使用目的,只有在满足第14节第(2)款的要求时才可满足公共机构的要求。转让机构应向第三方指明这一点。

(6)为自己的商业目的收集、处理和使用特殊类型的个人数据[第3节第(9)款],当数据主体未按照第4a节第(3)款表示同意时,应予受理,如果:

1. 为了保护数据主体或第三方的重要利益,在数据主体无法为实际或法律原因提供同意的情况下,这是必要的;

2. 相关数据显然已被数据主体公布;

3. 对主张、行使或捍卫法律权利是必要的,没有理由认为数据主体在排除此类收集、处理或使用方面具有首要的合法权益;或

4. 这对科学研究来说是必要的,科学研究项目的科学重要性大大超过数据科目排除收集,处理和使用的重要性,研究目的不能通过其他方式实现或者只有通过不相称的努力才能实现。

(7)为医学、医疗诊断、保健或治疗或卫生服务管理必要时收集特殊类型的个人资料[第3节第(9)款]应被接受,并且处理这些数据是由医护人员或其他有保密义务的人员进行的。

为第1项所述的目的处理和使用数据时,应遵守对第1项所述的人规定的保密义务。收集、处理或使用《刑法典》第203节第(1)款和第(3)款所规定的专业以外的人员的健康数据,该职业涉及决定、治疗或减轻疾病或生产或销售辅助设备的工作,应仅在符合上述条件的情况下才可接受,而医生也为此而获授权。

(8)特殊类型的个人数据[第3节第(9)款]只有在符合第(6)款第1项

至第4项或第(7)款第1句的要求时才可以转让或使用。如有必要,转让或使用也应予允许,为避免对国家安全或公共安全构成重大威胁,和起诉重大刑事犯罪。

(9)政治,哲学或宗教性质的组织和工会组织为组织活动之必要可以收集,处理或使用特殊类型的个人数据[第3节第(9)款]。这仅适用于与其活动目的相关的其成员或与组织定期接触的人员的个人资料。只有满足第4a节第(3)款的要求,才可将这些个人数据转让给有关组织以外的人员或机构。应比照适用第(3)款第2项。

第28a节 向信用查询机构提供数据

(1)有关索赔的个人数据只有在没有及时提交欠款的情况下才能转让给信用查询机构,以保护控制者或第三方的正当利益,以及

1. 该项索赔是基于《民事诉讼法》第794节规定的最后决定或经宣布可强制执行的决定作出的,或者执行的法令已经发出。

2. 该索赔是根据《破产法》第178节确定的,且债务人在核查会议上没有争议。

3. 数据主体明确承认了赔偿要求。

4. a)数据主体在到期日之后至少收到2份书面提醒;

b)在第一个警告和数据传输之间至少有4周的时间;

c)控制者在传送信息之前给予数据主体足够的通知,或至少在第一次提醒中通知了即将转移的数据主体;

d)数据主体对索赔没有争议。

5. 索赔所依据的合同关系可以在未事先通知拖欠款款的情况下终止,并通知即将发生转移的数据主体。

如果控制者在第29节中使用了数据本身,则应比照适用第1项。

(2)为将来在第29节第(2)款下的转让,金融机构可以根据《银行法》第1节第(1)款第2句第2项、第8项或第9项转让个人数据,除非数据主体排除此类转移的合法权益明显超过信用查询机构获数据的利益。在合同签订之前,应通知数据主体。第1句不适用于无透支保护的往来账户合同。对于根据第29节第(2)款进行的未来转移,即使在数据主体同意的情况下,关于在信任合同前合同关系中建立市场透明度的数据主体行为的数据也不能转移给信用查询机构。

(3)在意识到第(1)款或第(2)款所规定的数据转让导致的附随情况的变化后1个月内,只要信用调查机构仍然存储最初的被转让的数据,数据控制者应该将这些变化向信用调查机构通知。当信用调查机构删除了最初被转让的数据时,它应该通知进行数据转让的机构。

第28b节 评 分

为了决定与数据主体的合同关系的建立、履行或终止,若发生下列情形,数据主体未来特定行为的概率值可能被收集或使用:

1. 用来计算概率值的数据是为了计算行为的可能性所必要的数据,同时这些数据是基于科学认证的数学统计程序;

2. 是信用调查机构进行概率值的计算,同时须遵守第29节项下的数据转让条件以及第28节项下规定的其他情况下可接受的数据使用条件;

3. 除了网址数据以外的数据被用来计算概率值;

4. 网址数据被使用,则数据主体应该提前通知这些数据的使用计划,且通知应当记录在案。

第29节 以数据转让为目的进行的商业收集及存储

(1)以转让为目的(尤其是服务于宣传)所进行的个人数据的商业化收集、存储、修改或者使用以及信用调查机构的活动或地址交易等行为应该是被允许的,如果

1. 没有理由去假定数据主体有排除这种收集、存储或修改行为合法权利;

2. 数据可以从一般的允许公布并可访问的来源或控制器中检索出来,除非数据对象有明确的排他性法律利益从而排除这种收集、存储或修改行为;或者

3. 第28a节第(1)款和第(2)款的条件被满足;第28a节第(2)款中第4句所定义的数据不得被收集或存储。

第28节第(1)款第2项和第(3)款至第(3b)款应适用。

(2)以第(1)款所规定的情况为目的进行的数据转让应该被准许,如果:

1. 接受数据转让的第三方被证实对于知晓数据有合理的利益;并且

2. 没有理由假定数据主体对数据的排除转让有法律上的利益。

本法第28节第(3)款到第(3b)款应该已经做了必要的修订。在以上第1句第1项下规定的数据转让,存在合理利益的原因以及令人信服地表达合理

利益的含义应该被转让机构记录在案。在通过自动检索进行数据转让的情况下，应向被转移数据的第三方要求这样的记录。转让机构应该依据第 10 节第(4)款第 3 句的规定随机抽取样本，进而确定是否有合法利益的存在。

(3)如果来自电子或打印的通信录或登记簿明显违背了数据主体的意愿，则个人数据不得被包含在电子或打印的地址、电话、分类或类似的通信录中。

(4)第 28 节第(4)款与第(5)款应该适用于被转让数据的处理与使用。

(5)第 28 节第(6)款至第(9)款应该已经进行了必要的修订。

(6)任何以商业化个人数据(这些数据用来进行消费者信誉的评估)收集、存储或修正为目的的机构，在处理来自其他欧盟成员国或其他参与欧盟经济领域协议的国家的出借人的信息处理请求时，应该与处理本国出借人信息请求时相一致。

(7)由于第(6)款所规定的机构所提供的信息，导致拒绝订立消费借贷合同或者拒绝订立涉及协助客户支付的金融合同的人，应该将这些拒绝以及收到的信息直接通知客户。如果通知将危害公众安全或秩序，则无须通知。第 6a 节规定对本条文无直接影响。

第 30 节　为了以匿名的形式进行数据转让的目的而进行的商业化数据收集与存储

(1)如果个人信息是在为了匿名转让而进行的业务中收集与存储，则此时带有个人特征的信息(涉及可识别或辨认个人的私人的或物质环境等信息)应该被分别存储。这样的个人特征可能只会在为了存储或科学目的的必要时，才会与信息相结合。

(2)个人信息的修改应该被允许，如果：

1. 没有理由假定数据主体对其数据修改的排除有法律上的利益；或者

2. 数据可以从一般的授权公布的可访问来源或处理系统的控制者中获取，除非数据主体对排除其数据修改有明确的排他性法律利益。

(3)如果数据存储不被允许，则其个人数据应该被擦除。

(4)第 29 节不得适用。

(5)第 28 节第(6)款至第(9)款应该已经进行了修订。

第30a节 以市场或意见调查为目的进行的商业化数据收集与存储

(1)以市场或意见调查为目的进行的个人数据商业化收集、处理与使用应该被允许,如果:

1. 没有理由去假设数据主体对于排除这种收集、处理或使用有法律利益;

2. 数据可以从已经授权公布的一般可获取的来源或控制者处获得,并且数据主体排除这种数据收集、处理或使用的法律利益未明显超过数据控制者的利益。

特定类型的个人数据[第3节第(9)款中规定的]只能为了特定研究的目的而收集、处理或使用。

(2)为了市场或意见调查而收集或存储的个人数据,其只能为此目的而处理或使用。非来自于一般可获取来源的数据或者数据控制者没有被授权进行发布的数据,只能为了其收集的研究计划而处理或使用。只有在他们已经通过匿名方式表现出来,而在此情形下无法再通过数据追踪定位到特定主体的时候,才可以为了其他目的对这些数据进行处理和使用。

(3)个人数据只要被允许为了研究计划的目的而收集,就应该通过匿名的方式表现出来。在此之前,带有个人特征的信息(涉及可识别或辨认个人的个人或物质环境等信息)应该被分别存储。这样的个人特征可能只会在为了研究计划目的的必要时,才会与信息相结合。

(4)第29节不得适用。

(5)第28节第(4)款以及第(6)款至第(9)款应该进行修订。

第31节 为特定目的进行使用的限制

专门为了数据保护控制或者数据安全或者确保数据处理系统正常运行的目的而进行存储的数据,可以仅为了这些目的而使用。

第32节 为了与雇佣相关的目的而进行的数据收集、处理及使用

(1)当对雇佣的决定、雇佣后合同的继续签订或者终止是必要的时候,雇员的个人数据可以为了雇佣相关的目的而被收集、处理或使用。只有在有充分原因相信数据主体已经犯罪时,在雇佣过程中才能对雇员的个人信息进行

收集、处理或使用以进行犯罪的侦测,并且这种收集、处理或使用也必须是为了调查犯罪的必要且没有超过数据主体排除收集、处理或使用的法律利益。此外,其类型与范围也应与目的相适应。

(2)如果个人数据没有在自动化程序过程中被收集、处理或使用,也没有通过非自动化的系统或者为了处理使用的目的而进行收集的系统被收集、处理或使用,则此时第(1)款的规定仍应适用。

(3)职工参与工会的权利不得被影响。

第二章　数据主体的权利

第33节　数据主体的通知

(1)如果个人数据在第一次被存储时是为了某人自己的目的,而数据主体并不知情,则此时数据主体应该被告知有关这一存储的以下内容:数据类型,收集、处理或使用的目的,以及数据控制者的身份。如果个人数据以转移为目的在数据主体不知情的情况下进行商业化存储,则此时数据主体应该对于这种最初的转移以及数据转移的类型得到告知。在第1句和第2句的情况下,数据主体应该被告知数据接受者的类型,只要其不能根据个案的情况预测到接受者。

(2)以下情形无须进行通知:

1. 数据主体已经通过其他数据的存储或传输手段了解到了情况。

2. 仅仅由于法律条款或合同条文对其的保护或者数据安全或数据保护控制的目的而导致数据没有被删除,从而进行的数据存储。而此时通知会需要付出不相称的努力。

3. 数据必须根据法律条款或其性质保密,特别是考虑到第三方的法律利益。

4. 法律明文规定这种存储或转让。

5. 为了科学研究的目的进行的数据存储和传输是必要的,而通知又会需要付出不相称的努力。

6. 相关公共机构已经向系统管理者进行了声明,数据的公布将会对公共利益或秩序造成危害,或者将会对联邦或某个地区造成损害。

7. 数据是为了某人个人目的进行的存储,并且

(a)数据来源于一般可获取的来源,而通知将会由于涉及案件数量的庞

大而无法实现;或者

(b)通知将会严重损害系统控制者的商业目的,除非通知所带来的利益大于这种损害。

8. 数据为了传输的目的而进行商业存储,并且

(a)数据可以从一般的来源(只要这些数据与公布他们的主体相关)处获得;

(b)这些数据是根据列表或其他组合[本法第29节第(2)款第2句]汇编的,并且由于涉及大量案例,通知是不可行的。

9. 数据来源于一般可获取的来源(为市场和意见调查目的进行的商业化存储),并且由于涉及案件数量的巨大,通知是不可行的。

根据第1句第2项至第7项的规定,数据控制者应该书面规定在何种条件下无须进行通知。

第34节　向数据主体提供信息

(1)根据数据主体的请求,数据控制者应该提供以下信息:

1. 对数据主体的信息进行的存储,以及这些数据的来源;

2. 数据接收者或者接收者类型的相关信息;以及

3. 存储的原因。

数据主体应该提供关于其想获得的个人数据的类型的具体描述。如果个人信息以转让的目的进行商业化的存储,则即便数据信息没有被存储,关于数据来源以及数据接收者的信息也应提供。如果数据控制者对于其交易秘密的保护的利益超过了数据主体对信息的权益,可以拒绝提供关于数据来源以及数据接收者的信息。

(1a)在第28节第(3)款第4句规定的情况下,转让机构应该自转让起2年内对数据来源及数据接收者的信息进行存储,并且应该在被要求时将这些信息提供给数据主体。第1句的规定也适用于数据接收者。

(2)在第28b节的情况下,做出决定的主体应该依照要求将以下信息提供给数据主体:

1. 在收到请求之日起6个月内将计算或存储的概率值提供给数据主体;

2. 用于计算概率值的数据类型;以及

3. 以一种公众可以理解的形式,提供概率值的计算方式以及概率值对个案判断的重要性。

第 1 句的规定应该进行修改,当做出决定的机构:

1. 储存了某种数据,这个数据被用来计算不指向某个特定主体的概率值,但是当进行概率值计算时又产生了上述指向;或

2. 使用其他机构存储的数据。

如果做出决定的机构之外的其他机构计算了概率值,或者概率值的某个组成部分,其应该根据第 1 句和第 2 句的要求,将符合规定的必要信息提供给信息决定机构。在第 3 句第 1 项规定的情形下,决定机构应该将其他机构的名称地址以及其他个案参照的必要信息提供给数据主体,以便数据主体可以在决定机构自己不提供信息时,主张其信息的要求。根据第 1 句和第 2 句的规定,在这种情况下,计算概率值的机构应该免费满足数据主体对信息的要求。对负责计算概率值的机构,当决定机构行使第 4 句的权利时,其义务不限于第 3 句规定的义务。

(3)以转让为目的进行商业化个人数据存储的机构,应该根据数据主体的要求提供所涉及数据主体的信息,即便这些信息并非由自动化的程序进行处理或者存储于非自动化的系统中。当数据控制者对信息要求进行回应时,数据主体也应该得到通知,尽管数据现在没有与特定主体相关,但是数据控制者正在建立这种联系,或者数据控制者没有存储但是为了提供信息的目的进行适用。如果交易秘密保护的利益大于数据主体的信息利益可以拒绝提供关于数据来源以及数据接受者的信息。

(4)任何以数据转让为目的进行的商业化个人数据收集、存储或修改的机构,应该在收到信息请求时将下列信息提供给数据主体。

1. 收到请求之日起 12 个月内数据主体特定未来行为概率值的转让信息以及收到概率值的第三方主体的名称、最近地址;

2. 在信息请求时,计算机构依照特定方法计算出的概率值;

3. 第 1 点和第 2 点中用来计算概率值的数据类型;以及

4. 以公众可以理解的方法说明概率值的计算方式以及其对于个案影响的重要性。

当责任机构发生以下情况,应该修改第一项的内容:

1. 用来计算概率值的数据的存储不存在与特定主体之间的关联性,但是当进行概率值计算的时候,这种关联性出现;或者

2. 使用其他机构存储的数据。

(5)依照第(1a)款到第(4)款的规定,为了将信息提供给数据主体而进行

的数据存储,只能为此目的或者数据保护的目的而使用。绝不允许为了其他目的而使用。

(6)根据要求,信息应以书面形式提供,除非在某些情况下其他形式更合适。

(7)按照第33节第(2)款第1句第2项、第3项和第5~7项的规定数据主体不需要被通知时,则无义务向数据主体提供信息。

(8)信息应当免费。如果个人数据为转让的目的而有偿存储,数据主体可以每年要求一次以书面形式免费提供信息。如果数据主体将该信息用于商业目的提供给第三方,任何额外的请求需要收费。费用不得超过提供信息而产生的直接费用。不收费的情况如下:

1. 有理由相信数据被不合理储存或未经允许储存;或者

2. 资料显示,根据第35节第(1)款将修改数据或根据第35节第(2)款第2句第1项予以删除。

(9)如果提供信息需要收取费用,数据主体应有可能获得其有权获得的个人信息。数据主体应被告知这种可能性。

第35节 数据的更正、删除和拦截

(1)不正确的个人数据应予以更正。估算的数据本身应当明确。

(2)除第(3)款第1项和第2项所指定的情况外,个人数据随时可能被删除。在下列情形中,存档系统中的个人数据将被删除:

1. 其储存不被允许;

2. 涉及有关种族或民族血统、政治观点、宗教或哲学信念、工会成员、健康、性生活、刑事犯罪或行政犯罪的信息,控制者无法证明信息的准确性;

3. 一旦知道它们不再为实现其存储的目的所需,它们将因其自身的目的而被处理;或者

4. 在第三年年底,有关已订立的事项和数据主体不反对的事项的数据第一次被存储之后,如果测试表明进一步存储是不必要的,则在第四年年底,这些数据将因转让和测试的目的进行商业加工。

根据第28a节第(2)款第1句或第29节第(1)款第1句第3项存储的个人数据应在数据主体的要求下删除。

(3)除了删除外,下列情形的个人数据应当被拦截:

1. 在上述第(2)款第2句第3项的情况下,法律、法规或合同规定的保留

期限排除任何删除的可能;

2. 有理由假定删除会损害数据主体的合法利益;或者

3. 删除是不可能的,或因为特定类型的存储删除只有在付出不相称的努力下是可能的。

(4) 如果数据主体认为它们是正确的,且无法确定它们是正确还是不正确的,个人数据也将被拦截。

(4a) 数据被拦截的事实不应当传播。

(5) 考虑到数据主体的个人情况,如果数据主体向控制者提出异议,并且测试显示对于这种收集、处理或使用,数据主体的合法利益超过了控制者的利益,个人信息则不得被收集、处理或用于自动处理或非自动归档系统中的处理。第一项只适用于当收集、处理或使用的义务是由法律规定的情况。

(6) 除上面第(2)款第2项中提到的情况下如果个人数据是从普遍可访问的来源获取的,并且因记录目的而被存储,当它们因转让的目的而有偿存储时,不正确的个人数据或准确性有争议的个人数据需要更正、拦截或删除。应数据主体的要求,他/她的反陈述应在其持续存储的时间内添加到数据中。如果没有此反陈述,数据可能无法传输。

(7) 在数据传输过程中,数据传输用于存储的机构应被通知更正错误数据,拦截有争议的数据以及删除或拦截到期不允许存储的数据,这不需要付出不相称的工作,也不会超越数据主体的合法利益。

(8) 未经数据主体同意,被拦截的数据可能会被转移或使用,仅当

1. 这是科学目的不可或缺的,可以用作证据或其他原因,为了数据控制者或第三方的优先利益;

2. 如果没有被拦截,为此目的转让或使用这些数据将被容许。

第三章 监督机关

第36节 数据保护官员的任命

已删除。

第37节 数据保护官员的职责

已删除。

第38节 监督机关

(1)监督机关应当监督本法及其他数据保护规定的执行情况,管理个人数据的自动处理或处理或使用来自非自动归档系统的个人数据,包括根据本法第1节第(5)款规定的成员国的权利。它应向数据保护官员和控制者提供建议和支持,同时适当考虑其典型情况的要求。监督机关可以处理和使用存储的仅用于监督目的的数据;第14节第(2)款第1项至第3项及第6项和第7项应比照适用。监督机关可以因特别的监督目的将数据转交给其他监督机构。应要求,它应该为欧盟其他成员国提供补充援助(行政援助)。如果监督机关作出了违反本法或其他数据保护规定的,它有权通知相应的数据主体,将违规事项报告给负责起诉的机构,在严重违规的情况下,通知行业监督管理机构根据工业法进行处罚。它应定期公布活动报告,至少每2年发表1次。第21节第1句和第23节第(5)款第4~7句应比照适用。

(2)监督机关应当备有自动处理设备的登记册,该登记是按照第4d节进行强制性注册的,包括第4e节第1句具体规定的信息。登记册应公开且接受任何人审查。检查权包括第4e节第1句第9项规定的信息或有权进入的个人。

(3)受监督的机构和负责管理的机构应当应监督机关要求,不延误地向监督机关其履行职责所必需的信息。有义务提供信息的人在可能会暴露自己的情况下可以拒绝提供信息,如《民事诉讼法典》第383节第(1)款第1项至第3项所认定的有犯罪危险的人,或根据《行政诉讼法》起诉的人。这应向有义务提供信息的人员指出。

(4)由监督机关任命的进行监督的人员,当履行监督机关的职责必须经授权,如出于履行职责的必要在营业时间内进入主体的房产和住所进行检查和监督。他们可以检查业务文件,特别是本法第4g节第(2)款第1句所规定的清单以及存储的个人数据和数据处理程序。应比照适用本法第24节第(6)款。有义务提供信息的人应允许监督人员采取此类措施。

(5)为保证遵守本法和其他数据保护规定,监督机关可能在收集、处理或使用个人数据或发现技术或有组织的违规行为时采取纠正违规行为的措施。当发生严重违法或违规行为,特别是对隐私产生特殊威胁的违规行为,如果违反以上第1句的指令时,尽管已经罚款,在合理期限内违法违规行为没有被纠正,监督机关可能会禁止其收集,处理或使用,或采用特定程序。如果他/她不具备专业知识和未表现出履行他/她的职责所必需的可靠性,监督机关可能要求解雇数据保护官员。

(6)州政府或其授权机构应当指定监督机关负责监督这部分应用范围内的数据保护的实施。

(7)“工业守则”应当依照这部分的规定继续适用于商业公司。

第38a节　完善数据保护规定执行的行为准则

(1)代表特定控制组的专业协会和其他协会可以向监督机关提交行为规范草案,促进数据保护规定的实施。

(2)监督机关应审查提交的草案与数据保护适用的法律的兼容性。

第四章　特别规定

第39节　受制于专业或特殊官方保密的个人数据的限制性使用

(1)受制于专业或特殊官方保密且由具有履行其专业或公务职责时的保密义务的机构提供的个人数据可能会被归档系统的控制者仅为了接收它们的目的处理或使用。如果转让给一个私人机构,则有义务保密的机构必须同意保密。

(2)只有特殊立法允许改变目的的,数据才能因其他目的被处理或使用。

第40节　研究机构对个人数据的处理和使用

(1)为科学研究目的而收集或存储的个人数据只能为这些目的被处理或使用。

(2)研究目的允许时,个人数据应匿名。直到这些特性能够使有关个人或物质情况的信息指向某个已识别或可识别的个人时,个人数据应单独存储。上述个人数据只能与研究目的所要求的程度相一致。

(3)进行科学研究的机构应当公开个人数据仅当:

1.数据主体已经同意;或

2.这对于介绍当代事件的研究结果是不可或缺的。

第41节　媒体对个人数据的收集、处理和使用

(1)各州应在其立法中确保与本法第5节、第9节和第38a节的规定相对

应的规定,包括根据本法第 7 节规定的责任规定,应当适用于企业或辅助企业在新闻中为自己的新闻编辑或文学目的而收集、处理和使用的个人数据。

(2)如果《德国之声》的新闻编辑处理或使用个人数据导致数据主体发布其反陈述,这些反陈述应与存储的数据一并储存,且存储时间与数据本身相同。

(3)如果《德国之声》的报告使某人的隐私受到损害,则他/她可以要求获得该报告所依据的存储的个人数据。在考虑有关方面的合法利益后,可以拒绝上述信息要求,如

1. 数据可以使人获知,谁是或已经专业参与编写新闻的人员,包括其准备、制作或传播广播的能力;

2. 数据可以使人获知,作为编辑部分的稿件、文件和通信的供应或来源;

3. 对经调查或其他方法而获取的数据的公开将使《德国之声》因泄露其信息来源而有损其新闻功能。

数据主体可以会要求纠正不正确的数据。

(4)在所有其他方面,本法第 5 节、第 7 节、第 9 节和第 38a 节应当适用于《德国之声》。即使在涉及行政事项的情况下也适用本法第 42 节,而不是第 24 节至第 26 节。

第 42 节 《德国之声》的数据保护官员

(1)《德国之声》应任命 1 名数据保护官员,代替联邦委员进行数据和信息自由的保护。数据保护官员由总干事提名董事会任命,任期 4 年;允许连任。数据保护官员可以一并行使广播公司的其他职责。

(2)数据保护官员应当监督本法规定和涉及数据保护的其他规定的遵守情况。他或她应独立行使该职权,并仅受制于法律。在所有其他方面,他或她应受到董事会的正式和法定授权。

(3)任何人都可以根据本法第 21 节第 1 项向数据保护官员提出上诉。

(4)数据保护官员每 2 年向德国之声的机构提交活动报告,除此之外,从 1994 年 1 月 1 日起,依照《德国之声》机构的决定应当提交特别报告。数据保护官员应为数据保护和信息自由将活动报告转交给联邦委员。

(5)《德国之声》应根据本法第 23 节至第 26 节进一步安排其活动领域。本法第 4f 节和第 4g 节应当保持不变。

第42a节 非法获取数据的报告义务

如果依据第2节第(4)款被界定为私人机构(私法人)或者依据第27节第(1)款第1句、第2句界定为公共机构(公法人),那么:

1. 特殊的个人数据[第3节第(9)款];

2. 个人职业隐私数据;

3. 有关个人犯罪的数据或者行政处罚的数据或者涉嫌应受处罚行为的数据或者行政处罚的数据;或者

4. 个人银行或者信用卡的个人数据。

存储的个人数据被非法转让或者以其他非法方式透漏给第三方机构(个人),对数据权利人的权利或合法权利造成严重损害或威胁的,数据权利人应根据第2~5句毫不迟延地通知有监管权的监管主体。一旦采取适当的数据保护措施,应当立即通知数据主体,该通知应当避免陷入刑事起诉的风险。对数据主体的通知应当说明非法进入的性质并且应当提出相应风险的应对措施。主管监督机构还应当说明非法进入的损害后果并提出相应的建议。在通知数据主体时将会有不合理工作要求,特别是在大量的复杂案件下的通知可以在至少2个国家级的报纸上以发布公益广告的形式发出,报纸通知至少需要一半的版面进行通知或者其他具有同等效力的通知措施也可以。该通知可能被用于刑事诉讼程序或行政行为违法程序中另一方主体对抗被要求发布通知的主体,或者当通知的内容被界定为《刑事诉讼法》第52节第(1)款时,只有经过提供通知的机构同意,个人才能获得该通知的内容。

第五章 最终条款

第43节 行政违法行为

(1)行为人的以下行为无论故意还是过失都将被认定为行政违法行为:

1. 违反第4d节第(1)款规定,依据本法第4e节第2句规定未提交通知的,未在规定的期限内完成或者未提供完整的资料的;

2. 违反第4f节第(1)款第1句或第2句规定,未指定数据保护的公职人员或未按照法定期限或未按照法定方式的;

2a. 违反第10节第(4)款规定,在数据传输过程中不能查明或检查数据的;

2b. 违反第 11 节第(2)款第 2 句规定,不能给委员会提供正确的、完整的信息或不能依照规定提供的,或违反第 11 节第(2)款第 4 句规定不能确保代理人在数据处理之前遵守技术和组织措施;

3. 违反第 28 节第(4)款第 2 句规定,未通知数据主体或未能在规定的期限内通知或未按照规定的方式通知,或未能确保数据主体获得应有的知识;

3a. 违反第 28 节第(4)款第 4 句规定需要更严格的形式的;

4. 传输或者使用个人信息违反第 28 节第(5)款第 2 句的;

4a. 违反第 28a 节第(3)款第 1 句未能通知或者未能准确、完整地或未在规定的时间内通知的;

5. 违反第 29 节第(2)款第 3 句、第 4 句,不能记录原因或其呈现的方式不可信;

6. 将个人信息数据放到电子、印刷地址、电话、机密的分类或类似目录,违反本法 29 节第(3)款第 1 句规定的;

7. 违反第 29 节第(3)款第 2 句,未能确保标签被通过(采用);

7a. 违反第 29 节第(6)款,未能按照信息要求妥善处理的;

7b. 违反第 29 节第(7)款第 1 句,未能通知客户或未能准确、完整地通知或者未在规定的期限内通知;

8. 违反第 33 节第(1)款,未能通知数据主体或者通知不准确、完整的;

8a. 违反第 34 节第(1)款第 1 句与第 3 句,违反第 34 句第(1a)款,违反第 34 节第(2)款第 1 句与第 2 句,或者违反第 34 节第(2)款第 5 句、第(3)款第 1 句第 2 句或第(4)款第 1 句与第 2 句未能提供信息或者未能提供准确、完整的信息或者未在规定的时间内提供信息,或者违反第 34 节第(1a)款未能存储数据的;

8b. 违反第 34 节第(2)款第 3 句,未传输信息或者未能准确、完整地传输或未在规定的时间内传输的;

8c. 违反第 34 节第(2)款第 4 句,未向其他主体提供数据主体的,或者未在规定的时间内提供的;

9. 违反第 35 节第(6)款第 3 句,传输数据没有陈述的;

10. 违反第 38 节第(3)款第 1 句,未提供通知或者未能准确、完整地通知,或者未在规定的时间内或未按照规定的方式通知;

11. 未遵守依据第 38 节第(5)款第 1 句做出的执行指令的。

(2)行为人的以下行为无论故意还是过失都将被认定为行政违法行为:

1. 未经授权而收集或处理一般无法获取的个人数据；

2. 未经授权通过自动化检索而掌握一般无法获取的个人数据；

3. 检索一般无法获得的个人数据或者此类数据；

4. 通过错误的信息以达到对一般无法获得的数据的转移；

5. 违反第 16 节第(4)款第 1 句、第 28 节第(5)款第 1 句并且违反第 29 节第(4)款、第 39 节第(10)款第 1 句或者第 40 节第(1)款，将数据传送给第三方用于其他目的的；或者

5a. 违反第 28 节第(3b)款订立合同取决于数据主体的同意；

5b. 违反第 28 节第(4)款第 1 句，为广告、市场或者舆论研究而处理或使用数据；

6. 违反第 30 节第(1)款第 2 句、第 30a 节第(3)款第 3 句、第 40 节第(2)款第 3 句融合具体的信息特征的；或者

7. 违反第 42a 节第 1 句未能通知，或者未能准确、完整地或在规定的时间内通知的。

(3)行政违法行为属于第(1)款以上的，处以最高 50,000 欧元的罚款；行政违法行为属于第(2)款以上的，处以最高 300,000 欧元的罚款；罚金数量应超过行为人源于行政违法行为所获得的利益。若上述罚金数是不足以达到要求的，可增加数额。

第 44 节　刑 事 犯 罪

(1)任何人以交换获取报酬或有利自己(他人)为目的触犯本法第 43 节第(2)款的，损害他人利益的，最高处以 2 年监禁或罚款。

(2)此种犯罪行为只有在提出控诉时才能起诉，控诉主体为数据主体、联邦数据保护和信息自由委员、监督机构。

第六章　过渡性规定

第 45 节　当前的申请

已于 2001 年 5 月 23 日开始进行个人数据的收集、处理或使用的，应当在 3 年内与本法保持相一致。欧洲议会和理事会在 1995 年 10 月出台的关于个人数据处理和自由流通的保护指令 96/46/EC 保护范围之外的行为适用本法规定。已于 2001 年 5 月 23 日开始进行个人数据的收集、加工或使用的，应当

在5年内与本法保持相一致。

第46节　超越性定义的效力

(1)联邦特别法律条文中使用的“归档系统”是指:

1. 可通过自动化程序依据具体特征进行评估的一系列个人数据;

2. 任何其他类似的结构化个人数据,都可以根据其特定的特征(非自动归档系统)进行安排、重排或重估。

(2)联邦特别法中使用的“文件”是指任何官方用途的文件,它不仅是第1节上的“文件”,还应包括图像和声音记录介质文件;不包括将不会成为记录内容的草稿和笔记。

(3)联邦特别法中使用的“收件人”是指控制人以外的任何人,不包括在德国之外的任何被委托收集、处理和使用个人数据的数据主体、个人和机构。

第47节　过渡性条款

对于处理和使用已经在2009年9月1日以前收集或存储的数据,适用该期间的第28节规定应继续适用。

1. 以市场或舆论研究为目的的到2010年8月31日;

2. 以广告为目的到2012年8月31日。

第48节　联邦政府报告

联邦政府应当向议会报告:

1. 于2012年12月31日前向议会作第30a节和第42a节的实施影响报告;

2. 与2014年12月31日前向议会作第28节和第29节的实施影响报告。

联邦政府报告如果认为相关立法措施是可取的,报告中应当包含相应建议。

附件　(针对本法第9节第1句)

对个人数据进行自动处理或使用的,应当按照个人数据保护的具体规定在机关或企业内部安排培训。特别是要根据个人数据的类别或数据的类别采取适当的保护措施。

1. 防止未经授权进行个人数据处理或使用的数据处理系统(访问控制)。

2. 防止未经授权使用数据处理系统(访问控制)。

3. 确保有权使用数据处理系统的人仅有权获得该系统中的数据,在数据处理或使用过程中以及存储(访问控制)中个人信息不能被阅读、复制、修改或删除。

4. 在数据传输过程中要确保个人数据无法阅读、复制、修改或删除,并且数据传输过程中的数据可通过传输设施和传输机构进行检查和确定(数据传输控制)。

5. 确保个人数据是否输入数据处理系统,在输入的过程中是否进行了修改或删除(输入控制)。

6. 确保个人信息在委托处理的情况下,受托人严格依照委托人的指示进行处理(工作控制)。

7. 确保个人数据免受外部破坏或损坏(可用性控制)。

8. 确保分开处理以不同目的所收集的个人数据。

第2句第2项至第4项规定的措施,应当特别运用最新加密程序进行。

加拿大《个人信息保护法》

Personal Information Protection Act

[SBC 2003]63 章

(2003 年 10 月 23 日通过)

翻译指导人员:李爱君　苏桂梅

翻译组成员:姚　岚　方　颖　方宇菲

任依依　李廷达　李　昊

王　璇　马　军

第一部分　介绍性规定

第 1 条　定义

在本法中:

"委员"是指根据《信息自由和隐私保护法》第 37 条第(1)款或 39 条第(1)款进行委任的人员。

"联系信息"是指使个人相互之间获得商业联系的信息,包括姓名、职务名称或头衔、业务电话号码、业务地址、业务电子邮件或业务传真号码。

"信用报告"与《商业惯例与消费者权益保障法》第 106 条中"报告"的含义相同。

"信用报告机构"与《商业惯例与消费者权益保护法》第 106 条中"报告机构"的含义相同。

"日"不包括节假日或星期六。

"文件"包括:

(a)存储资料的信息;以及

(b)电子或类似形式的文件。

“家用的”是指与家或者家庭有关的。

“员工”包括志愿者。

“员工个人信息”是指为合理建立、管理或终止组织与该个人之间的雇佣关系而收集、使用或披露的个人信息,但不包括不关涉个人的就业信息。

“就业”包括在无偿的志愿工作关系下工作。

“联邦法”是指《个人信息保护和电子文件法(加拿大)》。

“调查”是指在有理由相信有可能发生或已经发生违约、违规、某些情形、行为、欺诈或某些受到质疑的不正当交易惯例时,与下列情形相关的调查。

(a)违反协议;

(b)违反加拿大或某省的规定;

(c)根据普通法或衡平法的规定,成文法中可能引发补救或救济的情形或行为;

(d)防止欺诈;或

(e)如果该证券调查由受到不列颠哥伦比亚证券委员会认可的组织或由该组织的代表进行,那么适用《证券法》第1条关于证券交易的界定。

“组织”包括个人、非法人团体、工会、信托或非营利组织,但不包括:

(a)以个人或家庭身份行事或以雇员身份行事的人;

(b)公共组织;

(c)省法院、最高法院或上诉法院;

(d)《尼斯加最终协定》中所界定的尼斯加政府;或

(e)来自信托人家庭成员或朋友的为一个或多个特定人利益而进行的私人信托活动。

“个人信息”是指有关可识别个人的信息,包括员工个人信息,但不包括

(a)联系信息;或

(b)工作产品信息。

“诉讼程序”是指与下列指控有关的民事、刑事或者行政诉讼:

(a)违反协议;

(b)违反加拿大或省的规定;或者

(c)根据普通法、衡平法的规定过失或故意违反成文法中规定的补救

义务。

“公共组织”是指：

(a)不列颠哥伦比亚省政府部门；

(b)组织、董事会、委员会、公司、办公室或其他或者根据《信息自由和隐私保护法》附则2指定或加入的组织；或

(c)《信息自由和隐私保护法》所界定的地方公共组织。

“工作产品信息”是指个人或团体个人准备或收集的，与其工作或业务相关的职责或活动的一部分信息，但未准备或者收集个人信息者的个人信息除外。

第2条　目的

本法目的在于：管理组织时个人信息的收集、使用和披露，且组织的行为必须是在——理性人承认组织有权且需要收集、使用或披露个人信息的情况下进行的。

第3条　应用

(1)除本部分另有规定外，本法适用于每个组织。

(2)本法不适用于以下内容：

(a)收集、使用或披露用于个人或者家庭目的的信息。

(b)收集、使用或披露用于新闻、艺术或文学的信息。

(c)根据联邦法规定收集、使用或披露的个人信息。

(d)根据《信息自由和隐私保护法》规定收集、使用或披露的个人信息。

(e)以下个人信息：

(i)法院文件；

(ii)上诉法院、最高法院或省法院的文件，或者向该法院法官提供的支持其服务的有关文件；

(iii)最高法院高级司法官的文件；

(iv)和平正义文件；或者

(v)《信息自由和隐私保护法》附则1中规定的司法管理记录。

(f)决定者依照行政程序作出的说明、通信信息或决定草案中的个人信息。

(g)立法会议员或立法会议员的成员或官员收集、使用或披露有关行使该成员或官员的职能的个人信息。

(h)与公诉程序尚未完成有关文件。

(i)本法生效之前或之前收集的个人信息。

(3)本法不影响律师——客户特权。

(4)本法不限制诉讼当事人依法提供的信息。

(5)本法的规定不一致或与另一成文法则的规定相抵触时,除另有法律明文规定,一律适用本法。

第二部分 关于组织保护个人信息的通则

第4条 遵守法令

(1)在履行本法规定责任的情况下,组织必须秉持理性人标准。

(2)组织负责其控制的个人信息,包括不在组织中的个人信息。

(3)组织必须指定一个或多个人负责,确保组织行为符合本法。

(4)根据第(3)款指定的个人,可授予另一人该指定所赋予的职责。

(5)组织必须向公众提供以下信息:

(a)根据第(3)款指定或根据第(4)款授予的每个人的职位名称或头衔;以及

(b)第(a)项提及的每个人的联络信息。

第5条 政策和惯例

组织必须:

(a)制定和遵循必要的政策和惯例,以满足本法规定之下的组织义务要求。

(b)制定处理那些可能提高本法权威性的投诉的反馈程序。

(c)根据要求提供有关信息:

(i)第(a)项所述的政策和惯例;以及

(ii)第(b)项所述的投诉程序。

第三部分 同 意

第6条 必要的同意

(1)组织不能

(a)收集有关个人的个人信息;

(b)使用有关个人的个人信息;或者

(c)披露有关个人的个人信息。

(2)在以下情形下,第(1)款不适用:

(a)个人同意收集,使用或披露;

(b)经本法授权在未经个人同意的情况下收集、使用或披露;或

(c)本法认为个人同意对信息的收集、使用或披露。

第7条　明示同意

(1)根据本法规定,个人不得同意组织收集、使用或披露个人信息,除非

(a)该组织已向个人提供第10条第(1)款所要求的信息;以及

(b)个人依照本法规定作出同意表示。

(2)组织不得以提供产品或服务为条件,要求个人同意提供组织所需之外的收集、使用或披露超过其提供产品或服务的个人信息。

(3)如果组织试图通过以下方式,获得收集、使用或披露个人信息的同意,则其提供的任何同意都是无效的。

(a)提供关于收集、使用或披露信息的虚假或误导性信息;或者

(b)使用欺骗性或误导性的行为。

第8条　默示同意

(1)在以下情形下,可以认为个人同意组织出于一定目的对其个人信息进行收集、使用或披露:

(a)个人出于在理性人看来显而易见的给予目的;以及

(b)个人自愿提供。

(2)根据保险、养老金、福利或类似计划、政策或合同要求,出于方便其注册的目的,对信息进行收集、使用或者披露,在如下情况下,可视为同意:

(a)是受益人,或根据计划、政策或合同具有被保险人的权益;以及

(b)并非计划、政策或合同的申请人。

(3)在以下情形下,组织可以收集、使用或披露个人信息以达到特定目的:

(a)组织以个人可以合理理解的形式向个人提供通知,告知其收集、使用或披露个人信息的意图;

(b)组织给予个人在合理的时间内其个人信息不被收集、使用或披露的权利;

(c)在第(b)项容许时间内,个人并不拒绝信息的收集、使用或披露;以及

(d)在考虑个人信息的敏感性的前提下,对个人信息的收集、使用或披露是合理的。

(4)根据第(1)款规定,若并非出于本款规定目的,则不得授权组织个人信息进行收集、使用或披露。

第9条　撤回同意

(1)根据第(5)款、第(6)款的规定,个人在向组织发出合理通知后,可随时撤回关于收集、使用或披露个人信息的同意。

(2)组织在收到第(1)款规定的通知后,必须告知个人其撤回同意的可能后果。

(3)组织不得禁止个人撤回收集、使用或披露个人信息的同意。

(4)根据第35条的规定,如果个人撤回对组织收集、使用或披露个人信息的同意,除非满足本法在未经同意情况下允许收集、使用或披露个人信息的条件,机构必须停止收集、使用或披露个人信息。

(5)如果撤回同意将妨碍到法定义务的履行,则个人不得撤回同意。

(6)在第12条第(1)款第(g)项或第15条第(1)款第(g)项所述的情况下,个人不得撤回对信用报告机构作出的同意。

第四部分　个人信息的收集

第10条　个人信息收集的必要通知

(1)在向个人收集与个人有关的个人信息之时或之前,组织必须向个人口头或书面披露:

(a)收集该信息的目的;以及

(b)应个人的要求,该组织中能够回答与信息收集有关个人疑惑的工作人员或雇员的职位名称或头衔以及联系信息。

(2)未经个人同意,收集来自其他组织的与个人有关的个人信息之时或之前,组织必须向其他组织提供关于收集目的的足够信息,使其他组织确定其披露是否将符合本法。

(3)本条不适用于按照第8条第(1)款或第(2)款所进行的收集。

第11条　个人信息收集的限制

根据本法,组织只有在理性人认为的适当情形下,才能收集个人信息,以及

(a)实现该组织根据第10条第(1)款所披露的目的;或

(b)根据本法另有规定的。

第12条　未经同意收集个人信息

(1)在以下情形下,组织可以不经同意或从个人主体之外收集个人信息:

(a)收集明显符合个人利益,且不能及时获得同意。

(b)对于个人医疗信息的收集是必要的且个人不具有给予同意的法定能力。

(c)有理由相信若经个人同意会损害个人信息的可用性或准确性,且收集对于调查或诉讼是合理的。

(d)通过对表演、运动会或类似活动的观察收集的个人信息:

(i)在个人自愿呈现时;以及

(ii)其向公众开放。

(e)个人信息来源为公众所知,该来源满足本条规定的目的要求。

(f)收集的个人信息为确定合适个人所必需:

(i)获得荣誉,奖励或类似利益,包括荣誉学位、奖(助)学金;或者

(ii)出于运动或艺术目的被选取。

(g)该组织是一个信用报告机构,其收集个人信息用以创建信用报告,并在原始收集时取得个人为此目的披露信息的同意。

(h)法律要求或授权收集的。

(i)根据第18条至第22条向该组织披露信息的。

(j)对以下活动来说,个人信息是必要的:

(i)收取欠该组织的债务;或

(ii)向该组织支付欠下的债务。

(k)个人信息是为组织给第三方提供法律服务而收集的,且收集信息为提供这些服务所必要。

(l)满足以下情形的个人信息,向第三方提供服务的组织可出于某种目的进行收集:

(i)第三方是以个人或家庭身份行事的个人;

(ii)第三方向组织提供信息;以及

(iii)信息为提供这些服务之必要。

(2)在下列情形下,组织可以在未获得与信息有关的个人同意情况下,向另一个组织或代表另一个机构收集个人信息:

(a)个人曾经同意其他组织收集其个人信息。

(b)该组织披露或收集的个人信息仅:

(i)为先前收集该信息之目的;以及

(ii)协助该组织代表其他组织开展工作。

第 13 条　员工个人信息的收集

(1)根据第(2)款,组织可在未经个人同意的情况下收集员工个人信息。

(2)组织不得在未经个人同意的情况下收集员工个人信息,除非:

(a)第 12 条允许未经同意而收集员工个人信息;或者

(b)收集是为设立、管理或终止该组织与个人之间的雇佣关系的合理目的。

(3)在组织未经个人同意收集员工个人信息前,组织必须告知个人其将收集与个人有关的员工个人信息以及收集的目的。

(4)若第 12 条容许在未经个人同意条件下对信息的收集,则员工个人信息不适用第(3)款。

第五部分　个人信息的使用

第 14 条　使用个人信息的限制

根据本法,组织只有在理性人认为的适当情形下,才能收集个人信息以及

(a)履行本组织根据第 10 条第(1)款所披露的目的要求;

(b)在本法生效之前收集的资料,实现收集的目的;或

(c)本法另有规定的。

第 15 条　未经同意使用个人信息

(1)组织可以在未经个人同意使用个人信息,如果:

(a)这种使用明显符合个人的利益,以及无法及时征得同意。

(b)对于个人医疗,这种信息使用是必需的,以及个人不具有给予同意的法定能力。

(c)有理由认为个人同意使用会违背调查与诉讼,并且为调查或诉讼有关目的的使用是合理的。

(d)通过观看表演,运动会或类似活动收集个人信息:

(i)个人自愿出现;以及

(ii)对公众开放。

(e)个人信息对公众来说是可以获得的,公众可以通过符合本款规定目的的来源获取。

(f)这种使用需要确定适用性:

(i)获得荣誉、奖励或类似利益,包括荣誉学位、奖(助)学金;或者

(ii)出于运动或艺术目的被选取。

(g)如果个人同意为此目的进行的披露,个人信息被信用报告机构用于创建信用报告。

(h)这种使用是法律要求或授权的。

(h.1)个人信息是由组织根据第12条第(1)款第(k)项、第(l)项收集的,并用于实现其收集的目的。

(i)根据第18~22条规定,个人信息已向组织披露。

(j)个人信息需要为出于以下目的的活动提供便利:

(i)收取欠该组织的债务;或者

(ii)支付组织欠下的债务。

(k)根据第十二部分信用报告机构被允许未经同意收集个人信息,个人信息不会被报告组织用于除了创建信用报告之外的任何其他目的;或者

(l)这种使用对应对威胁个人的生命、健康或安全的紧急情况是必要的。

(2)在下列情形下,组织在没有征得与信息有关的个人的同意的情况下,可以使用或代表另一个组织使用收集到的个人信息:

(a)个人同意个人信息被其他组织使用;以及

(b)个人信息被组织使用仅:

(i)用于该信息最初被收集时的目的;以及

(ii)帮助这个组织代表另一个组织完成工作。

第16条　雇员个人信息的使用

(1)根据第(2)款规定,组织可以未经个人同意使用雇员的个人信息。

(2)组织不得在未征得个人同意的情况下,使用雇员的个人信息,除非:

(a)第15条允许未经同意使用雇员的个人信息;或者

(b)以建立、管理或终止组织和个人之间雇佣关系为目的的使用是合理的。

(3)组织必须在组织未经个人同意使用雇员个人信息之前,通知个人它将使用雇员的个人信息以及使用的目的。

(4)如果第十五部分允许未经个人同意使用,第(3)款不适用于雇员个人信息。

第六部分　个人信息的披露

第17条　个人信息披露的限制

依据本法,若一个理性人认为披露个人信息的目的是适当的,那么,组织可以进行信息披露:

(a)出于实现组织根据第10条第(1)款进行披露的目的;

(b)在此法生效前收集的信息,为实现它被收集的目的;或者

(c)本法另有规定的。

第18条　未经同意披露个人信息

(1)仅出于以下原因,组织可以未经个人同意披露有关个人的个人信息:

(a)披露明显符合个人的利益以及无法及时获得同意。

(b)对于个人的医学治疗是必需的,以及个人不具有给予同意的法定能力。

(c)有理由认为个人同意使用会违背调查与诉讼,并且为调查或诉讼有关目的的使用是合理的。

(d)通过观看表演,运动会或类似活动收集个人信息:

(i)个人自愿出现;以及

(ii)对公众开放。

(e)个人信息对公众来说是可以获得的,公众可以通过符合本款规定目的的来源获取。

(f)这种披露需要确定适用性:

(i)获得荣誉,奖励或类似利益,包括荣誉学位,奖(助)学金;或者

(ii)因为运动或艺术目的被选取。

(g)这种披露是必需的,且是为了收取欠该组织的债务或为了支付该组织欠个人的债务。

(h)个人信息按照条约的条款进行披露:

(i)这种披露是法律要求或授权的;以及

(ii)是在英属哥伦比亚或加拿大法律规定的。

(i)所披露的是由于遵守法院、个人或有管辖权的组织发出的传票、搜查令或命令强制要求,而产生的个人信息。

(j)这一信息披露是由加拿大或者法律中与犯罪有关的公共组织或执法组织提供的,用以协助犯罪调查或作出犯罪调查决定的个人

信息：

(i)确定犯罪行为是否发生；或者

(ii)为犯罪行为的起诉或者诉讼做好准备。

(k)有合理的理由相信存在影响个人的健康或安全的紧急情况，而且该信息披露的通知被寄到个人知晓的与其信息有关的最后一个地址。

(l)披露的目的是联系受伤、生病或死亡的个人的近亲属或朋友。

(m)披露给代表该组织的律师。

(n)如果个人信息因为研究或档案的目的而收集是合理的，可披露给档案组织。

(o)信息披露是法律规定的，或者是法律授权的。

(p)披露符合第19～22条的规定。

(2)一个组织可以在未经信息有关个人同意的情况下，向另一个组织披露个人信息，如果：

(a)个人同意组织收集其个人信息。

(b)个人信息被披露给另一个组织仅：

(i)用于该信息最初被收集时的目的；

(ii)协助其他组织开展代表第一个组织的工作。

(3)则该组织可以在未经信息有关的个人同意的情况下，向另一个组织披露个人信息，如果一个组织被第12条第(2)款授权收集来自或代表其他组织的个人信息。

(4)在以下情形下，组织可以未经信息有关的个人同意，向另一个组织或公共组织披露个人信息：

(a)个人信息是根据第12条第(1)款第(k)项、第(l)项收集的；

(b)出于信息收集的目的而进行的组织之间或者组织和公共组织之间的信息披露；

(c)出于这些目的的信息披露是必要的；

(d)在本款下的任何信息披露，对于第12条第(1)款第(k)项、第(l)项提到的第三方同意披露的，同样适用。

第19条　披露雇员个人信息

(1)在第(2)款下，组织可以未经个人同意披露雇员的个人信息。

(2)组织未经个人同意不得泄露雇员的个人信息，除非满足下列条件之一：

(a)第 18 条允许未经同意披露雇员的个人信息;或

(b)为了建立、管理或终止组织和个人之间的雇佣关系的披露是合理的。

(3)在组织未经个人同意披露雇员个人信息之前,组织必须通知个人将披露雇员的个人信息以及披露目的。

(4)如果第 18 条允许在未经个人同意的情况下披露,第(3)款不适用于雇员个人信息。

第 20 条　出售组织或其业务资产时的个人信息转移

(1)此条中:

"商业交易"是指组织或其部分或组织的任何业务或资产的购买、出售、租赁、合并或任何其他类型的获取、处置或融资;

"交易方"是指进行商业交易的个人或另一方组织。

(2)组织可以在以下情形下未经同意向潜在交易方披露其雇员、客户、董事、高级管理人员或股东的个人信息。

(a)个人信息对于潜在交易方确定是否进行商业交易是必要的;

(b)组织和未来交易方签订了一项协议,要求潜在交易方仅为与将来的商业交易有关的目的使用或披露个人信息。

(3)任一组织在进行商业交易时,需满足以下条件才可以未经许可而披露雇员、客户、董事、行政人员及股东的个人信息:

(a)第三方只能因为组织收集、使用或者披露这些个人信息时的目的而使用或披露这些个人信息;

(b)被披露的个人信息只能是与该组织或者其商业交易涉及的营业资产直接相关的个人信息部分;以及

(c)需通知被披露个人信息的雇员、客户、董事、行政人员及股东以下事项:

(i)已进行的商业交易;以及

(ii)其个人信息已经被披露给第三方。

(4)符合第(2)款规定条件的潜在第三方可以在第(2)款规定的情形下,未经组织雇员、客户、董事、行政人员及股东许可收集、使用或披露个人信息。

(5)符合第(3)款规定条件的第三方可以在第(3)款规定的情形下,未经组织雇员、客户、董事、行政人员及股东许可收集、使用或披露个人信息。

(6)如果商业交易终止或者未完成,潜在第三方应按照第(2)款规定销毁或者返还其收集的任何关于该组织的雇员、客户、董事、行政人员及股东的个人信息。

(7)这一部分没有授权任何组织,以不涉及该组织大量资产的商业交易为目的,向第三方或者潜在第三方披露个人信息。

(8)该部分没有授权第三方或潜在第三方在违反第(7)款的情况下收集、使用或者披露组织向其披露的个人信息。

第21条 用于研究或者统计的披露

(1)组织可以以研究为目的(包括统计研究)未经当事人同意而披露其个人信息,只要:

(a)除以可单独识别的形式提供该个人信息以外,研究目的无法实现。

(b)披露要求该个人信息不会被用来联系当事人直接参与该研究。

(c)该个人信息与其他信息的关联对被识别的当事人无害,且该联系带来的好处纯粹是公共利益。

(d)将要披露个人信息的组织已经签署了协议以遵守以下规定:

(i)本法;

(ii)收集该个人信息的组织有关该个人信息机密的政策或程序;

(iii)安全保密条件;

(iv)一旦有合理的机会就应该消除个人标识的要求;

(v)未经披露该个人信息的组织明确授权,禁止以可以识别个人身份的形式持续使用或者披露该个人信息。

(e)组织寻求当事人披露个人信息的同意不切实际。

(2)第(1)款没有授权任何组织出于市场研究的目的而披露个人信息。

第22条 用于档案或历史的披露

组织可以在满足以下条件的前提下,出于档案性或者历史性目的而未经当事人同意披露其个人信息:

(a)理性人将不会认为该个人信息过于敏感而不宜在该期间披露;

(b)披露出于存档或者历史性目的并且符合第21条的规定;

(c)关于已经去世至少20年的当事人的个人信息;或者

(d)该信息已经记录在案至少100年。

第七部分　个人信息获取和修正

第23条　个人信息获取

(1)根据第(2)款至第(5)款的规定,任何组织应该应当事人要求向其提供以下信息:

(a)组织控制的该当事人的个人信息;

(b)组织已经或正在使用第(a)项中提到的个人信息方式的信息;

(c)组织将第(a)项提到的个人的姓名或者名称披露给第三方。

(2)满足下列情形的组织:

(a)一家信用报告机构;以及

(b)收到按照第(1)款提出的要求。

除非有理由认为当事人可以自行确认来源,否则应同时向当事人提供其获得的个人信息资料源的名称。

(3)在以下情况下,不得要求任何组织披露第(1)款或第(2)款提及的个人信息以及其他信息:

(a)该信息享有律师对于客户保密条款的保护。

(b)披露该信息将会泄露商业机密信息,并且站在理性人的角度将会使该组织在竞争中处于不利地位。

(c)依据第12条或者第18条的规定,以调查为目的未经同意而收集或者披露该信息,并且该调查涉及的相关诉讼、上诉等仍未完成。

(d)[已被废止]。

(e)该信息在调解员或者仲裁员在调解或者仲裁过程中创造或者收集的信息:

(i)根据集体协议;

(ii)根据法律法规;

(iii)根据法院指令。

(f)该信息属于律师享有留置权的文件中的内容。

(3.1)不能依据第(1)款的规定要求信用报告机构,披露在12个月之前从该组织的信用报告中所获得的,个人信息的个人或者组织名称。

(4)任何组织在以下情形下不应按照第(1)款或第(2)款的规定而披露个人信息以及其他信息:

(a)有理由认为该披露将会威胁到除提出披露请求的当事人以外的其他

人的安全或者身体、心理健康；

(b)有理由认为该披露将会对提出请求的当事人的安全或者身体、心理健康造成直接的或者严重的伤害；

(c)披露该信息将会暴露其他人的个人信息；

(d)披露该信息将会暴露提供他人个人信息的当事人的身份，并且该当事人不同意暴露其身份。

(5)如果组织能够清除包含提出请求的当事人个人信息的文件中涉及的第(3)款的第(a)项、第(b)项或者第(c)项或者第(4)款提及的信息，组织应该在该信息被清除后向当事人提供获取该信息的方式。

第24条　要求修正个人信息的权利

(1)当事人可以要求组织修正个人信息中的错误或者遗漏，这些信息包括：

(a)关于该当事人的；并且

(b)由组织控制该信息。

(2)如果组织有合理理由确信根据第(1)款提出的请求应该得到同意，则该组织应该：

(a)在合理的时间内尽快修正该个人信息；并且

(b)将修正后的个人信息发送给修正日前的1年内获得个人信息披露的所有组织。

(3)如果组织没有根据第(2)款的规定做出修正，组织应对其控制的该个人信息进行注释"要求修正而未进行修正"。

(4)如果按照第(2)款的规定，一个组织被通知修正某项个人信息事项，则该组织应修正其控制下的个人信息。

第八部分　管　　理

第25条　定义

在这一部分，"申请人"是指根据第27条的规定提出请求的个人。

第26条　可提出要求的情形

个人可以在第23条或者第24条规定的情形下向组织提出要求。

第27条　如何提出要求

个人为了获得其或修正其个人信息，应该以书面形式提出要求并附有详细的细节，以尽量使组织可以识别其身份及其个人信息或者所寻求的修正。

第28条　协助个人的职责

组织应尽合理的努力：

(a)帮助每一个申请人。

(b)尽可能准确完整地对每一个申请人进行反馈。

(c)除了适用第23条第(3)款、第(3.1)款或者第(4)款的情形以外，向每个申请人提供：

(i)被要求的个人信息；或者

(ii)如果被要求的个人信息不能被合理地提供，则申请人应有合理的机会检查该个人信息。

第29条　反馈期限

(1)根据这条的规定，组织应该在以下期限内对申请人作出答复：

(a)收到申请人要求之后30天之内；或者

(b)如果反馈期间根据第31条的规定被延长，则为延长期间结束后。

(2)如果组织根据第37条的规定要求委员授权其忽视申请，则本条第(1)款所规定的30日不包括自组织根据第37条的规定提出要求之日至委员就该申请做出决定之日的期间。

(3)如果申请人要求委员根据第46条的规定审查费用估算，则本条第(1)款所规定的30天不包括自申请人提出审查要求之日至委员作出决定之日的期间。

(4)如果申请者向第46条中的委员提出审核费用评估的请求，那么本条第(1)款提到的30日不包括申请者提出审核请求到委员会作出决定的期间。

第30条　答复的内容

(1)在根据第28条所作出的答复中，如果申请者所提出的获取、查询全部或部分个人信息的请求被拒绝，则组织必须告知申请者：

(a)拒绝的理由以及拒绝是基于本法的哪个条款；

(b)组织中能够对申请者关于拒绝疑问进行回答的官员或雇员的名称、职位描述、办公地址以及办公电话；

(c)申请者可以根据第47条的规定，在告知被拒绝的30天内提起复议。

(2)尽管本条第(1)款第(a)项有所规定，但如果个人信息被收集用作调查，则此时组织可以拒绝做出确认或者否认个人信息的存在。

第31条 答复时间的延长

(1)若申请者依据第23条做出的请求,组织可以最多延长30日的答复时间,在以下情形下,经过委员的允许可以延长时间:

(a)申请者不能提供充足的详细信息,以使组织能够识别被请求的个人信息;

(b)大量的个人信息被请求或者必须被搜索,如果强制符合时间限制将会与组织的运营产生不合理的冲突;或者

(c)在组织能够作出是否给予申请者获取信息之前,需要更多的时间来与其他组织或公共组织商议。

(2)如果依据本条第(1)款,时间被延长,则组织必须告知申请者:

(a)延长的原因;

(b)组织的答复能够被期待的时间;以及

(c)申请者有权对时间的延长提出控诉并且有权请求委员依据第52条第(3)款第(b)项作出命令。

第32条 费用

(1)组织不得针对雇员个人信息索取费用。

(2)组织可以向那些依据第23条做出获取个人信息(非雇员信息)请求的个人索取费用。

(3)如果组织向依据23条提出申请的个人做出支付费用的要求,组织:

(a)在提供服务前,必须给申请者一份书面费用估价;并且

(b)可以要求申请者支付全部或部分费用的保证金。

第九部分 个人信息的保护

第33条 个人信息的准确性

在下述情况下,组织必须做出合理的努力来确保被组织收集或为了组织利益而收集的个人信息准确及完整:

(a)个人信息可能被组织用于做出决定,而该决定会影响到与个人信息相关的个人;

(b)个人信息可能被组织泄露给其他组织。

第34条 个人信息保护

组织必须保护个人信息,使其在组织的管理或控制之下。组织应通过制定合理的安全协议来防止个人信息被未经授权的获取、收集、适用、泄露、复

制、修改、处理或者类似的风险。

第35条　个人信息保留

（1）虽然有本条第（2）款的规定，如果组织使用个人信息来做出一个会直接影响该个人的决定，那么组织自使用之日起必须保存该信息至少一年，以便于个人有合理的机会去获得信息。

（2）一旦组织有合理的理由认为发生如下情形，则必须销毁包含个人信息在内的文件，或者消除可以将个人信息与特定个人相关联的工具：

（a）个人信息收集的目的不再适用于个人信息的保留；以及

（b）为了法律或者山野的目的进行的保留不再必要。

第十部分　委员的职责

第36条　委员的一般权力

（1）除了第十一部分所规定的涉及复核的权力与职责，委员有权监督本法的执行以确保其目的得以实现，并且可以从事以下活动：

（a）如果委员有充分的理由相信组织没有遵守本法，则其有权判断控诉的正确与否、进行初步的调查以及审计从而确保组织遵守本法的条款；

（b）依据第52条第（3）款的规定作出是否进行复核的命令；

（c）将本法公之于众；

（d）获取本法执行情况的公众意见；

（e）调查任何可能影响本法目的实现的因素；

（f）对组织提出的个人信息保护计划的含义及后果进行评价；

（g）对个人信息保护的自动化系统的含义及后果进行评价；

（h）对组织通过文档链接使用公布其掌握的个人信息的行为进行评价；

（i）授权组织从除了相关人以外的其他来源进行个人信息收集；

（j）关注组织任何没能遵守法义务所造成的失误；

（k）与加拿大其他省份中依照法规与委员有相似权力和职责的人进行信息互换；

（l）出于第（k）项规定的目的加入信息共享协议并且与本段中的主体一同加入其他协议，协调他们的行为并且提供控诉处理机制。

（2）除了第（1）款的规定，委员可以调查并尝试解决以下控诉：

(a)本法规定的强制性义务没有得到履行;

(b)延长请求答复期的行为没有遵守第29条的规定;

(c)组织要求的费用根据本法的规定并不合理;

(d)依据第24条提出的个人信息修改的申请被无正当理由拒绝;以及

(e)组织违反本法规定,对个人信息进行收集、使用或泄露。

第37条　授权组织忽视请求的权力

在以下情况下,如果组织提出申请,委员就可以授权组织对第23条、第24条中的请求予以忽视:

(a)由于请求的规律性和反复性,该请求将会不当地妨碍组织的运营;

(b)该请求是草率或者无理取闹的。

第38条　委员的调查权、审计权或问询权

(1)为了进行第36条中规定的调查或者第50条中规定的询问,委员可以作出决定要求个人从事以下一个或多个行为:

(a)在委员回答宣誓或做郑重宣言前亲自或通过电子工具或者其他方法予以参加;

(b)提供或按要求制作,包括个人信息的管理或控制的文件给委员。

(1.1)委员可以申请最高法院做出命令:

(a)引导个人遵守委员依据第(1)款的规定作出的命令;

(b)引导任何负责人或官员使个人遵守委员依据第(1)款的规定作出的命令。

(2)委员可以:

(a)检验任何文件中的信息,包括个人信息、获得副本或者对文件中的信息进行挖掘

(i)探寻第(c)项中规定的任何场所;或者

(ii)本法的其他规定等。

(b)[已被废止]。

(c)在任何合理时间内,满足本组织与该处所有关的合理安全规定后,进入个人居所之外的由该组织占用的任何处所。

(3)如果任何人在委员的要求下向委员披露律师—客户特权所适用的资料,或者委员根据第(1)款或第(2)款第(a)项获得或披露消息,律师—客户特权并不因委员收到信息的方式而受到影响。

(4)委员可要求个别人以其指示的方式,在委员会委员开始或继续根据本法对该组织提出的投诉进行复核或调查前,设法解决该人与该组织的纠纷。

(5)尽管有其他成文法的规定或证据法所赋予的特权,组织依然必须向委员提供根据第(1)款或第(2)款第(a)项所规定的文件或文件的副本。

(a)如果委员未指明确切的提交时间,需要在委员要求提交该文件其10日内提交;或者

(b)如果委员指定了提交时间,则在其指定期间内提交。

(6)如过某组织须根据第(1)款或第(2)款第(a)项提交一份文件,而该文件不可复制副本,则该组织必须为委员提供查阅该文件的方式。

(7)根据第(8)款的规定,在完成复核、调查投诉或进行审查后,委员必须返还个人或组织所提交的文件或文件的副本。

(8)经个人或组织要求退还文件的,委员必须在收到请求之日起10日内返还个人或组织出具的文件或文件副本。

第38.1条　听证会的秩序维护

(1)在口头听证会上,委员可发出命令或发出指示,说明他/她认为在旁听中必须维持的秩序,而如果任何人违反或不遵从该命令或指示,委员可要求安保人员协助执行该命令或指示。

(2)根据第(1)款被招来的安保人员,可采取任何必要的行动来强制执行该命令或指示,并可为此目的合理地使用武力。

(3)在不限制第(1)款情况下,委员可命令:

(a)对某人继续参与或出席口头听证会加以限制;及

(b)将某人从进一步参与或出席口头听证会中排除,直至委员另有命令为止。

第38.2条　不合作人员的藐视诉讼

(1)任何人如在根据38条作出命令的情况下,未能或拒绝执行以下任何一项,则须由委员向最高法院提出申请,与违反最高法院的命令或判决一致,可判处其藐视法庭:

(a)在委员到场前到场;

(b)宣誓或做出证言;

(c)回答问题;

(d)提交由其保管或控制的文件。

(2)根据第38.1条,没有遵从命令或指示的人,在委员向最高法院提出

申请后,与违反最高法院的命令或判决一致,可被判处藐视法庭。

(3)第(1)款及第(2)款并不限制最高法院裁定的藐视法庭罪的行为。

第39条　诉讼证据

(1)委员及任何为委员或在其指示下行事的人,不得给予或强迫其给予在法院或任何其他法律程序中就根据本法执行其职责或行使其权力或职能中而取得的任何信息,但以下行为除外:

(a)为起诉伪造证词行为作证;

(b)根据本法对犯罪行为进行检控;或者

(c)在司法审查申请中或对该申请的决定提出上诉时。

(2)第(1)款亦适用于在委员出席前进行的法律程序的证据。

第40条　防止诽谤或中伤的行为

如上所述,任何被提供的信息或任何人在被委员调查或询问期间所产生的记录,都与在法庭程序中调查或询问的记录一样享有特权。

第41条　对委员和工作人员信息披露的限制

(1)除第(2)款至第(6)款另有规定外,委员及任何为委员或在其指示下行事的人,不得披露根据本法执行职务或行使其权力和职能而取得的任何信息。

(2)委员可披露或授权任何代表或在委员指示下行事的人披露必需的信息给:

(a)根据本法进行调查、审查或询问;或者

(b)确定根据本法提交的报告中所载调查结果和建议的依据。

(3)在根据本法进行调查、审查或询问时,以及根据本法提交的报告中,委员及任何为委员或在其指示下行事的人必须采取一切合理的预防措施以避免信息披露,同时以下情形禁止披露。

(a)任何个人信息组织被要求或被授权拒绝透露包含在第27条中规定的个人信息;或者

(b)关于信息是否存在,以及如果一个组织拒绝提供查看信息的方法不能表示该信息是否存在的情形。

(4)如果委员认为有证明犯罪行为的证据,则委员可向律政司披露有关违反不列颠哥伦比亚省或加拿大成文法则的罪行的信息。

(5)委员可披露或授权任何为委员或在其指示下行事的人披露在第39条所提到的检控、申请或上诉过程中的信息。

(6)委员可披露或授权任何为委员或在其指示下行事的人披露根据第36条第(1)款第(1)项所订立的信息共享协议的信息。

第42条　对委员和工作人员的保护

任何法律程序均不针对委员或委员代表或在其指示下行事的人,不得对在该部分或第十一部分下进行的任何事情、报告或就该项工作及拟行使或执行某项职责、权力或职能而作出的事作任何告发。

第43条　委员代表

(1)委员可根据本法将委员的任何职责、权力或职能转授予他人,但根据本条授予的权力除外。

(2)第(1)款所指的转授必须以书面提出,并可以包括委员认为适当的任何条件或限制。

第44条　委员年度报告

(1)委员必须根据该法每年向立法议会议长报告其办事处开展的工作。

(2)议长必须尽快将年度报告提交立法议会。

第十一部分　审查及其规则

第45条　定义

在这一部分:

“投诉”指第36条第(2)款所提到的投诉。

“调查”指根据第50条进行的调查。

“请求”指根据第46条向委员提出的为了以下目的的书面要求:

(a)解决投诉;或者

(b)进行审查。

“审查”是指对某一组织的决定、行为或不作为的审查:

(a)尊重访问或更正请求审核者的个人信息;以及

(b)在请求审查时提到的其他相关信息。

第46条　要求审查

(1)曾要求某组织查阅或更正其个人信息的人,可要求委员就该组织所作出的决定、作为或不作为行为而进行审查。

(2)个人可向委员提出投诉。

(3)如果委员认为第38条第(4)款已经适用于已提出请求的人,委员可将该项审查延期开始或延期审查,以便根据该条作出尝试以解决该争议。

第 47 条　如何要求审查或投诉

(1)个人可以向委员提出请求,要求进行审查或投诉。

(2)请求必须在下列期限内:

(a)请求人被通知该请求的基础情形之日起 30 天;或

(b)委员允许的较长期限。

(3)第(2)款第(a)项的期限不适用于下列要求:

(a)组织未能在本法所规定的期限内作出回应;或

(b)投诉。

第 48 条　通知他人审查

(1)在收到审查请求后,委员必须将请求副本提供给:

(a)有关组织;和

(b)委员认为适当的任何其他人。

(2)委员可根据第(1)款接收有关投诉的要求。

第 49 条　授权调节

委员可以授权调解员调查并尝试解决请求所依据的事项。

第 50 条　委员查询

(1)如果事项没有转交调解员或没有根据第 49 条得到解决,委员可以进行调查,并处理在调查过程中产生的一切事实和法律问题。

(2)查询可以私下进行。

(3)提出请求的个人、有关组织和任何被提供请求副本的人,必须被给予在调查期间向委员作出申述的机会。

(4)委员可以决定下列事项:

(a)申述是以口头或书面形式;以及

(b)某人是否有权出席会议、有权查阅或对另一人向委员提出的陈述发表评论。

(5)提出请求的个人、有关组织和任何被提供请求副本的人,可以由律师或代理人进行查询。

(6)如果投诉依据的事项根据第 49 条被转交调解员,并且没有通过调解解决,则有关投诉的查询必须在调解结束之日起 30 日内完成。

(7)如果投诉没有根据第 49 条提交给调解员,但委员决定对审查进行调查,则查询必须根据第 47 条第(1)款的规定,在提出请求之日起 30 日内完成。

(8)有关审查的查询必须根据第 47 条第(1)款的规定,在提出请求之日起 90 日内完成，除非委员：

(a)指定较晚的日期。

(b)通知：

(i)提出要求的个人；

(ii)有关组织；以及

(iii)任何被提供根据第(a)项指定日期的请求副本的人。

(9)第 46 条第(3)款所提及的延期期间不得被用以计算本条第(7)款或第(8)款所提及的截止日期。

第 51 条　证明责任

在查询拒绝个人的决定时：

(a)访问个人全部或部分的个人信息内容；

(b)关于使用或披露个人信息的信息；或

(c)信用报告机构收到的与个人有关的个人信息的来源名称；

由组织证明下列事项以让委员满意：个人无权访问其个人信息，无权要求使用或披露的个人信息，或无权访问信用报告机构收到的个人信息的来源名称。

第 52 条　委员的命令

(1)在根据第 50 条完成查询后，委员须根据本条作出命令处置该等事宜。

(2)如果查询的是组织决定提供或拒绝提供的个人信息的全部或部分内容，委员必须通过命令执行以下操作之一：

(a)如果委员确定该组织没有被授权或要求拒绝个人访问个人信息，则可要求组织：

(i)向个人提供该组织控制下的全部或部分个人信息；

(ii)向个人披露个人信息的使用方式；

(iii)向个人和组织披露个人信息被组织披露的个人姓名；或

(iv)如果该组织是一个信用报告机构，则向个人披露其收到个人信息的来源名称。

(b)如果委员确定该组织有权拒绝个人访问个人信息，则可确认组织的决定或要求组织重新考虑其决定。

(c)如果委员确定组织被要求拒绝该访问，则可要求组织拒绝个人访问全部或部分个人信息。

(3)如果调查是第(2)款所述的事宜，则委员可通过命令执行以下操作之一：

(a)确认根据本法规定的义务已经得到履行或要求履行本法规规定的义务;

(b)确认或缩短根据第31条延长期限;

(c)在适当的情况下确认、免除或减少费用或者指令退款;

(d)确认不更正个人信息的决定或指明如何更正个人信息;

(e)要求组织停止收集、使用或披露违反本法的个人信息,或确认组织收集、使用或披露个人信息的决定;

(f)要求组织销毁其所收集的违反本法规的个人信息。

(4)委员可在根据本条作出的命令中指明任何条款或条件。

(5)委员必须将根据本条作出的命令副本送交以下所有人:

(a)提出要求的人;

(b)有关组织;

(c)根据第48条收到通知的任何人;

(d)负责本法规的部长。

第53条　遵守命令的义务

(1)在收到委员命令副本后的30日内,除非在该期限结束之前提出对该命令进行司法审查的申请,有关组织必须遵守该命令。

(2)如果在第(1)款提述的期限结束之前提出司法审查申请,则委员的命令应自提出申请之日起至法院另有其他方式命令止。

第十二部分　总　　则

第54条　保护

出于以下原因,组织不得对组织的雇员进行解雇、停职、降职、纪律处分、骚扰或其他不利的行为,或者否认员工的利益:

(a)雇员以诚意行事,并以合理信念向委员透露该组织或任何其他人已经违反或即将违反本法规;

(b)为避免任何人违反本法规,雇员以诚意行事,并以合理信念为由作出或表示打算作出任何必要事情;

(c)雇员诚意行事,并以合理信念为由拒绝作出或表示打算拒绝作出违反本法规的行为;或

(d)该组织认为,雇员将会做出第(a)项、第(b)项或第(c)项所述的任何事情。

第55条　非　报　复

一个人有合理的理由相信有关组织或者个人有违反本规定的行为,真诚的告知委员该事件的详情。无论该人是否依据第46条第(2)款提出申诉,委员会都应当对该人的身份信息进行保密。

第56条　违法及处罚

(1)除第(2)款另有规定外,任何组织和个人有下列行为的均为违反本法:

(a)使用欺诈或者胁迫的手段收集违反本法规定的个人信息;

(b)处理个人信息时故意逃避对获取个人信息应当遵循的相关规定;

(c)阻碍依据本法履行其职责或者权力的委员或者依本法授权代表委员的代表;

(d)在委员依据本法履行相应职责或行使权力的过程中,故意向委员作出虚假陈述或者故意误导或企图误导委员的;

(e)违反第54条规定;或者

(f)不履行委员依据本法做出的命令。

(2)任何组织和个人违反第(1)款规定,应承担责任:

(a)如果为个别情况,可处以不超过1万美元罚款;并且

(b)如果个人不是个别行为,可处以不超过10万美元罚款。

(3)任何组织和个人不会因服从本法或者委员依据本法作出的要求而受到控诉。

(4)违反第5条的行为不适用本法或条例规定。

第57条　违约损害赔偿

(1)如果委员依据本法作出不利于组织的命令并且该命令是最终的结果,则该组织无上诉权利。任何组织违反本法规定义务造成个人实质损害的,个人有权请求组织予以赔偿。

(2)如果一个组织被确信违法本法并成为最终结果,则该组织无进一步上诉的权利。若该组织的行为造成他人犯罪,个人(受害者)可以以受到实际损害为由请求损害赔偿。

第58条　制定规章的权力

(1)副州长会议可以作出本法第41条规定的解释性规定。

(2)在不限制第(1)款规定的情形下,副州长会议可以制定以下规章:

(a)制定和回应本法所要求的规定程序(细化上位法)。

(a.1)允许法律规定不同类别的申请人请求以口头申请代替书面申请。

(b)如果披露这些信息可能会给个人造成严重的,直接危害个人精神或身体健康安全的损害。就本法第23条规定而言,授权给医疗单位或其他专家对个人心理、身体健康信息披露的决定权。

(c)除非确有第(b)项中需要信息披露审查限制,规定的程序(上位法规定的程序)应当被遵循。

(d)规定特殊的程序以便访问个人的精神和身体健康信息。

(e)对于未成年人、无民事行为能力人、已死亡的人或者其他在本法调整方式下任何人,在一定程度上,任何个人的权利或权力在本法的调整下都可以被代替行使。

(f)收费及收费的情况:

(i)不付费;或者

(ii)不得超过规定的数量或者百分比。

(g)为了本法第12条第(1)款第(e)项、第15条第(1)款第(e)项或者第18条第(1)款第(e)项目的而提供的个人信息。

(h)为本法规定的其他不达目的的。

(3)根据本条第(2)款第(b)项制定规则:

(a)指定专家评估个人精神、健康数据泄露或者披露给其他人是否会直接导致严重的精神或者健康安全危害;

(b)专家会员应当慎重使用和披露依据第(a)项所做出的个人评估数据;

(c)为不同的专家提供不同的信息。

(4)根据第(1)款、第(2)款规定,可为不同的组织、个人、不同类型的组织、个人制定不同的规定。

第59条 立法审查

(1)自2004年1月1日起3年内,立法院的特别委员会必须全面审查本法,并且在特别委员会成立1年内向立法院提交1份有关本法的报告。

(2)立法院的特别委员会每6年至少进行一次第(1)款中所规定的行为。

(3)根据第(1)款、第(2)款规定提交的报告中包括本法或其他修法建议。

(4)就第(2)款而言,第一个6年第(1)款中规定的向立法院提交报告之时开始计算。

第60条 生效日期

本法自2004年1月1日起实施。

法国《数字共和国法案》

Digital Republic Law

（2016年10月7日第2016－1321号）

翻译指导人员：李爱君　苏桂梅

本法经国民议会和参议院通过，由共和国总统颁布，内容如下：

第一编　数据和知识的流通

第一章　数据经济

第1节　公共数据访问的开放

第1条

Ⅰ.根据《民众与政府的关系法案》（Code des relations entre le public et l'administration）中第L.311－5条、第L.311－6条和第L.114－8条的规定，本法第L.300－2条第一段中的行政部门必须遵照1978年1月6日第78－17号《信息技术、文件和自由法案》（loi no 78－17 du 6 janvier 1978 relative à l'informatique，aux fichiers et aux libertés），在后者为履行公共服务职能而提出公共数据访问的时候将所控制的行政资料转让给第L.300－2条第一段中其他行政部门。

若第L.300－2条第一段中的行政部门在生成或接收文件的原始目的之外，希望将互通或公开的行政文件中的信息用于履行公共服务职能，也可以使用这些信息。

2017年1月1日起，国家行政部门之间、国家行政部门和其公共机构之间,以及上述公共机构之间进行信息交流不需要支付费用。

Ⅱ.《民众与政府关系法案》第 L. 342 –2 条 A 中新增第 22 项如下:

"22. 2016 年 10 月 7 日第 2016 –1321 号数字共和国法的第 1 条。"

Ⅲ.《民众与政府关系法案》第三卷第一编适用于按照本条第Ⅰ款实施的行政文件互通申请。

第 2 条

Ⅰ. 在《民众与政府关系法案》第 L. 300 –2 条第一段第二句中的"预报"之后,加入",源代码"。

Ⅱ. 对上述法案中的第 L. 311 –5 条第 2 项修改如下:

1. 在 *d* 的最后,"或保护个人安全"修改为"保护个人或行政部门信息系统的安全";

2. *g* 修改如下:

"*g*) 主管部门负责,研究或预防各类性质的违法犯罪行为;"。

第 3 条

上述法案的第三卷修改如下:

1. 在第 L. 300 –2 条后,新增第 L. 300 –4 条如下:

"第 L. 300 –4 条　所有依照本卷要求公开的电子资料都必须符合开放格式易于通过自动处理系统进行再利用。"

2. 在第 L. 311 –1 条中,在"必须"一词后加入"在线公布或";

3. 在第 L. 311 –9 条中补充第 4 项:

"4. 在线公开信息,但根据第 L. 311 –6 条,信息只能告知当事人的情况除外。"

第 4 条

上述法案第 L. 311 –3 条后,新增第 L. 311 –3 –1 条如下:

"第 L. 311 –3 –1 条　根据第 L. 311 –5 条,利用算法处理做出的个人决议进行具体说明,并告知当事人。如当事人提出要求,政府必须向其告知算法处理的法则及其应用的主要特点。

"本条的实施细则由最高行政法院(Conseil d' Etat)的法案确定。"

第 5 条

上述法案第 L. 312 –1 条第二段被删除。

第 6 条

Ⅰ. 上述法案第 L. 311 –6 条中加入:"包含程序秘密,经济、金融、商业或工业战略的信息，如有必要，应当考虑到第 L. 300 –2 条第一段中提及的政府的公共服务职能面临竞争而需要重视的信息。”

Ⅱ. 在上述法案第三卷第一编第二章第 1 节中，新增第 L. 312 –1 –1 条至第 L. 312 –1 –3 条如下：

“第 L. 312 –1 –1 条　根据第 L. 311 –5 条和第 L. 311 –6 条，并且当这些文件有电子版形式时，第 L. 300 –2 条中提及的行政部门，除资金金额或员工数量低于法案规定的法人之外，可以在线公布以下行政文件：

“1. 按照本编规定的程序进行互通的文件，及其出版的文件；

“2. 第 L. 322 –6 条第一段目录中提及的文件；

“3. 数据库定期更新的，其内容由政府部门构建或收集，且不应用于其他方面公共信息的传播；

“4. 定期更新的数据，其内容服务于经济、社会、环境或卫生的发展。

“本条不适用于居民人数低于 3500 人的地方行政区。

“第 L. 312 –1 –2 条　除非违反法律法规，若第 L. 312 –1 条或第 L. 312 –1 –1 条中提及的文件或数据涉及第 L. 312 –1 条或第 L. 312 –1 –1 条的内容，需先进行处理，处理相关内容之后再公布。

“除非违反法律或经当事人同意，若第 L. 312 –1 条或第 L. 312 –1 –1 条中提及的文件或数据包含个人数据，需先进行处理，处理可辨认当事人身份的信息。无须事先进行以上操作的文件清单由法案公布，该法案由国家信息和自由委员会（Commission nationale de l' informatique et des libertés）起草和公布。

“本法第 L. 300 –2 条第一段中提及的行政部门无须公布有关《文化遗产法案》（Code du patrimoine）第 L. 212 –2 条和第 L. 212 –3 条中规定的筛选公共档案的程序。

“第 L. 312 –1 –3 条　根据第 L. 311 –5 条第 2 项中的保密规定，第 L. 300 –2 条中提及的行政部门，除资金金额或员工数量低于法案规定的法人之外，在作个人决议时，需在线公布其处理运用的主要算法法则。”

Ⅲ. 在咨询《民众与政府关系法案》第 L. 340 –1 条提及的委员会之后，最高行政法院颁布法案确定对上述法案第 L. 312 –1 条至第 L. 312 –1 –3 条的实施细则。

Ⅳ.《地方行政区总法案》（Code général des collectivités territoriales）修改如下：

1. 第一部分第一卷第二章的第3节被废除；

2. 第L.1821－1条的I中，编号“L.1112－23”修改为“L.1112－22”。

Ⅴ.《新喀里多尼亚市镇法案》第一卷第二编第三章第3节被废除。

Ⅵ.《民众与政府关系法案》第L.321－2条的*a*修改如下：

1. 在“一项权利”后加入“适用于每个人”；

2. 句尾新增“与第L.312－1条至第L.312－1－2条的要求相符”。

Ⅶ. 删除上述法案第L.322－2条第一段。

Ⅷ.《公共卫生法案》(Code de la santé publique)第L.1453－1条第II(2)款中，“第L.321－1条、第L.321－2条、第L.322－1条和第L.322－2条中”修改为“第L.322－1条中”。

第7条

《环境法案》(Code de l' environnement)第L.541－10条第Ⅱ款第7项之后，新增第8项如下：

“8. 对于鼓励公开废料和可替代材料的总的数量和地理位置这些数据处理措施的条件；”

第8条

Ⅰ. 在《民众与政府关系法案》第L.311－4条中，在“互通”后，增加“或出版”。

Ⅱ. 根据《民众与政府关系法案》第L.312－1－1条和第L.312－1－3条，在线公布信息需满足以下条件：

1. 对于第L.312－1－1条第1项中涉及的文件，在本法颁布后的6个月之后；

2. 对于第L.312－1－1条第2项中涉及的文件，在本法颁布后的一年之后；

3. 对于第L.312－1－1条和第L.312－1－3条中涉及的其他文件，须在法案规定的期限内公布，且超过本法颁布后两年。

第9条

《民众与政府关系法案》第三卷第二编修改如下：

1. 第L.321－1条修改如下：

a)第一段的开始修改为：“第L.300－2条第一段中提及的行政部门互通或公布的文件中的公共信息可以被用于……(剩余部分不变)”；

b)第二段被删除；

c)“本编”一词后,最后一段的结尾被删除;

2. 第 L. 321 –2 条 b 被废除;

3. 第 L. 322 –6 条第二段,“条款中”修改为“条款的第一段中”;

4. 第 L. 324 –1 条第一段第二句,“条款中”修改为“条款的第一段中”;

5. 第 L. 325 –7 条,“条款中”修改为“条款的第一段中”。

第 10 条

上述法案第 L. 300 –2 条之后,新增第 L. 300 –3 条如下:

“第 L. 300 –3 条　本卷第一编、第二编和第四编均适用于国家和地方行政区有关私有领地管理的文件。”

第 11 条

《关系法案》第三卷第二编修改如下:

1. 在第一章中新增第 L. 321 –3 条:

“第 L. 321 –3 条　依据第三方持有的知识产权,以及《知识产权法案》(Code de la propriété intellectuelle)第 L. 342 –1 条和第 L. 342 –2 条,若本法第 L. 300 –2 条第一段中提及的政府部门依据本法第 L. 312 –1 –1 条公布了其数据库的内容,这些政府部门无权妨碍公布内容的再利用。

“若第 L. 300 –2 条第一段中涉及政府部门所构建或收集的数据库,其内容涉及有竞争因素的工业或商业公共服务职能的,则不适用本条第一段。”

2. 第 L. 323 –2 条中新增以下段落:

“若免费的再利用需要提交许可证,需从法案规定的许可证清单中选择,该法案经地方政府及其协会协商确定,每 5 年修改一次。若政府部门希望使用许可证清单以外的许可证,需事先经由国家批准,且符合法案的要求。”

第 12 条

Ⅰ. 上述法案第三卷第二编第四章修改如下:

1. 在第 L. 324 –4 条第一句中,“这些费用的”修改为“第 L. 324 –1 条和第 L. 324 –2 条中涉及的费用的”;

2. Ⅱ中新增第 L. 324 –6 条:

“第 L. 324 –6 条　对于 1951 年 6 月 7 日第 51 –711 号法《统计领域的义务、协调和秘密》第 1 条中提及的国家统计部门所提供的信息,进行再利用时无须支付费用。”

Ⅱ. 本条第Ⅰ款第 2 项于 2017 年 1 月 1 日正式生效。

第 13 条

《民众与政府关系法案》第三卷修改如下：

1. 第 L. 322 - 6 条第一段中新增一句：

"政府部门应当每年更新这份目录并公布。"；

2. 第 L. 326 - 1 条的第四段作出如下修改：

a) 在第一句最后，金额由"150,000 欧元"修改为"100 万欧元"；

b) 在第二句中，两处金额由"300,000 欧元"修改为"200 万欧元"；

第 3 项第四编作出如下修改：

a) 在第 L. 342 - 1 条第一段中，"拒绝相互沟通"后加入"或拒绝公开"；

b) 在第 L. 341 - 1 条最后一段的第二句的最后加上"或授予其主席部分职权"；

c) 第 L. 342 - 3 条修改如下：

"第 L. 300 - 2 条中"修改为"第 L. 300 - 2 条第一段中或由其主席"；

新增以下段落：

"委员会主席定期公布委员会的支持意见表。其内容包括相关行政部门的名称，与意见相关的行政文件目录；政府部门对该意见的后续回复（必要时）以及诉讼的结果（必要时）"；

d) 第二章中新增第 L. 342 - 4 条：

"第 L. 342 - 4 条　若委员会参与法律草案或法案的制定，其意见须公开。"

第 14 条

Ⅰ. 上述法案第三卷第二编第一章新增第 L. 321 - 4 条如下：

"第 L. 321 - 4 条　Ⅰ. 公开参考数据，促进这些数据的再利用是国家公共机构的职责。第 L. 300 - 2 条第一段中提及的所有行政部门都需协助履行这一职责。

"Ⅱ. 第 L. 321 - 1 条中提及的公共信息中的参考数据需符合以下条件：

"1. 构成一个共同的参考，可以命名或识别产品、服务、领土或人；

"2. 除持有部门之外，法人或个人也可以频繁地再利用；

"3. 具有较高的质量，能够进行再利用。

"Ⅲ. 最高行政法院的法案具体说明各个部门的参与和协调。法案规定参考数据的公开使用需遵循质量标准。法案制定参考数据列表，并指定负责数据的生成和公开使用部门。"

Ⅱ.本条的Ⅰ自《民众与政府关系法案》第L.321－4条中提及的法案颁布之日起正式生效,最迟为本法颁布后的6个月之内。

第15条

1986年9月30日《通信自由法》第86－1067号(la loi no 86－1067 du 30 septembre 1986 relative à la liberté de communication)第13条第二段修改如下:

"依据广播和电视部门按照高等视听委员会(Conseil supérieur de l'audiovisuel)规定的时间和形式,将政治人物在报纸、新闻、杂志和其他播放节目中的发言时间的相关数据递交给委员会。高等视听委员会每月将政治人物在报纸、新闻,杂志和其他播放节目中的发言时间的记录交予国民议会主席、参议院主席和参加议会的各政党的负责人。这一记录也会按照开放的、易于通过自动处理系统进行再利用和再运用的格式进行公布。"

第16条

《民众与政府关系法案》第L.300－2条中提及的政府部门需保障其信息系统的控制权、可持续性和独立性。

在系统的开发、购买或使用部分或全部的过程中,鼓励上述部门使用免费软件和开放格式。从2018年1月1日起,鼓励上述部门这信息系统的所有组件转为IPV6协议,同时保持其兼容性。

第2节　公众利益的数据

第17条

2016年1月29日《特许经营合同法》第2016－65号法案(ordonnance no 2016－65 du 29 janvier 2016 relative aux contrats de concession)修改如下:

1.第四编第一章第2节新增第53－1条:

"第53－1条　当公共服务部门被授予管理权,受让人需将收集或生成的数据或数据库按照易于通过自动处理系统进行再利用和运用的开放格式,以电子版的形式,以公共服务为主题,将其提交给授权部门。这些数据有助于推进公共服务,对合同的履行也是必不可少的。授权部门或由授权部门指定的第三方可以自由提取或应用全部或部分数据和数据库的信息,尤其是以无偿或有偿地再利用为目的而进行数据的无偿公开时。

"公开使用或公布受让人提供的数据和数据库须遵循《民众与政府关系法案》第L.311－5条至第L.311－7条。

“在合同签署之后或在合同履行期间，为维护公众利益，授权部门可以通过决议免除本条款中提及的受让人的全部或部分义务，并将决议内容公开。”

2. 第 78 条中补充以下段落：

“自 2016 年 10 月 7 日第 2016 – 1321 号《数字共和国法》生效时起，第 53 – 1 条适用于授权公共服务职能的特许经营合同，授权需经过协议或公开授权意见。对于在本法生效前已经进行协商或公开授权意见的公共服务特许经营合同，授权部门必须先修改合同，修改完成之后再要求受让人提交数据和数据库的信息。”

第 18 条

Ⅰ. 2000 年 4 月 12 日《公民与政府的关系法案》第 2000 – 321 号法案中对第 10 条公民权利的规定（loi no 2000 – 321 du 12 avril 2000 relative aux droits des citoyens dans leurs relations avec les administrations）的修改如下：

1. 第五段第一句中，“第三”修改为“第四”；

2. 新增以下段落：

“对于本法案第 9 – 1 条中提及的行政部门或负责工业和商业公共服务管理的机构，若其提供的补助超过本条款第四段中规定的标准，该部门或机构应依照相关条例，以电子版的形式，来公开补助合同的主要数据。”

Ⅱ. 废除关于教育聘用的 2006 年 5 月 23 日第 2006 – 586 号法案（loi no 2006 – 586 du 23 mai 2006 relative à l' engagement éducatif）第 22 条。

Ⅲ. 在《新喀里多尼亚市镇法案》第 L. 212 – 4 条第 3 项中和《地方行政区总法案》第 L. 3661 – 16 条、第 L. 4313 – 3 条、第 L. 5217 – 10 – 15 条、第 L. 71 – 111 – 15 条、第 L. 72 – 101 – 15 条第 3 项中，“第三”修改为“第四”。

第 19 条

关于统计领域的义务、协调和秘密的 1951 年 6 月 7 日第 51 – 711 号法案修改如下：

1. 第 3 条第二段被删除；

2. 第 3 条后，新增第 3（2）条：

“第 3（2）条　Ⅰ. 若统计部门遵循第 1（2）条中的规定进行必要的调查，而调查要求私法人提供相关数据作为研究资料，则经咨询国家统计信息委员会（Conseil national de l' information statistique），负责经济的部长可以作出决定，要求私法人将他们掌握的数据库中的信息的电子版通过安全网络提交给统计部门，但仅作为数据构建的资料使用。

“决定之前需事先与被要求参与调查的私法人进行商议，并进行公开的可行性研究和时机研究。

“私法人提交的数据不得告知任何托管机构。但根据《文化遗产法案》第二卷的规定，已经被收集的信息和从中无法辨认私法人身份的信息除外。

“进行这些调查的条件由相关法规确定，主要包括可行性、时机、收集数据的方式以及，必要时，包括临时登记的方式和销毁的方式。

“Ⅱ. 作为第 7 条的特例，若部长依照本条 I 中的规定作出决定，而私法人拒绝提供数据，部长可以向该私法人下达命令。命令要求该私法人在一定期限内进行申述。此期限不能超过一个月。

“若该私法人不遵守规定，部长需咨询国家统计信息委员会，由委员会与强制性统计调查诉讼委员会共同协商处理，由诉讼委员会就该事项举行听证。

“根据委员会的意见，部长可以决定处以行政罚款。部长需在对方接收命令之后的两年内作出罚款。

“违反此项规定的首次罚款金额不超过 25,000 欧元。若被罚者 3 年内再次违反此项规定，则罚款金额最高可达 50,000 欧元。

“部长可以公开处罚内容，也可以在指定的出版物、报纸和媒体中公布处罚内容，费用由被罚者承担。”

第 20 条

《行政司法法案》（Code de justice administrative）第 L. 10 条新增以下规定：

“上述判决向公众无偿公布，其内容不得涉及当事人的隐私。

“判决公布之前需进行当事人信息再识别的风险分析。

“《民众与政府关系法案》第 L. 321 – 1 条至第 L. 326 – 1 条同样适用于上述判决中的公共信息再利用。

“最高行政法院对本条关于一审判决、上诉判决或撤销原判的法案实施细则作出规定。”

第 21 条

《司法组织法案》（Code de l’organisation judiciaire）第一卷第一编的唯一一章中新增第 L. 111 – 13 条如下：

“第 L. 111 – 13 条　根据规定司法判决的获取和公开的特殊条款，司法机构的判决向公众无偿公布，其内容不得涉及当事人的隐私。

“判决公布之前需进行当事人信息再识别的风险分析。

“《民众与政府关系法案》第 L. 321 – 1 条至第 L. 326 – 1 条同样适用于上述判决中的公共信息的再利用。

“最高行政法院对本条款关于一审判决、上诉判决或撤销原判的法案实施细则作出规定。”

第 22 条

Ⅰ.《道路系统法案》(Code de la voirie routière)第一编第九章新增第 L. 119 – 1 – 1 条如下：

“第 L. 119 – 1 – 1 条　建立公共道路限速的数据库，由管理道路安全的部长负责。

“建立数据库的目的是提高道路交通相关数据的可靠性以及推动创新型服务。

“公共道路的负责人须向第一段中提及的机构提交现行的限速信息，信息通过国家免费公开使用的电子传输方式发送。对于居民人数少于 3500 人的地方行政区的公共道路的负责人，上述要求是非强制性的。

“提交的信息清单和提交形式由最高行政法院颁布的法案确定。”

Ⅱ.《道路系统法案》第 L. 119 – 1 – 1 条第三段中关于地方行政区及其协会的内容于 2018 年 1 月 1 日正式生效。

第 23 条

《能源法案》(Code de l' énergie)第一卷第一编第一章第 5 节修改如下：

1. 第 L. 111 – 73 条后新增第 L. 111 – 73 – 1 条如下：

“第 L. 111 – 73 – 1 条　根据第 L. 322 – 8 条中赋予的职能以及《地方行政区总法案》第 L. 2224 – 31 条 I 的第三段，依据本法案第三卷第二编第一章第 2 节中赋予的职能，为推动其能量计量系统的用电量和发电量的具体数据的再利用，促进能源供给、能源利用和能源服务，公共配电网络负责人和公共输电网络负责人需负责：

“1. 遵循法律的保密规定，进行数据处理；

“2. 整合数据，通过电子渠道进行公开，遵循匿名原则，按照易于通过自动处理系统进行再利用和运用的开放格式公开。

“按照法案的实施细则，行政机构可以设置这些数据的集中访问。

“经咨询国家信息和自由委员会，法案具体规定本条的实施细则。法案内容包括本法第 L. 341 – 4 条第一段中提及的条款实施。法案规定具体数据的性质和它们的处理方式。”

2. 第 L. 111 – 77 条后新增第 L. 111 – 77 – 1 条如下：

“第 L. 111 – 77 – 1 条　根据第 L. 422 – 8 条中赋予的职能以及《地方行政区总法案》L. 2224 – 31 条 I 的第三段，依据本法案第三卷第二编第一章第 2 节中赋予的职能，为推动其能量计量系统中用电量和发电量的具体数据再利用，从而促进能源供给，能源利用和能源服务，公共天然气分配网络负责人和公共天然气输送网络负责人需负责：

“1. 进行数据处理，同时遵循法律的保密规定；

“2. 整合数据，通过电子形式进行公开，遵循匿名原则，按照易于通过自动处理系统进行再利用和运用的开放的格式。

“按照法案的实施细则，行政机构可以设置这些数据的集中访问。

“经咨询国家信息和自由委员会，法案具体规定本条的实施细则。法案内容包括本法案第 L. 453 – 7 条第一段中提及的条款的实施。法案确定具体数据的性质和它们的处理方式。”

第 24 条

Ⅰ.《税收程序法案》（Livre des procédures fiscales）第二编第 3 节修改如下：

1. 第 L. 135 B 条的前两段修改为以下 16 段：

“税收部门直接或通过计算装置将其掌握的最近 5 年内在进行资产转让时申报的土地资产信息，以及履行职能时所需的关于土地政策、城市规划、国土整治、土地和房地产市场透明性等方面的信息交予以下人员或机构：

“1. 研究员；

“2. 从事经济活动，致力于为销售者和购买者提供信息，提高房地产市场透明度的人；

“3. 国家机关；

“4. 地方行政区，以及具有专有税法的市镇间合作的公共机构；

“5. 公共行政机关和《城市规划法》第 L. 143 – 16 条、第 L. 321 – 1 条、第 L. 321 – 14 条、第 L. 321 – 29 条、第 L. 321 – 36 – 1 条、第 L. 321 – 37 条、第 L. 324 – 1 条和第 L. 326 – 1 条中提及的公共机构；

“6.《城市规划法案》（Code de l’urbanisme）第 L. 132 – 6 条中提及的城市规划办事处；

“7. 规定了基础设施和运输服务条款的 2013 年 5 月 28 日第 2013 – 431 号法案（loi no 2013 – 431 du 28 mai 2013 portant diverses dispositions en matière d’infrastructures et de services de transports）第 44 条中提及的公共机关；

“8.《农村和海洋渔业法案》(Code rural et de la pêche maritime)第 L. 141－1 条中提及的土地开发和农村建设机构；

“9.《城市规划法案》第 L. 300－4 条中提及的开发运营的受让人；

“10.《城市规划法案》第 L. 322－1 条中提及的城市土地协会；

“11. 关于改善租赁关系并修改 1986 年 12 月 23 日第 86－1290 号法案的 1989 年 7 月 6 日第 89－462 号法案(loi no 89－462 du 6 juillet 1989 tendant à améliorer les rapports locatifs et portant modification de la loi no 86－1290 du 23 décembre 1986)第 16 条中提及的租金监管机构；

“12. 房地产从业者；

“13.《建设和住房法案》(Code de la construction et de l' habitation)第 L. 366－1 条中提及的住房信息协会。

“信息通过在线程序以电子版形式无偿传送。信息传送之前,申请者需进行动机申报,在申报的最后,申请者需说明其性质并接受服务接入的总体条件。

“除因涉及国防机密,税收部门无须对信息进行保密。但是,被传送的信息不能包含可被识别的资产所有者身份信息,信息接收人在任何时刻都不能重建被指定的所有者的资产清单。”

2. 第 L. 107 B 条修改如下：

a)在第一段中,“一处不动产的市场价值”后加入“作为此不动产潜在出售者或购买者或”；

b)在第三段中,“街道和市镇”修改为“地籍资料和地址”；

3. 第 L. 135 J 条的最后一段中,“第十一”修改为“倒数第二”。

Ⅱ.“本条于本法案”颁布后的第 7 个月的第一天正式生效。

第 3 节　管　　理

第 25 条

关于信息技术、文件和自由的 1978 年 1 月 6 日第 78－17 号法第 13 条 I 修改如下：

1. 在第一段中,“十七”修改为“十八”；

2. 在第 6 项和第 7 项中,“信息的”都修改为“数字的”；

3. 在第 7 项之后,新增第 8 项如下：

“8. 行政文件访问委员会(Commission d' accès aux documents administratifs)主席或其代表。”

第26条

上述1978年1月6日第78－17号法案第15条之后，新增第15(2)条如下：

“第15(2)条 若内容涉及公共利益、国家信息和自由委员会和行政文件访问委员会可以在其主席的提议下共同进行商议。”

第27条

《民众与政府关系法案》第L.341－1条修改如下：

1.第6项内容如下：

“6.行政文件访问委员会主席或其代表；”

2.在第十二段第二句中，“和第3项”修改为“，第3项和第6项”。

第28条

《关系法案》第三卷第四编第一章中新增第L.341－2条如下：

“第L.341－2条 若内容涉及公共利益、国家信息和自由委员会和行政文件访问委员会可以在其主席的提议下共同进行商议。”

第29条

在本法颁布后的3个月之内，政府需向议会递交一份关于总理办公室下设立数字主权局(Commissariat à la souveraineté numérique)的可行性分析报告，这一机构的职能是在网络空间中保障共和国的国家主权以及个人和集体的权利和自由。该报告对数字主权局的运行方式和机构组成作出具体说明。

第二章 知识经济

第30条

《科研法案》(Code de la recherche)第五卷第三编第三章中新增第L.533－4条如下：

“第L.533－4条 Ⅰ.若一份科研成果文献，其至少一半科研经费来自于国家、地方行政区或公共机构的拨款，或来自于国家金融机构或欧盟基金的补助，刊登在一年至少出版一次的期刊上，只要出版社公布了文献的电子版或距第一次出版的期限已满，即使已经将独家版权授予出版社，其作者也有权无偿公开已经出版的文献终稿的电子版，如有合著者需取得共同作者的同意。对于科学、技术领域的文献，这一期限最长为6个月，对于人文和社会科学领域的文献，期限最长为12个月。

“依照第一段的规定公开的文献版本不能应用于商业性质的出版活动。

“Ⅱ. 如果一项科研活动的经费至少一半的来自国家、地方行政区或公共机构的拨款，或来自国家金融机构或欧盟基金的补助，其数据不受特殊权利或特殊条款保护，并且研究者已将其公开，科研机构和组织可以自由地对数据进行再利用。

“Ⅲ. Ⅰ中提及的科研文献的出版社不能限制已经公开的科研数据在其出版物范围内的再利用。

“Ⅳ. 本条中的条款是强制性的，所有与之相悖的条款都被视为无效。”

第 31 条

《教育法案》(Code de l' éducation)第 L. 611 – 8 条修改如下：

1. 第一段第二句修改为以下两句：

“可以教学资料公开代替师生面对面教学，提供终身远程教学培训。教育机构可以依据法案规定的有效条件颁发高等教育证书。”；

2. 在第二段之后，新增以下段落：

“依据规定，教育机构提供的数字形式教学和师生面对面教学具有同等地位。”；

3. 在最后一段中，“二”修改为“三”。

第 32 条

Ⅰ.《教育法案》第 L. 822 – 1 条修改如下：

1. 在第二段后，新增以下段落：

“它可以保障对其他受教育者的援助管理。”；

2. 第十一段第二句中，“第七”修改为“第八”。

Ⅱ.《税务总法案》(Code général des impôts)第 1042 B 条中，“第八”修改为“第九”。

第 33 条

在本法案颁布后的两年之内，政府向议会递交一份报告，评估《科研法案》第 L. 533 – 4 条对科学出版领域的影响，及对法国科学理论和数据流通的影响。

第 34 条

关于信息技术、文件和自由的 1978 年 1 月 6 日第 78 – 17 号法案修改如下：

1. 第 22 条Ⅰ之后，新增Ⅰ(2)条如下：

“Ⅰ(2)作为第 27 条的Ⅰ和Ⅱ的第 1 项的特例，由官方统计机构实行除第

8条2或第9条中的任何数据时，对于涉及国家自然人身份目录中个人注册号的个人数据处理，以及过程中所需要考虑这一目录的处理，一旦目录中的注册号已经通过加密操作被替换为无含义的统计代码，那么即使这些处理只应用于公共数据方面，也需向国家信息和自由委员会进行申报。此外，只为完成这一加密操作的处理也需进行申报。无含义的统计代码仅限官方统计机构内部使用。加密操作需定期更新，更新频率经公开咨询国家信息和自由委员会后，由国家最高行政法院的法案规定。”

2. 第25条Ⅰ中新增第9项如下：

“9. 作为第27条Ⅰ的第1项和Ⅱ的第1项和第2项的特例，每一个研究项目都有其专属代码，只要目录中的注册号已经通过加密操作被替换为无含义的统计代码，那么对于涉及国家自然人身份目录中个人注册号的个人数据处理，以及过程中需要考虑这一目录的处理，即使这些处理只用于科学或历史研究，使用源于加密操作的无含义特殊代码而进行的两文件互联操作也不能由同一人完成。此外，只为完成这一加密操作的处理也应遵循此规则。加密操作需定期更新，更新频率经咨询国家信息和自由委员会后，由国家最高行政法院的法案规定。”

3. 第27条修改如下：

a)在Ⅰ和Ⅱ的第1项开始，新增“根据第22条Ⅰ(2)和第25条Ⅰ的第9项，”；

b)在Ⅱ的第2项开始，新增“根据第25条Ⅰ的第9项”。

4. 第71条中新增以下一句：

“关于规定第22条Ⅰ(2)和第25条Ⅰ的第9项的实施细则的法案的相关意见会进行说明和公布。”

第35条

在上述的1978年1月6日第78－17号法的第27条Ⅱ的第4项“电子政务的电话服务”后加入“由规定用户和行政部门之间以及行政部门内部之间的电子通信的2005年12月8日第2005－1516号法案(ordonnance no 2005－1516 du 8 décembre 2005 relative aux échanges électroniques entre les usagers et les autorités administratives et entre les autorités administratives)第1条作出规定”。

第36条

Ⅰ.《民众与政府关系法案》第L. 311－8条中新增以下四段：

“若依照第 L. 213 – 3 条的Ⅰ规定提出一个涉及数据库的内容的申请，且该申请旨在处理有关公众利益的研究或学习，数据库的持有部门或档案管理部门可以向统计保密委员会咨询（comité du secret statistique），该委员会依据1951 年6 月7 日第51 –711 号《统计领域的义务、协调和秘密》法案第6（2）条而建立。委员会可以提议，按照最高行政法院法案规定，通过相关程序安全地访问已具备保障措施的数据。

“委员会的意见包括：

“1. 法律保密性原则，尤其是隐私保护以及工业和商业秘密保护；

“2. 以保障工程实施为目的而提出的访问申请。”

Ⅱ.《文化遗产法案》第 L. 213 –3 条新增Ⅲ如下：

“Ⅲ.《刑法案》（Code pénal）第 226 –13 条不适用于本条Ⅰ和Ⅱ中的公共档案提前公开程序。”

第 37 条

在上述的 1978 年 1 月 6 日第 78 –17 号法第 8 条的Ⅳ的最后，在“公众利益和”之后，增加“根据第 25 条Ⅰ或第 26 条Ⅱ的规定获得批准，根据第 22 条Ⅴ的规定提出”。

第 38 条

《知识产权法案》修改如下：

1. 在第 L. 122 –5 条第 9 项之后，新增第 10 项如下：

“10. 为满足公共研究的需要，可以对来源合法的电子版副本及与科学文献有关的数据进行研究，但商业目的除外。在科研活动结束后，法案规定了进行文本和数据研究条件，以及生成科研成果文件的保存和交流方式，以上文件构成研究数据；”。

2. 在第 L. 342 –3 条第 4 项之后，新增第 5 项如下：

“5. 为研究需要，可对由人建立并能合法访问的数据库电子副本以及与科学文献有关的数据进行搜索，但商业目的除外。科研活动结束后，法案指定机构对所生成的技术副本进行保存、交流，并将其他副本销毁。”

第 39 条

在《知识产权法案》第 L. 122 –5 条第9 项第二段之后，新增第11 项如下：

“11. 由自然人完成的永久公开的建筑和雕刻作品，不得进行商业用途的复制和表演。”

第二编　数字社会中的权利保障

第一章　开放的环境

第1节　网络的中立性

第40条

《邮政和电子通信法典》(Code des postes et des communications électroniques)第二卷第一编修改如下:

1. 在第L. 32 – 1条Ⅱ的第5项之后,新增第5(2)项如下:

"5(2). 网络的中立性,在第L. 33 – 1条Ⅰ的*q*中作出定义;"

2. 第L. 32 – 4条的第2项修改如下:

a)"交通"一词后,增加",包括管理,";

b)加入",尤其是为保障第L. 33 – 1条Ⅰ的*q*中提及的网络的中立性";

3. 第L. 33 – 1条Ⅰ修改如下:

a)*o*之后,新增*q*如下:

"*q*)网络的中立性要求保障对开放性网络的访问,同时开放性网络的访问需遵循2015年11月25日欧洲议会和欧洲理事会制定的2015/2020欧盟条例,该条例确立了关于访问开放性网络的相关措施,并修改了2002/22/CE(欧洲理事会)涉及电子通信网络和服务领域的通用服务和用户权利的指示,除此之外,还应遵循第531/2012号欧盟条例中关于欧盟境内移动通信公共网络漫游的规定。"

b)在最后一段的最后,编号"*o*"修改为"*q*";

4. 在第L. 36 – 7条第3项中,"联盟"一词之后,增加",2015年11月25日欧洲议会和欧洲理事会制定的2015/2020欧盟条例,该条例确立了关于访问开放性网络的相关措施,并修改了2002/22/CE(欧洲理事会)涉及电子通信网络和服务领域的通用服务和用户权利的指示,除此之外,还应遵循第531/2012号欧盟条例中关于欧盟境内移动通信公共网络漫游的规定";

5. 第L. 36 – 8条Ⅱ的第5项修改如下:

a)"交通"一词后,新增",包括管理,";

b)加入",尤其是为保障本法案第L. 33 – 1条Ⅰ的*q*中提及的网络的中立性";

6. 第 L. 36－11 条修改如下：

a)"网络"一词后，第一段第一句最后为"，电子通信服务运营商，在线公共电子通信服务运营商或接收设施的管理者。"

b)"网络"一词后，Ⅰ的第一段最后为"，通过电子通信服务运营商，在线公共电子通信服务运营商或接收设施的管理者；"

c) Ⅰ的第三段之后，新增以下段落：

"2015 年 11 月 25 日欧盟议会和欧盟理事会制定的 2015/2020 欧盟条例的条款中规定了关于访问开放性网络的相关措施，并修改了 2002/22/CE 涉及电子通信网络和服务领域的通用服务和用户权利的指示，除此之外，在第 531/2012 号欧盟条例的条款中列明了欧盟境内移动通信公共网络漫游的规定；"

d) Ⅰ中新增以下段落：

"若官方机构认为，网络运营商或电子通信服务运营商有较大可能在初期规定期限到期时不履行Ⅰ中条款规定的义务，则官方机构可以命令网络运营商或电子通信服务运营商遵循期限。"

e)在Ⅱ的第一句中，"，或电子通信服务运营商"修改为"，或服务运营商"。

第 41 条

《邮政和电子通信法典》第 L. 33－1 条中新增Ⅵ如下：

"Ⅵ. 不能对网络接入服务施加任何技术或合同限制，为了实现某种目的或效果网络接入服务禁止提出以下要求的用户接入网络：

"1. 利用已有的接入服务，通过网络接入点访问登记在已连接网络的设备上的数据；

"2. 或让第三方访问数据。"

第 42 条

自 2018 年 1 月 1 日起，《邮政和电子通信法典》第 L. 33 条中提及的所有在法国境内出售或出租的新型终端设备都必须与 IPV6 标准兼容。

第 43 条

《邮政和电子通信法典》修改如下：

1. 第 L. 32－4 条修改如下：

a)在第一段的开始增加编号"Ⅰ."；

b)第六段和倒数第二段修改为以下段落：

“这些调查在本条Ⅱ和Ⅳ以及第L.32－5条规定的条件下进行。”

c)新增Ⅱ、Ⅲ和Ⅳ如下：

“Ⅱ.由电子通信部长管辖的，以及隶属电子通信和邮政监管局（l' Autorité de régulation des communications électroniques et des postes）的公务人员和代理人员，经部长授权，宣誓遵循最高行政法院的法案的规定后，可以公开行动以履行他们的职能，在8点至20点进入本条款Ⅰ的第1项、第2项和第2(2)项中提及之人所使用的私人住宅除外的工作场所，并使用任何工作专用交通工具。

“Ⅱ的第一段中提及的公务人员和代理人员可以申请获得履行职能所必须的任何形式文件，并能以任何方式获取或复制任何形式的文件。上述人员还可以召集或去现场收集所有有帮助的信息、文件或证明。出于检查目的，他们可以直接访问可使用的文件中的软件、计算机程序和存储的数据，并且可以任何适当的处理方式获取它们的副本。

“他们可以请求所有主管人员的协助。这些主管人员：

“1.可以陪同他们进行检查，并且为履行其职责可以查看所需的所有文件；

“2.不能采取任何刑事或行政诉讼行为；

“3.不能为了实施所拥有的检查权而利用其在这一过程中所掌握的信息，其他法律法规有规定的除外；

“4.不能透露其在这一方面所掌握的信息，违者以《刑法案》第226－13条规定的惩罚论处。”

“Ⅱ的第一段中提及的公务人员和代理人员可以和其他代理人员共同进行检查，后者所称代理人员需隶属于其他的国家机关或公共机构，并受到其隶属的行政部门指派。

“检查或听证需做笔录，笔录的副本需在5日之内交予当事人。这一笔录为初步证据。

“Ⅱ的第一段中提及的公务人员和代理人员也可以进行有帮助的调查。尤其是，通过在线公共通信服务，查看可自由访问的数据或被交送的数据，源于过失、疏忽或源于第三方。公务员和代理人员可以通过任何合适的处理方式，重新复制可直接使用的文件中的数据。上述调查的实施条件由最高行政法院的法案规定。

“Ⅲ.依照第L.32－5条的规定，对于依据本条Ⅱ而进行的检查，检查人员可以事先获得许可。

“依照第 L. 32 – 5 条规定，检查人员需先获得大审法院（tribunal de grande instance）自由与羁押法官（juge des libertés et de la détention）的许可，然后再进行检查。如果检查之前没有按照第 L. 32 – 5 条规定获得许可，私人工作场所负责人有权拒绝接受检查。

“若检查地点为私人住宅且检查人员准备进行查封，而私人工作场所的负责人行使权力拒绝接受检查，则检查需在第 L. 32 – 5 条规定的条件下实施。

“Ⅳ. 在本条和第 L. 32 – 5 条中提及的检查和调查过程中，Ⅱ的第一段中提及的公务人员和代理人员有权获悉职业秘密。在不泄露职业秘密的条件下，这些人员可以查看国家机关和其他公共机构的所有文件。”

2. 第 L. 32 – 5 条修改如下：

a）Ⅰ的第一段修改为以下两段：

“Ⅰ. 第 L. 32 – 4 条的Ⅲ中提及的检查行为需获得管辖被检查地点的大审法院的自由与羁押法官的许可。若这些地点分别处在多个不同法院的管辖区内，且所有地点的检查人员需同时采取行动，该种情况下可以由一名自由与羁押主管法官发放一个统一许可。

“法官确认许可申请是否合法；申请需囊括申请者所掌握的信息要素，以证明检查和查封的必要性。”

b）Ⅱ的第一段中新增以下内容：

“许可需说明房屋所有者或其代表有权请求顾问的协助。但即使房屋所有者或其代表行使上述权利，检查和查封仍照常进行。”

c）Ⅳ修改如下：

第一段第二句中，“律师的”修改为“通过顾问”；

第三段中新增以下两句：

“如果现场进行清点较为困难，需先封印被查封的材料和文件，并告知房屋所有者或其代表，在被封印文件的开封时其有权到场对清点进行确认。”

3. 在第 L. 40 条第二段的第一句中，“依据第 L. 32 – 4 条的”修改为“第 L. 32 – 4 条Ⅰ的第 1 项，第 2 项和第 2(2) 项中提及的”。

第 44 条

Ⅰ.《邮政和电子通信法典》第 L. 125 条修改如下：

1. 在第一段中新增以下一句：

“在委员会中，男性成员和女性成员人数相差不能超过 1 人。”；

2. 在第二段第一句第二处“和”之后，增加“研究关于网络中立性的问题。它(委员会)”。

Ⅱ. 自《邮政和电子通信法典》第 L. 125 条中提及的委员会下一次成员换届之后，本条Ⅰ的第 1 项正式生效。

第 45 条

Ⅰ. 将《邮政和电子通信法典》第 L. 2 条第一段第一句和第三段中，第 L. 2 -2 条的Ⅱ中，第 L. 33 -2 条第一段第一句中，第 L. 34 条倒数第二段最后一句中，第 L. 35 -1 条最后一段中，第 L. 35 -2 条倒数第二段最后和最后一段第一句中，第 L. 35 -3 条Ⅳ的第一句中，第 L. 35 -4 条最后一段第一句中，第L. 44条Ⅰ的最后一段中，第 L. 125 条第一段第一句中，第 L. 131 条第一段第二句的最后以及第 L. 135 条第一段最后一句的最后，“邮政和电子通信公共服务高级(委员会)”修改为“数字和邮政高级(委员会)”。

Ⅱ. 关于邮政公共服务的机构组织和法国电信的 1990 年 7 月 2 日第 90 -568 号法(loi no 90 -568 du 2 juillet 1990 relative à l' organisation du service public de la poste et à France Télécom)第 6 条Ⅱ的第一段的最后和最后一段中，Ⅳ的第一段最后一句和第二段中，以及第 38 条最后一段中，“邮政和电子通信公共服务高级(委员会)”修改为“数字和邮政高级(委员会)”。

第 46 条

《邮政和电子通信法典》第 L. 130 条修改如下：

1. 在第一段第一句“是”一词后，增加“一个独立的行政机构”；

2. 在第一段后新增以下段落：

“在监管局的成员中，男性成员和女性成员人数相差不能超过 1 人。对于主席之外的成员的提名，新任成员的性别需与其前任成员相同。”；

3. 在第九段中新增以下内容：

“新任成员的性别需与其前任成员相同。”

第 47 条

《国防法案》(Code de la défense)第二部分第三卷第一编第一章中新增第 L. 2321 -4 条如下：

“第 L. 2321 -4 条　若有诚实的人向国家信息系统安全机构举报，某个数据自动处理系统的安全性存在弱点，出于保障信息系统的安全的目的，《刑事诉讼法案》(Code de procédure pénale)第 40 条中规定的义务不适用于此人。

“该机构应对信息传递者的身份信息及其传递信息时的情况进行保密。

“该机构需采取必要的技术行动,掌握本条款的第一段中提及的风险或威胁的特征,以警示信息系统的托管者、操作人员或负责人。”

第2节　数据便携性和数据恢复

第48条

Ⅰ.《消费法典》(Code de la consommation)第二卷修改如下:

1.在第二编第三章第4节中新增第4小节如下:

“第4小节　数据恢复和数据便携性

“第L.224-42-1条　在任何情况下,消费者都有权恢复其所有的数据。

“第L.224-42-2条　对于个人数据,数据的恢复需依照2016年4月27日欧洲议会和欧洲理事会制定的第2016/679号条例(欧盟)第20条,该条例涉及在个人数据处理方面对自然人的保护和对数据的自由流通,并废除了第95/46/CE号(欧洲理事会)指示,对于其他的数据,数据的恢复依照本小节的规定。

“第L.224-42-3条　在保护商业和工业秘密和知识产权的情形下,所有的在线公共通信服务运营商都需向消费者无偿提供数据恢复服务,恢复的内容包括:

“1.消费者上传的所有文件;

“2.因消费者使用用户账号而生成的所有数据,以及消费者可在线查阅到的所有数据,但已经被相关运营商用于有效的改善措施中的数据除外。上述数据的恢复需按照开放的,易于通过自动处理系统进行再利用的格式进行。

“3.其他与消费者的用户账号有关并满足以下条件的数据:

“*a*)有助于服务运营商的调整,或有助于访问其他服务的数据;

“*b*)数据的识别需考虑相关服务在经济领域的重要性、供应商之间竞争的强度、对消费者的实用性,以及使用这些服务的频率和金融问题。

“第一段中提及的服务需消费者通过统一的申请程度来恢复相关的所有文件或数据。为此,运营商需在编程接口和信息传输方面采取一切必要的措施,以上两方面对于运营商的调整是必要的。

“若从消费者处收集的数据不能按照开放的,易于通过自动处理系统进行再利用的格式进行恢复,则在线公共通信服务运营商需通过明确且透明的方式告知消费者”。如有必要,运营商需告知消费者其他的数据恢复方式,并说明所恢复的文件的格式技术特点，尤其是其开放性和互操作性。

“法令需确定被认定为无效的改善措施清单，根据第2项，这些改善措施不能作为拒绝恢复相关数据的理由。在诉讼的情况下，需由专业人士证明提出的改善措施是有意义的。

“第3项中提及的数据由法规作出具体说明。

“第L.224-42-4条　本小节不适用于在最近的6个月内，已经建立连接的用户账号的数量少于法案规定数量的在线公共通信服务运营商。”

2. 在第L.242-20条“在条款中”之后，加入编号“L.224-42-3”。

Ⅱ. 本条Ⅰ自2018年5月25日起正式生效。

第3节　平台的忠诚性和用户的信息

第49条

Ⅰ.《消费法典》第一卷修改如下：

1. 第L.111-7条内容如下：

“第L.111-7条　Ⅰ. 出于工作原因，有偿或无偿地建立在线公共通信服务的所有自然人或法人都被视为在线平台运营商，其服务内容涉及：

“1. 运用信息算法，由第三方提出的或上线的内容、产品或服务分类及索引。

“2. 或连接多个部分，以便销售产品。提供服务。交换或分享内容、产品或服务。

“Ⅱ. 所有的在线平台运营商都须向消费者提供真实、明确且透明的信息，这些信息包括：

“1. 所提供的间接服务的总体使用条件，以及这一服务可以访问的内容、产品或服务的索引、分类和下架；

“2. 影响了所提出或上线的内容、产品或服务的分类或索引，并与其利益相关的合同关系、资本联系或酬金。

“3. 广告商的性质，各方在民事和税务方面的权利和义务，若消费者与从业者或非从业者建立联系。

“本条款的实施细则由法案规定，法案需考虑在线平台运营商的活动性质。

“若在线平台运营商提供的信息使消费者对从业者提供的产品和服务的价格和特点进行比较，对上述法案需其提供给消费者的有关比较要素的信息，以及依据2004年6月21日第2004－575号法案中(loi no 2004－575 du 21 juin 2004 pour la confiance dans l' économie numérique)关于数字经济中的信任的第20条中规定的属于广告的信息作出明确说明。

“当从业者、销售者或服务提供者与消费者建立联系,在线平台的运营商需建立一个交流空间,告知消费者第L.221－5条和第L.221－6条中提及的信息,上述法案也需明确采取上述措施的相关依据。”

2. 第L.131－4条第一段中,“关于建立网络联系的活动”被删除。

Ⅱ. 经本条Ⅰ的第1项修订《消费法典》第L.111－7条之后,自第L.111－7条实施的所须法规正式生效起,该法的第L.111－6条和第L.131－3条正式废除。

第50条

在《消费法典》第L.111－7条之后,新增第L.111－7－1条如下:

“第L.111－7－1条　若活动的连接数超过法案规定的数量,在线平台运营商需为消费者设计和推广良好的操作,以更好履行第L.111－7条中提及的信息明确、透明和真实的义务。

“行政主管机关可以依据第L.511－6条规定进行调查,用以评估和对比在线平台运营商的操作。为此,主管机关可以向这些运营商收集对实施调查有帮助的信息。行政主管机关需定期发布评估和对比的结果,并公布不履行第L.111－7条义务的在线平台的名单。”

第51条

《旅游法案》(Code du tourisme)修改如下:

1. 第L.324－1－1条修改如下:

a)在第一段的开始,增加编号“Ⅰ.”;

b)新增Ⅱ如下:

“Ⅱ.根据《建设和住房法案》第L.631－7条和第L.631－9条,若市镇住宅的使用权变更需经过事先授权,市议会经过商议可以作出决定:在该市镇暂居的客户短期租赁的已装修住房,需事先向市镇进行申报登记。

“若申报完成,这一登记的申报将代替本条款Ⅰ中提及的申报。

“申报可以通过电话完成、也可依据市议会决议中规定的其他登记方式完成。

“申报一旦通过,市镇应立即发放一个带有申报单号的回执。

“登记所需的信息由法案确定。”

2. 第 L. 324 – 2 条中新增以下段落：

“第 L. 324 – 1 – 1 条Ⅱ中提及的房屋招租启事中都必须包含本条中提及的申报单号。”

3. 第 L. 324 – 2 – 1 条修改如下：

a)在开头增加编号“Ⅰ.”；

b)新增“，根据 1989 年 7 月 6 日第 89 – 462 号法案第 2 条的规定，判断这一住房是否是他的主要住宅，如有必要，依据本法案第 L. 324 – 1 – 1 条Ⅱ的规定获得的住房申报单号。”；

c)新增Ⅱ和Ⅲ如下：

“中介人员需在房屋的广告中公布依据本法第 L. 324 – 1 – 1 条Ⅱ的规定获得的住房申报单号。上述所称中介人员是指通过协调或商议，或通过在网络平台上发布信息，以协助第 L. 324 – 2 – 1 条和《建设和住房法案》第 L. 631 – 7 及其以下的条款中规定的已装修住房进行出租并换取酬金的人。

“中介人员需注意，根据上述 1989 年 7 月 6 日第 89 – 462 号法案第 2 条规定，若出租或转租的住房是出租者的主要住房，这一住房每年经由中介人员出租的时间不能超过 120 天。若中介人员知晓此规定，中介人员需减少住房出租的天数，并且依照房屋所处的市镇要求，每月向其提交相关信息。到当年年末，出租超过 120 天的房屋不能再经由中介人员出租。

“Ⅲ. 相关的控制措施和违反本条Ⅱ的规定的惩罚措施由法案确定。”

第 52 条

Ⅰ.《消费法典》的第一卷修改如下：

1. 第 L. 111 – 7 条之后，新增第 L. 111 – 7 – 2 条如下：

“第 L. 111 – 7 – 2 条　根据 2004 年 6 月 21 日第 2004 – 575 号法第 19 条关于数字经济中的信任的规定，和本法的第 L. 111 – 7 条和第 L. 111 – 7 – 2 条中提及的信息义务，若自然人或法人进行的活动主要或部分是收集、控制或传播消费者在线发布的评论，则该自然人必须告知消费者在线评论的发布方式和处理方式，并且这些信息必须是真实、明确和透明的。

“该自然人需明确说明这些评论是否会被检查，如果会被检查需要告知消费者实施检查的主要特点。

“该自然人需公布评论的日期和可能的更新日期。

“若消费者的在线评论没有被公布，该自然人需告知这些消费者拒绝公布的原因。

“对于被评论的产品或服务的负责人，该自然人需为其提供一个免费的服务，通过这一服务，负责人可以向其表示对于评论真实性的怀疑，只要这一怀疑是合理的即可提出。

“经咨询信息和自由委员会同意，法案对这些信息的内容和细则作出规定。”

2. 在第 L. 131 –4 条第一段“电子形式”后增加“和在第 L. 111 –7 –2 条中”。

第 53 条

《消费法典》第 L. 224 –30 条修改如下：

1. 在第 2 项之后，新增第 2(2)项如下：

“2(2). 2015 年 11 月 25 日由欧洲议会和欧洲理事会制定的 2015/2120 条例(欧盟)第 4 条 I 的 *d* 中的解释，该条例确立了关于接入开放性网络的措施，修改了第 2002/22/CE 号(欧洲理事会)指示，该指示涉及电子通信网络和服务领域的通用服务和用户权利，并修改了第 531/2012 号欧盟条例，该条例涉及欧盟境内移动通信公共网络的漫游；”

2. 在第 7 项中增加以下内容：“，保护隐私和个人数据，限制包括受益于优化的网络质量的参数在内的总量、流量或其他参数对接入网络的质量的影响，尤其是对内存、应用和服务的使用的影响”。

Ⅱ. 经 I 的修订之后，《消费法典》第 L. 224 –30 条适用于在本法案颁布后缔结或续签的合同。

第二章　在线隐私保护

第 1 节　个人数据保护

第 54 条

关于信息技术、文件和自由的 1978 年 1 月 6 日第 78 –17 号法案第 1 条新增以下段落：

“在本法规定的条件下，每个人都有权决定和控制涉及自身的个人数据的使用。”

第 55 条

上述 1978 年 1 月 6 日第 78 –17 号法案第 31 条 I 的第一段中，“公共的”一词后，增加“，按照开放的，易于进行再利用的格式，”。

第 56 条

上述 1978 年 1 月 6 日第 78－17 号法案第 58 条修改如下：

“第 58 条　未成年人的监护人或受监护者的合法代表是信息的接收者，该信息接收者行使第 56 条和第 57 条中规定的权利。

“作为本条的第一段的例外，若其目的在于公共利益对于在《公共卫生法案》第 L. 1121－1 条第 2 项和第 3 项中提及的研究的范围，或在卫生方面的调研或评估的范围内进行的个人数据处理，若对象是未成年人，在无法告知另一位监护人，或无法在与研究、调研或评估的目相适应的方法论所要求的期限内与另一位监护人协商的情况下，可以只向一位监护人提供本法案第 57 条 I 中提及的事先信息。本段内容并不妨碍每个监护人在之后行使访问权、更正权和反对权。

“对于上述的处理，15 岁及以上的未成年人可以拒绝监护人了解其在研究、调研或评估过程中被收集的相关数据。由本人接收第 56 条和第 57 条中提及的信息，并独自行使其访问权、更正权和反对权。

“对于本条款第二段提及的处理，如果根据《公共卫生法案》第 L. 1111－5 条和第 L. 1111－5－1 条的规定，若监督人在参与研究的过程中，暴露了未成年人有关预防、检查、诊断、治疗或手术措施的信息，为此未成年人明确表示拒绝监护人了解情况；或因为家庭关系破裂，该未成年人独自享有医疗和生育保险，以及全民医疗保险 1999 年 7 月 27 日第 99－641 号法案（loi no 99－641 du 27 juillet 1999 portant création d'une couverture maladie universelle）设立的全民医疗保险的额外保险的赔付，在这两种情况下，15 岁及以上的未成年人可以拒绝监护人了解数据的处理，并且有未成年人本人独自行使访问权、更正权和反对权。”

第 57 条

在上述的 1978 年 1 月 6 日第 78－17 号法案第 32 条 I 的第 7 项之后，新增第 8 项如下：

“若第 8 项各类被处理的数据的保存期限无法实现，应确定这一时限的相关标准。”

第 58 条

I. 上述的 1978 年 1 月 6 日第 78－17 号第五章第 2 节中新增第 43（2）条如下：

“第 43（2）条　除了第 26 条 I 的第 1 项中说明的情况之外，若处理的负责人通过电子渠道收集了个人信息，如有可能，所有人都可以通过电子渠道行使本章中规定权利。

"若处理是由规定用户和行政机构之间以及行政机构内部之间的电子通信的2005年12月8日第2005－1516号法案（ordonnance no 2005－1516 du 8 décembre 2005 relative aux échanges électroniques entre les usagers et les autorités administratives et entre les autorités administratives）第1条Ⅰ中规定的行政机构负责，则本条款的第一段中声明的原则在《民众与政府的关系法案》第L.112－7条及其以下条款中规定的条件下实施。"

Ⅱ.《民众与政府的关系法案》第L.112－10条中新增以下段落：

"根据规定信息技术、文件和自由的1978年1月6日第78－17号法案第43(2)条，若行政机构必须允许所有人行使该法案的第五章中规定的权利，如能通过电子渠道行使权利，则本条的第一段适用。"

Ⅲ.A.自2018年5月25日起，上述的1978年1月6日第78－17号法第43(2)条被废除。

B.经本条修订之后，《民众与政府的关系法案》第L.112－10条最后一段自2018年5月25日起被删除。

第59条

上述的1978年1月6日第78－17号法案第11条第4项修改如下：

1.*a*修改如下：

a）第一句修改如下：

"所有关于个人数据的保护和处理的法案或法令的条款的确立都需咨询委员会。"

b）第二句修改如下：

"委员会需公开对法案提出的意见。"

c）新增以下句子：

"除了第26条和第27条中规定的情况之外，若法案规定法案或决议需在咨询委员会意见之后作出，则这一意见需和法案或决议一同公布。"；

2.*d*之后，新增*e*和*f*如下：

"*e*）委员会负责处理因数字技术的发展而带来的种族问题和社会问题；

"*f*）委员会在其职能范围内推动隐私保护技术的使用，尤其是数据加密技术。"

第60条

上述1978年1月6日第78－17号法案第11条第2项*g*修改如下：

“*g*）委员会可以证明或批准并公布总的参考标准或方法论，用于证明个人数据匿名化的程序符合本法案，尤其是为了在《民众与政府的关系法案》第三卷第二编中规定的条件下的在线公共数据的再利用。

“如有必要，需考虑到本法第七章中规定的惩罚措施的实行。”

第61条

Ⅰ.《邮政和电子通信法典》第L.135条中新增以下段落：

“监管局可以询问国家信息和自由委员会任何有关委员会权限的问题。”

Ⅱ.关于信息技术、文件和自由的1978年1月6日第78－17号法案第11条最后一段之前，新增以下段落：

“委员会可以询问电子通信和邮政监管局任何有关监管局权限的问题。”

第62条

上述的1978年1月6日第78－17号法案第36条第四段中增加：“或根据40－1条款中规定的指示；”。

第63条

上述的1978年1月6日第78－17号法案修改如下：

1.第40条修改如下：

a）在第一段的开始增加编号“Ⅰ.”；

b）第五段之后，新增Ⅱ如下：

“Ⅱ.若当事人在信息收集时是未成年人，经当事人要求，处理的负责人必须完全清除在信息社会的服务提供的范围内所收集的个人数据。若负责人将相关信息传递给同为处理负责人的第三方，则该负责人必须参考可用的技术和执行的成本，采用包括技术命令在内的合理的措施，告知处理这些数据的第三方当事人已经要求清除所有的相关链接或副本。

“若在申请提出之后的1个月内，个人数据清除没有执行或处理负责人没有作出回复，当事人可以向国家信息和自由委员会提出要求，委员会需在接受要求之日起3周之内作出答复。

“出于以下目的，个人数据处理必须进行，此时Ⅱ的前两段内容不适用：

“1.为了行使言论自由和信息自由权；

“2.为了履行要求处理这些信息的法定义务，或为了履行公众利益的职能或履行负责人享有的公共权力的职能；

“3. 为了保障公共卫生方面的公共利益；

“4. 为了保存公众利益相关的档案，为了科学或历史研究或为了进行统计，在一定程度上，Ⅱ中提及的权利可能使得处理目的无法实现或极大的阻碍目的的实现；

“5. 为了确认、行使或维护诉诸法律的权利。”

c）最后两段被删除。

2. 第40条之后，新增第40－1条如下：

“第40－1条　Ⅰ. 本小节中开放的权利的享有者去世时，这些权利随之取消。但是，在符合以下的Ⅱ和Ⅲ的情况下，权利可以暂时保留。

“Ⅱ. 对于其死后的个人数据的保存、清除和传递，每个人都可以作出一般性的或特殊性的指示。

“涉及当事人的所有个人数据一般性的指示的可以通过经国家信息和自由委员会认证的数字可信任第三方进行登记。

“一般性指示的参考资料和进行登记的数字的可信任第三方被登记在相同的登记册中，登记册的格式和访问方式在国家信息和自由委员会说明并公布意见之后由最高行政法院的法案规定。

“涉及指示中提及的个人数据的处理的特殊性指示。通过相关的处理负责人进行登记。这些数据需经过当事人的特殊许可，不能只凭借当事人作出的总的使用条件的许可而进行处理。

“一般性指示和特殊性指示说明了当事人在去世之后，行使本节中提及的权利的方式。这些指示的实行需遵循适用于规定个人数据的公共档案条款。

“若指示考虑到包含第三方的个人数据的数据的通信，通信的实施需遵循本法案。

“当事人可以随时修改或废除这些指示。

“Ⅱ的第一段中提及的指示可以指定一人负责实施。若当事人去世，这一负责人有权了解指示的内容，并要求相关的处理负责人实施。无论是否指定负责人，在不违背指示的情况下，若被指定的负责人去世，当事人的继承人有权了解指示的内容，并要求相关的处理负责人实施。

“对于符合本条款，限定了当事人所拥有的特权的个人数据的处理，记载该处理的总的使用条件的所有合同条款都被视为无效。

“Ⅲ. 若当事人没有作出指示或不反对上述指示，则其继承人可以在其去

世后行使本节中提及的权利,必要时需考虑:

“死者遗产继承的安排或规定。在此情况下,继承人可以了解有关死者遗产继承的安排或规定的个人数据,以便识别并获取有关遗产清算和分配的信息。继承人也可以获得属于家庭回忆,可传给继承人的数字或数据的财产。

“处理负责人获悉当事人死讯。在此情况下,继承人可以要求关闭死者的用户账号,并拒绝继续处理有关这些账号的个人数据或要求更新这些账号。

“若继承人提出上述要求,处理负责人需证明自己已经按照Ⅲ的第三段的规定执行了所要求的操作,这一过程无须继承人支付费用。

“若继承人之间无法就Ⅲ中规定的权利的行使达成共识,需由主管的大审法院作出判决。

“Ⅳ. 所有在线公共通信服务的提供者都需告知用户,在其去世之后相关数据的后续处理,并允许用户选择是否将其的数据传给指定的第三方。”

3. 第 32 条Ⅰ的第 6 项中新增:“其中包括对其去世之后个人数据的后续处理作出指示的权利”;

4. 第 67 条第一段中,编号“39、40 和”修改为“和 39、第 40 条Ⅰ和条款”。

第 64 条

Ⅰ. 上述的 1978 年 1 月 6 日第 78 - 17 号法案第 45 条修改如下:

1. Ⅰ修改如下:

“Ⅰ. 若处理负责人未履行本法规定的义务,国家信息和自由委员会主席可以命令该负责人在其规定的时限内履行义务。在极其紧急的情况下,这一时限可以规定为 24 小时。

“若处理负责人已遵循其收到的命令,国家信息和自由委员会主席即可宣布这一程序完成。

“若处理负责人不遵循其收到的命令,经过对抗程序,小型委员会可以采取以下处罚方式:

“1. 警告;

“2. 罚款,按照第 47 条的规定,数据处理是由国家实行的除外;

“3. 若这一处理属于第 22 条中的情况,或撤回依照第 25 条获得的授权,则命令停止处理。

“若违规行为不在责令的范围内,经过对抗程序,小型委员会可以采取Ⅰ中的处罚方式,且无须事先下达命令。”

2. Ⅱ修改如下:

a)第一段的最后,“可以,经过对抗程序,采取由法案规定的紧急程序,为了”修改为“,由委员会主席管辖,在由法案规定的紧急程序的范围内,经过对抗程序,可以”;

b)在第 2 项中,“第一段”修改为编号“第 1 项”;

3. 在Ⅲ中,“安全的”一词被删除。

Ⅱ. 上述法律的第 46 条第二段第一句之后,新增以下内容:

“小型委员会可以命令受罚者将处罚内容单独告知每位相关人员,费用由受罚者承担。”

Ⅲ. 在《刑法案》第 226 – 16 条第二段中,编号“第 2 项”修改为“第 3 项”。

第 65 条

Ⅰ. 上述的 1978 年 1 月 6 日第 78 – 17 号法第 47 条的前两段如下:

“第 45 条 I 中提及的罚款的金额需与违规的严重程度以及因违规而受益的程度相符。国家信息和自由委员会的小型委员会尤其需考虑到违规是出于故意或出于过失,处理的负责人为减少相关人士的损失而采取的措施,负责人为弥补过错和减轻可能的负面影响而与委员会进行合作的程度,以及相关个人数据的目录和委员会得知负责人违规行为的方式。

“罚款金额不能超过 300 万欧元。”

Ⅱ. 自 2018 年 5 月 25 日起,国家信息和自由委员会根据 2016 年 4 月 27 日欧洲议会和欧洲理事会制定的第 2016/679 号条例(欧盟)采取的处罚措施需依照该条例第 83 条,该条例规定了在个人数据处理方面对自然人的保护和这些数据的自由流通,并废除了第 95/46/CE 号(欧洲理事会)指示。本条修订之后,在上述条例的范围之外,关于信息技术、文件和自由的 1978 年 1 月 6 日第 78 – 17 号法案第 47 条也适用。

Ⅲ. 2017 年 6 月 30 日之前,政府需向议会递交一份报告,说明因 2016 年 4 月 27 日欧洲议会和欧洲理事会制定的第 2016/679 号条例(欧盟)正式生效而对关于信息技术、文件和自由的 1978 年 1 月 6 日第 78 – 17 号法案作出的必要修改。上述条例规定了在个人数据处理方面对自然人的保护和这些数据的自由流通,并废除了第 95/46/CE 号(欧洲理事会)指示。

第 66 条

上述 1978 年 1 月 6 日第 78 – 17 号法案第七章中新增第 49(2)条如下:

“第 49(2)条　若非欧盟成员国国内与其职责相似的机构提出请求,国家信息和自由委员会可以在第 44 条规定的条件下进行核实,除非涉及第 26 条

Ⅰ或Ⅱ中提及的处理，只要该国为个人数据提供适当程度的保护即可。

“若这些与其职责相似的机构提出要求，委员会有权将其收集或掌握的信息传给这些机构，只要该国为个人数据提供适当程度的保护。

“为保证本条的实施，委员会需事先制定协议，确定委员会和与其职责相似的机构的关系。这一协议在《法国政府公报》上公布。”

第67条

《刑法案》修改如下：

1.第226-2条之后，新增第226-2-1条如下：

“第226-2-1条　若第226-1条和第226-2条中规定的犯罪行为涉嫌在公共或私人场所使用色情语言或图像，可以处以2年有期徒刑和60,000欧元的罚款。

“若未经当事人同意，将带有色情语言或图像的录音或文件进行公开或给予第三方，且这些录音或文件是经当事人明确的或假定的许可之后获得的，或由当事人本人，通过第226-1条中的行为而获得，同样应接受以上处罚。”

2.在第226-6条中，编号“和第226-2条”修改为“在第226-2-1条”。

第2节　私人电子通信的保密性

第68条

《邮政和电子通信法典》修改如下：

1.第L.32条款中新增第23项如下：

“23.在线公共通信服务运营商。

根据关于数字经济中的信任的2004年6月21日第2004-575号法案第1条Ⅳ的规定，所有保障在线公共通信的内容、服务或应用的使用的人都是在线公共通信服务运营商。尤其是上述法案第6条Ⅱ的第二段中提及的推出各类在线公共通信服务的人，或根据第6条Ⅰ第二段中提及的保障各类信号、文件、图像、声音或信息的存储的人，都被视为在线公共通信服务运营商。”；

2.第L.32-3条如下：

“第L.32-3条　Ⅰ.网络运营商及其职员必须保护通信秘密。秘密包括通信的内容，以及通信者的身份，如有必要，还应包括信息的标题和通信中的附件。

“Ⅱ.若在线公共通信服务运营商允许其用户及其职员互相通信，则被允许人需保护通信秘密。上述秘密包括通信的内容，以及通信者的身份，如有必要,还应包括信息的标题和通信中的附件。

“Ⅲ. 本条Ⅰ和Ⅱ不影响对Ⅰ和Ⅱ中提及的通信的内容,通信者的身份以及,信息的标题和通信中的附件的自动分析处理的进行,只要这一处理是为了通信的显示、分类或发送,或为了检测无用的内容或恶意的计算机程序。

“Ⅳ. 禁止出于广告、统计或改善提供给用户的服务的目的,而对Ⅰ和Ⅱ中提及的通信的内容,通信者的身份以及,如有必要,信息的标题和通信中的附件进行自动分析处理,除非在一个固定的期限内,通过电子渠道获得了用户明确的许可,且这一期限不能超过一年。每次处理都需经过用户的特定许可。

“Ⅴ. 网络运营商以及Ⅰ和Ⅱ中提及的人都必须将本条的规定告知其职员。”

第三编　数字接入

第一章　数字和领土

第1节　权限和组织

第69条

《地方行政区总法典》修改如下：

1. 第L. 1425－2修改如下：

a)在第一段后,新增以下段落：

“它们(方案)可以包含数字应用和服务的发展战略。这一战略旨在推动境内数字服务供应的平衡,以及数字媒介领域在内的公共或私人资源的共享的建立。”

b)倒数第二段最后一句中,“第三”修改为“第四”；

c)新增以下段落：

“国家主管机构负责起草、更新和跟进题为‘国土境内的数字应用和服务的国家发展规划’的框架文件。这份框架文件包含对促进境内数字应用和服务的平衡发展的战略选择的介绍,以及本条第二段中提及的数字应用和服务发展战略制定的方法论指南。”

2. 第L. 5219－1条Ⅱ的第1项*b*中,“第三”修改为“第四”。

第70条

《地方行政区总法案》第L. 1425－1条Ⅰ的第二段之后,新增以下两段：

“作为第L. 5721－2条第一段的特例,直到2021年12月31日,属于第五部分第七卷第二编的混合型工会可以加入另一个混合型工会，后者通过转让或授权行使 I 的第一段中提及的全部或部分权限。

“只有当一个混合型工会包含了一个大区或一个省时，它才可以接受另一个通过授权行使权限的混合型工会加入其中。”

第 71 条

《邮政和电子通信法典》第 L. 33 – 11 条修改如下：

1. 在第一段第二句中，“或者”一词修改为“和，如有必要，”；

2. 第一段最后一句被删除；

3. 第二段修改为以下三段：

“负责电子通信的部长，需参考电子通信和邮政监管局的提议，在本条最后一段中提及的法案颁布之后的 3 个月内，确定‘光纤区’成员身份的授予方式和条件，以及与其相关的义务。

“‘光纤区’成员身份由电子通信和邮政监管局授予。授予决定中需明确说明申请人需履行的义务。授予决定需告知负责电子通信的部长。

“在 2016 年 10 月 7 日第 2016 – 1321 号数字共和国法案颁布之后的 6 个月之内，最高行政法院的法案规定本条的实施细则，尤其是获得‘光纤区’成员身份者的法定义务，以及推动转向高速宽带的法规。”

第 2 节　数 字 覆 盖

第 72 条

《地方行政区总法案》第 L. 1615 – 7 条中新增以下段落：

“地方行政区及其协会因其在 2015 ~ 2022 年的投资支出而享有增值税补偿基金的分配，这些投资将其财产纳入通过移动电话网络扩大领土的覆盖范围的行动计划之中并且用于公共工程的无源基础设施方面。”

第 73 条

《邮政和电子通信法典》第 L. 48 条修改如下：

1. 在 *a* 的开始，“关于”一词之后，加入“住宅楼和关于”；

2. *c* 修改如下：

a）在开头，“在……之上”修改为“在……上面和在……之上”；

b）“私人的”之后，加入“，包括墙壁的外部或朝向公共道路的墙面，”；

c）“享有地役权的”之后，加入“或与所有者签署了通行协议的”；

d）新增以下句子：

“在技术限制的情况下，在一个享有地役权或签署了通行协议的设施的附近尽可能沿着与之相同的方向或道路进行安装。”；

3. 第六段修改如下：

a）第一句修改如下：

“享有地役权的”之后，增加“或与所有者签署了通行协议的”；

“享有地役权的”之后，增加“或签署了通行协议”；

b）倒数第二句修改如下：

“一个已经获得许可的设施的共享需要获得另外的地役权和”被删除；

编号“第 L. 45 – 9 条中”修改为“本条的 *c* 中”。

第 74 条

1965 年 7 月 10 日《确立建筑物共同所有权》第 65 – 557 法案（loi no 65 – 557 du 10 juillet 1965 fixant le statut de la copropriété des immeubles bâtis）的第 24 – 2 条中新增以下两段：

“根据规定无线电广播接收天线的安装的 1966 年 7 月 2 日第 66 – 457 号法案（loi no 66 – 457 du 2 juillet 1966 relative à l’installation d’antennes réceptrices de radiodiffusion）第 1 条规定，若房产所有者要求接入光纤高速通信网络，无论这一要求是否违背任何协议，若没有与第 1 条相符的重要并合法的理由，只要该建筑有合适的安装条件，承租人或拥有多处住宅或利用方式多样化的建筑中的一处住宅的所有者不能反对在建筑的公共区域铺设线路以便连接每间住房。

“铺设线路的费用由符合《邮政和电子通信法典》第 L. 34 – 8 – 3 条的网络运营商支付，铺设之前需根据上述法律第 L. 33 – 6 条与共同物主工会签署协议，若设立了工会委员会，还需在签署之前咨询委员会。”

第 75 条

Ⅰ.《税务总法案》第 39（10）条修改如下：

A. Ⅰ修改如下：

1. 在第一段中，年份“2016”修改为“2017”；

2. 在第 6 项第二句的最后，日期“2016 年 12 月 31 日”修改为“2017 年 4 月 14 日”；

3. 第 7 项的第二句修改为以下 4 句：

“这些资产无论其折旧方式都可以享有税费优惠。若第 7 项的第一句中提及的资产的使用权被转让，符合规定的投资的总额与除财务费用以外的投资总额和享有优惠且使用权被转让给第三方企业的产品总额之间的差额相等。作为Ⅰ的第一段的特例,拥有这些资产使用权的企业可以扣除属于资产的购买或制造价格的部分发票金额的 40%,作为第 7 项第 1 句的特例,如果这些资产属于在公共机构的援助下建立的网络的一部分。作为Ⅰ的第一段的特例,从 2016 年 1 月 1 日至 2017 年 4 月 14 日,税费优惠适用于第 7 项中提及的由企业购买或制造的资产,以及在 2017 年 4 月 15 日之前被转让的,属于被购买或制造的资产的使用权;”

4. 在第八段后,新增第 8 项和第 9 项如下:

“8. 有助于工业制造或加工的软件。作为Ⅰ的第一段的例外,税费优惠适用于第 8 项中提及的资产,无论其折旧方式;

“9. 在 2016 年 4 月 12 日 ~ 2017 年 4 月 14 日,作为Ⅰ的第一段的特例,由企业购买或制造的在计算机机架中使用的计算机设备,以及整体购买的用于密集型计算的机器。税费优惠适用于第 9 项中提及的资产,无论其折旧方式。”

5. 倒数第二段修改如下:

a)在第一句中,“在 2015 年 4 月 15 日至 2016 年 4 月 14 日期间缔结的”被删除;

b)在第一句之后,新增以下句子:

“对于Ⅰ的第 1 项到第 6 项以及第 8 项中提及的资产,合同的缔结时间为 2015 年 4 月 15 日 ~ 2017 年 4 月 14 日;对于第 7 项中提及的资产,缔结时间为 2016 年 1 月 1 日 ~ 2017 年 4 月 14 日;对于第 9 项中提及的资产,缔结时间为 2016 年 4 月 12 日 ~ 2017 年 4 月 14 日。”

c)在第二句中,“第八”修改为“第十一”。

B. Ⅱ修改如下:

1. 第一段修改如下:

a)第二处“这些”修改为“一些”;

b)最后,年份“2016”修改为“2017,一方面,由于仅用于免税交易的资产;另一方面,由于根据免税活动的营业额占总营业额的比例而同时用于免税交易和应纳税交易的资产”;

2. 在第二段的最后,“,按比例确定”修改为“也同样按比例确定”。

Ⅱ. Ⅰ的 B 适用于自 2016 年 4 月 26 日起,由合作企业购买、制造或通过行使购买选择权进行租借购买或租赁而获得的资产。

第 76 条

若地方行政区出让部分电子通信网络永久的、不可撤销的和独家的长期使用权,在出让完成的这一年,可以将其全部归入投资部分。

若地方行政区获得部分电子通信网络永久的、不可撤销的和独家的长期使用权,可以将其归入投资部分。

第 77 条

《邮政和电子通信法典》第 L. 34 – 8 – 3 条的第三段之后,新增以下段落:

“若网络接入的提供者在该网络覆盖范围内实行税费均摊,则该提供者只能要求来设置覆盖这一区域住宅的光纤高速网络的网络运营商实行这一措施。”

第 78 条

上述法案的第二卷第二编第二章第 1 节中,新增第 L. 33 – 13 条如下:

“第 L. 33 – 13 条　在咨询电子通信和邮政监管局之后,负责电子通信的部长可以同意网络开发者在他的管理之下进行参与,以便推动人口稀少地区的电子通信网络的调整和覆盖,并推动网络开发者对这些网络的应用。

“电子通信和邮政监管局保障条款的实施依照 L. 36 – 11 条对违规行为进行处罚。”

第 79 条

上述法案的第三章第七节中,新增第 L. 36 – 11 条如下:

违约金金额要与违规行为的严重程度相适应,特别是要考虑到覆盖居民数的覆盖面积。即是否超过单位居民 130 欧元,每平方公里 3000 欧元、每站点 80000 欧元的上限及有关人员是否履行了其所承诺的承保义务。

第 80 条

上述法案第 L. 36 – 7 条中新增第 11 项如下:

“第 11 项　电子通信服务运营商依照本法和相关决议的要求而公布的境内覆盖数字地图,监管局建立的用于完成地图的数据清单以及运营商事先递交的用于完成地图的数据,应按照开放的,易于通过自动处理系统进行再利用的格式保留出处。”

第 81 条

关于数字经济中的信任的 2004 年 6 月 21 日第 2004 – 575 号法案第 52 – 1 条Ⅱ中,新增以下句子:

“不在上述清单中并符合第 52 条Ⅲ的第一段中规定的标准的市镇,经负责电子通信的部长和负责国土整治部长的共同决议，可以申请进行登记。”

第 82 条

在《邮政和电子通信法典》第 L. 33 – 12 条中，编号“第 L. 33 – 1 条、第 L. 36 – 6 条和第 L. 42 – 1 条，”修改为“本法第 L. 33 – 1 条、第 L. 34 – 8 – 5 条、第 L. 36 – 6 条和第 L. 42 – 1 条，规定数字经济中的信任的 2004 年 6 月 21 日第 2004 – 575 号法案第 52 条Ⅲ和第 52 – 1 条至第 52 – 3 条，以及 2008 年 8 月 4 日第 2008 – 776 号经济现代化法案（loi no 2008 – 776 du 4 août 2008 de modernisation de l' économie）第 119 条至第 119 – 2 条。”。

第 83 条

在上述法案第 L. 42 – 2 条第四段第二句中，“关于”修改为“在任何适当情况下，尤其是在”。

第 84 条

在《公民财产总法案》（Code général de la propriété des personnes publiques）第二部分第一卷第二编第五章中，新增第 4 节如下：

“第 4 节　有关无线局域网的特殊条款

“第 L. 2125 – 10 条　电子通信网络运营商对占用或使用射频进行收费时需考虑到，一方面，授权持有者因使用射频而获得的各方面的益处；另一方面，使用的目的和对射频的有效管理。

“若射频的使用权没有授予给特定用户，则对其进行使用无须支付费用。

“对于仅用于实验的射频，对其进行使用无须支付费用。”

第 85 条

《邮政和电子通信法典》第二卷修改如下：

A. 第 L. 35 条中新增以下段落：

“对于保障向公众开放的电子通信的固定服务的网络，对其及其周边进行维护是公益性的，目的在于保障网络和服务的永久性、质量和可用性。”

B. 第一编第三章中新增第 L. 35 – 7 条如下：

“第 L. 35 – 7 条　第 L. 35 – 2 条第二段或第三段中规定的程序的范围内被指定的人需在期限到期之前的 3 个月之前，向负责电子通信的部长以及电子通信和邮政监管局提交一份报告，根据第 L. 35 – 2 条，上述期限为该人负责提供第 L. 35 – 1 条第 1 项中提及的通用服务的服务内容的期限，报告内容为对该人的固定网络的细致总结。若被指定者不符合第 L. 35 – 2 条倒数第二段中提及的义务细则中的规定，尤其是不符合质量方面的规定，则报告需包含一份对省级范围内的网络的状况的分析。

“若报告的内容可能涉及商业秘密、贸易秘密或统计秘密，电子通信和邮政监管局在地方行政区或其团体的要求下，可告知他们部分或全部的报告内容。”

C. 第L.36－11条修改如下：

1. 在第一段第一句第二处“电子的，”之后，增加“一个地方行政区的或地方行政区的一个团体的，”；

2. 在Ⅲ的第六段之后，新增以下段落：

“根据第L.35－2条，若通用服务的提供者没有执行给他下达的履行义务的命令，则罚款金额与其违规的严重程度及其因违规而受益的程度相符，不超过上一次年度结算的税前营业额的5%，若再次违反同样的规定，可到达10%。在无法确定罚款限额的情况下，罚款金额不能超过150,000欧元，再次违反同样的规定，可到达375,000欧元；”

D. 第L.47条修改如下：

1. 在第二段“网络”一词后，增加“及其周边”；

2. 在第五段第二句“设备”一词后，增加“，包括其周边，”；

E. 第L.48条修改如下：

1. 第一段修改如下：

a)“和开发”修改为“，开发和维护”；

b)增加“，以及为了开展对保障向公众开放的电子通信固定服务的网络的周边维护工作，例如除灌木、除草、修剪树枝和砍伐树木”；

2. 第八段修改如下：

a)“和设备的开发”修改为“，设备的开发和维护或为了第一段中提及的维护工作”；

b)“第一”一词修改为“同样的”；

c)“友好协商的”一词后，增加“或所有者和开发商缔结的协议”；

F. 第L.51条修改如下：

“第L.51条　Ⅰ. 保障电子通信的固定服务的公共网络的周边维护工作，如除灌木、除草、修剪树枝和砍伐树木，无论该地产是否处在公共区域的沿河或沿路地带，都由土地所有者、农场主或他们的代表完成，以便防止网络设备的损坏和服务的中断。为此，公共网络的开发商必须和土地所有者、农场主或他们的代表签署协议。公共区域的整改方式由第L.46条第一段中提及的协议规定,或由第 L.47 条第三段中提及的道路许可证规定。

"作为Ⅰ的第一段的例外,在以下情况下,维护工作由保障电子通信的固定服务的公共网络的开发商完成:

"1.若无法确认土地所有者、农场主或他们的代表;

"2.若开发者和土地所有者、农场主或他们的代表协商决定由开发商完成,并签署协议,尤其是当维护工作的费用过高,后者无法承担时,或当维护工作具有技术上或操作上的困难,可能会影响网络的安全性或完整性的时候。

"Ⅱ.若土地所有者、农场主或他们的代表违背协议,维护工作由保障电子通信的公共网络的开发商完成,费用由土地所有者、农场主或他们的代表承担。维护工作实施之前需通知相关人士以及当地的镇长。开发商的代理人参与维护工作需依照第 L.48.条第八段中的规定。

"Ⅲ.根据《地方行政区总法案》第 L.2212－2－2 条和《道路系统法案》第 L.114－2 条中规定的程序,以及《农村和海洋渔业法案》第 L.161－5 条确立实施的程序,若对网络设备的维护没有达到防止损坏和服务中断的要求,镇长可以以国家的名义向地产所有者下达命令并通知相关的开发商。若地产所有者在 15 天的期限内没有依照命令行事,镇长可以将这一结果通知开发商,开发商需自己完成本条款的Ⅱ中规定的工作。若开发商在 15 天内没有按照通知行事,可以由政府完成这些工作,开发商承担费用,并遵循有关开发商参与工作的规定。

"Ⅳ.若一个新的公共网络和另一个公共网络共用相同的接待设施,除非相关的开发商协商之后作出其他决定,由建立第一个网络的开发商负责实施本条Ⅰ和Ⅱ中的规定。若第一个网络的开发商对新的公共网络设备的周边维护工作没有达到防止损坏和服务中断的要求,新的网络开发商可以向镇长提出请求,经镇长同意,实施Ⅲ中的程序。若第一个网络开发商在 15 天内没有按照通知行事,镇长可以准许新的网络的开发商完成维护工作,第一个网络的开发商承担费用,并遵循有关开发商参与工作的规定。"

第二章　应用的便利化

第 86 条

Ⅰ.《邮政和电子通信法典》第三卷第一编中新增第 L.136 条如下:

"第 L.136 条　接入在线公共电子通信服务所需的身份证明可以通过电子身份识别的方式完成。

“除非出现相反的证据，只要符合义务细则的规定，电子身份识别的方式即被认定为安全可靠的，该义务细则是由国家信息系统安全机构制定，并由最高行政法院的法案确立的。

“国家信息系统安全机构负责认证电子身份识别的方式是否符合义务细则的规定。”

Ⅱ. 根据《宪法》(Constitution)第 38 条的规定，政府可以通过制定条例采取以下措施：

1. 法律方面的措施，用于简化相关人士对《邮政和电子通信法典》第 L. 136 条中电子身份识别程序的利用，以便证实他的身份，以及发送或接收国家机构要求或发放的、贸易领域的，或个人和专业人士进行交流的信息或文件。

2. 在法律方面的措施，适用于涉及电子身份识别和电子信任服务的现行法律框架，需依照 2014 年 7 月 23 日欧洲议会和欧洲理事会制定的第 910/2014 号欧盟条例——关于国内市场中电子交易的电子身份识别和信任服务，该条例废除了第 1999/93/CE 号指示。

这些条例需在本法颁布后的 12 个月之内制定。在条例公布后的 3 个月之内，将法律草案提交议会批准。

第 87 条

Ⅰ.《邮政和电子通信法典》第三卷第一编中新增第 L. 137 条如下：

“第 L. 137 条　数字保险箱服务的目的为：

“1. 在能够确认其完整性和来源准确性的条件下，接收、存储、清除和传输电子数据或文件；

“2. 让用户能够追溯对这些数据或文件所进行的操作；

“3. 在用户根据第 L. 136 条利用电子身份识别的方式接入服务时，识别用户的身份；

“4. 保证用户对其电子文件和数据，或与其利用的服务的运营有关的数据的专属访问权限，并且在获得用户的明确许可的情况下，保证除数字保险箱服务提供者之外的第三方的访问权限，必要时，即使数字保险箱服务提供者依据关于信息技术、文件和自由的 1978 年 1 月 6 日第 78 - 17 号法的规定，仅出于保障用户的权益的目的，经用户的同意之后对这些文件和信息进行处理，也需保证其访问权限。

“5. 让用户可以恢复按照开放的，易于通过自动处理系统进行再利用的格式存储的文件和数据，但文件最初是按照非开放的，不能便利的进行在利用的格式存储的除外，在此情况下只能在法案规定的条件下依照原始格式进行恢复。

“数字保险箱服务也可以依照 2014 年 7 月 23 日欧洲议会和欧洲理事会制定的第 910/2014 号欧盟条例而推出信任服务，该条例规定了国内市场中电子交易的电子身份识别和信任服务，并废除了第 1999/93/CE 号指示。

“数字保险箱服务可以获得认证，认证的依据是由国家信息系统安全机构制定义务细则，该义务细则在制定之前需征询国家信息和自由委员会的意见，并由负责数字事务的部长决议通过。

“数字保险箱服务实施的方式及其国家认证，在咨询国家信息和自由委员会之后，由最高行政法院的法案规定。”

Ⅱ. 在《邮政和电子通信法典》第一卷第二编第二章第 3 节中，新增第 5 小节如下：

“第 5 小节　数字保险箱的称号

“第 L. 122 – 22 条　自称提供了《邮政和电子通信法典》第 L. 137 条第 1 项到第 5 项中定义的数字保险箱服务，但不遵循规定义务的运营商需受到本法第 L. 132 – 2 条和第 L. 132 – 3 条中规定的处罚。”

第 88 条

Ⅰ. 在《消费法典》第 L. 224 – 54 条第一句“目的地”一词后，增加“收费电话号码的”。

Ⅱ. 关于消费的 2014 年 3 月 17 日第 2014 – 344 号法案(loi no 2014 – 344 du 17 mars 2014 relative à la consommation)第 145 条Ⅳ被废除。

Ⅲ. 经本条修订之后，《消费法典》第 L. 224 – 54 条在本法颁布 6 个月后正式生效。

第 89 条

在《民众与政府的关系法案》第 L. 112 – 11 条第一段之后，新增以下段落：

“对于由居住在法国或国外的用户发送的，或因涉及法国人在国外设立的账户而由国外行政部门发送的电子文件，行政部门也必须遵循本条的第一段中规定的义务。”

第 90 条

上述法案第 L. 113 – 13 条如下：

“第 L. 113 – 13 条　对于处理由个人提交的申请或声明所必需的信息或

数据，若这些信息和数据可以直接从另一个行政部门获得，根据第 L. 114 - 8 条和第 L. 114 - 9 条的规定，此人或其代表需以其名义担保，证明提交的信息的准确性。这一证明即为证明文件。

"不再需要的文件的清单由法案确定。"

第 91 条

在上述法案第 L. 114 - 8 条第一段第二句中，"，对于企业的相关人士，"被删除。

第 92 条

《邮政和电子通信法典》第二卷第二编修改如下：

1. 第 L. 42 - 1 条中新增Ⅳ如下：

"Ⅳ. 根据本条和第 L. 42 - 2 条中规定的条件，为了实现第 L. 32 - 1 条中提及的目的，电子通信和邮政监管局可以授权出于实验目的而使用射频。

"授权中可以明确说明，授权最长期限为授权正式生效之后的 2 年，考虑到需要使用被授权资源的活动或服务，根据本卷第一编第二章和第三章以及本编的第一章到第三章的规定，授权所有者不需要遵循与资源的授权有关，或与独立的电子通信运营商的活动或与独立的网络运营商的活动实施有关的全部的或部分的权利和义务，或不需要遵循《消费法典》第二卷第二编第四章第 3 节中规定的全部的或部分的权利和义务。

"授权可以附带相关义务，包括涉及活动或相关服务的实验性特点的最终用户的信息，以及在实验结束后，曾经有过例外的规定的实施细则。为避免有害的干扰，授权附带必需的技术和操作条件。

"当电子通信和邮政监管局接受了一个出于实验目的而使用射频的授权申请，需立即告通知负责电子通信的部长必要时，还应告知负责消费的部长。若出现Ⅳ的第二段规定的例外情况，监管局也需立即作出通知。在授权通知发出之后的 1 个月内，负责电子通信的部长以及负责消费的部长可以以公共利益为由，拒绝全部或部分针对特例的授权。使用射频的授权决议在这一期限到期之后才正式生效。

"为保障Ⅳ的实施，出于实验目而使用射频被认为是以发展技术或贸易领域的新型技术或服务为目的，那么在整个实验期限内，需使用射频的活动的营业额，或技术、服务的使用者数量低于法案规定的标准。"

2. 第 L. 44 条中新增Ⅳ如下：

"Ⅳ. 根据本条中规定的条件，为了实现第 L. 32 - 1 条中提及的目的，电子通信和邮政监管局可以授权出于实验目的而使用编号和密码资源。

“授权中可以明确说明，授权最长期限为授权正式生效之后的 2 年，考虑到需要使用被授权资源的活动或服务，根据本卷第一编第二章和第三章以及本编的第一章到第三章的规定，授权所有者不需要遵循与资源的授权，独立的电子通信运营商的活动或独立的网络运营商的活动实施有关的全部或部分权利义务，或不需要遵循《消费法典》第二卷第二编第四章第 3 节中规定的全部或部分权利义务。

“授权可以附带相关义务，包括涉及活动或相关服务的实验性点的最终使用者的信息，以及在实验结束后，曾经有过例外的规定的实施细则。

“当电子通信和邮政监管局接受了一个出于实验目的使用编号和密码资源的授权申请，需立即告通知负责电子通信的部长，必要时，还应告知负责消费的部长。若出现Ⅳ的第二段规定的例外情况，监管局也需立即作出通知。在授权通知发放之后的 1 个月内，负责电子通信的部长和负责消费的部长可以以公共利益为由，拒绝全部或部分针对特例的授权。使用编号和密码资源的授权决议在这一期限到期之后才正式生效。

“为保障Ⅳ的实施，出于实验目而使用编号和密码资源被认为是以发展技术或贸易领域的新型技术或服务为目的，那么在整个实验期限内，需使用射频的活动的营业额或技术、服务的使用者数量低于法案规定的标准。”

第 1 节　电子挂号邮件

第 93 条

Ⅰ.《邮政和电子通信法典》第三卷修改如下：

1. 标题为：“其他服务，通用条款和最终条款”；

2. 第一编改为第二编，第二编改为第三编；

3. 第一编内容如下：

“第一编　其他服务

“第 L.100 条　Ⅰ. 发送电子挂号信等同于寄送挂号信，只要其符合规定 2014 年 7 月 23 日欧洲议会和欧洲理事会制定的第 910/2014 号欧盟条例第 44 条中的要求，该条例涉及国内市场中电子交易的电子身份识别和信任服务，并废除了第 1999/93/CE 号指示。

“若收件人不是职业人员，收件人需告知发件人其同意接收电子挂号信。

“根据本法第一卷的规定，服务人员可以建议发件人打印信件内容然后寄送给收件人。

“Ⅱ. 最高行政法院的法案确定了本条实施细则，尤其是：

“1. 以下方面的要求：

“*a*）发件人和收件人的身份识别；

“*b*）发件人的数据发送凭证和发送时间凭证；

“*c*）收件人或其代理人的收件凭证和收件时间凭证；

“*d*）发送的数据的完整性；

“*e*）如有必要，提交纸质版电子挂号信。

“2. 电子挂号信服务的提供者需告知收件人的信息。

“3. 预定的赔偿金的总额，在服务的过程中，若发生收件延迟，发送的数据丢失、被非法提取、篡改或修改的情况，服务提供者需承担责任进行赔偿。

“第 L. 100 条　若提议或提供任何一项不符合第 L. 100 条规定的服务，发生了欺骗发件人或收件人而需承担相应的法律后果的情况，处以 50,000 欧元的罚款。”

Ⅱ. A.《民法案》（Code civil）第 1369 – 7 条和第 1369 – 8 条被废除。

B. 经关于改革合同法、总体制度和债务凭证的 2016 年 2 月 10 日第 2016 – 131 号条例（l' ordonnance no 2016 – 131 du 10 février 2016 portant réforme du droit des contrats, du régime général et de la preuve des obligations）修订之后，《民法案》第三卷第二编第一小编第二章第 1 节修改如下：

1. 第 1127 – 4 条和第 1127 – 5 条被废除；

2. 第 1127 – 6 条变为第 1127 – 4 条。

Ⅲ.《民众与政府的关系法案》第 L. 112 – 15 条修改如下：

1. 在第一段中，“行政部门之间”之后，增加“，依据《邮政和电子通信法典》的 L. 100 条的电子挂号信或”；

2. 在第二段第一句“使用”之后，增加“依据上述法案第 L. 100 条的电子挂号信或”。

第 2 节　支付服务的提供无须申请适用于某些支付工具的许可

第 94 条

《货币和金融法案》（Code monétaire et financier）修改如下：

1. 第 L. 521 – 3 条Ⅱ修改如下：

a）在第一段的开头，“在开始进行活动之前”修改为“只要在此前的 12 个

月内,支付的总金额超过 100 万欧元”;

b)在同一段中,“声明”一词之后,增加“包含对所推出的服务的说明”;

c)在第二段第一句中,“或,若其不完整,在所有必需信息接收之后的同样期限”被删除。

2. 在第 L. 521 - 3 条之后,新增第 L. 521 - 3 - 1 条如下:

“第 L. 521 - 3 - 1 条　Ⅰ. 作为第 L. 521 - 2 条中禁止事项的特例,网络运营商或电子通信服务运营商,除提供电子通信服务之外,可以向其网络或其服务的用户提供支付服务,以便进行:

“1. 无论使用任何设备进行数字内容的购买或消费,对于购买数字内容和语音服务,开具相应发票的支付交易;

“2. 利用电子设备向慈善机构进行捐赠,并开具相应发票的支付交易,遵循关于协会和互助会的代表人休假以及公共慈善机构的账户控制的 1991 年 8 月 7 日第 91 - 772 号法案(loi no 91 - 772 du 7 août 1991 relative au congé de représentation en faveur des associations et des mutuelles et au contrôle des comptes des organismes faisant appel à la générosité publique)。

“利用电子设备购买电子票券,并开具相应发票的支付交易。

“单次支付的金额不能超过 50 欧元。

“同一用户每月累计支付金额不能超过 300 欧元。对于出于职业目的而建立的账户,这一金额与最终用户的金额标准相同。

“Ⅰ的规定同样适用于预先给网络账户或电子通信账户充值的用户。

“Ⅱ. 在进行Ⅰ中的操作之前,网络或电子通信的运营商需向审慎监督和决议局(l'Autorité de contrôle prudentiel et de résolution)进行申报,具体说明其推出的服务,若申报不满足Ⅰ中的条件,该机构需在接收申报之后的 3 个月之内通知申报者。

“网络或电子通信运营商需向审慎监督和决议局提交月度报告,证明其满足Ⅰ中的条件。

“根据第 L. 522 - 6 条,若网络或电子通信运营商计划不再依照Ⅰ中的条件,则该运营商需向审慎监督和决议局提交许可申请。

“若审慎监督和决议局通知网络或电子通信运营商其不再满足Ⅰ中的条件,运营商需在 3 个月之内采取必要的措施以满足条件,或依据第 L. 522 - 6 条,向审慎监督和决议局提交许可申请。

“只要审慎监督和决议局没有发放许可,网络或电子通信运营商都需遵循本条Ⅰ中的条件。"

3. 第L.525－6条之后,新增第L.525－6－1条如下:

"第L.525－6－1条　Ⅰ. 作为第L.525－3条的特例,除提供电子通信服务网络运营商或电子通信服务运营商,可以为其网络或其服务的用户发行和管理电子货币,以便进行:

"1. 无论使用任何设备进行数字内容的购买或消费,对于购买数字内容和语音服务,开具相应发票的支付交易;

"2. 遵循关于协会和互助会的代表人休假以及公共慈善机构的账户控制的1991年8月7日第91－772号法案,利用电子设备向慈善机构进行捐赠,并开具相应发票的支付交易;

"利用电子设备购买电子票卷,并开具相应发票的支付交易。

"单次支付的金额不能超过50欧元。

"同一用户每月累计支付金额不能超过300欧元。对于出于职业目的而建立的账户,这一金额与最终用户的金额标准相同。

"Ⅰ的规定同样适用于预先给网络账户或电子通信账户充值的用户。

"Ⅱ. 在进行Ⅰ中的操作之前,网络或电子通信的运营商需向审慎监督和决议局(l' Autorité de contrôle prudentiel et de résolution)进行申报,具体说明其推出的服务,若申报不满足Ⅰ中的条件,该机构需在接收申报之后的3个月之内通知申报者。

"网络或电子通信运营商需向审慎监督和决议局提交月度报告,证明其满足Ⅰ中的条件。

"根据第L.522－6条,若网络或电子通信运营商计划不再依照Ⅰ中的条件,他需向审慎监督和决议局提交许可申请。

"若审慎监督和决议局通知网络或电子通信运营商其不再满足Ⅰ中的条件,运营商需在3个月之内采取必要的措施以满足条件,或依据第L.522－6条,向审慎监督和决议局提交许可申请。

"只要审慎监督和决议局没有发放许可,网络或电子通信运营商需注意遵循本条Ⅰ中的条件。"

4. 第L.311－4条第1项被废除。

5. 在第L.521－3条Ⅱ的第一段、第二段第一句和最后三段中,以及在第L.525－6条前两段和最后三段中,"或在第L.311－4条第1项中"被删除。

6. 在第L.526－11条第二段中,"第L.311－4条第1项的"修改为"第L.

525－6－1条的”。

第3节 在线赌博的规范化

第95条

规定开放竞争和规范在线赌博和博彩的2010年3月12日第2010－476号法案（loi no 2010－476 du 12 mai 2010 relative à l' ouverture à la concurrence et à la régulation du secteur des jeux d' argent et de hasard en ligne）修改如下：

1. 第14条Ⅱ中新增以下两段：

“作为Ⅱ的第一段的例外，在线赌博监管局（l' Autorité de régulation des jeux en ligne）可以授权拥有第21条中的许可的运营商推出Ⅱ的第一段中规定的圈形赌博游戏，但该游戏只面向拥有获得许可的网站的有效账号的玩家，以及拥有获得欧盟成员国或欧盟经济区成员国颁发的许可网站的开放账号的玩家。

“这一授权需依照第34条Ⅴ的第二段中的规定缔结协议。它规定运营商的特殊义务，以保证在线赌博监管局对其活动的监管。”

2. 第34条Ⅴ中新增以下段落：

“类似的协议也可以由监管局局长代表国家进行缔结，以确立第14条Ⅱ的最后两段中提及的圈形赌博游戏的实施条件和监管方式。这些协议规定在线赌博监管局和相关的游戏监管机构为履行职能而互相交流所需的必要信息或文件的条件，尤其是在防止诈骗或犯罪行为，以及针对恐怖主义融资的洗钱行为方面。”

第96条

在上述法律第26条第二段第一句之后，新增以下句子：

“对于第14条中规定的在线圈形赌博游戏，运营商也需设立自动限制赌博有效上场时间的装置。”

第97条

上述法律第61条修改如下：

1. 第一段修改如下：

a）在开头增加“的局长”；

b）编号“第二”修改为“第三”。

2. 在第一段后，新增以下段落：

“他也需通过任何可以得知接收日期的方式，将本条的第一段中提及的命令的副本交予规定数字经济中的信任的2004年6月21日第2004－575号法案的第6条Ⅰ第二段中提及的人，并嘱咐他们采取适当的措施，以防止对本条第一段中提及的运营商所推出的在线公共通信服务的内容的访问。这些人需在8日之内递交报告。"

3. 第二段修改如下：

a）"这一期限的"修改为"前两段中提及的期限的"；

b）"命令相关的运营商不停止其推出的赌博或博彩活动"修改为"本条的第一段和第二段中的命令，或在线赌博或博彩活动没有停止"，并且"Ⅰ第二段和，必要时，在"被删除；

c）在结尾处，"关于数字经济中的信任"修改为"上述的"；

d）新增以下句子：

"在本条的第二段中提及的人可能已经执行命令，但活动依然没有停止的情况下，他也可以出于同样的目的提交巴黎大审法院院长，而无须再次下达同样性质的命令。"

第98条

上述法律修改如下：

1. 第43条第一段的开头修改为"为了防止沉迷游戏，在线赌博监管局可以独自或与其他以此为目标的相关人士合作，对获授权的运营商或其玩家采取措施。监管局评估……（余下内容不变）"。

2. 在第38条的最后一段之前，新增以下段落：

"在线赌博监管局也可以使用上述数据，以履行本法第34条Ⅳ中规定的职责，并遵循规定信息技术、文件和自由的1978年1月6日第78－17号法案。"

第99条

上述法律修改如下：

1. 在第35条Ⅰ的第一段"处罚"一词后，增加"，一位调解员"；

2. 第十章中新增第45－1条和第45－2条如下：

"第45－1条　第35条中提及的调解员由监管局局长在征询团体意见后任命，任期为3年。

"除非有合法的理由，或不能满足《消费法》第L.613－1条及其以下的条款中的条件，在任期内不能撤销调解员的职务。

"调解员的职责不能与团体成员和处罚委员会成员的职责重叠。

“调解员具备足够的能力，可以独立并公正的履行职能，且不能接受其受理的纠纷的指令。

“调解员向团体提交月度报告，汇报他的工作。调解员可以在报告中写下他的意见和建议。并进行公布。”

“第45－2条　若消费者和获得第21条中规定的许可的在线赌博运营商之间对第10条第3项中提及的合同的构成和履行存在争议，调解员负责对此提出解决意见。

“调解员依据《消费法典》第六卷第一编履行调解的职能。

“依照纠纷的非诉讼程序法规，调解员将纠纷提交给在线赌博监管局的调解人，自提交之日起，所有民事或刑事诉讼的指示都暂停。”

第100条

在上述法律第61条第三段之后，新增以下段落：

“若可以从其他地址访问这一在线公共通信服务，在线赌博监管局可以出于同样的目的向巴黎大审法院院长提交诉状。”

第4节　电子游戏竞赛

第101条

Ⅰ.在《国内安全法案》(Code de la sécurité intérieure)第三卷第二编第一章后，新增第一章(2)如下：

“第一章(2)　电子游戏竞赛

“第L.321－8条　为保障本章内容的实施，所有属于《税务总法案》的第220(13)条Ⅱ中的游戏都被视为电子游戏。

“在电子游戏竞赛中，至少有两名玩家或两队玩家为得分或取胜而进行比赛。

“本章中规定的电子游戏竞赛举办过程中不能组织赌博。

“第L.321－9条　参与者为真人的电子游戏竞赛不适用于第L.322－1条、第L.322－2条和第L.322－2－1条规定，对于这类竞赛，玩家支付的注册权或其他费用的总金额不能超过活动的全部组织费用的总额的一部分，这一比例由最高行政法院的法案规定，活动的全部组织费用包括提供的所有奖金和奖品。这一比例可以根据竞赛活动的总收入进行调整。

“若奖金或奖品的总金额超过最高行政法院法案规定的标准，竞赛的组织者需证明，其利用相关工具或机制以保障奖金和奖品的总金额能够被回收，且该工具或机制必须被列在同一法案规定的清单之中。

“根据最高行政法院的法案,组织者举办类似竞赛时需向行政机构申报。行政机构根据相关申报材料评估其是否遵循了前两段中的规定。

“第 L. 321 - 11 条　对于在线的电子游戏竞赛资格赛阶段为在线进行的电子游戏竞赛,接入网络的费用,以及可能存在的,获取的作为比赛载体的电子游戏费用都不属于第 L. 322 - 2 条中提及的其他费用。”

Ⅱ.《劳动法案》(Code du travail)第 L. 7124 - 1 条中新增第 4 项如下:

“4. 以参加《国内安全法案》第 L. 321 - 8 条规定的电子游戏竞赛为目标的企业或协会。”

第 102 条

Ⅰ. 电子游戏竞赛的职业玩家是在合法的地点参加电子游戏竞赛并以此获取报酬的人,且必须隶属于经负责数字事务部长许可的协会或企业,具体由法规作出说明。

Ⅱ.《劳动法案》适用于电子游戏竞赛的职业玩家,除了涉及定期劳动合同的第 L. 1221 - 2 条,还包括第 L. 1242 - 1 条到第 L. 1242 - 3 条、第 L. 1242 - 5 条、第 L. 1242 - 7 条和第 L. 1242 - 8 条、第 L. 1242 - 12 条、第 L. 1242 - 17 条、第 L. 1243 - 8 条到第 L. 1243 - 10 条、第 L. 1243 - 13 条、第 L. 1244 - 3 条到第 L. 1245 - 1 条、第 L. 1246 - 1 条和第 L. 1248 - 1 条到第 L. 1248 - 11 条。

Ⅲ. 若获得本条 I 中规定的许可的协会或企业通过签订合同,雇佣 Ⅰ 中提及的玩家参加竞赛并向其支付报酬,该合同必须为定期劳动合同。

Ⅳ. Ⅲ 中提及的定期劳动合同期限不能短于 12 个月,即电子游戏竞赛一个赛季的时间。

但是,在以下条件下,在电子游戏竞赛的赛季期间签订的合同的期限可以短于 12 个月:

1. 合同期限需至少持续到电子游戏竞赛的赛季结束;

2. 签订合同的目的是在职业玩家缺席或其合同中止的情况下,该玩家能作为替补上场。

决定电子游戏竞赛赛季开始和结束的时间的方式由相关法规确定。

Ⅲ 中提及的劳动合同期限不能超过 5 年。

Ⅳ 的倒数第二段中提及的最长期限包括续约合同的期限,或与同一玩家签订的新的合同的期限。

Ⅴ. 定期劳动合同必须为书面形式,合同份数至少为 3 份,且需说明本条

Ⅰ到Ⅷ中规定的权利和义务。

合同内容包括：

1. 双方的身份和住址；

2. 雇佣的日期和合同的期限；

3. 职位的名称和雇员需参加的活动；

4. 报酬的总额及其组成部分，包括可能存在的奖金和补贴；

5. 额外退休金管理机构、社会保障机构和额外医疗保险机构的名称和地址；

6. 可适用的协议或协定的名称；

雇主需在雇佣电子游戏职业玩家之后的两个工作日之内将定期劳动合同交予该玩家。

Ⅵ. 允许电子游戏竞赛职业玩家完全单方面解除合同的条款是无效的。

Ⅶ. 不依照本条Ⅱ到Ⅴ中的基本规定和形式签订的合同都为不定期劳动合同。

对于不依照Ⅲ、Ⅳ和Ⅴ的第一段规定的行为，处以 3750 欧元的罚款；若再犯，处以 6 个月的有期徒刑以及 7500 欧元的罚款。

Ⅷ. 在履行雇佣电子游戏竞赛职业玩家的合同的过程中，获得本条的Ⅰ中规定的许可的协会或企业需为该玩家提供与本协会或企业的其他职业玩家相同的训练条件。

第 5 节　不动产销售的简化

第 103 条

Ⅰ. 根据《宪法》第 38 条，政府有权通过颁布法案采取相关法律措施，发展电子传输，促进电子签名和电子挂号信的无纸化使用，使用双方为：

1. 委托人与其受委托人，在进行有关不动产和动产的调解和管理的活动时，需依据规范不动产和动产的部分交易活动的开展条件的 1970 年 1 月 2 日第 70－9 号法案（loi no 70－9 du 2 janvier 1970 réglementant les conditions d'exercice des activités relatives à certaines opérations portant sur les immeubles et les fonds de commerce）。

2. 不动产或动产的出租人与承租人。

3. 出售者和购买者，在企业资产包括动产或不动产的情况下，用于不动产、动产交易的私署证书，或不可转让的企业资产的交易的私署证书。

4. 诊断者与其客户，在履行职责的过程中。

5. 1965年7月10日确立建筑物共同所有权的第65－557号法案中规定的人。

Ⅱ. 本条Ⅰ中规定的法案需在本法颁布后的1年之内制定。

法律草案需在法案公布后的5个月之内提交议会批准。

第104条

Ⅰ. 根据《宪法》第38条，政府有权通过颁布法案采取相关法律措施，允许客户通过可持续的且可利用的非纸质载体，提交、提供、公布或传输信息或文件，这些文件或信息涉及《货币和金融法案》、《保险法案》(Code des assurances)、《互助法案》(Code de la mutualité)、《社会保障法案》(Code de la sécurité sociale)第二卷第三编或《消费法典》第三编中规定的合同，以及允许客户在必要时使用电子签名进行这些合同的签订或修改，这些非物质的载体能够取代纸质载体，同时为客户提供至少与纸质载体同等的保护。

Ⅱ. 本条Ⅰ中规定的法案需在本法颁布后的1年之内制定。

法律草案需在法案公布后的5个月之内提交议会批准。

第三章　弱势群体的数字接入

第1节　残疾人的电话服务接入

第105条

Ⅰ.《邮政和电子通信法典》第L.33－1条Ⅰ的*o*之后，新增*p*如下：

"*p*)耳聋的、重听的、盲聋的和患失语症的最终用户的电子通信服务接入，在与其进行通话时应提供2016年10月7日第2016－1321号数字共和国法案中规定的文字和手语的同声传译服务。

"最终用户无须为这项服务支付额外费用，只需其在法案规定的条件下合理使用，并遵循电子通信和邮政监管局规定的资格要求。

"这项服务符合Ⅰ的b中提及的中立性和保密性的要求，以及规定信息技术、文件和自由的1978年1月6日第78－17号法案第34(2)条中提及的防止侵犯个人数据的要求；"。

Ⅱ. 规定残疾人的机会与权利平等、参与和公民资格的2005年2月11日第2005－102号法案(loi no 2005－102 du 11 février 2005 pour l'égalité des droits et des chances, la participation et la citoyenneté des personnes handicapées)

第78条修改如下：

1. 第一段修改如下：

a）“听力缺陷的”修改为“耳聋的和重听的”；

b）“同声的文字或手语的”修改为“文字和手语的同声的”。

2. 在第一段后，新增以下两段：

“对于聋人、重听人、盲聋人和失语症患者，接听用户来电的电话接待服务需为其提供2016年10月7日第2016－1321号数字共和国法案中规定的文字和手语的同声传译服务，最终用户无须支付额外费用，费用由相关的公共机构承担。

“用户可以直接使用，或通过提供文字和手语同声传译服务的专用在线平台使用无障碍电话接待服务。公共机构可以直接负责实施这项服务，或委托专业运营商，运营商在其管辖范围内负责服务的推出和实施。”

3. 在第二段后，新增以下段落：

“本条前四段中提及的翻译服务或特定的通信设备需保障翻译的对话的保密性。”

4. 在最后一段中，“听力缺陷的”修改为“耳聋的和重听的”。

Ⅲ.《消费法典》第一卷第一编第二章新增第L.112－8条如下：

“第L.112－8条　营业额超过法案规定标准的企业需提供用于接待消费者来电的电话号码，以便顺利履行与专业人员签订的合同，或通过提供2016年10月7日第2016－1321号数字共和国法案中规定的文字和手语的同声传译服务，处理来自聋人、重听人、盲聋人和失语症患者的投诉，最终用户无须支付额外费用，费用由相关的企业承担。

“用户可以直接使用，或通过提供文字和手语同声传译服务的专用在线平台使用相关的无障碍电话接待服务。企业可以直接负责实施这项服务，或委托专业运营商，运营商在其管辖范围内负责服务的推出和实施。”

Ⅳ.《邮政和电子通信法典》第L.33－1条Ⅰ的*p*，残疾人的机会与权利平等、参与和公民资格的2005年2月11日第2005－102号法案第78条和《消费法典》第L.112－8条的实施主要由一个跨行业协会负责，协会中最主要的是电子通信运营商，运营商依照本条的Ⅶ中提及的法案的规定，在电子通信和邮政监管局的监管之下，通过共同分担费用，保障无障碍电话服务的组织、运行和管理。

《邮政和电子通信法典》第L.33－1条Ⅰ的*p*，上述的2005年2月11日第2005－102号法案第78条和《消费法典》第L.112－8条保障出于用户要求的法语和法语手语，文字转录和暗示法编码之间的同声传译。

上述的2005年2月11日第2005－102号法案第78条和《消费法典》第L.112－8条中提及的无障碍接待服务可以直接由掌握法语手语、文字转录或暗示法编码的专业电话客服人员完成，其文凭和资格证书由本条的Ⅶ中提及的法案作出具体规定。

Ⅴ.在本法颁布之后的10年之内，根据Ⅶ中提及的法案的规定，《邮政和电子通信法典》第L.33－1条Ⅰ的p中的翻译服务的服务时间需为全年全天24小时，在上述2005年2月11日第2005－102号法案第78条中的翻译服务的服务时间需为相关电话接待服务的开放时间，《消费法典》第L.112－8条中的翻译服务的服务时间需为客户服务的开放时间。

Ⅵ.《邮政和电子通信法典》第L.33－1条Ⅰ的p，上述2005年2月11日第2005－102号法案第78条和《消费法典》第L.112－8条的实施可以借助具备文本转语音、语音转文本、手语翻译或暗示法翻译功能的电子通信设备。但这一措施不能代替《邮政和电子通信法典》第L.33－1条Ⅰ的p，但上述2005年2月11日第2005－102号法案第78条和《消费法典》第L.112－8条中提及的文字和手语的同声传译服务，能为聋人、重听人、盲聋人和失语症患者提供同等程度的无障碍服务以及同样的翻译条件的除外。

Ⅶ.Ⅰ和Ⅱ的生效条件和具体时间由法案规定的，生效时间需在本法颁布后的5年之内。Ⅲ的生效时间由法案规定的，生效时间需在本法颁布后的2年之内。这一法案也对本条实施的后续条件以及无障碍电话翻译从业者的文凭和资格证书作出了具体规定。

Ⅷ.在本法颁布之后的6个月之内，政府需制定一个职业规划方案，以推动本条所必需的专业从业人员的培训。

第2节　残疾人的公共网站访问

第106条

Ⅰ.规定残疾人的机会与权利平等、参与和公民资格的2005年2月11日第2005－102号法案第47条内容如下：

“第47条　Ⅰ.国家、地方行政区和公共机构的在线公共通信服务必须为残疾人提供无障碍服务。

“公共职能的受托机构和营业额超过Ⅳ中提及的最高行政法院的法令规

定标准的企业的在线公共通信服务，也必须为残疾人提供无障碍服务。

“在线公共通信服务的无障碍服务涉及所有类型的数字信息访问，包括任何访问的方式，查询的内容和方式，主要涉及网站、内部网、外部网、移动设备、程序和数字市政设施。针对网络的可访问性的国际建议必须应用于在线公共通信服务。

“在Ⅰ的前两段中提及的人需制定一个关于其在线公共通信服务的无障碍化数年方案，这一方案会进行公布并分为多个年度行动计划，方案的期限不能超过3年。”

“Ⅱ.在线公共通信服务的首页中需明确说明其是否符合无障碍服务的相关规定，并提供网页链接，该网页主要说明Ⅰ中提及的无障碍化方案和现行的年度行动计划的实施情况。”

“Ⅲ.若在线公共通信服务未履行Ⅱ中规定的义务，处以不超过5000欧元的行政罚款，罚款金额由Ⅳ中提及的最高行政法院的法案规定。若持续违规，每年都将再次罚款。

“Ⅳ.最高行政法院的法案规定无障碍化的相关法规，并且参考主管的行政机构的意见，具体说明现有的在线公共通信服务需实施调整的性质和进行调整的期限，在未履行Ⅱ中规定的义务以及实施处罚条件的情况下，调整期限不能超过3年。这一法案规定在线公共通信服务领域的从业人员的培训方式。”

Ⅱ.《建设和住房法案》第L.111-7-12条修改如下：

1.在第一段中新增以下句子：

“这一基金也可以投资以保障在线公共通信服务的无障碍化义务履行为目的服务，义务的内容在关于残疾人的机会与权利平等、参与和公民资格的2005年2月11日第2005-102号法案第47条中作出规定。”

2.在倒数第二段中，增加“以及在上述的2005年2月11日第2005-102号法案的第47条中”。

Ⅲ.关于公务员的权利和义务的1983年7月13日第83-634号法案(loi no 83-634 du 13 juillet 1983 portant droits et obligations des fonctionnaires)第6(6)条中新增以下段落：

“这些措施主要包括用于履行公务员职责的数字工具的发展，尤其是行业软件和办公软件，以及移动设备。”

第107条

Ⅰ.《社会和家庭行为法案》(Code de l' action sociale et des familles)修改

如下：

1. 第 L.146 – 3 条中，编号“L.241 – 3 – 1”被删除；

2. 第 L.146 – 4 条的最后一段被删除；

3. 第 L.241 – 3 条内容如下：

“第 L.241 – 3 条 Ⅰ. 残疾人证由省议会的主席发放给自然人，发放之前需由第 L.146 – 9 条中提及的委员会依照第 L.241 – 6 条Ⅰ的第 3 项中的标准进行审查。残疾人证上可以标有Ⅰ的第 1 项到第 3 项中一个或几个标注，标注的期限为永久或短期。

“1. 伤残：永久丧失至少 80% 的劳动能力，属于《社会保障法案》第 L.341 – 4 条第 3 项中规定的人。

“获得这一标注的残疾人及其同行者乘坐公共交通工具时，在等候室和等候区中以及公共接待机构和活动中，可以优先享有座位。在排队的过程中也享有优先权。在这项规定所涉及的场所中，需清晰地张贴或显示规定的内容。

“第 1 项的规定适用于定居国外的法国公民。

“2. 优先：丧失劳动能力的程度低于 80%，站立困难的人。

“获得这一标注的残疾人在乘坐公共交通工具时，在等候室和等候区中以及公共接待机构和活动中，可以优先享有座位。在排队的过程中也享有优先权；

“3. 残疾人停车：因患有重大且持续性的残疾而无法自主行走的人，或在移动的过程中需要他人陪同的人。

“作为Ⅰ的第一段的特例，使用车辆集体运送残疾人的机构可以获得由省长发放的残疾人证，上面标注‘残疾人停车’。

“获得这一标注的残疾人及其同行者可以免费且不限时地使用所有的公共停车位。但是，主管交通和停车的机构可以规定一个不少于 12 小时的最长停车时限。在同样的条件下，获得这一标注的残疾人也受益于主管交通和停车的机构制定的其他的帮助残疾人的法规。

“上述机构也可以作出规定，对于配备无障碍设施的收费停车场，获得上述标注的残疾人需按照规定的收费标准付费。

“Ⅱ. 作为本条Ⅰ的第一段的特例，经补助发放的唯一决议之后，标有‘伤残’和‘残疾人停车’的残疾人证可以永久发放给申请者和第 L.232 – 1 条中规定的补助享有者，后者需属于第 L.232 – 2 条中规定的国家评估表的第 1 组或第2组中的人员。”

“Ⅲ.作为本条Ⅰ的第一段的特例，经过第L.232-6条中提及的社会医疗队的评估之后,省议会的主席可以发放标有‘优先’和‘残疾人停车’的残疾人证给申请者和第L.232-1条中规定的补助的享有者。

“Ⅳ.作为本条Ⅰ的第一段的特例，对于符合《伤残和阵亡军人抚恤金法案》(Code des pensions militaires d'invalidité et des victimes de la guerre)并符合Ⅰ的第3项条件的人,经当地的国家退伍和阵亡军人办公室的省级部门的审查,省长需向其发放停车证。

“Ⅴ.初次申请残疾人证以及申请副本的程序可以通过电子渠道完成。

“Ⅵ.最高行政法院的法案规定本条的实施细则,尤其是保障个人数据和残疾人证的安全性的方式,以及第L.232-1条中规定的补助的享有者的残疾人证的审查和发放的具体方式。”

4.第L.241-3-1条和第L.241-3-2条被废除;

5.第L.241-6条Ⅰ的第4项的*a*修改如下:

a)“分别在第L.241-3条和第L.241-3-1条中规定的伤残证和标有‘残疾人优先’的证件”修改为“第L.241-3条中提及的残疾人证”;

b)在结尾,“伤残证,除了申请者为第L.232-1条中提及的,属于第L.232-2条款中提及的国家评估表的第1组或第2组的补助享有者的伤残证,以及分别在第L.241-3条和第L.241-3-1条中规定的伤残证和标有‘残疾人优先’的证件”修改为“‘L.241-3条中提及的残疾人证’;”。

6.第L.542-4条修改如下:

a)在Ⅲ中,“属于伤残补助的第3级别范围的”修改为“属于第L.341-4条第3项中规定的范围的”;

b)Ⅳ被废除。

Ⅱ.在规定社会治安多项措施的1987年7月30日第88-588号法案(loi no 87-588 du 30 juillet 1987 portant diverses mesures d'ordre social)第88条第一段中,“《社会和家庭行为法案》第L.241-3条中规定的伤残证或第L.241-3-1条中规定的残疾人优先证”修改为“《社会和家庭行为法案》第L.241-3条中规定的标有‘伤残’和‘优先’的残疾人证”。

Ⅲ.在《地方行政区总法案》第L.2213-2条第3项中,“第L.241-3-2条中规定的停车证”修改为“第L.241-3条中规定的标有‘残疾人停车’的残疾人证”。

Ⅳ.《税务总法案》修改如下:

1. 在构成第 168 条Ⅰ第二段的图表第 1 列第 11 行中、第 195 条第一段的 d(2)和第二段中、第 196A(b)条中、第 1011(2)条Ⅰ的 *b* 中、第 1011(3)条Ⅰ的第 2 项的倒数第二段中以及第 1411 条Ⅱ的第 4 项和第 3 项(2)中,"伤残证"修改为"标有'伤残'的残疾人证";

2. 在第 150U 条Ⅲ和第 244(4)J 条Ⅰ的 *a* 中,"与《社会保障法案》第 L. 341－4 条中规定的第 2 级别或第 3 级别相符的伤残证"修改为"《社会和家庭行为法案》第 L. 241－3 条中规定的标有'伤残'的残疾人证";

3. 在第 244(4)J 条Ⅰ的 *b* 的结尾,"上述法案"修改为"《社会保障法案》"。

Ⅴ. 在《公共卫生法案》第 L. 4321－3 条第二段的结尾,"《家庭和社会救助法案》(Code de la famille et de l' aide sociale)第 173 条中规定的伤残证"修改为"《社会和家庭行为法案》第 L. 241－3 条中规定的标有'伤残'的残疾人证"。

Ⅵ. 在《交通法案》(Code des transports)第 L. 1112－8 条中,"第 L. 241－3 和第 L. 241－3－1 条"修改为"第 L. 241－3 条"。

Ⅶ. 在《劳动法案》第 L. 5212－13 条第 10 项中,"伤残证"修改为"标有'伤残'的残疾人证"。

Ⅷ. 在《马约特岛劳动法案》(Code du travail applicable à Mayotte)第 L. 328－18 条第 8 项中,"伤残证"修改为"标有'伤残'的残疾人证"。

Ⅸ. 依据本法修订之前的《社会和家庭行为法案》第 L. 241－3 条到第 L. 241－3－2 条发放的伤残证、优先证和停车证在有效期结束前仍然有效,有效期至 2026 年 12 月 31 日止。这些证件的持有人可以在有效期结束前申请残疾人证。此残疾人证将代替此前发放的证件。

Ⅹ. 本条自 2017 年 1 月 1 日正式生效。必要时,伤残证、优先证和停车证可以发放至 2017 年 7 月 1 日,以便进行过渡。直至有效期结束,经本法修订之后的《社会和家庭行为法案》第 L. 241－3 条到第 L. 241－3－2 条仍然适用于本段第二段中提及的情况。

本法生效之后,对于正在审查的证件申请,在其符合条件之后发放残疾人证。

第3节　网络连接的维护

第108条

Ⅰ.《社会和家庭行为法案》第L.115－3条修改如下：

1.在第一段的结尾，“住宅中的电话服务”修改为“，固定电话服务和网络接入服务”；

2.第二段内容如下：

“在未支付账单的情况下，需继续供应能源和水，维持电话服务和网络接入服务，直到救助申请通过。电话服务运营商可以对保留的电话服务作出限制，但在至少保障拨打和接听当地电话以及拨打免费号码和紧急号码的功能。网络运营商可以对保留的网络接入服务的流量作出限制，但应至少保障接入在线公共通信服务和电子邮件服务的功能。”

3.在倒数第二段“天然气”一词后，增加“固定电话服务和网络接入服务”。

Ⅱ.保障住房权的1990年5月31日第90－449号法案(loi no 90－449 du 31 mai 1990 visant àla mise en oeuvre du droit au logement)修改如下：

1.在第6条的第三段的第一句中，“和电话的”修改为“，电话和网络接入的”；

2.在第6－1条的最后一段中，“或电话服务的”修改为“，电话服务或网络接入的”；

3.在第6－3条的第二段“水”一词后，增加“或电话服务或网络接入的”。

第109条

《劳动法案》第六部分修改如下：

1.在第L.6111－2条第二段“法语”之后，增加“以及计算机能力”；

2.在第L.6321－1条第三段“能力”之后，增加“包括计算机的，”。

第四编　针对海外的条款

第110条

Ⅰ.本法第1条Ⅰ和Ⅲ、第12条Ⅱ、第15条、第17条和第18条、第64条Ⅲ、第67条和第94条适用于新喀里多尼亚。

Ⅱ.本法第1条Ⅰ和Ⅲ、第12条Ⅱ、第15条、第17条和第18条、第64条Ⅲ、第67条和第94条适用于法属波利尼西亚。

Ⅲ.本法第1条Ⅰ和Ⅲ、第8条Ⅱ、第12条Ⅱ、第14条Ⅱ、第15条、第17条、第18条Ⅰ、第19条、第36条Ⅱ、第39条、第48条、第49条、第50条、第52条、第53条、第67条和第95条适用于瓦利斯群岛和富图纳群岛。

Ⅳ.本法第1条Ⅰ和Ⅲ、第12条Ⅱ、第15条、第17条和第95条适用于法属南部领地。

第111条

《邮政和电子通信法典》第L.34－10条内容如下：

"第L.34－10条　2012年6月13日由欧洲议会和欧洲理事会制定的，涉及欧盟境内移动通信公共网络漫游的第531/2012号欧盟条例规定的运营商的义务适用于海外漫游服务，该条例2015年11月25日由欧洲议会和欧洲理事会制定的第2015/2120号条例（欧盟）作出修改，第2015/2120号条例确立了接入开放性网络的措施，修改了第2002/22/CE号（欧洲理事会）指示，该指示涉及电子通信网络和服务领域的通用服务和用户权利，并修改了第531/2012号欧盟条例，它涉及欧盟境内移动通信公共网络的漫游。

"作为第一段的特例，自2016年5月1日起，对于在海外开发和运营无线网络的企业的客户，取消其通话和短信的海外漫游的额外费用。

"根据第L.36－8条规定的条件，对于互联或接入电子通信网络的协议的签订或履行，若双方贸易协商失败或产生意见分歧，任何一方都可以将争议提交电子通信和邮政管理局处理。"

第112条

Ⅰ.《科研法典》第L.545－1条第一段结尾处，"第L.533－2条和"修改为"经2016年10月7日第2016－1321号数字共和国法案修订之后，第L.533－4条适用于瓦利斯群岛和富图纳群岛。"

Ⅱ.《民众与政府的关系法典》第五卷修改如下：

1.在构成第L.552－3条、第L.562－3条和第L.572－1条第二段图表第6行、第8行、第9行第2列中，"第2015－1314号法案"修改为"2016年10月7日第2016－1321号数字共和国法案"；

2.构成第L.552－8条、第L.562－8条和第L.574－1条第二段的图表修改如下：

a）在第3行第1列中，"和第L.300－2条"修改为"第L.300－4条中"；

b）第3行、第6行和倒数第2行第2列中，"第2015－1314号法案"修改为"2016年10月7日第2016－1321号数字共和国法案"；

c)在第8行第2列中,新增"第L.312－1－3条中";

d)在第8行、第12～16行、第18行、第19行和第26行第2列中,"第2015－1314号法案"修改为"2016年10月7日第2016－1321号数字共和国法案";

e)在第12行第1列中,"和第L.321－2条"修改为"第L.321－4条中";

f)在第26行第1列中,编号"L.324－5"修改为"L.324－6";

g)在第26行第1列中,增加编号"和L.341－2";

h)在倒数第2行第1列中,"和第L.342－2条"修改为"第L.342－4条中";

i)最后一行被删除。

3.第L.552－15条内容如下:

"第L.552－15条　为保障第L.311－8条和第L.312－1－2条在法属波利尼西亚的实施,《文化遗产法典》第L.212－2条、第L.212－3条、第L.213－1条、第L.213－2条和第L.213－3条的编号修改为适用于当地的法规的编号。"

4.构成第L.553－2条和第L.563－2条第二段的图表修改如下:

a)在第2行第1列中,"和第L.300－2条"修改为"第L.300－4条中";

b)在第3行第1列中,编号"L.311－3"修改为"L.311－3－1";

c)在第2行至最后一行的第2列中,"第2015－1314号法案"修改为"2016年10月7日第2016－1321号数字共和国法案";

d)在最后一行第1列中,"和"修改为"在"。

5.第L.562－16条修改如下:

"第L.562－16　为保障第L.311－8条和第L.312－1－2条在法属波利尼西亚的实施,《文化遗产法案》第L.212－2条、第L.212－3条、第L.213－1条、第L.213－2条和第L.213－3条的编号修改为适用于当地的法规的编号。"

6.构成第L.574－5条第二段的图表修改如下:

a)在第2行第1列中,"和第L.300－2条"修改为"第L.300－4条中";

b)在第3行第1列中,编号"第L.311－3条"修改为"第L.311－3－1条";

c)在第2行至第4行第2列中,"第2015－1314号法案"修改为"2016年10月7日第2016－1321号数字共和国法案";

d)在第5行第1列中,增加"第L.312-1-3条中";

e)在第5行、第7~11行和最后两行的第2列中,"第2015-1314号法案"修改为"2016年10月7日第2016-1321号数字共和国法案";

f)在第7行第1列中,"和第L.321-2条"修改为"第L.321-4条中";

g)在第11行第1列中,编号"L.324-5"修改为"L.324-6";

Ⅲ.经本法修订的《邮政和电子通信法典》第L.32-3条中,新增Ⅳ如下:

"Ⅵ.本条适用于瓦利斯群岛和富图纳群岛。"

Ⅳ.在关于信息技术、文件和自由的1978年1月6日第78-17号法案第72条第一段的最后"适用于"之后,内容为",经2016年10月7日第2016-1321号数字共和国法案修订之后,在新喀里多尼亚、法属波利尼西亚、瓦利斯群岛和富图纳群岛和法属南部领地适用。"

Ⅴ.《教育法案》(Code de l'éducation)第L.681-1条第一段、第L.683-1条和第L.684-1条中,"经关于高等教育和科研的2013年7月22日第2013-660号法案在瓦利斯群岛和富图纳群岛、法属波利尼西亚和新喀里多尼亚的延伸和适应的2015年1月14日第2015-24号法案(ordonnance no 2015-24 du 14 janvier 2015 portant extension et adaptation dans les îles Wallis et Futuna, en Polynésie française et en Nouvelle-Calédonie de la loi no 2013-660 du 22 juillet 2013 relative à l'enseignement supérieur et à la recherche)"修改为"经2016年10月7日第2016-1321号数字共和国法案修订之后"。

Ⅵ.《国防法案》修改如下:

1.在第L.2441-1条、第L.2451-1条、第L.2461-1条和第L.2471-1条第一段中,编号"L.2321-3"修改为"L.2321-4";

2.在上述条款的第一段之后,新增以下段落:

"经2016年10月7日第2016-1321号数字共和国法案修订之后,第L.2321-4条可实施。"

第113条

Ⅰ.1978年7月17日第78-753号法案,关于改善政府与民众关系的多项措施,以及行政、社会和税收的多项法规(loi no 78-753 du 17 juillet 1978 portant diverses mesures d'amélioration des relations entre l'administration et le public et diverses dispositions d'ordre administratif, social et fiscal)被废除。

Ⅱ.规定在公民与政府的关系中公民的权利的2000年4月12日第2000-321号法第41条Ⅰ中,新增以下段落:

“经2016年10月7日第2016－1321号数字共和国法案修订之后，第10条的最后一段的第三段到第七段中的‘第9－1条中的第一段中提及的’被删除，以保障其在新喀里多尼亚、法属波利尼西亚、和瓦利斯群岛和富图纳群岛的实施。”

本法作为国家法律实施。

2016年10月7日于巴黎。

弗郎索瓦·奥朗德

英国2017年《数据保护法案(草案)》

Data Protection Bill[HL]

(2017年8月7日公布,未生效)

翻译指导人员:李爱君　苏桂梅

翻译组成员:夏　菲　方宇菲　李　昊

王　璇　方　颖　邹　游

赵思琪　陈洁琼　张百川

解释性说明

数字、文化、传媒、体育以及内政部编写的法案的解释说明,单独在英国上议院第66-EN号法案中公布。

欧洲人权公约

海德爵士根据《1998年人权法》第19(1)(a)条作出以下声明:

我认为《数据保护法案》的规定与《公约》规定的权利是一致的。

本法案就个人信息处理的规范化作出规定;就若干信息法规中信息专员的职权作出规定;就直销的行为规则以及其他相关目的要求作出规定。

本法案由国会制定,经本届议会上议院神职议员、贵族议员和下议院全体议员的咨议、同意和授权,由最尊贵的女王陛下颁布如下:

第一部分 序 言

1. 概述

(1)本法案就个人数据的处理作出规定。

(2)大部分个人数据的处理行为受欧盟《一般数据保护法案》(General Data Protection Regulation, GDPR)的约束。

(3)第二部分对GDPR进行补充(见第二章),并且对于不适用GDPR的几种处理行为以一种大致相当的管理体制进行规制(见第三章)。

(4)第三部分就主管部门依据执法目的和《执法指令》实施处理个人数据的行为作出规定。

(5)第四部分就情报部门处理个人数据的行为作出规定。

(6)第五部分就信息专员作出规定。

(7)第六部分就数据保护立法的执行作出规定。

(8)第七部分作出了补充规定,王室和议会也适用本法案的规定。

2. 个人数据处理相关术语

(1)本条定义了本法案中的部分术语。

(2)"个人数据",是指任何与已识别或可识别的自然人相关的信息[受本条第(14)(b)分条的约束]。

(3)"可识别的自然人",是指可以被直接或者间接识别,尤其是通过以下方式进行识别的:

(a)一种标识,如姓名、身份证号码、定位数据、线上标识,或者

(b)针对该个人身体、生理、遗传、心理、经济、文化或者社会身份的一个或更多因素。

(4)个人数据的"处理",是指针对个人数据或者个人数据集合进行的一项或一系列操作,比如:

(a)收集、记录、组织、建构或存储;

(b)自适应或修改;

(c)检索、咨询或使用;

(d)通过传输、散播的方式披露或以其他方式使用;

(e)排列或组合;或者

(f)限制、删除或销毁。

[受本条下第(14)(b)分条和第4(7)条,第27(2)条、第80(3)条的约束,

以上条款规定了本法案不同部分提到的处理行为。]

(5)“数据主体”,是指与个人数据相关的已识别或可识别的自然人。

(6)“控制者”和“处理者”,是指在第二部分第二章、第三章,第三部分或第四部分涉及的个人数据处理的控制者或处理者,在该章或该部分的定义一致(见第4条、第5条、第30条和第81条)。

(7)“归档系统”,是指依据特定标准可取得的结构化所有个人数据集合,无论其是采用自动方式还是手动方式控制,也无论其在功能还是地理基础上采用中心化、去中心化或者分布式的方式。

(8)“专员”,是指信息专员(见第112条)。

(9)“数据保护立法”是指:

(a)GDPR;

(b)GDPR的适用;

(c)本法案;

(d)基于本法案制定的法规;

(e)基于与GDPR或《执法指令》相关的《1972年欧洲共同体法案》第2(2)条制定的法规。

(10)“GDPR”,是指欧洲议会和欧盟委员会于2016年4月27日通过的,有关自然人个人信息的处理和该种信息的自由流动保护的第2016/679号法规(《一般数据保护条例》)。

(11)“GDPR的适用”,是指第二部分第三章所适用的GDPR。

(12)“《执法指令》”,是指欧盟第2016/680号指令,该指令由欧洲议会和欧盟委员会于2016年4月27日通过,是以防范、调查、刑事侦查、起诉或执行为目的的,有关适格当局就个人数据的处理对自然人、对该等数据的自由流动的保护。该法令废除了委员会框架第2008/977/JHA号决议。

(13)“《数据保护公约》”,是指关于1981年1月28日开放签署的《个人数据自动处理保护公约》,包括截至本法案通过之日对于该公约的修改。

(14)在第五部分至第七部分,除非另有规定:

(a)“参照GDPR”,是指第二部分第二章以及第二部分第三章所指的GDPR的适用;

(b)“参照处理和个人数据”,是指第二部分第二章或第三章、第三部分或第四部分所适用的“处理”和“个人数据”。

(15)定义表述可以检索第185条。

第二部分 一般处理

第一章 范围与定义

3. 本部分适用的处理

(1)本部分适用于大多数个人数据的处理。

(2)本部分第二章:

(a)适用于因GDPR第2条的个人数据处理类型;以及

(b)作为补充条款,必须结合GDPR进行理解。

(3)本部分第三章:

(a)适用于不适用GDPR的个人数据处理类型(见第19条),以及

(b)就该种信息的处理,制定与GDPR大致相当的管理体制规定。

4. 定义

(1)第二章中使用的术语定义与该等术语在GDPR中的定义相同。

(2)在本条第(1)分条中,若参照GDPR中术语的含义,意指规定对GDPR中术语进行调整后的术语含义。

(3)本条第(1)分条的效力适用第二章中任何明确表述的某术语与在第二章中的含义以及在GDPR中的含义不同的条款。

(4)第三章中使用的术语的含义和其在GDPR中的含义相同。

(5)根据第(4)分条的规定,将得以适用的。GDPR中术语的含义与其在第二章(由第三章适用)或第三章法规中的含义相对照,对已适用的GDPR的术语含义作出修改。

(6)当术语含义有差异时,则适用第二章(第三章中所适用)或第三章中任一明确表述的术语含义。

(7)第二章或第三章中提及的对于个人数据的处理,即为本章节所规定的数据处理。

(8)第2条和第184条中包含了本部分使用的其他术语含义。

第二章 GDPR

GDPR中使用的术语含义

5. "控制者"的含义

(1)GDPR第4(7)条中"控制者"的含义适用以下条款:

(a)第(2)分条的规定;

(b)第188条;以及

(c)第189条。

(2)依据GDPR的要求,若对于个人数据的处理仅出于以下目的,则被该立法(或者如有不同的,则为立法之一)施加数据处理义务的人为控制者:

(a)满足某一立法要求进行处理;以及

(b)通过某一立法要求的方式进行处理。

6."公共机构"和"公共团体"的含义

(1)依据GDPR的目的,以下(且仅有以下)所述是为英国法律下的"公共机构"和"公共团体":

(a)《2000年(英国)信息自由法案》中定义的公共机构,适用第(2)分条的规定;

(b)《2002年苏格兰自由信息法案》(第13号文件)中定义的苏格兰公共机构,适用第(2)分条的规定;以及

(c)国务大臣在法规中列明的机构或团体。

(2)在第(1)(a)分条或第(1)(b)分条中表述的公共机构不同于GDPR中提到的"公共机构"或"公共团体"时,国务大臣有权通过法规列明。

(3)本款项下的规定的制定适用积极解决程序的规定。

处理的合法性

7.处理的合法性:公共利益等

根据GDPR第6(1)条(处理的合法性)的规定,其中第(e)项提及的,为执行有关公共利益之任务的,或为执行控制者履行职务权限之任务所必需的对于个人数据的处理,包括以下对个人数据的必要处理:

(a)司法行政;

(b)履行上议院或下议院的职权;

(c)履行立法授予个人行使的职权;或者

(d)履行王权、内阁成员或政府部门的职责。

8.与信息社会服务相关的儿童同意

GDPR第8(1)条(儿童同意信息社会服务的适用的条件):

(a)参照"16岁"应被理解为参照"13岁";以及

(b)参照的"信息社会服务"暂不包括预防或咨询服务。

个人数据的特殊类别

9. 个人数据的特殊类别和刑事定罪等数据

(1)依照 GDPR 第 9(2)条的例外规定,本条第(2)分条和第(3)分条就有关 GDPR 第 9(1)条所述有关个人数据处理作出规定(禁止处理特殊类别的个人数据):

(a)第(b)项(就业、社会保障和社会保护);

(b)第(g)项(实质的社会公共利益);

(c)第(h)项(卫生保健和社会关怀);

(d)第(i)项(公共健康);

(e)第(j)项(建档、研究和统计)。

(2)只有在处理满足附则 1 第一部分的条件时才能认为其处理符合 GDPR 第 9(2)条第(b)项、第(h)项、第(i)项或第(j)项中的要求,可被视为获得了英国或其组成部分的法律的授权,或者是以英国或其组成部分的法律为基础的。

(3)只有在处理满足附则 1 第二部分的条件时才能认为其处理需要符合 GDPR 第 9(2)条第(g)项中的要求,可被视为以英国或其组成部分的法律为基础。

(4)本条第(5)分条就与刑事定罪和犯罪或相关安全措施有关的,不在官方机构控制下的个人数据的处理作出规定。

(5)只要处理符合附则 1 第一部分、第二部分或第三部分的条件,则该处理可被视为符合 GDPR 第 10 条的要求,获得英国或其组成部分法律的授权。

(6)国务大臣可以通过规定:

(a)修改附则 1,加入、更改或省略条件或保障措施;以及

(b)对本条进行相应修改。

(7)本条规定须符合积极解决程序。

10. 个人数据的特殊类型等:补充

(1)出于 GDPR 第 9(2)(h)条(为卫生保健和社会关怀的目的进行处理)之目的,实行个人数据处理的情况应符合 GDPR 第 9(3)条(保密义务)中规定的条件和保护措施,实行处理的情况包括:

(a)由保健专业人员或社会工作专业人员实行,或在其监督下;或者

(b)由其他基于立法或法律要求需要承担保密义务的人来实行。

(2)在 GDPR 第 10 条和本条中,参照与刑事定罪、犯罪或相关保护措施相关的个人数据包括与以下相关的个人数据:

(a)数据主体被控实施的犯罪行为;或者

(b)因数据主体实施或被控实施的犯罪行为而引起的诉讼程序,或者依该诉讼程序作出的具体处理,包括量刑。

数据主体的权利

11. 控制者的收费限制

(1)国务大臣有权依据以下条款,通过法规来列明对控制者收费的限制:

(a)GDPR 第 12(5)条(回应明显无依据或过分要求时的合理费用);或者

(b)GDPR 第 15(3)条(提供更多副本的合理费用)。

(2)国务大臣有权通过法规:

(a)要求法规中详细表述的控制者出具并公开其依据相关条款进行收费的指引;以及

(b)列明该指引中应包含的内容。

(3)本条规定须符合消极解决程序。

12. 征信机构的义务

(1)本条适用于控制者是征信机构[《1974 年消费者信贷法案》第 145(8)条之定义]的情形。

(2)GDPR 第 15(1)条至第 15(3)条(批准处理、数据访问和向第三国传输的保护措施)中的控制者的义务将仅在个人数据涉及数据主体的财务状况时适用,除非数据主体表明其相反意图。

(3)当控制者依照 GDPR 第 15(1)条至第 15(3)条披露个人数据时,必须附有一份基于《1974 年消费者信贷法案》第 159 条(修正错误信息)作出的数据主体享有权利的告知书。

13. 法律授权的自动决策:保护措施

(1)本款就 GDPR 第 22(2)(b)条作出规定(除了基于法律授权,以及为数据主体权利、自由及合法利益的保护措施进行自动决策外,禁止仅通过自动处理作出重要决定)。

(2)根据本条规定,涉及数据主体的决策在以下情况时被认定为“重要

决定”:

(a)产生了关涉数据主体的法律效果;或者

(b)对数据主体产生显著影响。

(3)根据本条规定,如果决策满足以下条件,则其可被称为“合格的重大决定”:

(a)关涉数据主体的重大决策;

(b)依据法律要求或经授权作出的;以及

(c)不属于GDPR第22(2)(a)条的范围(合同的必要决定或经数据主体同意的决定)。

(4)当控制者仅基于自动处理作出关数据主体的重要决定时:

(a)该控制者必须在合理可行时间内尽快以书面形式通知数据主体该决定仅由自动处理作出;以及

(b)此类数据主体有权自收到通知之日起21天之内要求控制者:

(i)重新作出决定,或者

(ii)作出非仅依靠自动处理的新决定。

(5)如果控制者依据第(4)分条中的规定做出决定,则其必须在收到要求之日起21天之内:

(a)考虑该要求,包括考虑数据主体提供的与该要求有关的全部信息。

(b)遵从该要求。

(c)以书面形式通知数据主体:

(i)为遵从该要求所采取的步骤;以及

(ii)遵从该要求的结果。

(6)国务大臣在认为应采取合适的措施以保护数据主体权利、自由和合法利益的情况下,在涉及合格重要决定通过自动处理做出时,有权通过法规作出进一步的规定。

(7)本条第(6)分条的规定:

(a)可以修改本条;以及

(b)须符合积极解决程序。

数据主体权利的限制

14. 豁免等

(1)附则2、附则3、附则4就适用GDPR条款适用的豁免、限制和变更作出规定。

(2)在附则2中:

(a)考虑到GDPR第6(3)条和第23(1)条,第一部分规定了特殊情况下GDPR第13条到第21条适用的限制和变更;

(b)考虑到GDPR第23(1)条,第二部分规定了特殊情况下GDPR第13条到第21条适用的限制;

(c)考虑到GDPR第23(1)条,第三部分规定了为保护他人权利所必需的情况下,GDPR第15条适用的限制;

(d)考虑到GDPR第23(1)条,第四部分规定了特殊情况下GDPR第13条到第15条适用的限制;

(e)考虑到GDPR第85(2)条,第五部分作出的规定,包括与言论自由相关的对于GDPR第Ⅱ章、第Ⅲ章和第Ⅶ章的豁免和克减;

(f)考虑到GDPR第89(2)条和第89(3)条,第六部分规定包含对于为科学或历史研究的目的、统计目的和建档目的的GDPR第15条、第16条、第18条、第19条、第20条和第21条的权利的克减。

(3)根据GDPR第23(1)条,附则3规定了GDPR第13条到第21条针对关于健康、社会服务、教育和虐待儿童的数据适用的限制。

(4)根据GDPR第23(1)条,附则4规定了GDPR第13条到第21条针对依立法限制或禁止披露的数据适用的限制。

(5)与国家安全保护措施和防御措施相关的豁免,见本部分第三章和第24条中的豁免。

15.通过法规制定进一步豁免条款

(1)国务大臣可以依据本款,通过制定法规的方式行使以下权利来改变GDPR的适用:

(a)第6(3)条中规定的是指当处理行为需要遵守法律义务时,为了实现公共利益的目标或者主管部门实施,成员国制定包含特殊条款的法律作为适用GDPR规则的权力;

(b)第23(1)条规定通过立法来限制该条款中参照的权利和义务的范围的权力,该规定对于保护公共利益的目标是必要和适当的;

(c)第85(2)条规定当调和个人数据保护与言论和信息自由是必要时,为GDPR中的某些章节提供例外和克减的权力;

(d)当存在科学和历史研究的目的,统计目的和建档目的之必要时,

第89条让成员国法律为该条第(2)款和第(3)款中提到的权利提供克减的权力。

(2)本条可以包含修订或者废除第14条和附则2至附则4中的任何条款的规定。

(3)本条规定须符合积极解决程序。

认证资质提供者

16. 认证资质提供者

(1)只有在以下机构进行的个人资质认证提供方为有效:

(a)信息专员;或者

(b)国家认证机构。

(2)在以下情况下,信息专员仅可认证个人为资质提供者:

(a)已发表其将开展该认证的声明;以及

(b)未发表撤回上述声明的通知。

(3)当专员满足以下情形时,则国家认证机构可认证个人作为资质提供者:

(a)已发表该机构将开展该认证的声明;以及

(b)未发表撤回上述声明的通知。

(4)专员仅能在该等国家认证机构符合信息专员按GDPR第43(1)(b)条规定确立的额外要求时,依第(3)(a)分条规定发表声明。

(5)第(2)(b)分条或第(3)(b)分条中的发表通知不影响在该发表前开展认证的有效性。

(6)附则5就关于认证个人为资质提供者决定的复审和上诉程序作出规定。

(7)国家认证机构可依据本条、附则5和GDPR第43条,就国家认证执行机构职能,或因执行职能所附带的成本收取合理费用。

(8)依据本条第5款和GDPR第43条,在国务大臣合理要求时,必须将与其职能相关的信息提供给国务大臣。

(9)在本条中:

"资质提供者",是指出于GDPR第42条之目的出具资质的个人。

"国家认证机构",是指出于由欧洲议会和理事会于2008年7月9日制定的第765/2008号法令(EC)第4(1)条之目的,列出的与产品销售相关的认证和市场监管要求,并废止第339/93号法规(EEC)。

个人数据向第三国传输等

17. 个人数据向第三国传输等

(1)出于 GDPR 第 49(1)(d)条之目的,国务大臣可以通过法规列明:

(a)因有关公共利益的重要原因有必要向第三国或国际组织传输个人数据的情形;以及

(b)没有立法要求,且不因有关公共利益的重要原因而有必要向第三国或国际组织传输个人数据的情形。

(2)在以下情形下,国务大臣可以通过法规限制向第三国或国际组织传输个人数据:

(a)该传输未满足 GDPR 第 45(3)条的充分性要求的决定授权;以及

(b)国务大臣认为为了公共利益有必要作出限制。

(3)本条规定须符合消极解决程序。

具体处理情况

18. 出于建档、研究和统计目的的处理:保护措施

(1)本条就以下事宜作出规定:

(a)出于符合公共利益的建档目的之必要进行的处理;

(b)出于科学和历史研究目的之必要进行的处理;以及

(c)出于统计目的之必要进行的处理。

(2)以下情况下的数据处理不满足 GDPR 第 89(1)条的要求,该要求规定处理行为需要受对于数据主体权利和自由的适当保护措施的制约:

(a)处理是关于某一特定数据主体的措施或决定时;或者

(b)处理很可能对某一个人造成实质损害或实质痛苦。

第三章　其他一般处理

范　　围

19. 适用本章的处理

(1)本章所指处理并非第三部分(执法处理)或第四部分(情报部门处理)中适用的处理行为。本章适用于以下情形下的自动或结构化处理个人数据行为:

(a)欧盟法范围以外的活动;或者

(b)属于GDPR第2(2)(b)条范围内的活动(普通对外和安全政策活动)。

(2)本章还适用于对于信息自由(Freedom of Information,FOI)公共机构所保存的个人数据的手动非结构化处理。

(3)本章不适用于仅在个人或家庭日常生活过程中处理的个人数据。

(4)在本条中:

“自动或结构化处理个人数据”是指:

(a)全部或部分地使用自动化方式对个人数据的处理;以及

(b)构成归档系统的一部分或意图构成归档系统的一部分的对于个人信息的处理。

“手动非结构化处理个人数据”是指不以自动或结构化处理方式处理个人数据。

(5)在本章中,“FOI公共机构”是指:

(a)《2000年自由信息法》中定义的公共机构;或者

(b)《2002年苏格兰自由信息法》(第13号文件)中定义的苏格兰公共机构。

(6)本章中参照的FOI公共机构“保存”的个人数据应该解释为:

(a)与英格兰、威尔士和北爱尔兰相关,依据《2000年自由信息法》第3(2)条;以及

(b)与苏格兰相关,依据《2002年苏格兰自由信息法案》(第13号文件)第3(2)条、第3(4)条和第3(5)条。

但是该“保存”的个人数据不包括情报部门(第80条定义)代表FOI公共机构所保存的信息。

(7)但是当存在以下情况时,个人数据不能被视为是为本章目的的由FOI公共机构所“保存”:

(a)《2000年信息自由法》第7条禁止该法案的第一部分至第五部分适用于个人数据;或者

(b)《2002年苏格兰自由信息法》(第13号文件)第7条第(1)款禁止该法案适用于个人数据。

GDPR 的适用

20. 适用本章的处理适用于 GDPR

(1)如果 GOPR 的条款为某一适用于英格兰和威尔士、苏格兰和北爱尔兰的法案中的一部分,则 GDPR 适用于本章所适用的个人数据处理行为。

(2)本部分中的第二章为出于 GDPR 的适用的目的而适用,与其出于 GDPR 的目的而适用相同。

(3)在本章中,“第二章的适用”是指在本章中适用本部分第二章。

(4)附则 6 包含以下修改条款:

(a)因第(1)分条(见第一部分)所适用的 GDPR;

(b)因第(2)分条(见第二部分)所适用的本部分第二章。

(5)对关于 GDPR 的适用或第二章的适用的某一条款的含义和效力的疑问进行解释时,需要与对于 GDPR 中同等条款作出的解释或对于本部分第二章同等条款作出的解释保持一致,如同该条款在本章节以外的适用,除了附则 6 要求不同的解释。

21. 根据 GDPR 相关规定作出规定的权力

(1)国务大臣可以根据 GDPR 法规作出的规定,通过法规就适用本章的个人数据处理行为作出规定,由国务大臣基于适当性考量对法规进行修改。

(2)在本条中,“GDPR 法规”是指根据《1972 年欧洲共同体法案》第 2(2)条制定的与 GDPR 有关的法规。

(3)根据第(1)分条制定的法规可以通过修改或者未经修改适用 GDPR 法规中的条款。

(4)根据第(1)分条制定的规定可以修正和撤销下列规定:

(a)GDPR 的适用;

(b)本章;

(c)在其适用与 GDPR 的适用有关的范围内的第五部分至第七部分。

(5)本款规定须符合积极解决程序。

豁 免 等

22. FOI 公共机构所保存的手动非结构化数据

(1)第(2)分条所列 GDPR 的适用和本法案的规定不适用于本章依第 19(2)条(FOI 公共机构所持有的手动非结构化个人数据)适用的个人数据。

(2)这些规定为:

(a)GDPR的适用(原则)第Ⅱ章中的:

(i)第5(1)(a)条至第5(1)(c)条、第5(1)(e)条和第5(1)(f)条(与处理相关的原则,除了准确性原则);

(ii)第6条(合法性);

(iii)第7条(作出同意的条件);

(iv)第8(1)条和第8(2)条(儿童作出同意);

(v)第9条(处理特殊类别的个人数据);

(vi)第10条(与刑事定罪等相关的数据);以及

(vii)第11(2)条(无须识别的处理)。

(b)在GDPR的适用的第Ⅲ章(数据主体的权利):

(i)第13(1)条至第13(3)条(从数据主体收集的个人数据:提供的信息);

(ii)第14(1)条至第14(4)条(从数据主体之外收集的个人数据:提供的信息);

(iii)第20条(数据可携权);以及

(iv)第21(1)条(拒绝处理)。

(c)在GDPR适用的第Ⅴ章中,第44条至第49条(向第三国或国际组织传输个人数据)。

(d)本法案的第161条和第162条。

[另请参见附则17第1(2)款]。

(3)另外,若数据与以下情况相关的委派、免职、薪水、惩罚、退休或其他个人事项有关,则列在第(4)分条中的GDPR的适用的条款不适用于本章适用第19(2)条的个人数据:

(a)服务于任何皇家军队。

(b)担任公职或受雇于任何王权或任何公共机构。

(c)担任公职或受雇于,或基于服务合同,根据以下主体的授权、决定、批准采取行动:

(i)女王;

(ii)内阁成员;

(iii)威尔士议会;

(iv)威尔士事务大臣;

(v)北爱尔兰事务大臣(符合《2000年信息自由法》的含义);或者

(vi)FOI公共机构。

(4)这些条款是:

(a)第Ⅱ章与第Ⅲ章的剩余条款(数据主体的原则和权利);

(b)第Ⅳ章(控制者与处理者);

(c)第Ⅸ章(具体处理情况)。

(5)在以下情形下,控制者没有义务就遵守与因第19(2)条而适用本章的个人数据遵守GDPR的适用中第15(1)条至第15(3)条(数据主体的访问权)的要求:

(a)该条下的要求不包含对该等个人数据的描述;或者

(b)控制者评估在与个人数据有关的范围内遵守该要求的花费将会超过合理最大值。

(6)第(5)(b)分条并未免除控制者确认是否是有关于某一数据主体的个人数据被处理的义务,除非评估遵守与个人数据相关的义务的花费将会超过合理最大值。

(7)必须依据《2000年信息自由法》第12(5)条的规定来作出本条所指评估。

(8)第(5)分条和第(6)分条中合理最大值,是指国务大臣通过法规规定的最大数额。

(9)第(8)分条中规定的通过须符合消极解决程序。

23. 长期历史研究所使用的手动非结构化数据

(1)本条第(2)分条中所列的GDPR适用的规定在任何情况下都不适用于当本章由于第19(2)条(FOI公共机构所保存的手动非结构化数据)适用的个人数据:

(a)当个人数据:

(i)已经于1998年10月24日前及时进行处理;以及

(ii)仅为了历史研究的目的进行处理。

(b)当处理行为的进行,不是出于以下目的:

(i)作出与特定个人相关的措施和决定之目;或者

(ii)以一种会引发或可能引发数据主体的实质损害或实质痛苦的方式。

(2)这些条款是:

(a)在 GDPR 的适用的第Ⅱ章的第 5(1)(d)条(准确性原则);以及

(b)在 GDPR 的适用的第Ⅲ章(数据主体的权利):

(i)第 16 条(纠正权),以及

(ii)第 17(1)条和第 17(2)条(删除权)。

(3)在不适用第 22 条下豁免的情况下,适用本款的豁免。

24. 国家安全与防御的豁免

(1)若豁免条款出于以下目的,则 GDPR 的适用或第(2)分条参照的法案的条款不适用于适用本章的个人数据:

(a)出于国家安全保护措施之目的;或者

(b)出于防御之目的。

(2)这些条款是:

(a)除去以下条款的 GDPR 适用的第三章(原则):

(i)第 5(1)(a)条(合法、公平和透明的处理),只要其要求处理的个人数据是合法的;

(ii)第 6 条(处理的合法性);

(iii)第 9 条(处理特殊类别的个人数据)。

(b)GDPR 适用的第Ⅲ章(数据主体的权利)。

(c)GDPR 适用的第Ⅳ章:

(i)第 33 条(向专员披露个人数据泄露);

(ii)第 34 条(告知数据主体个人数据泄露)。

(d)GDPR 适用的第Ⅴ章(向第三国或国际组织传输个人数据)。

(e)GDPR 适用第Ⅵ章:

(i)第 57(1)(a)条和第 57(1)(h)条(信息专员的职责是监管并执行 GDPR 的适用和进行调查);

(ii)第 58 条(信息专员调查、更正、授权和建议的权力)。

(f)GDPR 第Ⅷ章(法律救济、责任和处罚)除了:

(i)第 83 条(征收行政罚款的一般条件);

(ii)第 84 条(处罚);

(g)本法案的第五部分:

(i)第 113 条(信息专员的一般职能)的第(3)分条和第(8)分条;

(ii)在第 113 条第(9)分条,只要其与 GDPR 的适用的第 58(2)(i)条相关;

(iii)第117条(依据国际义务的审查);

(h)本法案的第六部分:

(i)第137条至第147条和附则15(信息专员有关进入和检查的通知和权力);

(ii)第161条至第163条(与个人数据相关的犯罪);

(iii)本法的第七部分,第173条(数据主体的陈述)。

25. 国家安全:证书

(1)适用第(3)分条的规定,针对任何个人数据,出于国家安全需要或者曾经需要的,由内阁成员签署的,证明已豁免第24(2)条中所有规定的证书,是证明有关该等豁免事实的确凿证据。

(2)第(1)分条中的证书:

(a)可以通过一般描述方式确认适用的个人数据;以及

(b)可以被表明具有预期效果。

(3)任何人受到第(1)分条的证书的直接影响,可以就该证书向法庭上诉。

(4)如果根据第(3)分条中的上诉,在法庭适用有关申请司法审查的原则后,法庭认为,内阁成员并无出具证书的合理原因,法庭有权:

(a)允许该上诉;以及

(b)撤销该证书。

(5)在任何根据或因已适用的GDPR或本法案而提起的任何诉讼中,控制者主张第(1)分条中提到的证书以概括描述的方式确定其所适用的个人数据时,该等概括描述可以适用于任何个人数据,诉讼另一方当事人有权以该等描述并不适用于所诉个人数据为由提起上诉。

(6)但是受第(7)分条下作出的任何决定的约束,证书需要被确定地推定为会被适用。

(7)在第(5)分条中的上诉中,法庭可以判定证书不能被适用。

(8)一份可能为第(1)分条中证书的文件应:

(a)作为证据收取;以及

(b)除非能作出相反的证明,否则即被视为该等证书。

(9)一份或为被代表内阁成员认证为该等内阁成员根据第(1)分条出具的证书的复印件的文件:

(a)在任何法律诉讼程序中是该等证书的证据;

(b)在苏格兰的任何法律诉讼程序中,是该等证书的充分证据。

(10)第(1)分条授予的内阁成员的权力只能被以下人行使:

(a)是内阁成员的大臣;或者

(b)苏格兰的司法部长或法庭总顾问。

26. 国家安全和防御:对于GDPR的适用的第9条至第32条的修改

(1)适用GDPR第9(1)条(禁止处理特殊类别的个人数据)不禁止本章适用的处理个人数据的行为,该处理的实施是:

(a)为了国家安全保护措施或防御之目的;以及

(b)为了数据主体的权利和自由提供适当的保护措施。

(2)适用GDPR第32条(处理的安全性)不适用于范围内的控制者或处理者,该范围是该控制者或者处理者是出于以下目的处理本章适用的个人数据:

(a)出于保护国家安全的目的;或者

(b)出于防御的目的。

(3)当GDPR第32条不适用时,控制者或处理者必须针对处理个人数据所产生的风险实施适合的保护措施。

(4)出于第(3)分条的目的,当处理个人数据的行为是由自动方式全部或部分实施时,控制者或处理者必须,遵循风险评测,实施以下目的措施:

(a)防止未经授权的处理或未经授权的对于该处理相关的使用的系统的阻碍;

(b)确保任何已进行的数据处理的准确是可能的;

(c)确保任何与该等处理相关的系统正常运作且可以在被中断的情况下被回复;以及

(d)如果与处理相关的系统发生故障时,确保存储的个人数据不能被损坏。

第三部分　执法处理

第一章　范围与定义

范　围

27. 适用本部分的处理

(1)本部分适用于:

(a)主管部门以全部或部分的自动方式对个人数据的处理;以及

(b)主管部门已除了自动方式以外的方式对个人数据的处理,且该等处理构成备案系统的一部分,或是意图构成备案系统的一部分。

(2)本部分参照的处对人数据的处理是指本部分适用的对于个人数据的处理。

(3)关于“主管部门”的含义,见第28条。

定　　义

28.“主管部门”的含义

(1)在本部分,“主管部门”是指:

(a)附则7中列明的个人;以及

(b)任何有与执法目的有关的法定职权的其他个人。

(2)但是情报部门不是本部分所称的主管部门。

(3)国务大臣可以通过法规修订附则7:

(a)在附则中增加或删除人员;

(b)在附则中列明人员的名称的任何变更。

(4)第(3)分条下就第(3)(a)分条所述种类作出规定的法规也可以对第71(4)(b)条作出重要修订。

(5)第(3)分条下就第(3)(a)分条所述种类作出规定的法规,或者就第(3)(b)分条所述种类和第(3)(b)分条所属种类作出规定的法规,应依照积极解决程序通过。

(6)第(3)分条下仅就第(3)(b)分条所述类型作出规定的法规应依照消极解决程序通过。

(7)在本条中:

“情报部门”是指:

(a)安全局;

(b)秘密情报局;

(c)政府通信总部;

“法定职能”是指根据或者因一项立法而产生的职能。

29.“执法目的”

执法目的在于阻止、调查、侦查或起诉刑事犯罪或执行刑事处罚,包括防范和阻止针对公共安全的威胁。

30.“控制者”和“处理者”的含义

(1)在本部分中,“控制者”是指单独或者与其他部门一起:

(a)决定处理个人数据的目的和方式;或者

(b)依据第(2)分条的控制者。

(2)当个人数据仅以以下情况处理时:

(a)为立法要求进行处理的目的;以及

(b)以立法要求进行处理的方式,立法(或者如果有几个不同的立法时,其中之一)要求有数据处理业务的主管部门是控制者。

(3)在本部分,“处理者”是指任何代表控制者(并非控制者的雇员)处理个人数据的个人。

31. 其他定义

(1)本款定义了本部分中使用的其他表述。

(2)“雇员”是指就任何人而言,包括一个持有受该人指挥或控制的职位(无论是否有薪酬)的个人。

(3)“个人数据泄露”是指违反保密所导致的意外的或违法的破坏、损失、篡改、未授权纰漏或未授权访问、存储或以其他方式处理个人数据。

(4)“用数字图表表示”是指自动处理个人数据的任何形式,包括利用数据来评价与个人相关的一些私人情况,尤其是来分析或预测关于个人的工作表现、经济状况、健康、私人偏好、兴趣、可靠性、表现、位置或移动。

(5)“接收者”,就任何个人数据而言,是指任何接收受所披露资料的人,无论是否属第三方,但是接收者不包括根据法律特定要求需要向其披露或可能向其披露的公共机构。

(6)“处理的限制”是指存储的个人数据的作出标志,其目的是限制将来的处理。

(7)“第三国”是指除了成员国以外的国家或地区。

(8)第 2 条和第 184 条包括本部分使用的其他表述的定义。

第二章 原　　则

32. 控制者概述和一般义务

(1)本章提出了以下 6 种数据保护原则:

(a)第 33(1)条提出数据保护第一原则(要求处理合法且公平);

(b)第 34(1)条提出数据保护第二原则(要求处理的目的要具体、明确和合法);

(c)第 35 条提出数据保护第三原则(要求个人数据准确、相关且不过量)；

(d)第36(1)条提出数据保护第四原则(要求个人数据准确且保持更新)；

(e)第37(1)条提出数据保护第五原则(要求个人数据保存不得长于必需)；

(f)第38条提出的数据保护第六原则(要求个人数据以安全的方式进行处理)。

(2)此外：

(a)第33条、第34条、第36条、第37条都就每条相关的原则的补充作出了规定；以及

(b)第39条和第40条规定了某些类型的处理行为要适用的保护措施。

(3)与个人数据相关的控制者要负责且必须证明其有能力证明遵守本章。

33. 数据保护第一原则

(1)数据保护第一原则是指为了任何执法目的处理个人数据都必须合法且公平。

(2)为了任何执法目的的处理个人数据是合法的，仅限于其是基于立法或者：

(a)数据主体为该目的进行的处理；或者

(b)处理是主管部门为了该目的实施的执行任务的必要。

(3)此外，当为了任何执法目的的处理是敏感处理，则仅在第(4)分条和第(5)分条提出的两种情况下才能被允许。

(4)第一种情况是指以下情形：

(a)数据主体已经同意为了执法目的而进行的处理，如在第(2)(a)分条中提到的；以及

(b)处理行为已经实施，控制者有适当的政策文件(见第40条)。

(5)第二种情况是指以下情形：

(a)处理确实是为了执法目的之必要；

(b)处理至少符合附则8中的一个条件；以及

(c)处理已经实施，控制者有适当的政策文件(见第40条)。

(6)国务大臣可以通过法规以增加、更改或删除条件的方式修订附则8。

(7)第(6)分条的规定须符合积极解决程序。

(8)本款中的"敏感处理"是指:

(a)处理表明了人种、种族、政治观点、宗教或哲学信仰或工会成员身份的个人数据;

(b)为单独识别特定个人的目的,处理基因数据或生物数据;

(c)处理有关健康的数据;

(d)处理有关个人性生活或性取向的数据。

34. 数据保护第二原则

(1)数据保护第二原则是指:

(a)其执法目的是个人数据在任何情况下都必须被具体、明确、正当地收集;以及

(b)这样收集的个人数据必须不能以不符合其收集的目的的方式处理。

(2)数据保护第二原则第(b)款要受第(3)分条和第(4)分条的约束。

(3)在以下情形下,出于执法目的收集的个人数据可以被为了其他执法目的处理(无论是被收集数据的控制者还是其他控制者处理):

(a)法律授权控制者为了该等其他目的处理数据;以及

(b)处理对于其他目的是必要的和适当的。

(4)出于任何执法目的收集的数据应该不能被以非为执法目的处理,除非处理经过法律授权。

35. 数据保护第三原则

数据保护第三原则是指为任何执法目的而处理的个人数据必须准确、相关且不会过多超过与预期处理目的相关的量。

36. 数据保护第四原则

(1)数据保护第四原则是指:

(a)出于任何执法目的要处理的个人数据必须准确,并且在必要时更新至最近日期;以及

(b)考虑到其处理的执法目的,必须采取全部合理步骤来确保不准确的个人数据被毫不延迟地删除或纠正。

(2)出于任何执法目的处理个人数据时,基于事实的个人数据必须在可能的范围内与基于个人评价的个人数据相区分。

(3)在出于任何执法目的处理个人数据时,不同种类的数据主体的个人数据之间必须做出尽可能中肯且清楚的区分,比如:

(a)犯罪嫌疑人或将要触犯刑事犯罪的人;

(b)已因刑事犯罪被定罪的人;

(c)刑事犯罪的受害人或可能的受害人;

(d)证人或其他有犯罪信息的人。

(4)采取所有的合理的步骤来确保不准确、不完整或未更新的个人数据不能出于执法目的被传输或者以其他方式来提供。

(5)出于该目的:

(a)个人数据被传输或提供前,其质量必须被核实;

(b)在所有个人数据传输中,能使接收者评估数据的准确程度、完整度和可靠度及到其更新新的日期范围内的重要信息必须被提供;以及

(c)如果在个人数据已经被传输之后,出现的数据是不准确或传输是不合法的情况时,必须毫不延迟地通知接收者。

37. 数据保护第五原则

(1)数据保护第五原则是指出于任何执法目的处理的数据必须只能被保留不超过其基于该目的进行处理之必要的期限。

(2)必须设立适当的时间限制,以定期审核继续出于任何执法目的而持续存储的个人数据的必要性。

38. 数据保护第六原则

数据保护第六原则是指应当采取适当的组织和技术措施,确保以适当的安全方式处理出于任何执法目的而处理的个人数据(而且在本原则中,"适当安全"包括针对未授权或非法处理,以及针对意外丢失、破坏或毁损的保护)。

39. 保障:存档

(1)在以下情形下,出于执法目的对个人数据的处理适用本条规定:

(a)出于公共利益归档;

(b)出于科学或历史研究目的;或者

(c)出于统计目的。

(2)在以下情况下,不允许作出处理:

(a)为达到或与特定数据主体的措施或决定有关的目的进行;或者

(b)很可能对个人造成实质损害或是实质痛苦。

40. 保障:敏感处理

(1)本条适用于第33(4)条及第33(5)条之目的(根据数据主体的同意进

行敏感处理,或视情况根据附则8中规定的条件要求控制者有适当的政策文件适用)。

(2)控制者有关于敏感处理的适当的政策文件可适用,如果控制者已经出于以下目的制定了文件:

(a)解释控制者确保遵守数据保护原则[见第32(1)条]的程序,涉及根据数据主体的同意或(视情况而定)根据相关条件;以及

(b)解释控制者关于根据数据主体同意或(视情况而定)根据相关条件处理的个人数据的保留或删除,以及说明这些个人数据可能保留时间的政策。

(3)在适用适当政策文件的基础上处理个人数据,控制者必须在相关期间内做到:

(a)保留适当的政策文件;

(b)审查并(如果适当)不时更新它;以及

(c)根据要求,在不收取费用的情况下向专员提供。

(4)根据第59(1)条规定的控制者所维护的记录,以及由处理者代表控制者进行敏感处理的记录,根据第59(3)条规定处理者维护的记录必须包括以下信息:

(a)敏感处理是否是根据数据主体的同意而进行,如果不是,根据的是附则8中的何种条件;

(b)处理如何满足第33条(处理的合法性);以及

(c)是否根据本条第(2)(b)分条所述的政策保留和删除个人数据,否则,不遵守这些政策的理由。

(5)在本条中,"有关期间"与根据数据主体的同意或根据附则8所指明的条件的敏感处理有关,"有关期间"是指:

(a)以控制者根据数据主体的同意或(视情况而定)根据相关条件开始进行敏感处理时开始;以及

(b)在控制者停止进行处理之日起6个月期间结束之日结束。

第三章　数据主体的权利

概述和范围

41. 概述和范围

(1)本章对以下情形作出规定:

(a)对控制者施加一般责任让其提供信息(见第42条);

(b)赋予数据主体访问权(见第43条);

(c)赋予数据主体在纠正个人数据和删除个人数据或限制其处理方面的权利(见第44条至第46条);

(d)管理(控制、规制)自动决策(见第47条及第48条);

(e)作出补充规定(见第49条至第52条)。

(2)本章仅适用于出于执法目的个人数据的处理。

(3)但第42条至第46条不适用于在刑事调查或刑事诉讼程序中处理相关个人数据,包括为执行刑罚而进行的程序。

(4)第(3)分条的"相关个人数据"是指在司法裁决中,或由法院或其他司法当局或代表法院或其他司法当局展开的调查或诉讼有关的其他文件中,所载明的个人数据。

(5)在本章中,"控制者"是指就数据主体而言,与数据主体有关的个人数据的控制者。

42. 信息:控制者的一般职责

(1)控制者必须向数据主体提供以下信息(无论是通过普遍供公众获取的方式还是以其他方式):

(a)控制者的身份及联络详情。

(b)得以适用时数据保护专员的联络详情(见第67~69条)。

(c)控制者处理个人数据的目的。

(d)数据主体有权向控制者要求:

(i)查阅个人数据(见第43条);

(ii)纠正个人数据(见第44条);以及

(iii)删除个人数据或限制其处理(见第45条)。

(e)有权向专员提出投诉以及提出取得专员的联络信息。

(2)在具体情况下,为了能够使数据主体能够根据本部分规定行使权利,

控制者必须向数据主体提供:

(a)(数据)处理法律依据的信息;

(b)有关个人数据存储时间的信息,无法提供时,提供有关确定该期间准则的信息;

(c)在适用的情形下,有关个人数据接收者类别的信息(包括第三国或国际组织接收者);

(d)使数据主体的权利能够根据本部分获取的进一步必要信息。

(3)第(2)(d)分条中所述的"进一步必要信息"包括在数据主体不知情的情况下收集正在处理的个人数据。

(4)控制者可以全部或部分地限制根据第(2)分条向数据主体提供信息,只要限制是在考虑到数据主体的基本权利和合法利益的情况下的必要和适度的措施:

(a)避免妨碍官方或法律查询、调查或程序;

(b)避免妨碍刑事犯罪的预防、侦查、调查、起诉或者执行;

(c)保护公共安全;

(d)保障国家安全;

(e)维护他人的权利和自由。

(5)根据第(2)分条规定,控制者向数据主体提供信息受到全部或部分限制,控制者必须以书面形式毫不迟延地告知数据主体:

(a)信息的提供受到限制;

(b)限制的原因;

(c)数据主体有权根据第 49 条向专员提出要求;

(d)数据主体有权向专员提出投诉;以及

(e)数据主体有权根据第 158 条向法院申请。

(6)如果遵守第(5)(a)分条和第(5)(b)分条的规定会妨碍限制性规定,则不能适用。

(7)控制者必须:

(a)记录根据第(2)分条决定限制(无论全部还是部分)向数据主体提供信息的理由;以及

(b)应专员要求可向其提供该记录。

数据主体的访问权

43. 数据主体访问权

(1)数据主体有权从控制者获取:

(a)确认是否正在处理关于他或她的个人数据;以及

(b)在此情况下,查阅个人数据和第(2)分条所列的信息。

(2)该信息是指:

(a)处理的目的和法律依据。

(b)相关个人数据的类别。

(c)个人数据被披露的接收者或接收者类别(包括第三国或国际组织的接收者或接收者类别)。

(d)个人数据将被存储的预计期间,或在不可能的情况下,用于确定该期间的标准。

(e)数据主体有权要求控制者:

(i)纠正个人数据(见第44条);以及

(ii)删除个人数据或限制其处理(见第45条)。

(f)数据主体有权向专员投诉以及提供取得专员的联络信息。

(g)正在进行处理的个人数据以及关于其来源的任何可用信息的链路。

(3)数据主体根据第(1)分条提出要求时,必须以书面形式向数据主体提供信息:

(a)毫不延迟;以及

(b)在任何情况下,须在适用时间期限结束前(见第52条)。

(4)控权者可全部或部分限制第(1)分条赋予的权利,只要此限制是在考虑到数据主体的基本权利和合法利益的情况下作出的必要和适度的措施:

(a)避免妨碍官方或法律查询、调查或程序;

(b)避免损害刑事犯罪的预防、侦查、调查或者起诉或者执行刑事处罚;

(c)保护公共安全;

(d)保护国家安全;

(e)保护他人的权利和自由。

(5)数据主体根据第(1)分条规定的权利受到全部或部分限制,控制者必

须以书面形式毫不迟延地告知数据主体:

(a)信息的提供受到限制;

(b)限制的原因;

(c)数据主体有权根据第 49 条向专员提出要求;

(d)数据主体有权向专员提出投诉;以及

(e)数据主体有权根据第 158 条向法院申请。

(6)第(5)(a)分条和第(5)(b)分条不适用于遵守它们会破坏限制的目的的情形。

(7)控制者必须:

(a)记录根据第(2)分条决定限制(无论全部还是部分)向数据主体提供信息的理由;以及

(b)应专员要求可向其提供该记录。

数据主体纠正或删除等权利

44. 纠正权

(1)控制者必须根据数据主体的要求,毫不延迟地纠正与数据主体相关的不准确的个人数据。

(2)如果个人数据因不完整而不准确,如果数据主体要求,则控制者必须加以完善。

(3)根据第(2)分条规定的义务,在适当情况下,可以通过补充声明的条款来履行。

(4)如果控制者根据本条须纠正个人数据,但为证据的目的必须维护个人数据,则控制者必须限制其处理(而不是纠正个人数据)。

45. 删除或限制处理权

(1)如果出现以下情形,则控制者必须毫不延迟地删除个人数据:

(a)对个人数据的处理将违反第 33 条、第 34(1)条至第 34(3)条、第 35 条、第 36(1)条、第 37(1)条、第 38 条、第 39 条或第 40 条,或者

(b)控制者有删除数据的法定义务。

(2)如控制者根据第(1)分条要求须删除个人数据,但为证据目的必须保持个人数据,则控制者必须限制其处理(而不是删除个人数据)。

(3)如果数据主体对个人数据的准确性提出质疑(无论是根据本条,还是第 44 条,或以其他方式提出请求),但是无法确定个人数据是否准确,则控制

人必须限制其处理。

(4)数据主体可以请求数据控制者删除个人数据或限制其处理(但无论数据主体是否提出请求,根据本条规定控制者都应遵守义务)。

46.第44条或第45条规定的权利:补充

(1)数据主体要求纠正或者删除个人数据或限制其处理时,控制者须以书面形式通知数据主体:

(a)请求是否已被接受;以及

(b)如被拒绝需提出:

(i)拒绝的理由,

(ii)数据主体有权根据第49条向专员提出请求,

(iii)数据主体有权向专员提出投诉,以及

(iv)数据主体有权根据第158条向法院申请。

(2)控制者须遵守第(1)分条所规定的义务:

(a)毫不拖延,以及

(b)无论如何,须在适用期限结束前(见第52条)。

(3)根据本条第(1)(b)(i)分条,控制者可全部或部分限制向数据主体提供资料,只要该限制是在考虑到数据主体的基本权利和合法利益的情况下的必要和适度的措施:

(a)避免妨碍官方或法律查询、调查或程序;

(b)避免损害刑事犯罪的预防、侦查、调查、起诉或者执行;

(c)保护公共安全;

(d)保护国家安全;

(e)维护他人的权利和自由。

(4)数据主体根据第(1)分条规定的权利受到全部或部分限制,控制者必须以书面形式毫不迟延地告知数据主体:

(a)信息的提供受到限制;

(b)限制的原因;

(c)数据主体有权根据第49条向专员提出要求;

(d)数据主体有权向专员提出投诉;以及

(e)数据主体有权根据第158条向法院申请。

(5)第(4)(a)分条以及第(4)(b)分条不适用于提供信息将会破坏限制的目的的情形。

(6)控制者必须:

(a)记录根据第(4)分条决定限制(无论全部还是部分)向数据主体提供信息的理由;以及

(b)如专员要求,向其提供记录。

(7)控制者纠正个人数据时,必须通知不准确个人数据来源的主管部门(如有的话)。

(8)第(7)分条中所指的主管部门包括(除本部分所指的主管部门外)在英国以外的其他成员国的任何执行《执法指令》的任何主管部门。

(9)纠正、删除或限制处理控制者披露的个人数据时:

(a)控制者必须通知接收者;以及

(b)接收者必须同样地纠正、删除或限制处理个人数据(在其职责范围内)。

(10)按照第 45(3)条的规定限制处理的,控制者在解除限制前必须通知数据主体。

自动化的个人决策

47. 权利不受自动化决策的影响

(1)除非该项决定是法律规定或授权的,否则控制者不得仅基于自动化处理作出重大决定。

(2)若与数据主体有关,则就本条而言,该决定属"重大决定":

(a)对数据主体产生不利的法律影响;或者

(b)显著影响数据主体。

48. 法律授权的自动化决策:保障措施

(1)在以下情形下,如出于本条之目的作出的决定属"合格重大决定":

(a)该决定是与数据主体有关的重大决定;以及

(b)该决定由法律规定或授权。

(2)如果控制者仅根据自动化处理对数据主体作出合格重要决定:

(a)控制者必须在合理切实可行的范围内,尽快以书面通知数据主体决定已完全基于自动化处理作出;以及

(b)数据主体可在收到通知之日起 21 天内,要求控制者:

(i)重新考虑该决定,或者

(ii)作出不仅是基于自动化处理的新的决定。

(3)如根据第(2)分条向控制者提出请求,控制着必须在收到该项请求后21天内:

(a)考虑该请求,包括与数据主体有关的由数据主体提供的任何信息;

(b)遵从请求;以及

(c)通过书面通知告知数据主体:

(i)为遵从请求而采取的步骤,以及

(ii)遵从请求的结果。

(4)当国务大臣认为采取适当的措施,以保障数据主体的权利、自由和合法利益,与以自动处理为基础的重大决策有关时,国务大臣可以按规定作进一步的规定。

(5)依据第(4)分条规定:

(a)可修改本条;以及

(b)受到积极解决程序的约束。

(6)本条中的“重大决定”的含义如第47(2)条所述。

补　　充

49. 通过专员行使权利

(1)本条适用于以下情形下的控制者:

(a)根据第42(4)条限制根据第42(2)条向数据主体提供的信息(数据控制者向数据主体提供附加信息的义务);

(b)根据第43(4)条限制根据第43(1)条(访权利)数据主体的权利;或者

(c)拒绝数据主体根据第44条纠正或根据第45条删除或限制处理的要求。

(2)数据主体可以:

(a)当第(1)(a)分条或第(1)(b)分条适用时,请求专员检查与数据主体有关的个人数据的处理是否符合本部分;

(b)当第(1)(c)分条适用时,请求专员检查对数据主体请求的拒绝是否合法。

(3)专员必须根据第(2)分条(可包括行使第137条及第140条所赋予的任何权力)就其所见采取步骤以作为对请求适当的回复。

(4)在采取这些步骤后,专员必须通知数据主体:

(a)当第(1)(a)分条或第(1)(b)分条适用时,专员是否确信控制者依据本部分处理与数据主体有关的个人数据;

(b)在第(1)(c)分条适用时,专员是否确信控制者拒绝数据主体的要求是合法的。

(5)专员应当向数据主体告知数据主体根据第158条向法院申请的权利。

(6)如专员对根据第(4)(a)分条或第(4)(b)分条所述不确信,专员可以将专员根据第六部分考虑采取的任何进一步措施告知数据主体。

50. 提供信息的形式等

(1)控制者必须采取合理步骤,确保使用清晰明了的语言,以简明扼要且易于理解的形式向数据主体提供本章要求的任何信息。

(2)除第(3)分条另有规定外,信息可以以任何形式提供,包括电子表格。

(3)如信息是数据主体根据第43条、第44条、第45条或第48条提出的要求提供的,则控制人必须以可行的方式提供与请求相同的表格。

(4)如控制者对根据第43条、第44条或第45条提出请求的个人的身份有合理疑问,则控制者可以:

(a)要求提供额外的信息使控制者能够确认身份;以及

(b)延迟处理该请求,直到身份确认为止。

(5)除第51条另有规定外,本章要求向数据主体提供的信息必须免费提供。

(6)控制者必须协助数据主体根据第43条至第48条行使权利。

51. 数据主体明显无依据或过分的要求

(1)当数据主体根据第43条、第44条或第45条提出的要求明显没有依据或过分时,控制者可以:

(a)收取处理该请求的合理费用;或者

(b)拒绝按请求采取行动。

(2)仅仅重复先前请求的内容属于过度请求的表现形式之一。

(3)在任何法律程序中,关于根据第43条、第44条或第45条提出的请求是否明显是没有根据或过分的问题上,由控制者证明请求(是明显没有依据或过分的)。

(4)国务大臣可以通过规定细化控制者按照第(1)(a)分条收取费用的限制。

(5)根据第(4)分条的规定须受到消极解决程序的约束。

52.“适用期限”的含义

(1)本条出于第43(3)(b)条及第46(2)(b)条之目的就“适用期间”的定义作出规定。

(2)“适用期限”是指从相关日起开始的一个月的期限,或可能在规定中细化的更长期限。

(3)“相关日”是指以下日期的最新日期:

(a)控制者收到相关请求的日期;

(b)控制者根据第50(4)条提出的要求而收到信息(如有的话)的日期;

(c)根据第51条就根据该项要求而收取的费用(如有的话)的付款日期。

(4)根据第(2)分条制定规范的权力由国务大臣行使。

(5)根据第(2)分条作出的规定确定的期间不得超过3个月。

(6)根据第(2)分条作出的规定须收到消极解决程序的约束。

第四章 控制者和处理者

概述和范围

53.概述和范围

(1)本章:

(a)列出控制者和处理者的一般义务(见第54条至第63条);

(b)列出控制者和处理者在安全方面的具体义务(见第64条);

(c)列出控制者和处理者在个人数据违规方面的具体义务(见第65条和66条);

(d)规定数据保护专员的指派、职务和任务(见第67条至第69条)。

(2)本章仅适用于为执法目的的个人数据处理。

(3)如果本章的任何规定要求控制者采取适当的技术和组织措施,则控制人必须(在决定适当的措施时)考虑:

(a)科技的最新发展;

(b)执行费用;

(c)处理的性质、范围、背景和目的;以及

(d)处理引发的对个人权利和自由的风险。

一 般 义 务

54. 控制者的一般义务

(1)每个控制者必须采取适当的技术和组织措施,以确保并能够证明对个人数据的处理符合本部分的要求。

(2)在与相关处理相称的情况下,为履行第(1)分条规定的义务而采取的措施必须包括适当的数据保护政策。

(3)必要时必须对根据第(1)分条实施的技术和组织措施进行审查和更新。

55. 设计和默认的数据保护

(1)每个控制者必须采取适当的技术和组织措施,这些措施被设计来:

(a)有效实施数据保护原则;

(b)将处理本身纳入为此目的所必需的保障措施。

(2)根据第(1)分条的义务,在确定处理数据方式及处理本身时均适用。

(3)每个控制者必须采取适当的技术和组织措施,以确保在默认情况下,仅处理每个特定处理目的而必需的个人数据。

(4)第(3)分条下的义务适用于:

(a)收集的个人数据数量;

(b)其处理的范围;

(c)存储的期限;以及

(d)可访问性。

(5)特别是为遵守第(3)分条所规定的义务而采取的措施,必须确保在默认情况下,在没有个人干预的情况下不定数量的人无法访问个人数据。

56. 联合控制者

(1)为本部分之目的,两个或多个主管部门共同决定处理个人数据的目的和方式的,为联合控制者。

(2)联合控制者必须以透明的方式,通过他们之间的协议来确定其遵守本部分的义务,除非这些义务是根据或凭借成文法来确定的。

(3)协议必须指定作为数据主体的接触点的控制者。

57. 处理者

(1)本条适用于控制者使用处理者代表控制者对个人数据进行处理。

(2)控制者只能利用提供担保来采取适当的技术和组织措施的处理者,这些措施足以确保处理满足以下条件:

(a)符合本部分的要求;以及

(b)确保保护数据主体的权利。

(3)处理者通过控制者使用,不得未经控制者的特定的或一般的事先书面许可,让另一处理者("辅助处理者")参与。

(4)在控制者向处理者提供一般书面授权的情况下,处理者必须通知控制者,如果处理者提议增加由其雇佣的辅助处理者参与的数量或替代他们中的任一(以便控制者有机会反对提议)。

(5)处理者的处理必须由控制者和处理者之间的制定以下内容的书面合同授权:

(a)处理的主体和期限;

(b)处理的性质和目的;

(c)所涉及的个人数据类型和数据主体所涉的类别;

(d)控制者和处理者的义务和权利。

(6)合同必须特别规定处理者必须:

(a)仅根据控制者的指示行事。

(b)确保授权处理个人数据的人员受到适当的保密义务。

(c)以任何适当方式协助控制者确保遵守数据主体在本部分下的权利。

(d)在处理者向控制者提供服务结束后:

(i)删除或将与服务有关的个人数据返还控制者(据控制者的选择);以及

(ii)删除个人数据的副本,除非法律上有义务存储副本。

(e)向控制者提供所有必要信息以证明符合本条。

(f)遵守本节涉及辅助处理者的要求。

(7)根据第(6)(a)分条的规定包括在合同中的条款必须规定,只有控制者指示进行特定传输,处理者才可将个人数据传输给第三国或国际组织。

(8)如处理者违反本部分决定处理的目的和方式,则出于本部分之目的,关于该处理的处理者被视作控制者对待。

58. 在控制者或处理者的权限下进行处理

处理者,以及任何在控制者或处理者的权限下行事的可以访问个人数据

的人,只有在以下情况下能进行数据处理:

(a)根据控制人的指示;或者

(b)遵守法律义务。

59. 处理活动记录

(1)每个控制者必须保留对控制者负责的所有类别的处理活动的记录。

(2)控制者的记录必须包含以下信息:

(a)控制者的姓名及联系方式。

(b)在适用的情况下,联合控制人的姓名和联系方式。

(c)在适用的情况下,数据保护专员的姓名和联系方式。

(d)处理的目的。

(e)个人数据已经或将要被披露给的接收者的类别(包括在第三国或国际组织的接收者)。

(f)对类别的描述:

(i)数据主体;以及

(ii)个人数据。

(g)在不适用的情况下,用数字图表表示的细节。

(h)在适用的情况下,向第三国或国际组织传输个人数据的类别。

(i)指明处理业务,包括个人数据被传输的法律依据。

(j)在可能的情况下,限制删除不同类别的个人数据的预计时间。

(k)在可能的情况下,对第 64 条所述技术和组织安全措施的一般描述。

(3)每个处理者必须保持代表控制者进行的所有类别的处理活动的记录。

(4)处理者的记录必须包含以下信息:

(a)处理者以及根据第 57(3)条受雇于处理者的任何其他处理者的名称和联系方式;

(b)处理者所代表的控制者的名称和联系方式;

(c)在适用的情况下,数据保护专员的姓名和联系方式;

(d)代表控制者进行的处理的类别;

(e)在适用的情况下,由控制者作出的将个人数据传输给第三国或国际组织的明确指示的细节,包括该第三国或国际组织的确认;

(f)在适用的情况下,对第 64 条所述技术和组织安全措施的一般描述。

(5)控制者及处理者必须应专员要求向其提供根据本条存储的记录。

60. 日志记录

(1)控制者(或者当处理者代表控制者处理个人数据时的处理者)必须在自动化处理系统中至少保留以下处理的操作日志:

(a)收集;

(b)更改;

(c)查阅;

(d)披露(包括传输);

(e)组合;

(f)删除。

(2)查阅日志须表明:

(a)查阅理由、日期和时间;以及

(b)尽可能表明查阅数据的人的身份。

(3)披露日志必须能够表明:

(a)披露的理由、日期和时间。

(b)尽可能表明:

(i)披露数据的人的身份;以及

(ii)数据接收人的身份。

(4)根据第(1)分条存储的日志只能用于以下一个或多个目的的活动:

(a)核实处理的合法性;

(b)协助控制者或(视属何情况而定)处理者的自我监督,包括内部纪律程序的执行;

(c)确保个人数据的完整和安全;

(d)出于刑事诉讼的目的。

(5)控制者或(视情况而定)处理者必须应委员要求向其提供日志。

61. 与专员合作

各控制者和各处理者必须应要求与专员合作执行专员的职责。

62. 数据保护影响评估

(1)当一种类型的处理可能导致个人权利和自由的高风险时,控制者在处理之前必须进行数据保护影响评估。

(2)数据保护影响评估是对设想的保护个人数据的影响的评估。

(3)数据保护影响评估必须包括以下内容:

(a)所设想的处理操作的一般说明;

(b)评估数据主体的权利和自由的风险;

(c)旨在解决这些风险的措施;

(d)考虑到相关数据主体和其他相关人员的权利和合法权益,确保保护个人数据并遵守本部分的保障措施、安全措施和机制。

(4)在决定一种处理方式是否可能导致个人权利和自由的高风险时,控制者必须考虑到处理的性质、范围、环境和目的。

63. 事先咨询专员

(1)本条适用于控制者意图创建归档系统并处理归档系统中的一部分个人数据的情况。

(2)如果根据第 62 条编制的数据保护影响评估表明处理数据将导致个人的权利和自由的高风险(在没有降低风险的措施时),则控制者在处理数据之前必须咨询专员。

(3)当控制者根据第(2)分条要求向委员咨询时,控制者必须向专员提交:

(a)根据第 62 条编制的数据保护影响评估;以及

(b)专员要求的任何其他信息,使专员能够评估该处理对本部分要求的符合性。

(4)当专员认为第(1)分条所指的预期处理会违反本部分的任何条文时,则其必须向控制者提供书面意见,在控制者使用处理者的情况下,向处理者提供。

(5)书面意见必须在收到控制者或处理者咨询请求之后 6 周期间内提供。

(6)考虑到预期处理的复杂性,专员可在 6 周期限基础上延长 1 个月。

(7)如专员延长 6 周期限,其必须做到:

(a)从收到咨询请求开始,在据结束的 1 个月期间内,通知控制者,以及在适用的情况下通知处理者;以及

(b)提供延长的理由。

与安全有关的义务

64. 处理安全

(1)每个控制者和每个处理者必须采取适当的技术和组织措施,确保与处理个人数据所产生的风险相适应级别的安全性。

(2)在自动化处理的情况下,每个控制者和每个处理者必须在对风险进行评估后,采取计划的措施来:

(a)防止与其相关的系统的未经授权的处理或未经授权的干扰;

(b)确保有可能确定发生的任何处理的具体细节;

(c)确保与处理功能有关的任何系统正常使用,并可在中断情况下恢复;以及

(d)如果与处理有关的系统发生故障,确保存储的个人数据不会被破坏。

65. 通报专员个人数据泄露

(1)如控制者意识到个人数据泄露与其负责的个人数据有关系,控制者必须将泄露情形告知专员:

(a)毫不延迟;并且

(b)可能的话,在意识到该情况的72小时之内。

(2)如果个人数据泄露的结果不可能使相关利益或个人自由受到威胁,则不适用第(1)分条规定。

(3)如果并未在72小时内给专员通知,那么通知必须附有延迟的理由。

(4)根据第(5)分条,通知必须包括:

(a)对个人数据泄露的性质的描述,包括可能所涉数据主体的类别和大致数目,以及有关个人数据记录的类别和大致数目;

(b)数据保护专员或其他联络人的姓名和联系方式,以便向他们提供更多信息;

(c)描述个人数据泄露后可能产生的后果;

(d)说明控制者为处理个人数据泄露而采取或拟采取的措施,包括酌情采取措施减轻其可能的不利影响。

(5)当不可能同时提供第(4)分条所述的所有资料时,可以分阶段提供信息,但不应有不必要的进一步拖延。

(6)控制者必须记录以下关于个人数据泄露的信息:

(a)关于泄露的事实;

(b)泄露的影响;

(c)已经采取的补救措施。

(7)第(6)款所提到的信息必须以专员能够合适本款的遵守情况的方式记录。

(8)如个人数据泄露涉及的个人数据已传输给另一会员国法律规定的专员,则须将第(6)分条所述资料交给该人,不得无故拖延。

(9)如果处理者意识到个人数据泄露(关于处理者处理的个人数据),处理者必须毫不拖延地通知控制者。

与个人数据泄露有关的义务

66.沟通个人数据泄露的数据主体

(1)如果个人数据泄露可能对个人的权利和自由造成高风险,则控制者必须毫不拖延地通知数据主体。

(2)给数据主体的信息必须包括以下内容:

(a)对个人数据泄露的性质的描述;

(b)数据保护专员或其他联络人的姓名和联系方式,以便向他们提供更多信息;

(c)描述个人数据泄露后可能产生的后果;

(d)说明控制者为处理个人数据泄露而采取或拟采取的措施,包括酌情采取措施减轻其可能的不利影响。

(3)第(1)分条下的义务不适用于以下情形:

(a)控制者针对个人数据泄露产生的影响已经实施了适当的技术和有组织的保护措施;

(b)控制者已采取后续措施,确保第(1)分条中对数据主体的权利和自由的高风险不再出现;或者

(c)这样做将付出不成比例的努力。

(4)对任何未被授权访问数据的人员,使个人数据无法理解的措施已被应用,如加密,属于第(3)(a)分条的案件的情形之一。

(5)在第(3)(c)分条[但不在第(3)(a)分条或第(3)(b)分条]所列情况下,第(2)分条所述的资料必须以另一种同样有效的方式向数据主体提供,如通过公共通信方式。

(6)在控制者未告知数据主体数据泄露的情况下,专员根据第 65 条收到通知,并在考虑到可能造成高风险的泄露的可能性后,可以:

(a)根据第(3)分条第(a)款至第(c)款的规定命令控制者通知数据主体泄露情况;或者

(b)认为控制者不需要通知。

(7)只要限制是在考虑到数据主体的基本权利和合法利益的情况下作出的,那么控制者可采取必要和适度的措施全部或部分地限制根据第一款向数据主体提供信息:

(a)避免妨碍官方或法庭询问、调查或其他程序;

(b)避免损害的预防、检测、调查或刑事犯罪、刑罚执行检察;

(c)保护公共安全;

(d)保护公家安全;

(e)保护他人的权利和自由。

(8)第(6)分条不适用于根据第(7)分条作出的不向数据主体通报泄露情况的决定。

(9)控制者根据本条须向数据主体提供的资料时,适用于第50(1)条及第50(2)条的责任规定,一如其适用于根据第三章须向数据主体提供的资料一致。

数据保护专员

67. 数据保护专员的指定

(1)控制者必须指定一个数据保护专员,除非控制者是法院,或者其他以司法身份行事的司法机关。

(2)指定数据保护专员时,控制者必须考虑被提名官员的专业素养,尤其是:

(a)被提名官员数据保护法律和实践方面的专业知识;以及

(b)被提名官员执行第69条所述任务的能力。

(3)考虑到其组织结构和规模,同一个人可由数个控制者指定为数据保护专员。

(4)控制者必须公布数据保护专员的联系细节,并将这些信息传达给专员。

68. 数据保护专员的职位

(1)控制者必须确保数据保护专员在涉及个人数据保护的所有问题中及时和适当地参与工作。

(2)控制者必须向数据保护专员提供必要的资源和访问个人数据和处理操作,以使数据保护专员能够做到:

(a)执行第69条所述的任务;并且

(b)保持他或她的数据保护法律和实践的专业知识。

(3)控制者:

(a)必须确保数据保护专员没有收到关于执行第69条所述任务的任

何指示;

(b)必须确保数据保护专员不履行任务或履行本部分所述职责以外的任务或职责将导致利益冲突;

(c)不得因执行第69条参照的任务解雇或处罚数据保护专员。

(4)数据主体可就如下方面与数据保护专员进行联系:

(a)该数据主体的个人数据的处理;或者

(b)根据本部分行使该数据主体的权利。

(5)数据保护专员在执行职务时,必须向控制者的最高管理层报告。

69. 数据保护专员的职责

(1)控制者必须至少委托数据保护专员履行以下职责:

(a)通知和建议控制者、控制者所进行的任何处理以及负责处理个人数据的控制者的任何雇员,以及该人员在本部分下的义务;

(b)就根据第62条进行数据保护影响评估提供建议,并监测该部分的遵守情况;

(c)与专员合作;

(d)作为处理有关处理事宜的联络人,包括有关第63条所述的咨询,并在适当情况下就处理任何其他事宜咨询专员;

(e)监管控制者遵守关于保护个人数据的相关政策的情况;

(f)监管控制者遵守本部分规定的情况。

(2)关于第(1)(e)分条中提到的政策,数据保护专员的任务包括:

(a)根据这些政策分配责任;

(b)提高对这些政策的认识;

(c)培训参与处理程序的雇员;

(d)根据这些政策进行必要的审计。

(3)在执行第(1)分条和第(2)分条所述的任务时,数据保护专员必须考虑到处理的性质、范围、情况和目的等与处理操作相关的风险。

第五章　向第三国等传输个人数据

概述和解释

70. 概述和解释

(1)本章涉及将个人数据传输给第三国或国际组织,具体如下:

(a)第71~74条陈述了一般条款的适用;

(b)第75条列出在接收者是第三国或国际组织而不是有关部门的适用的特殊条件;

(c)第76条制定了关于传输个人数据的特别规定。

(2)在本章中,"有关当局"就第三国而言,是指在第三国(在该国家)具有与主管部门相当的职能的任何人。

传输的一般原则

71.个人数据传输的一般原则

(1)控制者不可以传输个人数据给第三国或国际组织,除非满足以下条件:

(a)满足第(2)分条至第(4)分条陈述的3个条件;并且

(b)如果个人资料原始传输或以其他方式提供给控制者或其他主管部门,而不是联盟以外的成员国,该成员国或任何该成员国的主管部门已根据《执法指令》按照成员国的法律授权转让的。

(2)条件1:传输是完成任何执法机关的目的的必要条件。

(3)条件2是传输:

(a)传输根据适当的决定作出(见第72条);

(b)如果不是根据适当决定,需要根据适当的保障措施(见第73条)作出;或者

(c)如果没有适当决定或者适当保障措施作为基础,需要根据特殊情况(见第74条)。

(4)条件3:

(a)接收者是第三国有关部门或者相关的国际组织;或者

(b)在控制者为附则7第4~16款、第20~43款、第46款及第48款指明的主管部门的情况下;

(i)接收者是除了有关部门的第三国个人,并且

(ii)遇到第75条所列的附加条件。

(5)在以下情形下,参照第(1)(b)分条规定时无须授权:

(a)传输是用于防止对成员国或第三个国家的公共安全或会员国的根本利益构成直接和严重的威胁;以及

(b)不能及时获得授权。

(6)凡未经第(1)(b)分条所述授权进行转让,则必须立即通知成员国负责决定是否授权转让的权力机构。

(7)在本部分,“相关的国际组织”是指实施任何执法目的的国际组织。

72. 根据适当的决定进行传输

在以下情形下,可以根据适当的决定向第三国或国际组织传输个人数据:

(a)欧盟委员会已经依据《执行指令》第 36 条一致决定,那么:

(i)第三国或第三国的领土或一个或多个指定部门;或者

(ii)(视情况而定)国际组织,确保有足够的保护个人数据的等级。

(b)该决定尚未被废除或暂停执行,或经证明专员会不再认为其有足够的个人数据保护的等级而进行修改。

73. 在适当的保障措施基础上传输

(1)在以下情形下,可以根据适当的保障措施传输个人数据给第三国或国际组织:

(a)法律文件包括保护个人数据的适当保护措施来约束数据接收者;或者

(b)控制者已经评估了所有传输该种类型个人数据给第三国或国际组织的情况,结论为适用保障措施来保护数据。

(2)控制者必须根据第(1)(b)分条的规定将数据传输的类别告知专员。

(3)当根据第(1)分条传输数据时:

(a)传输必须备有证明文件。

(b)证明文件必须应专员要求提供。

(c)证明文件必须包括以下内容,尤其是:

(i)传输日期和时间;

(ii)接收者姓名和其他相关信息;

(iii)传输的理由;

(iv)传输的个人数据的描述。

74. 特殊情况下的传输

(1)将个人数据传输给第三国或国际组织的情形包括:

(a)保护数据主体或其他人的切身利益;

(b)维护数据主体的合法利益;

(c)为防止立即严重威胁到成员国或第三国的公共安全;

(d)在个别情况下,为执行任何执法目的;或者

(e)在个别情况下为合法目的。

(2)但是,如果控制者确定数据主体的基本权利和自由超越传输中的公共利益,则不适用第(1)(d)分条和第(1)(e)分条的规定。

(3)当根据第(1)分条传输数据时:

(a)传输必须备有证明文件。

(b)证明文件必须应专员要求提供。

(c)证明文件必须包括以下内容,尤其是:

(i)传输日期和时间;

(ii)接收者姓名和其他相关信息;

(iii)传输的理由;并且

(iv)传输的个人数据的描述。

(4)出于本条的目的,在以下情况的数据传输为法定目的的传输:

(a)出于与任何执法目的有关的任何法律程序(包括可能的法律程序)的目的或与之有关;

(b)有必要就任何执法目的获得法律意见;以及

(c)对建立、行使或捍卫与任何执法目的有关的合法权利是必要的。

向特殊的接收者传输

75. 将个人数据转让给有关部门以外的个人

(1)第71(4)(b)(ii)条参照的附加条件是指以下4个条件。

(2)条件1:在具体情况下,控制者根据法律规定执行传输是严格必要的。

(3)条件2:传输控制者确定有关数据主体的基本权利和自由没有超越传输的公共利益。

(4)条件3:传输控制者认为将个人资料传输给第三国的有关部门是无效的或不适当的(如传输不能够在有限时间内完成其目的)。

(5)条件4:传输控制者通知特定接收者获得个人数据的目的,在必要时,个人数据可以被处理。

(6)如果个人数据传输给有关部门以外的第三国接收者,传输控制者必须立即通知第三国的有关部门,除非这是无效的或不恰当的。

(7)传输控制者必须:

(a)将其传输给第三国以外的接收者,而不是相关主管部门;

(b)将传输情况通知专员。

(8)本条不影响成员国与第三国在刑事事项和警方合作司法合作领域的任何国际协议的运作。

后续传输

76. 后续传输

(1)如果根据第71条传输个人数据,则传输控制者必须以数据不得传输给无传输授权或其他授权的第三国或国际组织为条件。

(2)只有在因执法目的需要进一步传输的情况下,主管部门才可以根据第(1)款规定给予授权。

(3)在决定是否给予授权时,主管部门必须考虑(在所有其他相关因素中):

(a)导致授权请求的情况的严重性;

(b)最初传输个人数据的目的;以及

(c)保护个人数据适用于传输个人数据的第三国或国际组织的标准。

(4)在个人数据原本是由传输控制者或其他主管部门向欧盟以外的其他成员国提供的情况下,根据第(1)分条规定不得给予授权,除非该成员国或任何根据《执法指令》为主管部门的成员国的人员,已经按照成员国的法律授权传输。

(5)如第(4)分条所述,如果出现以下情形则不需要授权:

(a)传输对于预防对成员国或第三国的公共安全或成员国的根本利益的直接和严重威胁是必要的;以及

(b)授权不能及时获得。

(6)凡未经第(4)分条所述授权进行传输,必须立即通知成员国负责决定是否授权传输的权力机构。

第六章 补 充

77. 国家安全:大臣证明

(1)为执行第42(4)条、第43(4)条、第46(3)条或第66(7)条的规定,国务大臣可签发证明书,证明限制是保护国家安全的必要和适度的措施。

(2)证书可能:

(a)涉及控制者根据第42(4)条、第43(4)条、第46(3)条或第66(7)

条施加或拟提出施加的具体限制(在证明书中所述);或者

(b)通过一般性描述确定与之相关的任何限制。

(3)除第(6)分条另有规定外,根据第(1)分条发出的证明书是作为特定限制或(视属何情况而定)属于一般描述内的任何限制的确凿证据,或在任何时候是保护国家安全的必要和适度的措施。

(4)根据第(1)分条发出的证明书可能具有预期效力。

(5)任何直接受根据第(1)分条发出证明书所影响的人,可根据证明书向审裁处提出上诉。

(6)如果根据第(5)分条提出的上诉,法庭认定,在适用司法审查申请的法院适用原则的情况下,若大臣没有合理的理由发放证书,法庭可以:

(a)允许上诉;

(b)撤销证书。

(7)凡在根据或凭借本法令进行的法律程序中,任何控制者声称任何限制属于根据第(1)分条发出的证明书的一般描述,则该法律程序的任何其他方可向法庭提出上诉,理由是限制不在该描述之内。

(8)但在根据第(9)分条作出的任何决定的规定下,该限制将被确定为一般性描述。

(9)在根据第(7)分条提出的上诉中,审裁处可裁定证明书并不适用。

(10)根据第(1)分条发出的证明书的文件本意是:

(a)收到证据;以及

(b)被视为证明书,除非有相反证明。

(11)该大臣根据第(1)分条发出的证明书的真实副本,即视为由官方或代表其大臣证明的文件:

(a)在任何法律程序中,该证明书的证据;以及

(b)在苏格兰的任何法律诉讼中,有足够的证据证明。

(12)第(1)分条赋予内阁大臣的权力只可由以下人士行使:

(a)大臣是内阁成员;或者

(b)苏格兰总检察长或总检察长。

(13)就第六部分任何条文赋予的权力,在以下情形下不得行使:

(a)根据第(1)分条作出的证明书的具体限制;或者

(b)在该证明书内的一般描述中的限制。

78. 特殊处理限制

(1)为了执法目的,控制者向欧盟接收者或非欧盟接收者发送或以其他方式提供个人数据适用第(3)分条和第(4)分条的规定。

(2)在本条中:

"欧盟接收者"是指:

(a)在联盟以外的成员国的接收者;或者

(b)根据《欧盟运行条约》第五部分第四章和第五章设立的机构,办事处或机构。

"非欧盟接收者"是指:

(a)第三国的接收者;或者

(b)国际组织。

(3)控制者必须考虑,如果将个人数据传输或以其他方式在联盟提供给另一主管部门,则由其他主管部门处理的数据是否将受到已颁布法律的任何限制。

(4)如果是这种情况,控制者必须通知欧盟接收者或非欧盟接收者,该数据被传输或以其他方式提供,但限制该人的相同限制同时也限制接收者(必须在信息中列出)。

(5)除第(4)分条另有规定外,控制者不得对控制者向欧盟接收者传输或以其他方式提供的个人数据的处理施加限制。

(6)第(7)分条适用于以下情形:

(a)除英国以外的其他成员国,为执法指示而设的主管部门,出于执法目的向控制者传输或以其他方式提供个人数据;以及

(b)另一成员国的主管部门根据执行《执法指令》第9(3)条和第9(4)条规定,通知控制者传输或以其他方式提供数据受到主管部门规定的限制的控制。

(7)控制者必须遵守限制。

79. 报告侵权

(1)每个控制者必须实施有效的机制,鼓励对本部分的侵权行为进行举报。

(2)根据第(1)分条实施的机制必须规定,以下任何人员可以举报侵权行为:

(a)控制者;

(b)专员。

(3)根据第(1)款实施的机制必须包括:

(a)提高关于《1996 年雇佣权利法案》第 4A 部分和《1996 年雇佣权利(北爱尔兰)令》第 5A 部分[S. I. 119/1919(N. I. 16)]的保护意识;以及

(b)为举报的控告人提供其他合适的保护措施。

(4)不得泄露举报侵权的人:

(a)应当履行的义务;或者

(b)披露信息的任何其他限制(无论以怎样的方式得以执行)。

(5)第(4)分条不适用于在该报告中包含《2016 年调查权法》第一部分至第七部分或第九部分第一章所禁止披露的情况。

第四部分　情报部门处理

第一章　范围与定义

范　　围

80. 本部分所适用的处理

(1)本部分适用于以下情形:

(a)情报部门全部或部分以自动方式处理的个人数据,以及

(b)情报部门的处理,而不是通过形成档案系统一部分或旨在形成档案系统一部分的个人数据的自动化手段。

(2)在本部分中,“情报部门”是指:

(a)保安处;

(b)秘密情报局;

(c)政府通信总部。

(3)本部分参照个人数据的处理是本部部分适用的处理。

定　　义

81. “控制者”和“处理者”的定义

(1)在本部分中,“控制者”是指单独或联合的情报部门:

(a)处理个人数据的目的和手段;或者

(b)第(2)款规定的控制者。

(2)只有在以下情形下才对个人数据进行处理:

(a)出于法规所要求的处理目的;以及

(b)通过法规要求的处理方式,法规(如有不同法规,则其中之一)要求施加处理数据之义务的情报部门是控制者。

(3)在本部分中,"处理者"是指代表控制者处理个人数据的任何人(控制者的雇员除外)。

82. 其他定义

(1)本条定义本部分中使用的其他词汇。

(2)关于"处理与个人有关的个人数据"的"同意"是指个人通过自愿的、具体的、知情和明确的陈述或者明确的肯定行为,表示同意处理个人数据。

(3)"雇员"包括任何在该人的指导和控制下担任某职位(无论是否有偿)的个人。

(4)"个人数据泄露"是指违反保密所导致的意外的或违法的破坏、损失、篡改、未授权纰漏,或未授权访问、存储或以其他方式处理个人数据。

(5)就任何个人数据而言,"接收者"指任何接收所披露资料的人,无论是否属第三方,但不包括接受在法律规定的框架内进行特定查询所披露的资料的人。

(6)"限制处理"是指存储的个人数据的标记,目的是限制其对未来的处理。

(7)第 2 条以及第 184 条包括本部分所用其他词汇的定义。

第二章 原　　则

概　　述

83. 概述

(1)本章列出了以下 6 个数据保护原则:

(a)第 84 条列出了数据保护第一原则(关于处理应合法、公平以及透明的要求);

(b)第 85 条列出了数据保护第二原则(关于处理的目的应具体、明确以及合法的要求);

(c)第 86 条列出了数据保护第三原则(关于个人数据应充足、相关且不过多的要求);

(d)第87条列出了数据保护第四原则(关于个人数据应准确并保持最新的要求);

(e)第88条列出了数据保护第五原则(关于个人数据不再只出于必要而保存的要求);

(f)第89条列出了数据保护第六原则(关于以安全的方式处理个人数据的要求)。

(2)第84条、第85条以及第89条各作出规定,以补充其所涉及的原则。

数据保护原则

84. 数据保护第一原则

(1)数据保护第一原则,是指个人数据的处理必须:

(a)合法;以及

(b)公平且透明。

(2)个人数据的处理只有在以下情况以及范围下才是合法的:

(a)至少符合附则9中的一项条件;以及

(b)在敏感处理的情况下,至少符合附则10中的一项条件。

(3)国务大臣可以通过增加、变更或者省略条件的方式修改附则10。

(4)根据第3款作出的规定须受到积极解决程序的约束。

(5)在确定个人数据的处理是否公正透明时,应考虑到获取个人数据的方法。

(6)为施行第(5)分条,如果该数据通过如下方式获得,则该数据被视为是以公正和透明方式获得的:

(a)由法规授权提供;或者

(b)按英国的法规或者国际义务提供。

(7)在本条中,"敏感处理"是指:

(a)该被处理的个人数据能够揭示种族、民族血统、政治观点、宗教或者哲学信仰或者工会会员资格;

(b)为了唯一性地识别个人而处理遗传数据;

(c)为了唯一性地识别个人而处理生物特征数据;

(d)处理有关健康的数据;

(e)处理关于个人性生活或者性取向的数据;

(f)为了以下目的而处理个人数据:

(i)个人犯罪或者被指控犯有某项罪行,或者

(ii)针对某人犯有或者被指控是由某人犯下的罪行而进行的法律程序,该等法律程序的处置或者法庭在该等法律程序中的判决。

85.数据保护第二原则

(1)数据保护第二原则,是指:

(a)在任何场合收集个人数据的目的必须具体、明确和合法;

(b)如此收集的个人数据不得以与收集的目的不符的方式处理。

(2)数据保护第二原则第(1)(b)款须符合第(3)分条、第(4)分条的规定;

(3)控制者为某一目的而收集的个人数据,可以由该收集资料的控制者基于其他任何目的而处理,也可以由其他控制者基于任何目的而处理,前提是:

(a)法律授权该控制者基于此目的而处理数据;以及

(b)处理是必要的,并且与其他目的相称。

(4)个人数据的处理与被收集的目的相符,

(a)包括:

(i)按照公共利益为了归档目的而进行的处理;

(ii)为科学或者历史研究的目的而进行的处理;或者

(iii)为统计目的而进行的处理。

(b)受到为了数据主体的权利和自由而进行的适当保障的约束。

86.数据保护第三原则

数据保护第三原则,是指个人数据必须是适当的、相关的,而不是相对于其处理的目的过多的。

87.数据保护第四原则

数据保护第四原则,是指正在进行处理的个人数据必须准确,并在必要时保持最新。

88.数据保护第五原则

数据保护第五原则,是指个人数据的保存必须是不超过其处理目的所必需的。

89.数据保护第六原则

(1)数据保护第六原则,是指个人数据的处理方式应包括对处理个人数

据所产生的风险采取适当的安全措施。

(2)第(1)分条提及的风险包括(但不限于)意外或者未经授权的访问或者破坏、丢失、使用、修改或者披露个人数据。

第三章　数据主体权利

概　　述

90. 概述

(1)本章规定数据主体的权利如下：

(a)第 91 条涉及数据主体可以获得的相关信息的权利；

(b)第 92 条、第 93 条涉及数据主体的访问权；

(c)第 94~96 条涉及自动化处理方面的权利；

(d)第 97 条涉及拒绝处理的权利；

(e)第 98 条涉及纠正和删除个人数据的权利。

(2)在本章中，就数据主体而言，“控制者”是指与数据主体有关的个人数据的控制者。

权　　利

91. 信息权

(1)控制者必须向数据主体提供以下信息：

(a)控制者的身份以及具体联系方式；

(b)控制者处理个人数据的法律依据以及目的；

(c)正在处理的与数据主体有关的个人数据的类别；

(d)个人数据的接收者或者接收者的类别(如适用)；

(e)向专员提出投诉的权利以及获得专员的具体联系方式；

(f)如何行使本章的权利；

(g)确保个人数据得到公正和透明的处理所需的任何其他资料。

(2)如控制者认为适当，控制者可按照第(1)分条的规定提供资料。

(3)根据第(1)分条的规定，控制者不需要提供数据主体已拥有的数据主体信息。

(4)凡与数据主体有关的个人数据由控制者或者代表控制者的人从数据主体以外的人收集时，第(1)分条的规定对所收集的个人数据而言具有效力，但以下情况除外：

(a)该项要求不适用于由法规授权的处理；

(b)如果向数据主体提供信息是不可能的或者涉及不成比例的努力，则该要求不适用于数据主体。

92. 访问权

(1)个人有权从控制者处获得下列信息：

(a)确认关于该个人的个人数据是否正在处理中。

(b)满足以下情形：

(i)以可理解的形式传达该个人是该个人数据的数据主体；以及

(ii)第(2)分条所述资料。

(2)该信息是指：

(a)处理的目的和法律依据；

(b)有关的个人数据的类别；

(c)已披露个人数据的接收者或者接收者的类别；

(d)该个人数据被保留的期间；

(e)数据主体是否存在纠正和删除个人数据的权利(见第98条)；

(f)有权向专员提交投诉以及获得专员的具体联系方式；

(g)有关个人数据来源的信息。

(3)除第(4)分条另有规定外，控制者没有义务根据本条提供资料，除非控制者已收到其所需的合理费用。

(4)国务大臣可按规定：

(a)指定在个案中，控制者不得收取费用；

(b)指定最高费用金额。

(5)控制者在以下情形下：

(a)合理地要求进一步的资料时：

(i)为使控制者对根据第(1)分条提出要求的个人的身份信赖；或者

(ii)查找该个人寻求的信息。

(b)已告知该个人该项要求，控制者没有义务遵守该要求，除非控制者获取了更多信息。

(6)如控制者在不披露与其他个人有关的、能够识别出该个人的个人数据的情况下，不能遵从该要求，则控制者无须遵从该要求，除非：

(a)该个人同意向提出请求的个人披露信息;或者

(b)虽未经其他个人同意,但遵守该要求在所有情况下均是合理的。

(7)第(6)分条中提及的与其他个人有关的信息,包括作为该要求所寻求资料来源的、能够识别出该个人的信息。

(8)第(6)分条不得解释为免除控制者透露其他相关个人身份的责任,无论是通过省略姓名还是其他识别资料方式。

(9)根据第(6)(b)分条规定,当确定中没有有关个人同意的情况下遵守该要求是否在所有情况下均为合理,必须特别注意:

(a)其他个人的保密责任;

(b)控制者为寻求另一人的同意而采取的步骤;

(c)他是否有能力同意;

(d)其他人明示拒绝同意。

(10)根据第(6)分条的规定,控制者须遵从根据第(1)分条提出的期限要求:

(a)及时;以及

(b)无论如何在适用期限结束之前。

(11)如法院信赖根据第(1)分条提出要求的个人的申请,有关的控制者在违反本条的情况下未能遵守该项要求,法院可命令该控制者遵守该要求。

(12)本条赋予法院的管辖权由高等法院或者苏格兰会议法庭行使。

(13)在本条中:

"适用期间"是指:

(a)1个月;或者

(b)国务大臣从相关日期开始规定的更长时间,但不超过3个月。

就根据第(1)款提出的要求而言,"有关日期"指下列日期的最后一日:

(a)控制者接收请求的日期;

(b)支付费用(如有)的日期;以及

(c)控制者接收根据第(5)分条该项要求所需要的信息(如有)的日期。

(14)本条规定须遵守消极决议程序。

93. 访问权:补充

(1)控制者必须遵从第92(1)(b)(i)条施加的、向数据主体提供书面信息副本的义务,除非:

(a)提供这样的副本是不可能的或者将涉及不成比例的努力;或者

(b)数据主体同意;而如第 92(1)(b)(i)条所提述的任何资料以不明确的方式表达,则该副本必须附有该等条款的解释。

(2)凡控制者先前已遵从个人根据第 92 条提出的要求,则除非先前的请求和当前请求之间存在合理的间隔,否则该控制者没有义务遵从该个人根据该条所作的相应或者类似的要求。

(3)为确定第(2)分条中根据第 92 条提出的要求是否经过合理的间隔作出,必须考虑:

(a)数据的性质;

(b)处理数据的目的;以及

(c)数据被更改的频率。

(4)依照据第 92 条提出的要求而提供的信息,必须在收到请求时参考有关数据进行提供,除非可能会考虑到在该时间和提供信息的时间之间的任何修改或者删除;该修改或者删除的做出不考虑其是否接收到该信息。

(5)为施行第 92(6)条至第 92(8)条,任何个人可被由控制者向数据主体披露的下列信息识别:

(a)该信息;或者

(b)控制者合理地认为提出请求的数据主体可能拥有或者获得的任何其他信息。

94. 不受自动化决策制约的权利

(1)控制者不得仅仅基于与数据主体相关的个人数据的自动处理而对数据主体产生显著影响。

(2)第(1)分条并不妨碍在以下情况下作出该决定:

(a)该项决定是法律规定或者授权的。

(b)数据主体已同意在此基础上作出的决定。

(c)该决定是在采取以下步骤的过程中作出的:

(i)为考虑是否与数据主体订立合约;

(ii)为了订立合约;或者

(iii)在履行合约的过程中。

(3)为施行本条,对个人具有法律效力的决定,将被视为对个人有显著影响。

95. 参与自动化决策的权利

(1)本条适用于:

(a)控制者对仅基于自动处理与数据主体有关的个人数据的数据主体作出明显影响的决定;以及

(b)该项决定是法律要求或者授权的。

(2)本条不适用于以下决定:

(a)数据主体已同意在该基础上作出的决定。

(b)该决定是在采取以下步骤的过程中作出的:

(i)为考虑是否与数据主体订立合约;

(ii)为了订立合约;或者

(iii)在履行合约的过程中。

(3)控制者必须在合理切实可行的范围内尽快通知数据主体已作出该项决定。

(4)数据主体可以在收到通知之日起 21 天的期限结束之前,要求控制者:

(a)重新考虑该决定,或者

(b)采取不仅仅基于自动化处理的新决定。

(5)如根据第(4)分条向控制者提出要求,控制者须在收到该项要求后21天的期间结束前:

(a)考虑该请求,包括与其相关的数据主体提供的任何信息;以及

(b)通过书面通知,向该数据主体通报该项考虑的结果。

(6)为施行本条,对个人具有法律效力的决定,将被视为对个人有显著影响。

96. 获得有关决策信息的权利

(1)在以下情形下,数据主体有权根据要求获得控制者有关处理的基础知识。

(a)控制者处理与数据主体相关的个人数据,以及

(b)通过处理产生的结果被应用于数据主体。

(2)数据主体根据第(1)分条提出要求时,控制者必须无不合理迟延地遵守该请求。

97. 拒绝处理的权利

(1)基于涉及数据主体的具体原因,如果有关处理是对数据主体的利益或者权利的不合理干涉,则数据主体有权随时通知控制者并对其提出如下要求:

(a)不处理与数据主体有关的个人数据;或者

(b)不以特定目的或者指明方式处理该等数据。

(2)在以下情形下,控制者没有义务遵守通知要求,除非控制者获得了进一步的资料:

(a)合理地要求进一步的资料:

(i)为使控制者对根据第(1)分条规定中个人身份的信赖;或者

(ii)查找与该通知有关的资料。

(b)已通知个人该要求。

(3)控制者必须在 21 天的有关日期结束之前,向数据主体发出通知:

(a)述明控制者已遵从或者打算遵从根据第(1)分条发出的通知;或者

(b)陈述控制者在任何范围内不遵从通知的理由,以及控制者已遵从或者打算遵从根据第(1)分条发出的通知的范围(如有)。

(4)如控制者在任何范围内不遵从根据第(1)分条发出的通知,数据主体可向法院申请命令,以便控制者采取步骤,以遵守通知。

(5)法庭信赖控制者应当遵守通知(或者应当遵守到某范围),法院可就其合理信赖责令控制者采取步骤以遵守通知要求。

(6)本条赋予法院的管辖权由高等法院或者苏格兰会议法庭行使。

(7)在本条中,就根据第(1)分条发出的通知而言,“有关日期”是指:

(a)控制者收到通知的日期;或者

(b)如迟于该日,则为控制者收到根据第(2)分条通知所要求的任何资料(如有)的日期。

98. 纠正和删除权

(1)如果法院信赖数据主体提出的认为与该数据主体有关的个人数据不准确的申请,法院可以命令控制者无不当迟延地纠正这些数据。

(2)如法院对数据主体提出的认为处理与数据主体有关的个人数据会违反第 84 条至第 89 条的任何条文的申请,则法院可命令控制者无不当延误地删除该等数据。

(3)如果为了证据的目的必须保留与数据主体有关的个人数据,法院可以(而不是命令控制者纠正或者删除个人数据)命令控制者无不当延误地限制其处理。

(4)在以下情形下,法院可(而不是命令控制者纠正或者删除个人数据)

命令控制者无不当延误地限制其处理：

(a)数据主体对个人数据的准确性进行了比较；

(b)法院认为控制者无法确定数据是否准确。

(5)本条所赋予法院的管辖权由高等法院或者苏格兰会议法庭行使。

第四章　控制者和处理者

概　述

99. 概述

本章规定：

(a)控制者和处理者的一般义务(见第100条至第104条)；

(b)控制者和处理者在安全方面的具体义务(见第105条)；

(c)控制者和处理者在个人数据泄露方面的具体义务(见第106条)。

一般义务

100. 控制者的一般义务

每个控制者必须采取适当措施：

(a)确保；以及

(b)能够证明，特别是向专员证明，个人数据的处理符合本部分的要求。

101. 数据保护设计

(1)如果控制者提出个人数据的特定类型的处理由控制者执行或者代表控制者执行，则控制者必须在处理之前考虑所提议的处理对数据主体的权利和自由的影响。

(2)控制者必须实施适当的技术和组织措施，以确保：

(a)实施数据保护原则；

(b)数据主体的权利和自由风险最小化。

102. 联合控制者

(1)两个或者两个以上情报部门联合确定处理个人数据的目的和手段的，为本部分的联合控制者。

(2)联合控制者必须以透明的方式，通过他们之间的安排来确定其遵守本部分的责任，除非这些责任是根据或者凭借法规确定的。

(3)该安排必须指定作为数据主体的主要联系人的控制者。

103. 处理者

(1)本条适用于控制者利用处理者代表控制者执行个人数据的处理。

(2)控制者只能利用承担以下职责的处理者:

(a)采取适当措施以确保处理符合本部分规定;

(b)向控制者提供用以证明该处理符合本部分规定所需的信息。

(3)如处理者认为处理的目的和手段违反本部分规定,则为施行本部分,该处理者将被视为有关处理的控制者。

104. 在控制者或者处理者的授权下进行处理

处理者和任何在控制者或者处理者的授权下可以访问个人数据的人不得处理该数据,除非:

(a)根据控制者的指示;或者

(b)遵守法定义务。

与安全有关的义务

105. 处理安全

(1)每个控制者和每个处理者必须实施与处理个人数据所产生风险相适应的安全措施。

(2)在自动化处理的情况下,每个控制者和每个处理者必须在对风险进行评估后,采取有意措施以:

(a)防止与其相关的系统的未经授权的处理或者未经授权的干扰;

(b)确保能够建立可能发生的任何处理的确切细节;

(c)确保与处理功能有关的任何系统正常使用,并可在中断情况下恢复;

(d)如果与处理有关的系统在使用中发生故障,确保存储的个人数据不会被破坏。

与个人数据泄露有关的义务

106. 个人数据泄露的沟通

(1)如控制者发现有关控制者负责的个人数据有严重的个人数据泄露,控制者须毫不延迟地通知专员泄露行为。

(2)凡在 72 小时内没有向专员发出通知的,通知必须附有迟延的理由。

(3)根据第(4)分条规定,通知须包括:

(a)对个人数据泄露行为的性质的描述,在可能的情况下包括数据主体的类别和大致数量以及有关个人数据记录的种类和大概数量;

(b)能够获得更多资料的主要联络人的姓名以及联系方式;

(c)有关个人数据泄露可能产生的后果的描述;

(d)有关控制者为处理个人数据泄露而采取或者拟提出的措施的描述,包括酌情采取措施减轻其可能的不利影响。

(4)凡在不可能同时提供第(3)分条所述的所有资料的情况下,信息可能会被毫不迟延地分阶段提供。

(5)如果处理者意识到个人数据泄露(与处理者处理的数据有关),则处理者必须毫不迟延地通知控制者。

(6)如果泄露行为也构成《2016年调查权法》第231(9)条所指的含义内的相关错误,则第(1)分条不适用于个人数据泄露。

(7)就本条而言,如果泄露行为严重干扰数据主体的权利和自由,则个人数据泄露行为严重。

第五章　在英国以外传输个人数据

107. 在英国以外传输个人数据

(1)控制者不得向下列主体传送个人数据,除非是属于第(2)分条的传输:

(a)英国以外的国家或者地区;或者

(b)国际组织。

(2)如果传输是为实现下列目的的必要和相称的措施,则对个人数据的传输适用本款规定:

(a)为控制者的法定职能;或者

(b)就与控制者有关的其他目的而言,为《1989年保安服务法令》第2(2)(a)条或者《1994年服务法》第2(2)(a)条或第4(2)(a)条的规定。

第六章　豁　免

108. 国家安全

(1)为维护国家安全,第(2)分条所述条文不适用于本部分所适用的个人数据。

(2)涉及条款为:

(a)第二章(数据保护原则),但第84(1)(a)条、第84(2)条以及附则9、附则10除外。

(b)第三章(数据主体的权利)。

(c)在第四章第106条(将个人数据违规提交至专员)。

(d)在第五部分:

(i)第117条(根据国际义务进行检查);

(ii)附则13(专员的其他一般职能),第1(a)款、第1(g)款以及第2款;

(e)在第六部分:

(i)第137~147条以及附则15(专员的通知以及进入、检查的权力);

(ii)第161~163条(与个人数据有关的罪行);

(iii)第164~166条(有关特殊目的的条文)。

109. 国家安全:证书

(1)根据第(3)分条的规定,由内阁大臣签署的、用以证明豁免第108(2)条所述的全部或者任何条款是或者在任何时候都是为了保护关于任何个人数据的国家安全而要求的证明书,是证明这一事实的确凿证据。

(2)根据第(1)分条发出的证明书:

(a)可以通过一般说明来识别适用于其的个人数据;

(b)可能表示有预期的效果。

(3)任何接受根据第(1)分条发出的证明书影响的人,可针对证明书向审裁处提出上诉。

(4)如在根据第(3)分条提出的上诉中,审裁处认定,在适用司法复核申请的法庭适用的原则下,大臣没有合理理由发出证明书,则法庭可以:

(a)允许上诉;

(b)撤销证书。

(5)凡在根据或者凭借本法令进行的任何法律程序中,控制者声称根据第(1)款发出的通过一般描述而将其适用的个人数据的证明书适用于任何个人数据诉讼的另一方可以以证明书不适用于有关个人数据为理由向法庭提出上诉。

(6)但根据第(7)分条作出的任何决定,该证明书将被最终推定为适用。

(7)在根据第(5)分条提出的上诉中,审裁处可裁定证明书并不适用。

(8)根据第(1)分条声称是证明书的文件,须满足以下条件:

(a)被作为证据接收;

(b)被视为这样的证明书,除非相反证明成立。

(9)由内阁大臣根据第(1)分条发出的证明书的真实副本,证明是由官方证书或者由内阁大臣核证的文件:

(a)在任何法律程序中,都是该证明书的证据;以及

(b)在苏格兰的任何法律诉讼中,都是该证明书的充分证据。

(10)第(1)分条赋予内阁大臣的权力只可由以下人士行使:

(a)作为内阁成员的大臣;或者

(b)苏格兰总检察长或者总检察长。

110. 其他豁免

附则 11 规定了进一步的豁免。

111. 进一步豁免的权力

(1)国务大臣制定的规定可规定本部分任何规定的进一步豁免。

(2)本条可规定修订或者废除附则 11 的任何条文的条文。

(3)本条规定须经过积极解决程序。

第五部分　信 息 专 员

专　　员

112. 信息专员

(1)本部分仍对信息专员作出规定。

(2)附则 12 对专员作出了规定。

一 般 职 能

113. GDPR 和保障措施下的一般职能

(1)根据 GDPR 第 51 条的规定,专员在英国负责监督。

(2)一般职能由以下人士授予专员:

(a)GDPR 第 57 条(任务);以及

(b)GDPR 第 58 条(权力)。

(3)专员在 GDPR 适用的处理个人数据方面的职能包括:

(a)有义务向议会、政府以及其他机构和实体提供有关个人数据处理中个人权利和自由的保护的立法和行政措施的建议;

(b)根据专员自愿或者应要求,就与保护个人数据有关的任何问题向议会、政府或者其他机构、实体以及公众发布意见的权力。

(4)第 58 条规定的专员职能受本法案第(5)分条至第(9)分条的保障。

(5)专员根据 GDPR 第 58(1)(a)条规定的权力(要求控制者或者处理者提供专员根据 GDPR 执行专员任务所需的信息的权力)只能通过根据第 137 条发出信息通知的方式行使。

(6)根据 GDPR 第 58(1)(b)条的规定,专员的权力(执行数据保护审计的权力)只能按照符合第 140 条的方式行使。

(7)专员根据 GDPR 第 58(1)(e)条、第 58(1)(f)条规定的权力(从控制者和处理者获得信息以及进入其房屋或者经营场所的权力)只能通过以下方式行使:

(a)按照附则 15(见第 147 条);或者

(b)与 GDPR 第 58(1)(b)条以及第 140 条规定的权力一并行使。

(8)以下权力仅可根据第 142 条发出的强制执行通知书行使:

(a)根据 GDPR 第 58(2)(c)条至第 58(2)(g)条以及第 58(2)(j)条的规定,专员的权力(某些纠正权力);

(b)根据第 58(2)(h)条的规定,命令认证机构撤销或者不提出 GDPR 第 42 条和第 43 条的证明书的权力。

(9)根据 GDPR 第 58(2)(i)条以及第 83 条("行政处罚")的规定,专员权力仅可根据第 148 条给予的处罚通知书行使。

(10)本条不影响 GDPR、本法或者其他法规赋予专员的其他职能。

114. 其他一般职能

(1)专员:

(a)为施行《执法指令》第 41 条而成为联合王国的监督机构;

(b)为了《数据保护公约》第 13 条的目的,将继续是英国的指定机构。

(2)附则 13 赋予专员关于不适用 GDPR 的处理的一般职能。

(3)本条以及附则 13 不影响本法或者其他法规赋予专员的其他职能。

115. 与法院有关的权限等

本法案的任何规定均不允许或者要求专员按照以下方式履行与个人数据的处理有关的职能:

(a)以司法身份行事的个人;或者

(b)以司法身份行事的法院或者法庭[另见 GDPR 第55(3)条]。

国 际 角 色

116. 合作互助

(1)GDPR 的第 60~62 条赋予了专员关于在 GDPR 下的监管机构之间的合作和互助以及联合行动之间的职能。

(2)第(1)款中对 GDPR 的参照不包括得以适用的 GDPR。

(3)适用的 GDPR 第 61 条赋予了专员与其他监督机构的合作[如适用的 GDPR 第 4(21)条所定义]的职能。

(4)附则 14 第一部分规定了《执法指令》(互助)第 50 条所规定的专员执行的职能。

(5)附则 14 第二部分就《数据保护公约》(各方之间的合作)第 13 条的目的,规定了专员执行的职能。

117. 遵守国际义务检查个人数据

(1)如有需要,专员可检查个人数据,以履行英国的国际义务,但须符合第(2)款的限制。

(2)只有个人数据在以下情况下,权力才可行使:

(a)全部或者部分通过自动方式处理;或者

(b)不是以自动方式进行处理,而是构成或者将会构成归档系统的一部分。

(3)第(1)分条规定的权力包括检查、操作和测试用于处理个人数据的设备的权力。

(4)专员在行使第(1)分条所指的权力之前,须以书面形式通知控制者和任何处理者。

(5)如专员认为案件紧急,第(4)分条不适用。

(6)下列情况属于违法:

(a)故意阻挠根据第(1)款行使权力的人;或者

(b)无合理理由而不给予行使该权力的人合理要求的任何协助。

118. 进一步的国际角色

(1)专员须就第三国和国际组织采取适当步骤,以:

(a)发展国际合作机制,促进有效执行保护个人数据的立法;

(b)在保护个人数据的立法方面提供国际互助,但须有保护个人数据和其他基本权利和自由的适当保障措施;

(c)让有关利益相关者参与讨论和活动,以促进国际合作,执行保护个人数据法律;

(d)促进保护个人数据的立法和实践的文件的交流,包括与第三国管辖权冲突有关的法律和惯例。

(2)第(1)分条仅适用于不适用 GDPR 的个人数据的处理;对于处理适用于 GDPR 的个人数据的同等职责,见 GDPR 第 50 条(保护个人数据的国际合作)。

(3)专员必须执行国务大臣指示专员执行的数据保护职能,以使英女王政府能够履行英国的国际义务。

(4)专员可以提供一个在英国海外领土执行数据保护职能的权力,协助执行这些职能。

(5)国务大臣可指示,根据第(4)分条提供的协助是有条件地提供的,包括付款、由国务大臣指定或者批准。

(6)在本条中:

"数据保护职能"是指对与个人数据处理有关的个人的保护的职能;"在执行保护个人数据立法方面的互助"包括以通知、投诉转介、调查援助和信息交流形式提供的援助;"第三国"是指不是成员国的国家或者地区。

业务规范

119. 数据共享规范

(1)专员必须编制一份业务规范,其中载有:

(a)根据数据保护法规的要求分享个人数据的实践指导,以及

(b)专员认为有利于促进分享个人数据的良好实践的适当的其他指引。

(2)凡在根据本条订立的规范生效的情况下,专员可准备修改该规范或者替代规范。

(3)专员在根据本条拟备规范或者修订前,须咨询国务大臣和专员认为适当的下列事宜:

(a)行业协会;

(b)数据主体;

(c)出任专员代表数据主体利益的人士。

(4)本条所指的规范可包括传输性条款或者存储。

(5)在本条中:

“分享个人数据的良好实践”是指在顾以数据主体和其他人的利益的情况下,包括符合资料保护立法要求的情况下,专员所认为的可取的分享个人数据的做法;

“分享个人数据”是指通过传输,散播或者以其他提供方式披露个人数据;

“行业协会”包括代表控制者或者处理者的机构。

120. 直接营销规范

(1)专员必须编制一份业务规范,其中载有:

(a)根据数据保护立法和《2003年隐私和电子通信(EC指令)条例》(S. I. 2003/2426)的要求进行直接营销方面的实践指导;以及

(b)专员认为有利于促进分享个人数据的良好实践的适当的其他指引。

(2)凡在根据本条订立的规范生效的情况下,专员可准备修改该规范或者替代规范。

(3)专员在根据本条拟备规范或者修订前,须咨询国务大臣和专员认为适当的下列事宜:

(a)行业协会;

(b)数据主体;

(c)出任专员代表数据主体利益的人士。

(4)本条所指的规范可包括传输性条款或者存储。

(5)在本条中:

“直接营销”是指针对特定个人的广告或者营销材料的传播(以任何方式);

“直接营销的良好实践”是指在考虑数据主体和其他人的利益[包括符合第(1)款第(a)项规定]的情况下,专员认为可取的直接营销的做法;

“行业协会”包括代表控制者或者处理者的机构。

121. 批准数据共享和直接营销规范

(1)当根据第119条或者第120条拟备规范时,

(a)专员必须将最终版本提交给国务大臣;并且

(b)国务大臣必须把规范交给议会。

(2)如果40天内,没有议会通过决议不批准该规范,则专员不得发出规范。

(3)如在该期间内没有作出该决议:

(a)专员必须发出规范;

(b)该规范自发出当日起21天后生效。

(4)由于第(2)分条的规定,如没有根据第119条或者第120条生效的规范,专员必须准备另一个版本的规范。

(5)第(2)分条并不阻碍在议会提交另一版本的规范。

(6)在本条中,"40天期间"是指:

(a)如果规范在同一天在两议院提出,则从当天开始的40天期间;或者

(b)如果规范在不同日期提交议会大厦,则由较晚一日起计,为期40天。

(7)在计算40天期间时,议会解散或者闭会期间,或者两议院均超过4天的中止期限不计算在内。

(8)除第(4)分条另有规定外,本条适用于根据第119条以及第120条拟备的修订,以及根据其他条款编制的规范。

122. 数据共享和直接营销规范的公布和审查

(1)专员必须公布根据第121(3)条发出的规范。

(2)凡根据第121(3)条发出规范的修订,则专员必须公布:

(a)修正案;或者

(b)经修订的规范。

(3)在根据第121(3)条发出的规范的有效期限内,专员须对其进行持续性审查。

(4)凡专员知悉该等规范的条款可能会导致违反英国的国际义务,专员须行使第119(2)条或者第120(2)条所规定的权力,以期补救情况。

123. 数据共享和直接营销规范的效力

(1)任何人未能按照根据第121(3)条发出的规范的条文行事,本身并不会使该人在法庭或者审裁处受法律程序的追究。

(2)根据第121(3)条的规定拟定的规范,包括修订或者替代规范,可在法律程序中被承认为证据。

(3)在法院或者审裁处进行的任何法律程序中,法庭或者审裁处为确定在法律程序中产生的问题,如果符合以下情况,须考虑第121(3)条的规定:

(a)该问题与该条文生效的时间有关;

(b)提交给法庭或者审裁处的条文与该问题有关。

(4)如专员行使第(5)分条所述的职能,则其在厘定与执行职能有关的问题时,如果符合以下情况,须考虑根据第121(3)条的规定:

(a)该问题与该条文生效的时间有关;

(b)提交给专员的条文与该问题有关。

(5)这些职能是根据以下文件作出的:

(a)数据保护立法;或者

(b)《2003年隐私和电子通信(EC指令)条例》(S. I. 2003/2426)。

124. 其他行为规范

(1)国务大臣可根据规定要求专员:

(a)为处理个人数据的良好实践准备适当的业务规范,并提供指引;

(b)向专员认为适当的人提供。

(2)专员在拟备该等规范前,须咨询专员认为适当的下列事宜:

(a)行业协会;

(b)数据主体;

(c)出任专员代表数据主体利益的人士。

(3)本条规定:

(a)必须描述与实践规范相关的个人数据的处理;

(b)可以描述与之相关的人员或者类别。

(4)本条规定须遵守消极解决程序。

(5)在本条中:

"处理个人数据的良好实践"是指处理个人数据的做法,在顾以及数据主体以及其他人士的利益的情况下,包括符合数据保障法规的规定的情况下,专员认为可取的做法;

"行业协会"包括代表控制者或者处理者的机构。

同 意 审 核

125. 同意审核

(1)专员根据GDPR第58(1)条和附则13第1款规定的职能包括在控制

者或者处理者同意的情况下,对控制者或者处理者是否遵守处理个人数据的良好实践进行评估。

(2)专员须将该项评估的结果通知控制者或者处理者。

(3)在本条中,“处理个人数据的良好实践”与第124条的含义相同。

向专员提供的信息

126. 向专员披露信息

(1)根据以下法规,没有禁止或者限制披露资料的法规或者规则禁止任何人向专员提供履行专员职能所需的信息:

(a)数据保护立法;或者

(b)信息法规。

(2)“信息法规”是指:

(a)《2003年隐私和电子通信(EC指令)法规》(S. I. 2003/2426);

(b)《2004年环境信息条例》(S. I. 2004/3391);

(c)《2009年“INSPIRE规则”》(S. I. 2009/3157);

(d)重新施行的《2015年公共部门信息条例》(S. I. 2015/1415)。

127. 信息保密

(1)对于现在或曾是专员或者专员组成员人员,或者是专员的代理人,明知或者罔顾后果地披露下列信息是违法的,除非披露合乎法律规定:

(a)专员根据数据保护法或者信息法规或者为数据保护法或者信息法规的目的而获得或者被提供的;

(b)涉及确定或者可识别的自然人或者企业;以及

(c)在披露时不能从其他来源向公众提供或者预先提供。

(2)为施行第(1)分条的规定,只有在以下情况以及范围下的披露才是合法的:

(a)披露是在个人或者该人当时经营业务的同意下作出的;

(b)根据数据保护法、信息法规或者《2000年信息自由法》的规定,为了向公众提供信息(无论以何种方式);

(c)披露是为了履行数据保护立法、信息法规或者《2000年信息自由法》规定的职能所必要的;

(d)披露是为了履行欧盟义务而且是必要的;

(e)披露是为了刑事或者民事诉讼而产生的;或者

(f)考虑到任何人的权利、自由和合法利益,出于公共利益需要而进行披露是必要的。

(3)本条中“信息法规”的含义与第126条相同。

128. 关于特权通信的指引

(1)专员必须编制和公布关于下列内容的指引:

(a)专员如何确保在执行专员的职能过程中获得或者可访问的特权通信只是在执行该等职能时所必需使用或者披露的;以及

(b)专员如何遵守制裁法令所规定的获取或者访问特权通信的限制和禁止。

(2)专员:

(a)可能会修改或替换指引;

(b)必须发布任何经修改或替换的指引。

(3)专员在根据本条发布指引(包括修改或替换指引)之前,须先咨询国务大臣。

(4)专员必须根据本条(包括修改或替换指引)安排向议会提交指引。

(5)本条中的“特权通信”是指:

(a)下列通信:

(i)在专业法律顾问和顾问的客户之间做出;

(ii)就法律义务、责任或者权利向客户提供法律意见。

(b)下列通信:

(i)在专业法律顾问与顾问的顾客之间,或者顾问或者客户与另一人之间做出;

(ii)与法律程序有关或者旨在进入法律程序;以及

(iii)就该等法律程序而言。

(6)在第(5)分条中:

(a)提及的专业法律顾问的客户包括提及的代表客户行事的人;以及

(b)提及的通信包括:

(i)通信的副本或者其他记录,以及

(ii)根据第(5)(a)(ii)分条或者第(5)(b)(ii)分条以及第(5)(b)(iii)分条所述的方式作出的通信内容或者提述的内容。

费　用

129. 服务费

专员可要求数据保护专员或者数据主体以外的人,就向该人提供的服务,或者根据该人的要求由专员根据数据保护立法要求或者授权提供的服务,支付合理的费用。

130. 数据主体等的明显无依据或者过分的请求

(1)凡专员向数据主体或者数据保护主管人员提出的申请显然没有根据或者过分,则专员可:

(a)收取处理该请求的合理费用;或者

(b)拒绝按要求采取行动。

(2)过分请求的表现之一是仅重复先前请求的内容。

(3)根据第(1)分条所述的要求,关于法律程序中是否明显无根据或者过度规定争议的,由专员进行证明。

(4)第(1)分条和第(3)分条仅适用于专员根据 GDPR 第 57(4)条尚未具备此种权力和义务的情况。

131. 费用指引

(1)专员必须编制并公布其根据下列条款拟收取的费用指引:

(a)第 129 条或者第 130 条;或者

(b)GDPR 第 57(4)条。

(2)公布指引前,专员须咨询国务大臣。

收　费

132. 控制者向专员支付的费用

(1)国务大臣可以通过规定要求控制者向专员支付规定的费用。

(2)根据第(1)分条规定作出法规可要求控制者支付费用,无论专员是否已提供还是建议向控制人提供服务。

(3)根据第(1)分条作出的法规可以:

(a)就有关费用的时间或者期限作出规定;

(b)为扣除打折费用的情况作出规定;

(c)为不需要缴费的个案作出规定;

(d)规定已支付的费用将被退还的情况。

(4)在根据第(1)分条作出法规时,国务大臣必须考虑有需要确保根据该等法规须向专员缴付的费用足以弥补:

(a)专员履行专员职能时所产生的开支:

(i)根据数据保护立法;

(ii)根据《1998 年数据保护法》;

(iii)根据或者凭借《2017 年数字经济法》第 108 条和第 109 条;以及

(iv)根据或者凭借《2003 年隐私和电子通信(EC 指令)条例》(S. I. 2003/2426);

(b)国务大臣根据这些职能而对专员的任何开支。

(c)在国务大臣认为适当的情况下,第(a)款所述费用以前曾经发生过的任何赤字(无论是在本法案通过之前还是之后)。

(d)在国务大臣认为适当的情况下,国务大臣根据《1972 年退休金法令》第 1 条或者《2013 年公共服务养老金法》第 1 条所规定的任何计划,列入专员或者职员所产生的费用。

(5)国务大臣可不时要求专员提供有关第(4)(a)分条所述费用的资料。

(6)国务大臣可以规定:

(a)要求控制者向专员提供资料;或者

(b)授权专员根据第(7)分条所述的任何一项或者两项目的要求控制者向其提供资料。

(7)这些目的是:

(a)决定控制者根据第(1)分条根据法规须缴付的费用;

(b)确定控制人应付的费用金额。

(8)根据第(6)(a)分条规定制定的条款,包括规定控制人将法规所指明的控制者种类的变更通知专员的规定。

133. 根据第 132 条的规定:补充

(1)在根据第 132(1)条或者第 132(6)条作出规定前,国务大臣须就如下方面进行咨询:

(a)国务大臣认为适当的、可能受到规定影响的人的代表;以及

(b)国务大臣认为适当的其他人员(另见第 169 条)。

(2)专员:

(a)必须不断审查第 132(1)条或者第 132(6)条规定的运作情况;

(b)可不时向国务大臣提交有关规定的修改建议。

(3)国务大臣在规定时间必须对第 132(1)条或者第 132(6)条规定的施行情况进行审查:

(a)在根据《2017 年数字经济法》第 108 条的规定制定出第一套规范的 5 年期间结束时;以及

(b)各后续 5 年期间结束时。

(4)在下列情况下,根据第 132(1)条作出的规定须受否决程序的限制:

(a)只是规定增加以前的根据第 132(1)条或者《2017 年数字经济法》第 108(1)条的规定提高收费,以及

(b)这样做是出于考虑之前制定法规自上次规定以来零售价格指数的上涨。

(5)根据第(4)分条、第 132(1)条或者第 132(6)条所作出的规定须受到肯定解决程序的约束。

(6)在第(4)分条中,“零售价格指数”是指:

(a)统计委员会公布的零售价格(所有项目)的一般指数;或者

(b)在该指数 1 个月未公布的情况下,由董事会公布的任何替代指数或者数字。

(7)根据第 132(1)条或者第 132(6)条制定的规范能够对官方有约束力。

(8)但第 132(1)条或者第 132(6)条的规定可能不适用于:

(a)女皇陛下以私人身份;

(b)兰开斯特公国权利的女皇陛下;或者

(c)康沃尔郡公爵。

报　告　等

134. 向议会报告

(1)专员须:

(a)每年提交一份关于执行专员职能的总报告;

(b)安排把它交给议会;以及

(c)公布。

(2)报告必须包括 GDPR 第 59 条规定的年度报告。

(3)专员可以编制其他有关执行专员职能的报告,并安排将其提交议会。

135. 专员公布

根据本法令,专员发布文件的职责,是指专员有责任以专员认为适当的格式以及方式,公布该文件或者安排公布该文件。

136. 专员通知

(1)本条适用于本法令授权或者要求的由专员给予个人的通知。

(2)可能会通过以下方式通知个人:

(a)将其交付给该个人;

(b)通过邮寄方式寄至该个人通常或者所知的最后的居住地或者营业地点;或者

(c)在该地方留置给个人。

(3)该通知书可能会通过以下方式送达法人团体或者非法人团体:

(a)以邮递方式送达其主要办事处的合适主管人员;或者

(b)将其交给该团体合适的主管人员并将其留在该办公室。

(4)通知在苏格兰可能会以以下方式送达合伙人:

(a)以邮递方式发送给合伙的主要办事处;或者

(b)将其交给该合伙人并将其留在该办公室。

(5)通知可以通过其他方式送达给该个人,包括在该个人同意的前提下以电子方式送达。

(6)在本条中:

"主要办事处"就注册公司而言,是指其注册办事处;

"合适主管人员"就任何机构而言,是指被授权处理日常事务的秘书或者其他行政人员;

"注册公司"是指根据与英国当时有效的公司有关的法律注册的公司。

(7)本条不影响任何其他合法的通知方式。

第六部分 执 法

信 息 通 知

137. 信息通知

(1)根据书面通知("信息通知"),专员可要求控制者或处理者向总监提供资料,以便履行数据保护法例规定的职能。

(2)信息通知对专员需要信息的原因做出说明。

(3)信息通知对以下情形作出说明:

(a)指定或描述特定的信息或信息的分类;

(b)指定必须提供的信息的形式;

(c)指定必须提供信息的时间或期限;

(d)指明必须提供信息的地方[见第(5)分条至第(7)分条中的限制性规定]。

(4)必须根据第154条提供有关上诉权的信息。

(5)信息通知书可能不要求任何人在通知提出上诉期间结束之前提供资料。

(6)如果对信息通知提出上诉,则在决定或撤销上诉之前,不需要提供该信息。

(7)如果信息通知有以下两种情形,第(5)分条及第(6)分条不适用,但通知不得要求在其发出之日起7日内提供:

(a)指出专员看来是紧急需要的资料;以及

(b)指出专员达成意见的理由。

(8)专员可通过书面通知撤销其发出的通知。

(9)在第(1)分条中,根据GDPR被界定为控制者或处理者的人,其参照包括根据GDPR第27条指定的控制者或处理者的代表(不属于欧盟的控制者或处理者的代表)。

138. 信息通知:限制性规定

(1)除了以下情形,专员不得就特别用途的个人数据的处理提供资料通知:

(a)根据第164条就数据或处理作出的决定。

(b)专员

(i)有合理理由怀疑可以作出这样的决定;以及

(ii)作出这种决定所需的资料。

(2)以下情形下的信息通知不要求向专员提供:

(a)专业法律顾问和顾问的客户之间的信息;以及

(b)就数据保护立法规定的权利或义务向客户提供法律咨询。

(3)在以下情形下,信息通知不要求就所作的通信向专员提供信息:

(a)在专业法律顾问和顾问的客户之间,或顾问或客户与另一个人之间;

(b)考虑或审议数据保护立法下或产生的程序;以及

(c)为此种诉讼目的。

(4)根据第(2)分条和第(3)分条的规定,对专业法律顾问的客户的参照包括对代表委托人行事的人的参照。

(5)信息通知不要求向专员提供信息,如果这样做,通过揭露犯罪的证据就会使此人对该罪行提起诉讼。

(6)第(5)分条中参照的罪行,不包括以下方面:

(a)本法案;

(b)《1911 年伪证罪法案》第 5 条(以其他方式作出的虚假陈述);

(c)《1955 年刑法》第 44(2)条(合并)(苏格兰)(除宣誓以外的虚假陈述);

(d)《1979 年伪证罪》[S. I. 1979/1714(N. I. 19)]第 10 条(北爱尔兰)(虚假法定声明及其他假未宣誓的陈述)。

(7)根据信息通知提供的口头或书面声明,不得用作对该行为根据该法所犯罪行起诉的证据(除根据第 139 条构成的犯罪外)。除非在诉讼中出现如下情形:

(a)在提供证据时,此人与其声明提供的信息不一致;以及

(b)有关声明能提出证据,或相关的问题由该人或该人的代表提出。

(8)根据第(5)分条中关于向 GDPR 第 27 条指定的控制者或处理者的代表发出信息通知的规定,涉嫌信息犯罪的人员包括适用于此类程序的控制者或处理者。

139. 不遵守信息通知

(1)任何不遵守信息通知行为均属违法。

(2)被控犯第(1)分条所定罪行的人,如证明该人行使全部尽职调查遵从该通知,即属免责辩护。

(3)作为回应信息通知的人是违法的。

(a)作出该人知道在某物料中属虚假的陈述尊重;或者

(b)罔顾后果地在重大方面作出虚假陈述。

评估通知

140. 评估通知

(1)根据书面通知(评估通知)的规定,专员需要获得控制者和处理者的

允许对其是否遵守数据保护法案的规定进行评估。

(2)评估通知需要控制者或者处理者做到:

(a)允许专员进入指定场所。

(b)指导专员对特定位置文件进行具体描述。

(c)协助专员查看能够使用房内设备查看的指定说明信息。

(d)符合专员的以下要求:

(i)一份指导专员的文件;

(ii)向专员提供协助其进行查阅的资料副本(以可能要求的形式);

(e)指示专员在指定说明的房舍内使用设备或其他材料。

(f)允许专员检查、审查署长指示或协助查看的文件、资料、设备或材料。

(g)允许专员观察在处所进行的个人数据处理工作。

(h)由专员指定的特定人员进行面试,代表管理者处理个人数据,特定人员数不超过愿意接受面试的人数。

(3)第(2)分条中的专员包括专员相关人员和职员。

(4)就通知所施加的每项规定而言,评估通知书须指明须符合规定的时间或时间或期限[受到第(6)分条至第(8)分条中的限制]。

(5)评估通知书必须根据第 154 条的规定提供有关上诉权的资料。

(6)评估通知书可能不会在上诉期结束之前要求任何人做任何事情。

(7)如果对评估通知提出上诉,控方或处理者在决定或撤销上诉之前,不需要遵守通知中的要求。

(8)如有评估通知有以下情形,则不适用第(6)分条及第(7)分条的规定,除非通知书规定不得要求控制者或处理者在发出通知之日起计的 7 天内符合规定。

(a)指出在专员看来,有需要控制者或处理者紧急地符合通知要求;

(b)给予专员达成意见的理由。

(9)专员可以通过书面通知向控制者或处理者撤销该通知。

(10)如果专员向处理者发出评估通知,专员须在合理切实可行范围内向处理信息的每个管理人员发出通知副本。

(11)在本条中,“指明”是指在评估通知中指明的。

141. 评估通知:限制

(1)在以下情形下,若遵照约定会导致通信的披露,则评估通知没有效力:

(a)专业法律顾问和客户之间;以及

(b)就根据数据保护法例规定的权利或义务向客户提供法律意见。

(2)在以下情形下,若遵照约定会导致通信的披露,则评估通知没有效力:

(a)在专业法律顾问与顾问的顾客之间,或顾问或客户与另一人之间;

(b)根据数据保护立法或根据数据保护法规进行的程序或情况;

(c)出于诉讼程序的目的。

(3)在第(1)分条及第(2)分条中:

(a)专业法律顾问的客户包括客户的代表人。

(b)通信包括:

(i)通信的副本或其他记录;以及

(ii)根据第(1)(b)分条或第(2)(b)分条以及第(2)(c)分条中所述的方式作出的。

(4)专员不得为特殊目的而向控制者或处理这发出个人数据评估通知。

(5)在以下情形下,专员不得给予评估通知:

(a)《2000年信息自由法案》第23(3)条规定的机构(涉及安全事项的机构);或者

(b)依据《2000年护理标准法》第5(1)(a)条的规定,关涉女王施行儿童教育、服务和技能标准办公室总督察信息的控制者或处理者的信息。

强制执行通知书

142. 强制执行通知书

(1)如果专员认为,根据第10(2)条、第10(3)条、第10(4)条或第10(5)条的规定可以认定为失败或即将失败,则可向其发出要求书面通知("强制执行通知书")。

(a)采取通知中规定的步骤;或者

(b)不采取通知中指定的步骤,或两者(见第143条和第144条)。

(2)控制者或者处理者第一种类型的未履行是指以下情形:

(a)GDPR第二章的规定或者本法第二章第三部分或者第二章第四部分的规定(处理原则);

(b)GDPR第12~22条或本法案第三部分或第四部分关于数据主体

权利的规定;

(c)GDPR 第 25 ~ 39 条的规定(控制者和处理者的义务);

(d)将个人数据泄露交给专员或本法第 65 条、第 66 条或第 106 条规定的数据主体的要求;

(e)GDPR 第 44 ~ 49 条或本法第 71 ~ 76 条或第 107 条规定的个人数据向第三国、非公约缔约国传输的原则。

(3)第二种类型的未履行是指控制者或者处理者根据 GDPR 第 41 条的规定出现的情形(对批准的行为守则的监督)。

(4)第三种类型的未履行是以下情形下认证的提供者:

(a)不符合认证要求;

(b)未履行 GDPR 第 42 条或第 43 条规定的义务(控制者和处理者认证);

(c)未履行应当遵守的 GDPR 其他规定(无论是作为认证提供者的个人身份还是其他身份)。

(5)第四种类型的未履行是指控制者未能按照第 132 条的规定失效或正在发生故障。

(6)根据第(2)分条、第(3)分条或第(5)分条而发出的强制执行通知,只可适用专员认为补救失败的适当要求。

(7)根据第(4)分条规定所给予的强制执行通知书,只可适用于专员认为的有关失败的适当要求(无论是否出于补救目的)。

(8)此规定赋予国务大臣专员就其他事故发生强制执行通知的权力。

(9)在根据本条作出规定之前,国务大臣必须咨询其认为适当的人员。

(10)本条规定:

(a)可就与该失败有关的提供强制执行的通知作出规定;

(b)可修改本条及第 143 ~ 146 条;

(c)受到积极解决程序的约束。

143. 执行通知:补充

(1)执法通知必须:

(a)说明该人未履行的事情;以及

(b)告知专员其达成意见的理由。

(2)在决定是否依赖第 142(2)条作出执行通知时,专员必须考虑该未履行是否造成或可能导致任何人身伤害或不利。

(3)关于根据第142(2)条发出的强制执行通知书,第142(1)(b)条规定的专员根据要求某人不采取的指明步骤权力包括:

(a)对个人数据的所有处理施加禁令;

(b)只对具体的加工描述施加个人数据禁令,包括通过指定以下一个或多个:

(i)个人数据的描述;

(ii)处理的目的或方式;

(iii)进行处理的时间。

(4)执行通知书可指明通知关于必须遵守的期限的规定[或第(6)分条至第(8)分条)中的限制]。

(5)根据第154条的规定,执法通知必须提供有关上诉权的信息。

(6)执行通知书不得在通知期限内规定遵守通知的规定的时间提出,而是应当在对通知提起上诉的期间结束之前提出。

(7)如果对执行通知提出上诉,则在决定或撤销上诉之前,不需要遵守通知的规定。

(8)如有评估通知有以下情形,则不适用第(6)分条及第(7)分条的规定,除非通知书规定不得要求控制者或处理者在发出通知之日起计的7天内符合规定。

(a)指出在专员看来,有需要控制者或处理者紧急地符合通知要求;

(b)告知专员达成意见的理由。

(9)在本条中,“指明”是指强制执行通知中指明的。

144. 执行通知:纠正和删除个人数据等

(1)控制者或处理者未履行执行通知时,适用第(2)分条和第(3)分条的规定。

(a)遵照数据保护准确性原则;或者

(b)根据GDPR第16条、第17条或第18条(整改、删除或限制处理)或者本法案第44条、第45条或第98条的规定,遵照数据主体的要求。

(2)如果通知的执行要求控制者或处理者纠正或清除不准确的个人数据,则以下情形下的数据,可能要求控制者或处理者纠正或删除:

(a)由控制者或处理者控制的;以及

(b)专员以不准确个人数据为依据作出的意见表达。

(3)如果控制者或处理者准确记录了数据主体或第三方提供的个人数据,但数据本身是不准确的,则通知的执行需要控制者或处理者做到:

(a)采取通知中规定的步骤以确保数据的准确性,

(b)如果相关,需要确保数据能够表明数据主体数据不准确的观点,以及

(c)用专员认可的与数据处理有关的真实事实补充数据[以及第(2)分条规定的要求]。

(4)在决定根据第(3)(a)分条规定采取合理步骤时,专员必须考虑到获得和进一步处理数据的目的。

(5)第(6)分条和第(7)分条适用于以下情形:

(a)强制执行的通知要求控制者或处理者纠正或删除个人数据;或者

(b)对于第(1)分条中描述的失败的情况,专员对控制者或者处理者的个人数据纠正或删除的处理感到满意时。

(6)执行通知可在合理可行的情况下要求控制者或处理者通知被披露更正或删除数据的第三方。

(7)在决定这种通知是否是合理可行的情况下,专员必须特别考虑到被通知的人数。

(8)在本条中,"与准确性有关的数据保护原则"是指以下条款中的原则:

(a)GDPR第5(1)(d)条;

(b)本法第36(1)条;

(c)本法第87条。

145. 执行通知:限制

(1)专员不得依据第142(2)条关于特殊目的个人数据的相关规定,向控制者或处理者发出执行通知,除非符合以下条件:

(a)根据第164条的规定就该资料或者生效处理裁定作出的;

(b)法院已批准。

(2)除第(1)(b)分条另有规定外,法院不得给予许可,除非:

(a)专员有理由认为第142(2)条所述的情形失败涉及重大公共利益;

(b)控制者或处理者已按照法院通知提出申请,或者情况紧急的条件下。

(3)关于处理个人数据的联合控制者的情况,适用第三部分或第四部分

的规定，控制者的责任在第56条或第102条有所规定。专员需遵守第142(2)条的规定、要求或原则来执行通知。

146. 执行通知：撤销和变更

(1)专员可以通过书面通知的方式撤销或者变更通知的执行。

(2)接收执行通知书者可以向专员书面撤销或者变更通知。

(3)只有在以下情形下，才能根据第(2)分条的规定进行申请：

(a)在可以提出上诉的期限结束后反对通知；以及

(b)基于情况发生变化，可以不遵守该通知的一项或多项规定以实现救济。

进入和检查的权力

147. 进入和检查的权力

进入和检查的权力规定在附则15中。

处　　罚

148. 处罚通知

(1)如专员认为出现如下情形，则其可以通过书面通知(处罚通知)要求其缴付通知所指明的金额：

(a)出现第142(2)条、第142(3)条、第142(4)条及第142(5)条所述情形；

(b)未能行使GDPR第58(1)条规定的专员进行评估通知的权力；或者

(c)没有遵守强制执行通知。

(2)在第142(2)条、第142(3)条或第142(4)条所述的，在决定是否向某人发出罚款通知和确定处罚数额时，专员必须考虑到以下情形：

(a)在某种程度上，注意关注这一问题的GDPR第83(1)条和第83(2)条的规定；

(b)在某种程度上，通知第10(3)条列出的相关事项。

(3)这些事项包括：

(a)性质、严重程度和持续时间；

(b)是否出于故意或疏忽；

(c)控制者或处理者为减轻数据主体的损害而采取的行动；

(d)控制者或处理者根据第 55 条、第 64 条、第 101 条或第 105 条采取的账户的技术和组织措施以及责任程度;

(e)控制者或处理者之前任何相关的失败;

(f)与专员合作以补救或者减轻不利影响的程度;

(g)受不利影响的个人数据种类;

(h)专员已知的侵权行为的方式,包括控制者或处理者在何种程度上通知专员其失败情况;

(i)控制者或处理者在多大程度上遵守先前的执法通知书或处罚通知书;

(j)遵守核准的行为准则或认证机制;

(k)适用于案件的任何其他加重或减轻因素,包括由于失败(无论是直接还是间接)而获得的经济利益或避免的损失;

(l)惩罚是否有效、适度和避免不利影响的发生。

(4)国务大臣可以通过法规对以下情形作出规定:

(a)授权专员在遵照处罚通知书;以及

(b)作出执行处罚的规定。

(5)在根据本条规定作出决定之前,国务大臣必须与适当的人进行协商。

(6)本条规定:

(a)将对可能需要制作罚款通知书的情形作出规定;

(b)可以对本条和第 149 条和第 151 条作出修改;以及

(c)受积极解决程序的约束。

149. 处罚通知:限制

(1)专员可以不按照第 142(2)条的规定就处理个人数据作特别用途而给予控制者或处理者罚款通知,除非:

(a)根据第 164 条的规定就该资料作出的裁定或处理已生效;

(b)法院已给予许可。

(2)除第(1)(b)分条的规定外,法院不得给予许可,除非:

(a)专员认为第 142(2)条所述的失败涉及重大公共利益;

(b)控制者或处理者已按照法院规则通知作出申请,或紧急情况。

(3)处长不得对以下人员作出处罚通知:

(a)皇室财产委员;或者

(b)根据第 188(3)条的固定作为控权者的(皇室人员等)。

(4)关于第三部分或第四部分处理个人数据的联合控制者的情况，适用于遵守第56条或第102条作出的该部分的责任，如果控制者负责遵守有关规定、要求或原则，专员可依照第142(2)条的规定向控制者发出处罚通知。

150. 最高罚款额

(1)关于违反国者生产总值的规定，处罚通知可能施加的最高罚款额为：

(a)第83条规定的国内生产总值的数额；或者

(b)如果没有指定金额，则以为标准最高金额。

(2)违反本法第三部分规定的，罚款通知书最高处罚金额为：

(a)不遵从第33条、第34条、第35条、第36(1)条、第37(1)条、第38条、第42条、第43条、第44条、第45条、第46条、第47条、第50条、第51条、第71条、第72条、第73条、第74条、第75条或第76条的规定时，加以更高金额的处罚；以及

(b)否则为最高标准金额。

(3)违反本法第四部分规定时，罚款通知可以处以最多的罚款：

(a)不遵从第84条、第85条、第86条、第87条、第88条、第89条、第91条、第92条、第98条或第107条的最高限额时；以及

(b)否则为标准最高金额。

(4)关于不履行强制执行通知的，处罚通知可以处以罚款的最高限额为更高金额。

(5)“较高最高金额”是指：

(a)在做出承诺的情况下，上一财政年度的2000万欧元或年度全球营业额的4%(以较高者为准)；或者

(b)在其他情况下，为2000万欧元。

(6)“标准最高金额”是指：

(a)在做出承诺的情况下，上一财政年度1000万欧元或占该承诺全球营业额总额的2%，以较高者为准；或者

(b)在任何其他情况下，为1000万欧元。

(7)最高罚款额必须以作出罚款通知的当天英格兰银行设定的即期汇率为准。

151. 不遵守收费规定处罚金额

(1)专员须出示及公布一份指明没有遵从根据第132条订立的规例所订罚款款额的文件。

(2)专员可针对不同类型的失败指定不同的款额。

(3)根据规定,不考虑根据规定可获得的折扣时,可以指定的最高金额为控制者在财政年度支付的最高费用的150%。

(4)委员:

(a)可以更改或更换文件;以及

(b)必须公布更改或更换的文件。

(5)在根据本条发表文件(包括任何更改或更换文件)之前,专员必须咨询:

(a)国务大臣;

(b)国务大臣认为适当的其他人士。

(6)根据本条规定,专员必须将安排发布的文件(包括任何更改或更换的文件)提交议会。

152. 处罚额:补充

(1)根据国内生产总值第83条和第150条的规定,国务大臣可以按照规定:

(a)规定条例中指明的描述的人是否出于承诺;以及

(b)确定承诺的营业额。

(2)根据GDPR第83条、第150条和第151条的规定,国务大臣可以不在财政年度内进行。

(3)在根据本条作出规定之前,国务大臣必须咨询其认为合适的人。

(4)本条规定须受到积极解决程序的约束。

指　　引

153. 规则指引

(1)专员必须就如何履行专员职能制定及公布指引:

(a)评估通知;

(b)执行通知;以及

(c)处罚通知。

(2)专员可以根据本部分的规定,就如何履行专员职能制定及公布指引。

(3)就评估通知而言,指引须包括以下事项:

(a)是否向某人发出评估通知时应当考虑因素的规定。

(b)文件或资料的说明性规定。

(i)没有按照要求进行检查或检查评估通知;或者

(ii)仅由评估通知中指明的对象进行检查或检查。

(c)评估通知提供的有关进行视察和检查性质的规定。

(d)关于按照评估通知进行访谈的性质的规定。

(e)关于准备、发布和出版有关控制者和处理者专员的评估报告。

(4)根据第(3)(b)分条制定的指引必须包括:

(a)有关个人身心健康的文件及资料;

(b)关于个人社会保障的文件和资料。

(5)就处罚通知而言,指引须包括:

(a)专员发布处罚通知的情形的规定;

(b)专员让控制者或处理者就意向通知作出口头陈述的情形规定;

(c)专员如何确定罚款额的规定。

(6)专员:

(a)可以更改或更换指引;

(b)对更改或更换的指引进行公布。

(7)根据本条发布指引(包括任何更改或更换指引)之前,处长必须咨询以下对象:

(a)国务大臣;以及

(b)国务大臣认为适当的其他人员。

(8)专员必须将根据本条安排的指引(包括任何更改或更换的指引)提交议会。

(9)本条中的"社会保障"的含义与《2008 年社会保障法》[见该法令第 9(3)条]第一部分的"健康"相同。

上　　诉

154. 上诉权

(1)获得以下通知的人可向法庭上诉:

(a)信息通知;

(b)评估通知;

(c)执行通知;

(d)罚款通知;

(e)罚款种类通知。

(2)对于第(1)款所列通知载有根据第 137(7)(a)条、第 140(8)(a)条或

第 143(8)条(紧急)的规定作出的陈述,相关人员可以就以下情形提出上诉:

(a)专员在通知书中作出陈述;或者

(b)将是否有人反对该通知而提出的上诉效果视为通知的一部分。

(3)接收执行通知的人可以拒绝根据第 146 条关于撤销或更改该通知的申请。

(4)接收罚款通知或罚款通知者可以对该通知所指明的罚款数额提出上诉,不论该人是否就该通知提起上诉。

(5)如根据第 164 条就处理个人数据作出裁定,则控权者或处理者可根据该决定向法庭提出上诉。

155. 上诉裁决

(1)适用于当事人依据第 154(1)条、第 154(4)条规定向法庭提出上诉时,适用第(2)分条至第(4)分条的规定。

(2)审裁处可就上诉通知或决定所依据的事实进行裁定。

(3)如果审裁处认为出现以下情形,则法庭必须允许上诉或作出替代性通知或者决定:

(a)提出上诉的通知或决定不符合法律规定;或者

(b)在该通知或决定涉及专员行使酌情决定权的情况下,处长应该以不同的方式行使酌情权。

(4)否则,法庭必须驳回上诉。

(5)在根据第 154(2)条提出的上诉中,法庭可以就如下事项作出指引,并且可以根据其意向对通知作出修改:

(a)上诉所提述的通知如具有效力该条并不包含根据第 137(7)(a)条、第 140(8)(a)条或第 143(8)条(紧急)作出的声明,或者

(b)该声明的列入对通知没有影响。

(6)在根据第 154(3)条的规定提出的上诉中,如法庭认为由于情况发生变更而应该撤销或更改强制执行通知,则其须撤销或更改该通知。

(7)在根据第 154(5)条提出的上诉中,法庭可撤销专员的决定。

投　　诉

156. 数据主体的投诉

(1)数据主体认为,与其有关的个人数据违反了 GDPR 的规定,则 GDPR 第 57(1)(f)条、第 57(2)条和第 77 条(数据主体提出投诉的权利)赋予数据

主体权利向专员投诉的权利。

(2)如果数据主体认为与其有关的个人数据涉嫌违反本法第三部分或第四条的规定,可以向专员投诉。

(3)专员须按照第(2)分条的规定采用电子方式或者其他方式填写投诉表格的方式进行投诉。

(4)如专员根据第(2)分条的规定接收投诉,则其必须:

(a)采取适当步骤对投诉作出回应;

(b)告知投诉人投诉结果;

(c)告知投诉人其第157条所规定的权利,

(d)依照投诉人的要求,向其提供有关追究投诉的进一步信息。

(5)第(4)(a)分条提到的采取回应投诉的适当方式包括:

(a)在适当的范围内调查投诉的主体事项;

(b)向投诉人通报投诉的进展情况,包括是否需要进一步调查或与其他监督机构或外国指定机构进行协调。

(6)如果专员收到了关于英国以外《执法指令》的成员国侵犯数据主体权利的申诉,则专员必须:

(a)出于该指令的目的,向相关监管机构进行投诉;

(b)通知投诉人,专员已经采取措施;

(c)根据投诉人的要求,向其提供有关如何追究投诉的进一步信息。

(7)本条中:

"外国指定机关"是指当事方为《数据保护公约》第13条所指定的除了受该公约约束的英国以外的机关;

"监督机关"是指依据GDPR第51条或执行法令第41条的规定,除了英国以外的其他成员国。

157. 投诉处理程序

(1)当数据主体依据第156条或者GDPR第77条的规定进行投诉后,如果专员出现如下情形,则适用本条规定:

(a)未采取适当措施处理投诉;

(b)收到投诉之日起3个月内,未向申诉人提供投诉的相关进展情况或投诉结果的信息;或者

(c)连续3个月内没有告知投诉者其意见信息。

(2)法庭可根据数据主体的申请,要求专员:

(a)采取适当的处理投诉的措施;或者

(b)程序规定期间内,通知投诉人投诉进展以及投诉结果。

(3)根据第(2)(a)分条,命令可能要求专员:

(a)采取命令中规定的步骤;

(b)程序规定期间内结束调查或采取特定的步骤。

(4)第156(5)条适用于第(1)(a)分条和第(2)(a)分条,适用于第156(4)(a)条。

法庭救济

158. 遵照程序

(1)法院认为根据公约和法律法规存在侵犯数据主体权利的情况,则适用本条规定。

(2)遵照数据保护法中对控制者与处理者之间代表事务的规定,法院可以:

(a)采取程序的规定步骤;或者

(b)不采取程序的规定步骤。

(3)需要说明每一步骤的期限。

(4)在第(1)分条中:

(a)数据主体申请救济的参考包括GDPR第79(1)条行使权利(对控制者或处理者行为的有效救济);

(b)参照数据保护法规不包括本法第四部分或根据该部分作出的规定。

(5)第三部分适用的数据处理责任是根据第56条的规定而确定的,如果控制者违反数据保护法规的规定,法院只能根据本条作出规定。

159. 违反GDPR的赔偿

(1)GDPR第82条(赔偿权)中的"损害"包括财务损失,遇险等不利影响。

(2)第(3)分条适用于以下情形:

(a)代表机构根据法院规则,GDPR第82条的诉讼程序规定由代表机构提出;

(b)法庭要求支付赔偿金。

(3)法院可以以下主体的名字作出赔偿要求:

(a)代表机构;或者

(b)其他。

160. 违反其他数据保护法规的赔偿

(1)根据第(2)分条和第(3)分条的规定,如果控制者或者处理者除了GDPR还违背了数据保护立法的规定,则受损者有权向其申请赔偿。

(2)根据第(1)分条的规定:

(a)参与数据处理的控制者对数据处理造成的损害负责。

(b)参与数据控制的处理者对数据控制造成的损害负责:

(i)未遵守专门就数据处理作出规定的数据保护法的规定;或者

(ii)超越控制者职权范围。

(3)如果控制者或处理者可以证明其对损害结果的发生没有责任,则可以免责。

(4)根据第56条或第102条的安排确定的,如果控制者违反数据保护法规,负责第三部分或第四部分个人数据处理的联合控制者只对第(2)分条规定的事项负责。

(5)本条中,“损失”不限于物质损失,包括经济损失、扣押财物以及其他不利影响。

与个人数据有关的行为

161. 非法获取个人数据

(1)主体明知而不考虑后果:

(a)未经控制者同意,获取或披露个人数据;

(b)未经控制者同意,将获得的个人数据向他人披露;

(c)获得个人数据后,未经个人数据的控制者同意而保存数据。

(2)第(1)款涉及行为(取得、披露、取得或保留数据)被指控为犯罪,需要满足以下条件:

(a)出于预防或侦查犯罪的目的;

(b)有法律、法规或者法院命令授权;或者

(c)在特定的情况下,出于公共利益的需要。

(3)对被控犯第(1)分条所述罪行的人,以下情形属于辩护理由:

(a)合理地认为此人有获得、披露、取得或保留的合法权利;或者

(b)合理地认为此人得到管理人的同意,如果控制者知道其取得、披

露、取得或保留和情况。

(4)根据第(1)分条的规定,出售其所获得数据属于犯罪行为。

(5)在以下情形下如果有人出售个人数据则属犯罪:

(a)在第(1)分条规定的情形下获取数据;或者

(b)在该种情形下继续获取数据。

(6)出于第(5)分条的目的,表明个人数据出售的广告是出售数据的要约。

(7)在本条中:

(a)"控制者的同意"不包括依据GDPR第28(10)条或本法第57(8)条或第103(3)条规定中的控制者的同意(处理者在某些情形下也可作为控制者);

(b)如果有一个以上的控制者,则此处指的是一个或多个控制者的同意。

162. 重新识别未确定的个人数据

(1)未经数据重新识别控制者的同意,明知或不顾后果地对数据进行重新识别即属违法。

(2)出于本条的目的:

(a)如果个人数据已经通过不归因于不具体数据主体的方式得到处理,那么可以认为是"重新识别";

(b)当采取第(a)款方式对信息进行处理时,则被认为是"重新识别"。

(3)第(1)分条涉及行为(取得、披露、取得或保留数据)被指控为犯罪,需要满足以下条件:

(a)出于预防或侦查犯罪的目的;

(b)有法律、法规或者法院命令授权;或者

(c)在特定的情况下,出于公共利益的需要。

(4)对被控犯第(1)分条所述罪行的人,以下情形属于辩护理由:

(a)该人:

(i)是与数据相关的数据主体;

(ii)获得该数据主体的同意;或者

(iii)如果数据主体已知道将会同意。

(b)该人:

(i)是负责重新识别个人数据的控制者;

(ii)获得该控制者的同意;或者

(iii)如果控制者已知道会同意。

(5)任何人故意或不顾后果地处理个人数据的罪行是指以下情形:

(a)未经负责数据重新识别的控制者同意;

(b)重新识别为第(1)分条所规定罪行的情况下。

(6)被控犯第(5)分条所规定罪行的人的抗辩事由包括:

(a)出于预防或侦查犯罪的需要;

(b)法律法规或者法院命令的规定;

(c)在特定情形下,出于公共利益的需要。

(7)被控犯第(5)分条所涉罪行的人的抗辩理由包括:

(a)数据处理是合法的;或者

(b)该人:

(i)获得负责重新识别个人数据的控制者的同意;或者

(ii)如果该控制者已知道数据处理及其情形将会同意。

(8)在本条中:

(a)"控制者的同意"不包括依据 GDPR 第 28(10)条或本法第 57(8)条或第 103(3)条规定中的控制者的同意(处理者在某些情形下也可作为控制者);

(b)如果有一个以上的控制者,则此处是指一个或多个控制者的同意。

163. 变更个人数据等以防止披露

(1)第(3)分条适用于以下情形:

(a)在行使数据主体访问权时已经提出要求;以及

(b)提出请求的人将有权收到响应该请求的信息。

(2)在本条中,"数据主体访问权"是指以下条款规定:

(a)GDPR 第 15 条(数据主体访问权);

(b)GDPR 第 20 条(数据可移植性);

(c)本法第 43 条(执法处理:数据主体);

(d)本法第 92 条(情报处理:数据主体的访问权)。

(3)根据第(4)分条的规定,对其有权获得的信息进行涂改、污损、删除、销毁或隐藏信息以防止披露全部或部分信息的行为属违法行为。

(4)“这些人”包括:

(a)控制者;以及

(b)由控制者、控制员或者隶属于控制者的主体。

(5)被控犯第(3)分条所涉罪行的人的抗辩理由包括:

(a)在没有在行使数据主体访问权时,会发生信息的更改,篡改,阻止,删除,破坏或隐藏;或者

(b)有合理理由认为,提出要求的人没有接收数据的权利。

特 殊 目 的

164. 特殊目的

(1)本部分的“特殊目的”包括:

(a)新闻目的;

(b)学术用途;

(c)艺术目的;

(d)文学目的。

(2)在本部分中的“特别目的法律程序”是指根据第158条(包括根据GDPR第79条提出的申请的程序)与特殊目的相关的规定。

(3)专员可就如下事项的个人数据处理作出书面裁定:

(a)个人数据并非仅为特殊目的而被处理;

(b)个人数据未经新闻、学术、艺术或文学发表,未经出版者公布;

(c)执行处理符合规定的数据保护立法的规定,并不与特殊目的相抵触。

(4)大臣必须向控制者和处理者员书面通知该决定。

(5)通知书必须提供根据第154条提出的上诉权利的有关资料。

(6)以下情形下决定不生效:

(a)控制者或处理者在上诉期结束之前未提出上诉。

(b)已对该决定提出上诉。

(i)有关上诉及进一步的上诉结果已经决定或以其他方式结束;以及

(ii)提出上诉结果或进一步提出上诉的期间已经结束,没有再提出上诉。

165. 在特殊目的的诉讼中提供协助

(1)作为法律程序中具有特别目的的一方或相对方的个人,可向专员申

请协助进行诉讼。

(2)根据第(1)分条提出申请后,专员须在切实可行范围内尽快决定是否以及在何种程度上批准该申请。

(3)除非认为该案涉及重大事项,否则专员不得批准该项申请。

(4)如过专员决定不提供协助,必须在合理可行的范围内尽快将该决定通知送达申请人并且给出决定的理由。

(5)如专员决定提供协助必须:

(a)在合理可行范围内尽快通知申请人该决定并说明要提供的援助的程度,以及

(b)确保诉讼程序参与者知道其正在提供协助。

(6)专员可提供的协助包括:

(a)支付诉讼费用;

(b)赔偿申请人有关支付费用的费用或与诉讼有关的损害赔偿。

(7)在英格兰及威尔士或北爱尔兰,依据本条规定,专员提供的协助包括首次收费费用的追回(按法院规则征税或评估)。

(a)根据法院的判决或命令,任何人可申请人支付的费用申请协助;以及

(b)根据就该事项达成的和解或解决办法向申请人支付款项,以避免或终止诉讼程序。

(8)在苏格兰,收回的费用(按照法院规则征税或评估)应优先偿还其他债务:

(a)诉讼及援助费用;以及

(b)根据就该事项达成的和解或解决办法向申请人支付款项,以避免或终止诉讼程序。

166. 中止特殊目的诉讼

(1)如果控制者或者处理者声称出现以下情形,则法院作出裁决前出于任何特殊目的可以中止诉讼。

(a)仅为特殊目的而被处理;

(b)正在进行新闻、学术、文学或艺术处理;以及

(c)以前未经控制者公布。

(2)根据第(1)(c)分条的规定,材料在前24小时内之前是否已经出版或公布。

(3)根据第(1)分条,法庭或审裁处须持续诉讼,直至符合以下条件之一:

(a)专员根据第164条的规定,就个人数据作出的裁定或处理决定生效;

(b)诉讼中止时,索赔将被撤销。

法院的管辖权

167.管辖权

(1)第(2)分条对于法院的司法管辖权规定如下:

(a)在英格兰和威尔士,由高等法院或县级法院管辖

(b)在北爱尔兰,由高等法院或县法院管辖,以及

(c)根据第(3)分条的规定,在苏格兰由会议法院或警长管辖。

(2)涉及条款有:

(a)第145条(出于特殊目的的执行通知);

(b)第149条(处罚通知及出于特别目的的处理);

(c)GDPR第158条和第79条(履约程序);

(d)第159条和第160条以及GDPR第82条(补偿)。

(3)关于处理第四部分适用的个人数据,只有高等法院或苏格兰会议法院才能行使司法管辖权。

定　　义

168.第六部分的术语解释

本部分中:

"评估通知书"的定义参见第140条;

"认证提供者"的定义参见第16条;

"数据保护原则"是指以下条款中列出的原则:

(a)GDPR第5(1)条,

(b)本法第32(1)条和第25条,

(c)本法第83(1)条;

"执行通知"的定义参见第142条;

"信息通知"的定义参见第137条;

"罚款通知书"的定义参见第148条;

"罚则变通知"的定义参见附则16;

“代表”,就控制者或处理者而言,是指根据 GDPR 第 27 条的规定由控制者或处理者指定的代表其履行于规定义务的主体。

第七部分　补充和最终条款

本法规定

169. 规定和咨询

(1)本法由法定文书书面作出。

(2)除了依据以下条款的规定,国务大臣在根据本法制定条例之前,必须与专员协商:

(a)第 21 条;

(b)第 28 条;

(c)第 190 条;

(d)第 191 条;

(e)第 192 条;

(f)附则 2 第 13 款或第 24 款。

(3)本法规定的条例:

(a)制定出于不同的目的不同规定;

(b)包括附带的、补充的、过渡性的或临时性条款。

(4)对于根据本法规定的“消极解决程序”规定,除非议会法定文书草案已提交议会并经议会通过,否则不得作出规定。

(5)对于根据本法规定的“消极解决程序”规定,载有条例的法定文书依照议会决议予以废止。

(6)“消极解决程序”的规定适用于本条例任何规定,可由“肯定解决程序”条例作出。

(7)根据本法规定的咨询要求,可以在协商之前也可在磋商后实施。

数据保护公约的变更

170. “数据保护公约”变更的权力

(1)国务大臣如果认为有必要,可以适当通过条例,作出修正案或取代“联合王国有效或预期有效”的数据保护公约的文书。

(2)第(1)分条所指的权力包括:

(a)增补或修改专员的职能,以及

(b)修改本法。

(3)本条规定须遵守“肯定解决程序”。

数据主体的权利

171. 禁止处理相关记录

(1)要求他人向其(“P1”)提供与以下事项有关的数据或者给予其方便的属于犯罪:

(a)P1 招聘雇员;

(b)由 P1 继续雇用某人;或者

(c)向 P1 提供服务的合同。

(2)在以下情形下,要求他人向其(“P2”)提供与以下事项有关的数据或者给予其方便的属于犯罪:

(a)P2 涉及向公众或一部分公众提供货物、设施或服务,以及

(b)该要求是向另一人或第三方提供或提供货物、设施或服务的条件。

(3)如果实施下列行为,被控犯第(1)分条或第(2)分条所指罪行的人免责:

(a)法律法规或者法院命令的规定;

(b)在特定情况下,出于公众利益的需要。

(4)根据《警察法案(1997)》第五部分(犯罪记录证等)的规定,第(1)分条或第(2)分条所提述的规定不得视为协助预防或侦查犯罪行为,从而是符合公众利益的理由。

(5)根据第(1)分条及第(2)分条的规定,提供数据或者给予其方便的人是指:

(a)知道在该情况下,另一人认为遵守该要求的义务是合理的;或者

(b)在这种情况下,对方是否有理由要求对方有责任遵守该请求。

(6)本条中:

“就业”意指任何就业,包括:

(a)根据服务合同或者作为官员;

(b)学徒工作;

(c)训练课程中的部分或在就业培训过程中的工作经历;

(d)志愿工作。

“雇员”能相应地得到解释。

“有关记录”的含义参见附则17,包括:

(a)记录的一部分;以及

(b)该记录的副本或部分副本。

172. 避免与健康记录相关的某些合同条款

(1)只要其意图要求个人向其他主题提供以下记录,则合约条款无效:

(a)由健康记录数据;

(b)已经或将要由数据主体在行使数据主体访问权限时获得。

(2)只要其意图要求个人向其他主题提供以下记录,则合约条款无效。

(3)第(1)分条及第(2)分条中对记录的引用,包括对记录以及记录副本的部分和全部引用。

(4)在本条中,“数据主体访问权限”是指下列权利:

(a)GDPR第15条(数据主体访问权);

(b)GDPR第20条(数据可移植性);

(c)本法第43条(执法处理:数据主体的访问权);

(d)本法第92条(情报处理:数据主体的访问权)。

173. 数据主体代表

(1)以下规定适用GDPR第80条:

(a)GDPR第80条(数据主体代表)赋予数据主体授权主体或其他组织,在符合该条行使某些权利主体权利;以及

(b)数据主体也可以授权这样一个机构或组织行使第82条数据主体的权利(赔偿权)。

(2)在涉及不适用GDPR规定的个人数据处理时,满足第(3)分条和第(4)分条部分条件的主体或者机构经过授权,可以以数据主体的名义,行使下列全部或部分权利:

(a)第156(2)条、第156(4)(d)条以及第156(6)(c)条(向专员进行投诉的权利);

(b)第157(2)条(为专员投诉程序);

(c)第158(1)条(遵照程序);

(d)有权拒绝专员进行的司法审查程序

(3)第一个条件就是主体或组织的要求需要满足以下条件:

(a)需要(开通支付后)将其全部收入以及其他资本用于慈善或公共用途;

(b)禁止直接或间接向其成员分配资产(除慈善或公共用途外);

(c)出于公众的利益。

(4)第二个条件是,在保护个人数据方面,机构或组织应当积极保护数据主体的权利和自由。

(5)本法中,关系数据主体权利的"代表主体",是指依据 GDPR 第 80 条或者本条的规定而接受授权的机构或其他组织。

174. 数据主体的权利和其他禁止和限制

(1)法律法规对于信息披露道德禁止或限制,或信息控制的授权,不排除或限制第(2)分条所列条文所规定的义务和权利,但第(3)分条所列条文或条文另有规定者除外。

(2)关于权利和义务的规定涉及以下条文:

(a)GDPR 第三章(数据主体的权利);

(b)本法案第三部分第三章(执法权的处理:数据主体);

(c)本法案第四部分第三章(智能业务处理:数据主体的权利)。

(3)提供的例外规定包括:

(a)本法第二部分第二章(包括该部分第 3 章),第 14 条和第 15 条和附则 2、附则 3、附则 4;

(b)本法案第二部分第三章,第 21 条、第 22 条、第 23 条、第 24 条;

(c)本法案第三部分,第 42(4)条、第 43(4)条和第 46(3)条;以及

(d)本法案第四部分第六章。

罪　　行

175. 处罚

(1)根据第 117 条或第 163 条或者附则 15 第 15 款的规定构成犯罪的人,须负法律责任:

(a)适用英国和威尔士的简易程序定罪、罚款;

(b)适用苏格兰或北爱尔兰的简易程序定罪、不超过 5 级的罚款;

(2)根据第 127 条、第 139 条、第 161 条、第 162 条或第 171 条构成犯罪的人,须负法律责任:

(a)适用英国和威尔士的简易程序定罪、罚款;

(b)适用苏格兰或北爱尔兰的简易定罪,以不超过法定最高限额处以罚款;

(c)适用公诉程序定罪、罚款。

(3)第(4)分条和第(5)分条适用于某人根据第161条或第171条被定罪的罪行。

(4)根据第(5)分条的规定,如果出现如下情形,管辖法院判决将文件或其他材料没收、销毁或删除:

(a)它已被用于处理个人数据;以及

(b)法庭认为数据与犯罪有关。

(5)如果除罪犯以外,有人声称自己是该材料的拥有人,或对该材料的其他方感兴趣而申请听证,法院不得根据第(4)分条的规定直接下达没收、销毁或删除的命令而不加以解释。

176. 起诉

(1)在英格兰和威尔士,能根据本法案提起诉讼的主体为:

(a)专员;或者

(b)获得检察长同意的机构。

(2)在北爱尔兰,能根据本法案提起诉讼的主体为:

(a)专员;或者

(b)北爱尔兰检察长或者获得北爱尔兰检察长同意的机构。

(3)除第(4)分条另有规定外,根据第163条所规定的罪行(防止披露个人数据的变更等)适用的简易程序,按照检察官的意见足以提起诉讼的,可以在检察官知道证据的日期起6个月内提出。

(4)犯罪之日起超过3年不得提出上述诉讼。

(5)由检察官或代表检察官签署的证明书,并说明第(3)分条所述的6个月的开始日是该事实的确凿证据。

(6)除非有相反证明,依照第(5)分条所述进行签署的证明书,须视为如此签署。

(7)在苏格兰的相关诉讼中,《1995年刑事诉讼程序(苏格兰)法》第136条第(3)款,正如它适用于该法案该条的目的,也同样适用于本法案本条。

177. 董事责任等

(1)第(2)分条适用于以下情形:

(a)本法规定的犯罪行为是由法人团体实施的。

(b)将被证明,犯罪行为是由于以下人员的同意、纵容或可归责的过失引起的:

(i)董事长、经理、秘书或法人团体的高级管理人员;

(ii)实际工作已履行上述职位的人。

(2)董事长、经理、秘书、高级管理人员或行为人以及法人团体有犯罪行为的,将被提起诉讼诉并受到相应处罚。

(3)当法人团体的事务由其成员进行管理,第(1)分条、第(2)分条适用于成员与该机构的管理职能有关的成员的行为和否定性,犹如该成员是该机构法人的董事。

(4)第(5)分条将在以下情形得以应用:

(a)由苏格兰合伙企业所实施的受本法案规制的犯罪;以及

(b)有关的违法行为被证明是由于合伙人的同意、纵容或可归责的过失引起的。

(5)合伙人和合伙企业有犯罪行为的,将被提起诉讼并受到相应处罚。

178. 可记录的罪行

(1)《2000 年国家警察记录(可录取罪行)条例》(S. I. 2000/1139)对下列列入附则的罪行具有效力:

(a)第 117 条;

(b)第 127 条;

(c)第 139 条;

(d)第 161 条;

(e)第 162 条;

(f)第 163 条;

(g)第 171 条;

(h)附则 15 第(15)款。

(2)《1984 年警察与刑事证据法》第 27(4)条的规定可废止第 1 条的规定。

179. PACE 的业务指导

(1)有关专员如何就本法案规制的犯罪提出履行其基于《1984 年警察与刑事证据法》第 67(9)条(在调查犯罪和起诉罪犯时,应注意该法的行为守则)的义务,专员应当编制并出版相关指导。

(2)专员:

(a)可以修改或替换指导;以及

(b)应出版任何已修改或替换的指引。

(3)专员在根据本条出版指导前(包括任何修改或替换的指导),应咨询国务大臣。

(4)专员应安排将本款下的指导(包括任何更改或替换的指导)在出版前提交议会。

法　　院

180. 向法院披露信息

(1)根据以下法律法规,不得禁止或限制任何人向初审法庭或上诉法庭提供履行其职能所必要的资料:

(a)数据保护立法;或者

(b)信息法规。

(2)本条所述"信息法规"与第126条的"信息法规"含义相同。

181. 初审法院的诉讼:蔑视法庭罪

(1)本条适用于以下情形:

(a)某人对初审法庭的诉讼为某事或不为某事:

(i)根据第25条、第77条、第109条或者第154条提出上诉;或者

(ii)为了实现根据157条作出的指令。

(b)如果这些诉讼程序是在有权力判定藐视法庭罪的法庭上进行的,则该作为或不作为构成藐视法庭罪。

(2)初审法庭可向上诉法庭证明该罪行。

(3)若一项罪行根据第(2)分条被证明,上诉法庭可以:

(a)对相关事项进行调查;以及

(b)若其罪行与上诉法庭有关,上诉法庭可就此罪行对被控者以任何可惩处此人的方式对其进行处置。

(4)根据第(3)(b)分条行使其权力前,上诉法庭应:

(a)听取任何可能证明被控者罪行或代表此人的证人的证言;以及

(b)听取任何可能在抗辩中提出的陈述。

182. 审判程序规则

(1)审判程序规则可对以下事项作出规定:

(a)第25条、第77条、第109条或者第154条所赋予的上诉权之行使;以及

(b)根据第 157 条行使数据主体的权利,包括其代表机构行使该权利。

(2)关于行使这些权利的诉讼程序,法庭程序规则可以作出规定:

(a)保证用于处理个人数据的材料的生产;以及

(b)与处理个人数据有关的设备或材料的检查、检验、操作和检测。

定　义

183.“保健专业人员”和“社会工作专业人员”的含义

(1)在本法案中,“保健专业人员”是指以下人员:

(a)注册医生;

(b)注册护士或助产士;

(c)《1984 年牙医法》意义上的注册牙医(参见该法第 53 条);

(d)《1989 年眼镜师法》意义上的注册分配眼镜商或注册验光师(参见该法第 36 条);

(e)《1993 年整骨医生法》意义上的注册整骨医生(参见该法第 41 条);

(f)《1994 年脊骨按摩治疗师法》意义上的脊骨按摩治疗师(参见该法第 43 条);

(g)《2001 年健康和社会工作职业戒除令》(S. I. 2002/254)暂时扩大的注册专业人员,除了英国的社会工作专业人员;

(h)《2010 年药剂师法令》(S. I. 2010/231)意义上的注册药剂师或注册药剂师技术员(参见该法第 3 条);

(i)《1976 年(北爱尔兰)药剂令》[S. I. 1976/1213(N. I. 22)]所指的注册人(参见该法第 2 条)

(j)儿童精神治疗师;

(k)由卫生服务机构雇请担任部门主管的科学家。

(2)在本法案中,“社会工作专业人员”是指以下人员:

(a)根据《2001 年健康和社会工作职业法令》(S. I. 2002 / 254)在英国注册为社会工作者的人员;

(b)根据《2016 年社会保障(威尔士)法规检查条例》(anaw2)第 80 条,社会保障威尔斯保存的注册登记为社会工作者的人员;

(c)苏格兰社会服务理事会根据《2001 年护理(苏格兰)法》(2001 asp 8)第 44 条备案,在苏格兰注册为社会工作者的人员;

(d)北爱尔兰社会保健委员会根据《2001年健康和个人社会服务法(北爱尔兰)》第3条[c.3(N.I.)],在北爱尔兰注册为社会工作者的人员。

(3)第(1)(a)分条所指"注册医生"包括根据《1983年医疗法》第15或第21条暂时注册,并从事该条第(3)分条所述的工作的人员。

(4)第(1)(k)分条所指"卫生服务机构"是指以下机构:

(a)根据《2006年国家卫生服务法》附则1第2A条或第2B条或第7C款、第8款或第12款的行使其职能的国务大臣;

(b)根据《2006年国家卫生服务法》附则1第2B条或第111条或第1款至第7B款或第13款中任何一项行使职能的地方政府;

(c)根据《2006年国家卫生服务法》第25条首次设立的国家卫生服务受托机构;

(d)根据《2006年国家卫生服务法》第28条设立的特别卫生管理局;

(e)NHS基金会受托机构;

(f)国家卓越健康与护理研究所;

(g)健康和社会关怀信息中心;

(h)根据《1990年国家卫生服务和社区照料法》第5条首次设立的国家卫生服务受托机构;

(i)根据《2006年国家卫生服务(威尔士)法》第11条设立的地方卫生委员会;

(j)根据《2006年国家卫生服务(威尔士)法》第18条首次设立的国家卫生服务受托机构;

(k)根据《2006年国家卫生服务(威尔士)法》第22条设立的特别卫生管理局;

(l)《1978年国家卫生服务(苏格兰)法》意义上的卫生委员会;

(m)《1978年国家卫生服务(苏格兰)法》意义上的特别卫生委员会;

(n)根据《1978年国家卫生服务(苏格兰)法》第12A条设立的国家卫生服务信托;

(o)根据《1978年国家卫生服务(苏格兰)法》第102条规定的国家医院管理人员;

(p)根据《2009年健康与社会关怀(改革)(北爱尔兰)法》第7条[c.1(N.I)]设立的地方卫生和社会关怀委员会;

(q)根据《1990 年健康和个人社会服务(特别机构)(北爱尔兰)法》[S. I. 1990/247(N. I. 3)]设立的特别卫生和社会关怀机构;

(r)根据《1991 年健康和个人社会服务(北爱尔兰)法》[S. I. 191/194(N. I. 1)]第 10 条设立的健康和社会关怀受托机构。

184. 其他定义

本法案中:

"生物特征数据"是指利用特定技术对个人的身体、生理或行为特征相关的信息进行处理而产生的个人数据。该数据是确认该个人身份的唯一标志或使该个人身份得以确认的唯一标志,如面部图像或指纹鉴定数据。

"健康相关数据"是指与个人的身体或精神健康相关的个人数据,包括透露了其健康状况信息的医疗保健服务的提供。

"法规"包括:

(a)本法案之后通过或制定的法规;

(b)从属立法中的法规;

(c)威尔士国民议会议案或法案中的法规或据其制定的文书中的法规;

(d)苏格兰法案中的法规,或据其制定的文书中的法规;以及

(e)北爱尔兰法案中的法规,或据其制定的文书中的法规。

"遗传数据"是指与遗传或获得的个体遗传特征相关的、能够提供个体独特的生理或健康信息的个人数据,且该数据是对个体的生物样品的分析结果。

"政府部门"包括:

(a)苏格兰政府的部分部门;

(b)北爱尔兰部门;

(c)威尔士政府;

(d)代表内阁大臣行使法定职能的机关或机构。

"健康记录"是指:

(a)由健康相关数据组成的记录;以及

(b)由保健专业人员或其代表所作出的关于数据相关者的诊断、护理或治疗相关的相关记录。

关于个人数据的"不准确",是指对于任何事实事项而言不正确或具误导性。

"英国的国际义务"包括

(a)欧盟的义务;以及

(b)根据英国加入的国际协议或合约产生的义务。

“国际组织”是指由国际法管辖的组织及其下属机构,或由两个或两个以上国家协议设立,或基于协议设立的机构。

“内阁阁员”与《1975 年王室大臣法》中的含义相同。

“出版”是指向公众或部分公众提供。

“从属立法”与《1978 年解释法》中的含义相同。

“法庭”是指可以发起法律程序的所有法庭。

关于根据本法案提出的申请或上诉的“法庭”是指:

(a)上诉法庭(在根据《审裁程序规则》上诉法庭应审理申请或上诉的任何情形下);或者

(b)初审法庭(在其他情形下)。

185. 定义索引

下表列出了对本法案、本法案的部分或第二部分第二章或第三章所用的术语进行定义或解释的规则。

积极解决程序	第 169 条
第二章的适用(第二部分第三章)	第 20 条
GDPR 的适用	第 2 条
评估通知(第六部分)	第 168 条
生物特征数据	第 184 条
资质提供者(第六部分)	第 168 条
专员	第 2 条
主管部门(第三部分)	第 28 条
同意(第四部分)	第 82 条
控制者	第 2 条
健康相关数据	第 184 条
数据保护公约	第 2 条
数据保护立法	第 2 条
数据保护原则(第六部分)	第 168 条
数据主体	第 2 条

续表

雇员(第三部分和第四部分)	第 31 条、第 82 条
立法	第 184 条
执行通知(第六部分)	第 168 条
归档系统	第 2 条
FOI 公共机构(第二部分第三章)	第 19 条
GDPR(《一般数据保护法案》)	第 2 条
遗传数据	第 184 条
政府部门	第 184 条
保健专业人员	第 183 条
健康记录	第 184 条
可识别的自然人	第 2 条
不准确	第 184 条
信息通知(第六部分)	第 168 条
情报部门(第四部分)	第 80 条
英国的国际义务	第 184 条
国际组织	第 184 条
执法指令	第 2 条
执法目的(第三部分)	第 29 条
内阁大臣	第 184 条
消极解决程序	第 169 条
处罚通知(第六部分)	第 168 条
处罚变更通知(第六部分)	第 168 条
个人数据	第 2 条
个人数据泄露(第三部分、第四部分)	第 31 条、第 82 条
处理	第 2 条
处理者	第 2 条
画像(第三部分)	第 31 条

续表

公共机构(GDPR、第二部分)	第6条
公共团体(GDPR、第二部分)	第6条
发布	第184条
接收者(第三部分、第四部分)	第31条、第82条
代表(第六部分)	第168条
代表机构(涉及数据主体的权利)	第173条
处理限制(第三部分和第四部分)	第31条、第82条
社会工作专业人员	第183条
特殊目的(第六部分)	第164条
特殊目的诉讼(第六部分)	第164条
下级立法	第184条
第三国(第三部分)	第31条
法庭(tribunal)	第184条
法庭(the tribunal)	第184条

管辖申请

186. 本法案的管辖申请

(1)根据第(3)分条的规定,本法适用于在英国成立且个人数据处理在该机构的活动范围内的处理个人数据的控制者。

(2)根据第(4)分条的规定,仅在以下情形下,本法适用于处理个人数据的处理者:

(a)以处理者为代表的控制者在英国成立,且个人数据处理在该机构的活动范围内;或者

(b)处理者在英国建立,个人数据处理在该机构的活动范围内。

(3)本法案也适用于第二部分(GDPR)第二章适用的处理个人数据的控制者:

(a)控制者在英国以外的国家或地区设立,且个人数据处理在该机构的活动范围内;

(b)个人数据是关于处理发生时处于英国的个人;以及

(c)处理的目的是:

(i)向英国的个人提供商品或服务,无论是否为了获利;或者

(ii)监控个人在英国的行为。

(4)本法案适用于第二部分(GDPR)第二章适用的处理个人数据的处理者:

(a)以处理者为代表的控制者在英国以外的国家或地区建立,而个人数据的处理在该机构的活动范围内;或者

(b)处理者在英国以外的国家或地区建立,而个人数据处理在该机构的活动范围内;

且符合第(3)(b)分条以及第(3)(c)分条的条件。

(5)第(1)款至第(4)款对任何基于第 118 条的规则有效力,若该规则是为了专员能够履行其他控制者或处理者之相关职权。

(6)本条中的在英国设立者包括以下情形,在另一国家或地区设立的名称具有相应的含义:

(a)通常居住地在英国的个人,

(b)根据英国或英国的一部分法律成立的机构,

(c)根据英国或英国的一部分法律成立的合伙或其他非法人社团,以及

(d)不属于第(a)款、第(b)款或第(c)款,通过英国的办事处、分支机构或其他稳定安排维持和进行活动者。

(7)就本条的目的而言:

(a)根据 GDPR 第 28(10)条或本法案第 57(8)条或第 103(3)条(某些情形下被视为控制者的处理者)的规定被视为控制者的人将被视为处理者;

(b)如有控制者人数大于一,则第(2)(a)分条及第(4)(a)分条中所引用的控制者是其中一人或多人。

一 般 原 则

187. 苏格兰的儿童

(1)第(2)分条及第(3)分条适用,当该问题发生在苏格兰,且 16 岁以下的法律行为能力人作出以下行为:

(a)行使数据保护法规赋予的权利;或者

(b)为数据保护法的目的而作出同意。

(2)如该人对行使该权利或作出该等同意的意义具有大致的理解,则该人应被视为拥有相应的法律行为能力。

(3)除非有相反证明,12岁或以上的人员将被认为具有足够的年龄和成熟度产生此种理解。

188. 对于内阁大臣的适用

(1)本法案对内阁大臣有约束力。

(2)为达到本法案的目的,各政府部门将被视为与其他政府部门区别开来的人。

(3)若正在处理或待处理的个人数据的处理目的和方式,是由代表皇室、兰开斯特公国或康沃尔郡公国的人员决定的,为实现GDPR和此法案之目的,该数据的控制者为:

(a)就皇室而言,是女王私用金管理人;

(b)就兰开斯特公国而言,是公国总理任命的人员;以及

(c)就康沃尔郡公国而言,是康沃尔公爵或康沃尔郡公国当时所有者所任命的人员。

(4)不同人员可基于不同目的根据第(3)(b)分条或第(3)(c)分条获委任。

(5)以下条款对官方服务人员的适用,与其对其他任何人的适用相同:

(a)第117条;

(b)第161条;

(c)第162条;

(d)第163条;

(e)附则15第15款。

(6)根据第(5)分条,政府部门或第(3)分条所称控制者均不可根据GDPR或本法案被检控。

189. 对议会的适用

(1)本法第一部分、第二部分以及第五部分至第七部分适用于议会或议会代表对个人数据的处理。

(2)若正在处理或待处理的个人数据的处理目的和方式是由下议院决定或代表下议院决定的,为实现GDPR和本法案之目的,该数据控制者就是该议会的议员。

(3)若正在处理或待处理的个人数据的处理目的和方式是由上议院决定或代表上议院决定的,为实现GDPR和本法案之目的,该数据控制者就是该议会的议员。

(4)若处理个人数据的目的和方式是由议会情报和安全委员会或其代表决定,则不适用第(2)分条、第(3)分条的规定。

(5)以下条款对代表任何一个议会行事者的适用,与其对其他任何人的适用相同:

(a)第161条;

(b)第162条;

(c)第163条;

(d)附则15第15款。

(6)根据第(5)分条、第(2)分条或第(3)分条不使下议院或上议院的议员根据GDPR或本法案被检控。

190. 轻微及相应修订

(1)附则18载有轻微及相应修订。

(2)国务大臣可以依照本法案所做的任何规定作出相应规定。

(3)根据第(2)分条作出的规定:

(a)可包括过渡性、暂时性或保留性条款;

(b)可修订、废止或撤销法律。

(4)第(3)(b)分条所述法规并不包括在通过本法案的议会会议结束后通过或作出的法律。

(5)基于本条修订的法规、废止或撤销的基本立法应遵照积极解决程序。

(6)本条规定的任何其他法规均须遵守消极解决程序。

(7)在本条中,"基本立法"是指:

(a)法案;

(b)苏格兰议会法案;

(c)威尔士国民议会措施或法案;

(d)北爱尔兰立法。

最终条款

191. 生效日期

(1)除第(2)分条另有规定外,本法规自国务大臣按规定任命的之日起生效。

(2)本条及以下条文自本法案通过之日起生效：

(a)第1条和第2条；

(b)第169条；

(c)第183条、第184条和第185条；

(d)第188条和第189条；

(e)本条及第192条、第193条和第194条；

(f)本法案中有关赋予制定规章或法庭程序规则的权力，或者在本法案通过当日或之后使该等权力得以行使的其他规定。

192. 过渡性条款

国务大臣可以依规作出，关于本法案任何规定之生效的过渡性、暂时性或保留性的规定。

193. 适用范围

(1)根据以下条款的规定，本法案适用于英格兰及威尔士、苏格兰及北爱尔兰：

(a)第(2)分条、第(3)分条；以及

(b)附则12第12条。

(2)第178条只适用于英格兰和威尔士。

(3)本法案的修订、废止或撤销与被修订、废止或撤销的法规适用范围相同。

194. 简称

本法案可被引称为《2017年数据保护法案》。

附　　则

附则1　个人数据和刑事判决数据的特殊类别

第一部分　就业、健康和研究相关情形

就业、社会安全和社会保护

1. (1)以下情形，满足本条件：

(a)根据劳动法，社会保障法或与社会保护有关的法律，处理是为履行或行使控制者或数据主体的义务或权利的目的所必需的；以及

(b)进行处理时,控制者有适当的政策文件(见附则第四部分第30款)。

(2)附加保障措施另见本附则的第四部分。

(3)本条中:

“社会保障法”包括欧洲议会和理事会关于协调社会保障的第 883/2004 号条例(EC)第 3(1)条所述社会保障部门的法律(经不时修改);

“社会保护”包括欧洲议会和理事会关于欧洲综合社会保护统计体系(ESSPROS)(经不时修改),于 2007 年 4 月 25 日的第 458/2007 另条例(EC)第 2 条第(b)款所述的干预。

健康和社会关怀的目的

2. (1)如果处理对于健康或社会关怀目的是必要的,则满足本条件。

(2)在本条中,“健康或社会关怀目的”是指:

(a)预防或职业医学;

(b)评估雇员的工作能力;

(c)医学诊断;

(d)提供保健或治疗;

(e)提供社会关怀;或者

(f)管理保健系统,或服务或社会关怀系统或服务。

(3)另见 GDPR 第 9(3)条(保密义务)和第 10(1)条的条件和保障措施。

公共健康

3. 以下情形的处理需要满足本条件:

(a)对公共健康领域的公众利益而言是必要的。

(b)处理在以下情况下进行:

(i)由保健专业人员或在健康专业人士的监督下进行;或者

(ii)由在此情形下根据成文法或法律具有保密义务的其他个体进行。

科研等

4. 在以下情形,满足本条件:

(a)是为了存档目的、科学或历史研究目的或统计目的所必需的;

(b)按照 GDPR 第 89(1)条(由第 18 条补充)进行;以及

(c)符合公众利益。

第二部分　重大公众利益情形

依据本部分条件时提供适当政策文件的要求

5.(1)只有控制者在进行处理时有适当的政策文件(见附则第四部分第30条),才满足此附则本部分规定的条件。

(2)附加保障措施另见本附则第四部分。

议会的、法定的和政府的目的

6.(1)以下情况下的处理需要满足本条件:

(a)对于第(2)分款所列目的是必要的;以及

(b)出于重大公众利益的需要。

(2)这些目的是:

(a)司法行政;

(b)行使议会议院的职能;

(c)行使根据成文法赋予的职能;

(d)行使皇室、内阁阁员或政府部门职能。

平等的机会或待遇

7.(1)根据第(3)分款至第(5)分款的例外,以下情形的处理满足本条件:

(a)是指定类别的个人数据;以及

(b)为了确定或不断审查,在关于该类别的指定群体之间是否存在平等机会或待遇,以使这种平等得到促进或维持。

(2)在第(1)分款中,"指定"是指在下表中被指定的:

个人数据的类别	群体(涉及一类个人数据)
揭示种族或族裔出身的个人数据	不同种族或民族血统的人
揭示宗教或哲学信仰的个人数据	拥有不同宗教或哲学信仰的人
有关健康的数据	身体或精神健康状态不同的人
关于个人性取向的个人数据	不同性取向的人

(3)在以下情形,处理不符合第(1)分款的条件:

(a)为特定数据主体的措施或决策而进行;以及

(b)在没有数据主体同意的情况下进行。

(4)如果可能对个人造成重大损失或实质性痛苦,处理不符合第(1)分款的条件。

(5)在以下情形,处理不符合第(1)分款的条件:

(a)数据主体(或数据主体之一)已向控制者发出书面通知,禁止控制者对数据主体的个人数据进行处理(且并未以书面通知形式撤回该要求);

(b)该通知给予控制者一个合理的期间以停止处理该等资料;以及

(c)该期间已结束。

防止或侦查非法行为

8.(1)以下情形的处理满足本条件:

(a)对于达到防止或侦破非法行为的目的是必要的;

(b)必须在数据主体同意的情况下进行,以免违反上述目的;以及

(c)对于重大公共利益是必要的。

(2)在本条中,“行为”包括不采取行动。

保护公众免受欺诈等

9.(1)以下情形的处理满足本条件:

(a)是行使保护功能所必需的;

(b)为免不利于该职能的行使,必须在未经数据主体同意的情况下进行的;以及

(c)对于重大公共利益是必要的。

(2)“保护性功能”是指保护市民免受以下行为的功能:

(a)不诚实、不法行为或其他严重不当行为;

(b)不适格或无相应能力;

(c)监管组织或协会中的管理不善;或者

(d)组织或协会提供服务的失职。

与非法行为和欺诈等有关的新闻业等

10.(1)以下情形的处理满足本条件:

(a)为特殊目的而对披露的个人数据进行处理;

(b)是根据第(2)分款所述的事项进行的;

(c)出于维护重大公共利益的需要;

(d)为了任何人出版个人数据而进行;以及

(e)控制者合理地认为,个人数据的公布符合公众利益。

(2)第(1)(b)分款所述的事项是以下任何一种(无论是被指控的还是已

成立的)

(a)实行非法行为;

(b)欺诈、不法行为或某人的其他严重不当行为;

(c)某人的不适格或无相应能力;

(d)监管组织或协会中的管理不善;

(e)组织或协会所提供服务失败。

(3)在本条中:

"行为"包括没有采取行动;

"特殊目的"是指:

(a)新闻的目的;

(b)学术用途;

(c)艺术目的;

(d)文学目的。

防止欺诈

11.(1)以下情形的处理满足本条件:

(a)对防止欺诈或某种欺诈而言是必要的。

(b)由以下组成:

(i)个人作为反欺诈组织的成员进行的个人数据披露;

(ii)根据反欺诈组织作出的安排进行的个人数据披露;或者

(iii)对按第(i)分款或第(ii)分款所述披露的个人数据进行的处理。

(2)本条中"反诈骗组织"与《2007年重大犯罪法案》第68条中的含义相同。

涉嫌资助恐怖主义或洗钱

12.若处理对于进行善意披露(基于以下任一法规)的目的具有必要性,满足本条件:

(a)《2000年恐怖主义法》第21CA条(关于委员会怀疑资助恐怖主义罪行或为查明恐怖主义财产之目的,而进行的监管部门内特定主体间的披露);

(b)《2002年犯罪所得法》第339ZB条(受规范行业内洗钱罪嫌疑的披露)。

咨询等

13.(1)以下情形的处理满足本条件:

(a)对于提供机密咨询,保密的建议、支持或提供其他类似服务是必要的;

(b)未经数据主体的同意下,根据第(2)分款所列出的原因而进行;以及

(c)对于重大公共利益是必要的。

(2)第(1)(b)分款所述的理由是:

(a)数据主体不同意处理;

(b)控制者不能合理地期望获得数据主体对处理的同意;

(c)处理必须在未经数据主体同意的情况下进行,因为获得数据主体的同意会不利于第(1)(a)分款所述服务的提供。

保险

14.(1)以下情形的处理满足本条件:

(a)为进行保险业务;

(b)相关健康资料所涉及的数据主体是被保险人的父母、爷爷奶奶祖父母或兄弟姐妹;

(c)不是为了数据主体的措施或决策而进行的;以及

(d)未经数据主体同意可合理进行。

(2)为了达到第(1)(d)分款的目的,处理可以合理地在没有数据主体同意的情况下进行,仅限于以下情况:

(a)控制者无法合理期待获得数据主体的同意;以及

(b)控制者不知道数据主体已默示同意。

(3)本条中:

"保险业务"是指包括对以下类型的保险实施或执行合同的业务:

(a)人寿保险和年金保险;

(b)长期保险;

(c)终身健康险;

(d)意外险;

(e)疾病险。

"被保险人"包括寻求成为被保险人者。

(4)在第(3)分款中"保险业务"定义中使用的术语,与根据《2000 年金融服务和市场法》(受规制市场)第 22 条作出的命令中使用的术语,具有相同的含义。

第三方对于团体保险政策和其他个体人身保险的数据加工

15.(1)以下情形的处理满足本条件:

(a)对于进行包括实施或执行第(2)分款所述合同的业务而言是必要的;

(b)处理的个人数据的数据主体不是合同一方或正寻求成为合同当事方;以及

(c)未经数据主体同意即可合理进行。

(2)第(1)(a)分款中提到的合同是:

(a)符合《2012年消费者保险(披露和代表)法》(集体保险合同)第7(1)(a)条至第7(1)(c)条的合同;

(b)该法案第8条适用的合同(对其他个体生命保险的消费者保险合同)。

(3)出于第(1)(c)分款的目的,仅在以下情况下,处理可以合理地在没有数据主体同意的情况下进行:

(a)控制者无法合理期待获得数据主体的同意;以及

(b)控制者不知道数据主体已默示同意。

职业年金

16.(1)以下情形的处理满足本条件:

(a)为了作出取得获取收益(基于职业年金计划)的资格的相关决定;

(b)不是为了数据主体的措施或决策而进行的;以及

(c)未经数据主体同意即可合理进行。

(2)为了达到第(1)(c)分款的目的,处理可以合理地在没有数据主体同意的情况下进行,仅限于以下情况:

(a)控制者无法合理期待获得数据主体的同意;以及

(b)控制者不知道数据主体已默示同意。

(3)本条中:

“职业年金计划”与其在《1993年养恤金计划法》第1条中的含义相同;

“成员”,对一项计划而言,包括正谋求成为该计划成员的人士。

政党

17.(1)以下情形的处理满足本条件:

(a)个人数据透露本人的政治意见;

(b)由《2000年政党、选举和公民投票法》第23条登记册中注册的个人或组织进行;以及

(c)对个人或组织的政治活动而言是必要的,但第(2)分款和第(3)分款除外。

(2)如果处理可能造成重大损失或重大痛苦,则不符合第(1)分款的条件。

(3)在以下情形中,处理不符合第(1)分款的条件:

(a)数据主体(或数据主体之一)已向控制者发出书面通知,禁止控制者对数据主体的个人数据进行处理(且并未以书面通知形式撤回该要求);

(b)该通知给予控制者一个合理的期间,以停止处理上述数据;以及

(c)该期间已结束。

(4)本条中,"政治活动"包括竞选、筹款、政治调查和案例工作。

当选代表对请求的回应

18.(1)以下情形的处理满足本条件:

(a)处理在以下情况下进行:

(i)由当选代表或经该代表授权行事的人进行;

(ii)与解除当选代表的职能有关;以及

(iii)为回应选民的要求,选举产生的代表是代表选民采取行动。

(b)为了选举代表响应请求并采取合理行动或有关行动,处理是必要的,除非第(2)款另有规定。

(2)如果请求是由数据主体以外的个人提出的,则只有在未经数据主体同意的情况下才符合第(1)分款的条件,原因如下:

(a)在这种情况下,数据主体不会同意处理;

(b)在这种情况下,不能合理地期待民选代表获得处理资料的同意;

(c)获得数据主体的同意会损害当选代表所采取的行动;

(d)处理对维护第三人的利益而言是必要的,而数据主体无正当理由予以拒绝。

(3)本条中:

"当选代表"是指:

(a)下议院议员。

(b)威尔士国民议会议员。

(c)苏格兰议会议员。

(d)北爱尔兰议会议员。

(e)在英国当选的欧洲议会议员。

(f)《1972年地方政府法令》第270(1)条所指地方机关的当选成员:

(i)英格兰的县议会、区议会、伦敦市议会或教区委员会;

(ii)威尔士的县议会,县议会或社区理事会。

(g)根据《2000年地方政府法令》第1A部分或第二部分所指的地方机关的市长。

(h)伦敦市长或伦敦议会民选议员。

(i)当选成员:

(i)伦敦市共同理事会;或者

(ii)锡利群岛议会。

(j)根据《1994年地方政府(苏格兰)法》第2条组成的理事会当选成员。

(k)根据《1972年地方政府(北爱尔兰)法》所指的区议会民选议员。

(4)在第(3)分款中,任何人是指:

(a)立法会议会解散前下议院议员;

(b)立法会解散前的苏格兰议会议员;

(c)大会解散前的北爱尔兰议会议员;或者

(d)大会解散前的威尔士国民议会议员。

在该议会或大会举行后续大选之日后的第四天前,该人将被视为成员。

(5)在第(3)分款中,任何当选为伦敦市区共同事务委员的成员,在每年任职期限将终止之日前,直到区市民会议结束后的四天前,其都将被视为上述成员。

向当选代表的披露

19.(1)以下情形的处理满足本条件:

(a)处理包括个人数据的披露:

(i)向当选代表或由该代表授权行事者;以及

(ii)该代表或个人作出的对控制者的沟通的回应,该回应是为了回应个体的请求而作出的;

(b)个人数据与该沟通的主体有关。

(c)披露对该沟通的回应而言是必需的,除非第(2)分款另有规定。

(2)如果向当选代表提出的请求来自数据主体以外的个人,则只有在因下列原因未经数据主体同意的情况即披露资料时,符合第(1)分款的条件:

(a)数据主体不能同意处理;

(b)不能合理地期待当选代表同意资料处理;

(c)获得数据主体的同意会不利于当选代表所采取的行动;

(d)处理对维护第三人的利益是必要的,但数据主体已无正当理由进行了拒绝。

(3)本款中"当选代表"的含义与第18条的规定相同。

通知当选代表囚犯有关信息

20.(1)以下情形的处理满足本条件:

(a)为了通知下议院成员或苏格兰议会成员关于该囚犯的信息,处理有关囚犯的个人数据;

(b)议员有义务不进一步披露该囚犯个人数据。

(2)第(1)分款中参照的关于囚犯的个人数据以及通知某人,包括通知某人有关囚犯释放安排的个人数据。

(3)本条中:

"监狱"包括青少年犯劳改所,拘留中心,安全培训中心或安全学院;

"囚徒"是指拘留在监狱里的人。

体育运动中的反兴奋剂

21.(1)以下情形的处理满足以下条件:

(a)在消除兴奋剂的措施方面,这些措施是由负责消除一项体育运动、体育赛事或整场体育运动中兴奋剂使用的机构进行或在其监督下进行的;或者

(b)为上述机构提供有关兴奋剂或与涉嫌使用兴奋剂的信息。

(2)第(1)(a)分款中提到的消除兴奋剂的措施包括确认或防止兴奋剂使用。

第三部分 刑事判决相关的额外情形

同意

22.如果数据主体同意处理,则满足此条件。

保护个人的切身利益

23. 本条件只有在以下情况下才能满足：

(a)处理对于保护个人的切身利益是必需的；以及

(b)数据主体在行为上或法律上均没有能力进行同意。

由非营利机构处理

24. 以下情形的处理满足本条件：

(a)在具有政治、哲学、宗教或工会目标的基金会、协会或其他非营利机构的适当保障的合法活动过程中进行。

(b)条件如下：

(i)处理仅与成员、前组织成员或定期有与其目的相关的接触的人；以及

(ii)未经数据主体同意，个人数据不得在该机构外披露。

公共领域的个人数据

25. 如果处理涉及明确由数据主体公开的个人数据，则满足此条件。

法律诉讼和司法行为

26. 如果处理是为了诉讼的提起、进行或辩护，或每当法院行使其司法权力时，此条件满足。

管理用于实施涉及儿童猥亵罪的账户

27. (1)以下情形的处理满足本条件：

(a)处理与第(2)分款规定的和个人资料定罪或警告有关的；

(b)为了管理用于实施犯罪或在犯罪中者注销的支付卡账户，处理是必要的；

(c)在处理过程中，管理人持有相应政策文件(见本附则第四部分第30款)。

(2)以下法令规定罪行实属违法：

(a)《1978年保护儿童法令》第1条(不雅儿童照片)；

(b)《1978年保护儿童(北爱尔兰)令》第3条[S. I. 1978/1047(N. I. 17)](儿童的不雅照片)；

(c)《1982年公民政府(苏格兰)令》第52条(儿童的不雅照片等)；

(d)《1988年刑事司法法令》第160条(藏有不雅的儿童照片)；

(e)《1988年刑事司法(证据等)(北爱尔兰)令》第15条[1988/1847(N. I. 17)](藏有儿童的不雅照片)；或者

(f)《2009年验尸官与司法法》第62条(藏有禁止的儿童图像),或煽动犯下任何罪行。

(3)另参见本附则第四部分的附加保障措施。

(4)本款中:

“警告”是指在英格兰和威尔士或北爱尔兰就某项罪行被认定时给予某人的警告;

“定罪”的含义与《1974年罪犯修复法案》或《1978年犯罪人修复法案(北爱尔兰)令》[1978/1908(N.I.27)]中的含义相同;

“支付卡”包括信用卡、储蓄卡和借记卡。

根据本附则第二部分延伸的某些条件

28.(1)以下情形属于满足本条件:

(a)处理活动明确满足本附则第二部分的条件,除非是出于实质公共利益的需要,对于产品的加工处理有明确的要求;

(b)处理活动进行时,控制者的政策文件已经到位(见本附则第四部分第30款)。

(2)另见本附则第四部分的附加保障措施。

第四部分 适当的政策文件和额外保障措施

本部分的适用范围

29.本部分是根据本附则第一部分、第二部分或第三部分的条件对处理个人数据进行的规定,该条件要求控制者在进行处理时有适当的政策文件。

制定适当的政策文件要求

30.如果控制者已经制作了一份如下文件,则控制者根据第29款所述的条件,取得对处理个人数据的适当政策文件:

(a)说明控制者保证遵守GDPR第5条(个人数据处理相关原则)原则的程序,该程序是关于依赖问题中的条件所进行的个人数据处理;以及

(b)说明控制者根据条件对个人数据处理中需要保留和删除的政策,并指出这种个人数据可保留的时间。

附加保障措施:保留适当的政策文件

31.(1)个人数据按照第29款所述的条件处理,控制者必须在有关期间内:

(a)保留适当的政策文件;

(b)审查和(若合适)及时更新该文件;以及

(c)根据要求向专员主动提供。

(2)根据第29款所述情况处理个人数据,“有关期间”是指:

(a)控制者依照本条件着手处理个人数据的时间为起始时间;以及

(b)控制者停止进行处理之日起满6个月为终止时间。

附加保障措施:处理记录

32. 根据GDPR第30条,在第29款所述的条件下处理个人数据、控制者或控制者的代表保存的记录,必须包括以下信息:

(a)依赖何种条件;

(b)处理如何满足GDPR第6条(处理合法性)的要求;以及

(c)依据第30(b)款所述的政策,是否保留和删除个人数据,如果不是,则说明不遵守这些政策的原因。

附则2 GDPR的豁免

第一部分 第6(3)条和第23(1)条的适用和限制

对GDPR适用或限制:“GDPR的规定”

1. 本部分“GDPR的规定”是指:

(a)GDPR的以下规定[根据GDPR第23(1)条可能限制的权利和义务]:

(i)第13(1)条至第13(3)条(从数据主体收集的个人数据:需提供的资料);

(ii)第14(1)条至第14(4)条(除数据主体以外收集的个人数据:需提供的资料);

(iii)第15(1)条至第15(3)条(确认处理、获取数据和第三国转让的保障措施);

(iv)第16条(修改权);

(v)第17(1)条和第17(2)条(删除权);

(vi)第18(1)条(处理限制);

(vii)第20(1)条和第20(2)条(数据可移植性);

(viii)第21(1)条(反对处理);

(ix)第5条(一般原则),其规定与第(i)分款至第(viii)分款所述条款规定的权利和义务相符。

(b)GDPR 的以下规定[根据 GDPR 第 6(3)条均可适用]:

(i)除第 6 条规定的合法性要求外,第 5(1)(a)条(合法、公正、透明的处理);

(ii)第 5(1)(b)条(目的限制)。

犯罪与税收:一般条款

2.(1)GDPR 条款均不适用于出于以下目的,可能有损第(a)款至第(c)款所述任何事项的已经处理的个人数据:

(a)预防或侦察犯罪行为;

(b)逮捕或起诉罪犯;或者

(c)税款或相同性质的征收的评估和收取。

(2)第(3)分款适用于以下情形:

(a)根据第(1)(a)分款至第(1)(c)分款所述目的,个人数据是由某人("控制者 1")处理;以及

(b)另一人("控制者 2")为履行法定职能而获得控制者 1 的资料,并为履行法定职能对其进行处理。

(3)控制者 2 免除 GDPR 以下条款的义务:

(a)第 13(1)条至第 13(3)条(从资料主体收集的个人数据:需提供的资料);

(b)第 14(1)条至第 14(4)条(除数据主体以外收集的个人数据:需提供的资料);

(c)第 15(1)条至第 15(3)条(确认处理,获取数据和第三国转让的保障措施);以及

(d)第 5 条(一般原则),只要其条款符合第(a)款至第(c)款所述条款规定的权利和义务。

在同一程度上,控制者 1 凭借第(1)分款豁免了这些义务。

犯罪和税收:风险评估系统

3.(1)第(3)分款中列出的 GDPR 规定不适用于数据主体的分类个人数据,作为第(2)分款之下的风险评估系统的一部分,这些规定的适用将阻止该制度有效运作。

(2)若满足以下条件,风险评估系统将适用本款规定:

(a)由政府部门,地方机关或管理住房福利的其他主管部门运营。

(b)出于以下目的而运营:

(i)税款或相同性质的征收的评估和收取;或者

(ii)如涉嫌有关的罪行涉及非法使用公款或非法使用公款付款,为预防、侦破罪犯或逮捕、检控罪犯。

(3)第(1)分款参照的GDPR条款是GDPR[根据GDPR第23(1)条可能限制的权利和义务]的以下条款:

(a)第13(1)条至第13(3)条(从资料主体收集的个人数据:需提供的资料);

(b)第14(1)条至第14(4)条(除数据主以外收集的个人数据:需提供的资料);

(c)第15(1)条至第15(3)条(确认处理,获取数据和第三国转让的保障措施);

(d)第5条(一般原则),其规定对应于第(a)款至第(c)款所述条款规定的权利和义务。

移民

4.(1)对于以下任何一项目的,只要这些规定的适用可能会损害第(a)款和第(b)款所述的任何事项,则列出的GDPR条款均不适用于已经处理的个人数据:

(a)维持有效的移民管制,或者

(b)调查或监测会破坏有效移民管制维持的活动。

(2)第(3)分款适用于:

(a)个人数据由人工处理("管理者1");以及

(b)另一人工("管理者2")将从管理者1处获得数据用于第(1)(a)分款和第(1)(b)分款中涉及的任一目的,并就该目的进行处理行为。

(3)管理者1对GDPR的下列义务享受豁免,根据第(1)分款的规定,管理者2同样也对这些义务享有豁免:

(a)第13(1)条至第13(3)条(个人数据从数据主体提供的信息中收集);

(b)第14(1)条至第14(4)条(个人数据从数据主体提供的信息以外的信息收集);

(c)第15(1)条至第15(3)条(确认处理行为、获取数据及第三国转让的保障措施);

(d)第5条(一般原则)仅需条款规定符合第(a)款至第(c)款规定中

列明的权利义务。

法律或法律程序所要求披露的信息

5. (1)管理者必须按法律规定向社会公开信息,列出的 GDPR 规定不适用于上述被公开的信息组成的个人数据,这种规定的适用在一定程度上会妨碍管理者履行义务。

(2)列出的 GDPR 规定不适用于法律、法律规则或法庭规则所要求披露的个人数据,这种规定在一定程度上会妨碍管理者进行数据披露。

(3)列出的 GDPR 规定不适用于下列必须进行数据披露的个人数据:

(a)为法律程序或与法律程序有关的目的(包括前瞻性法律程序);或者

(b)为了获得法律建议或以其他方式确立、行使或维护合法权利。

第二部分　第 23(1)条的限制:对第 13 ~21 条规则的限制

对 GDPR 条款的限制:"列出的 GDPR 规则"

6. 本部分"列出的 GDPR 规则"是指下列 GDPR 规定[根据 GDPR 第 13 条(1)款可能限制的权利义务]:

(a)第 13(1)条至第 13(3)条(从数据主体处收集的个人数据:需提供的资料);

(b)第 14(1)条至第 14(4)条(从数据主体以外处收集的个人数据:需提供的资料);

(c)第 15(1)条至第 15(3)条(确认处理行为、获取数据及第三国转让的保障措施);

(d)第 16 条(修改权);

(e)第 17(1)条和第 17(2)条(删除权);

(f)第 18(1)条(处理限制);

(g)第 20(1)条和第 20(2)条(数据移植权);

(h)第 21(1)条(异议处理);

(i)第 5 条(一般原则)仅需该条款与第(a)分款至第(h)分款规定的权利义务相一致。

公共保护的职能设计

7. 列出的 GDPR 规则不适用于为了下列目的履行职能而处理的个人数据:

(a)表格第一栏所列行为;以及

(b)满足表格第二栏指定职能有关的条件;

这些规定的适用在某种程度上可能会妨碍职能的适当履行。

表格

职能设计	适用条件
1. 该职能是为了保护公众应对以下情形： 因银行、保险、投资、其他金融服务或法人团体管理的有关规定而引发的欺诈、渎职、不适当、无资格或其他严重不当行为造成的财产损失； 因免除或未清偿的破产债务处理行为造成的财产损失；或者 欺诈、渎职、不适当、无资格或其他严重不当行为，当事人被授权从事任何职业或活动	该职能： (a)按照法律为某人授权； (b)皇家、内阁大臣及政府部门的职能；或者 (c)具有公共性，且为维护公共利益而行使
2. 该职能用于以下目的： 防止慈善机构或社会公益公司（包括其董事会、董事及其其他个体员）管理中的行为不当或管理不善； 为了保护慈善机构或社会公益公司的财产免遭损失和滥用；或者 恢复慈善机构或社会公益公司的财产	该职能： (a)按照法律为某人授权； (b)皇家、内阁大臣及政府部门的职能；或者 (c)具有公共性，且为维护公共利益而行使
3. 该职能用于以下目的： 确保公众在工作中的健康、安全、与福利；或者 保护第三人免遭与工作人员行为有关或由工作人员行为引起的健康、安全风险	该职能： (a)按照法律为某人授权； (b)皇家、内阁大臣及政府部门的职能；或者 (c)具有公共性，且为维护公共利益而行使
4. 该职能是为了保护社会成员应对以下情形： 公共团体管理不善； 公共团体提供服务失灵；或者 公共团体对其需要履行的服务职能失灵	按法律对下列人员授予职能： 行政机关议会行政专员； 英国地方行政专员； 英国健康服务专员； 威尔士公共服务监察员； 爱尔兰公共服务专员；或者 苏格兰公共服务监察员
5. 该职能用于以下目的： 保护公众免受商业活动者的行为对其利益的不利影响； 如果商业活动相关协议、行为的目标及预防效果限制或扭曲了竞争，则对其进行规范；或者 规范滥用市场支配地位的部分或多个企业的行为	根据法律将该职能授予竞争与市场管理局

有关法律、卫生服务和儿童服务的监管职能

8.(1)列出的 GDPR 规则不适用于为了执行第(2)分款所列职能而处理的个人数据,这些规定的适用在某种程度上可能会妨碍职能的适当履行。

(2)该职能是:

(a)法律事务委员会的职能。

(b)《2007 年法律服务法》第六部分计划中的申诉受理职能(法律申诉)。

(c)受理下根据以下法规所提出的申诉的职能:

(i)《2006 年国民健康申诉法》第 14 条;

(ii)《2003 年健康和社会保健法》第 113(1)条或第 113(2)条或第 114(1)条或第 114(3)条(社区健康和标准);

(iii)《1989 年儿童法》第 24 条或第 26 条;或者

(iv)《2005 年公共服务专员(威尔士)法》第 2A 部分。

(d)根据《2014 年社会服务和健康法案(威尔士)》第十部分第一章受理申诉或投诉的职能(anaw 4)。

其他监管机构的职能

9.列出的 GDPR 规则不适用于为了执行下列职能而处理的个人数据:

(a)表格第一栏所述者的职能;以及

(b)依据表格第二栏被授权者的职能。

若适用这些规定可能会阻碍职能的适当履行。

表格

被授权人	如何授权
1. 金融监察专员	依照《2000 年金融服务与市场法》第十六部分
2. 金融监管者投诉的调查专员	依照《2012 年金融服务法》第六部分
3. 除竞争与市场管理局以外的消费者保护执法者	依照 CPC 规则
4. 相关行政管理机构监察专员	依照《1989 年地方政府住房法》
5. 威尔士相关行政管理机构监察专员	依照《2002 年地方政府法案》
6. 威尔士公共服务专员	依照《2000 年地方政府法案》

10. 在第9条的表格中：

“消费者保护执法者”和《2002年企业法》第213(5A)条中的“CPC执法者”含义相同；

《2002年企业法》第235A条中对“CPC规则”做出了解释；

《2000年金融服务与市场法》第十六部分对“金融监察专员”做出了解释(见该法案第225条)；

“金融监管者投诉的调查人员”是指根据《2012年金融服务法》第84(1)(b)条被指定的人；

“相关行政管理机构”的含义同《1989年地方政府住房法》第5条中的含义相同,相关行政管理机构的“监察人员”意为根据该条被指定的人员；

“威尔士相关行政管理机构”的含义同《2002年地方政府法》第49(6)条的“相关行政管理机构”含义相同,相关行政管理机构的“监察专员”同该法案第三部分中的含义相同。

议员特权

11. 所列的GDPR规则不适用于为避免侵害议会两院特权所需的个人数据。

司法任命、司法独立和司法程序

12. (1)若个人数据处理行为是为了评估其能否任职司法机关或是王室法律顾问机关,则所列的GDPR规则不适用于该数据。

(2)规则不适用于以下个人数据处理行为：

(a)以司法权能作出的个人行为;或者

(b)法庭或审委会基于其司法权能作出的行为。

(3)至于第(1)分款、第(2)分款以外的个人数据,若适用这些规定可能会损害司法独立和司法程序,则GDPR所列的规则不适用。

授予荣誉、尊严和任命

13. (1)上述GDPR规则不适用于为授予荣誉和尊严而处理的个人数据。

(2)上述GDPR规则不适用于为了评估其是否适合下列职位而处理的个人数据：

(a)英国国教教会大主教、主教、副主教；

(b)英国国教教会总教堂教长；

(c)两王室专属教堂教长及教士；

(d)第一和第二国教才财产管理专员；

(e)郡治安长官;

(f)剑桥大学三一学院和丘吉尔学院教师;

(g)伊顿公学学院院长;

(h)桂冠诗人;

(i)皇家天文学家。

(3)国务大臣可以根据法规修改第(2)分款的列表:

(a)撤销某一官职;或者

(b)根据女王任命增加职位。

(4)第(3)分款的规定需通过积极解决程序。

第三部分　第23(1)条的限制:他人权利保护

他人权利保护:一般保护

14.(1)只要GDPR第5条与本附则第15(1)条至第15(3)条中的权利义务相一致,GDPR第15(1)条至第15(3)条(处理的确认、数据的访问及数据向第三国传输的保障措施)不可强制管理者向数据主题进行信息披露,若这此行为会导致其他个体的可识别信息遭泄露。

(2)第(1)分款规定的管理者义务在下列情形不能被免除:

(a)其他个体同意将数据披露给数据主体;或者

(b)未经同意向数据主体披露信息的行为被认为是合理的。

(3)管理者判断未经同意进行数据披露是否合理需要考虑以下因素:

(a)将被披露的信息类型;

(b)涉他信息保密责任;

(c)管理者为得到其他个体同意而采取的措施;

(d)是否有能力作出同意;以及

(e)其他个体对同意表示异议。

(4)为了下列目的:

(a)“其他个体有关信息”包括以其他个体作为信息源而识别到的信息。

(b)如果该个体可以通过下列信息被识别,个体可通过管理者提供给数据主体的信息被识别:

(i)该信息;或者

(ii)该信息,或任何其他管理者合理认为数据主体可能获得或拥有的数据。

医护人员、社会工作者以及教育工作者责任的合理承担

15.(1)为了实现14(2)(b)款的目的,下列情形下未经其他个体同意而对数据主体进行数据披露,需考虑该行为的合理性:

(a)健康数据测试;

(b)社会工作数据测试;或者

(c)教育数据测试。

(2)满足健康数据测试的情形:

(a)正在处理的信息里包含健康记录;以及

(b)其他个体是编制、促成健康记录的保健专业人员,或基于其健康专业的能力参与了对数据主体的诊断、护理和治疗。

(3)满足社会工作数据测试的情形:

(a)涉及以下主体:

(i)少年法庭官员;

(ii)按照附则3第8款将被或已被其他个体或机构雇佣,且履行信息相关的职能者;或者

(iii)因提供类似相关社会服务职能而获取报酬的者。

(b)信息是关于具有公职身份的其他个体或通过以下方式获取信息的其他个体:

(i)利用公职身份;或者

(ii)根据第(a)(iii)款与其规定的服务有关的人。

(4)满足教育数据测试的情形:

(a)其他个体是教育相关工作者;或者

(b)教育局雇佣[根据《1980年教育(苏格兰)法案》]的履行教育和以下职能的其他个体:

(i)与其他个体担任雇员资格有关的信息;或者

(ii)其他个体提供的关于自己担任雇员资格的信息。

(5)本条中:

"少年法庭官员"是指附则3第8(1)(q)款、第8(1)(r)款、第8(1)(s)款、第8(1)(t)款或者第8(1)(u)款所列人员;

"教育相关工作者"是指附则3第14(a)款或第14(4)(b)款或第16(4)(a)款或第16(4)(b)款所列人员;

“相关社会服务职能”是指第 8(1)(a)款、第 8(1)(b)款、第 8(1)(c)款或第 8(1)(d)款所列职能。

第四部分　第 23(1)条的限制:对第 13～21 条规则的限制

GDPR 的规则被限制为:“列出的 GDPR 规则”

16. 本部分“列出的 GDPR 规则”是指下列 GDPR 规定[其中的权利义务可根据 GDPR 第 13(1)条的规定被限制]:

(a)第 13(1)条至第 13(3)条(从数据主体处收集的个人数据:需提供的资料);

(b)第 14(1)条至第 14(4)条(从数据主体以外处收集的个人数据:需提供的资料);

(c)第 15(1)条至第 15(3)条(确认处理行为、获取数据及第三国转让的保障措施);以及

(d)第 5 条(一般原则)仅需该条款与第(a)分款至第(c)分款规定的权利义务相一致。

法律职业特权

17. 对于由法律职业特权所主张的信息或在苏格兰的法律诉讼中基于保密性通信而保留的信息组成的个人数据,列出的 GDPR 规则不适用。

自首

18. (1)当事人不需遵守列出的 GDPR 规则,若遵守该规定会导致该犯罪的起诉者通过揭示某犯罪证据而被暴露。

(2)第(1)分款所列的犯罪不包括基于以下法规法所犯的罪行:

(a)本法案规定的行为;

(b)《1911 年伪证法》第 5 条(除发誓外的虚假陈述);

(c)《1994 年刑法》(联合)(苏格兰)第 44(2)条(除发誓外的虚假陈述);或者

(d)《1979 年伪证罪法》(北爱尔兰)第 10 条[S. I. 1979/1714(N. I. 19)](虚假法定声明和其他未宣誓的虚假陈述)。

(3)如果当事人根据 GDPR 第 15 条进行信息披露,则不容许以基于本法案犯罪之由对该人提起诉讼。

公司财务

19. (1)列出的 GDPR 规则不适用于相关人在 A 或 B 情形下为公司金融

服务而处理的个人数据。

(2)情形A是指适用上述GDPR规则的可能会影响票据价格。

(3)情形B是指:

(a)相关人有理由相信如果对正在处理的个人数据适用GDPR规则会影响以下方面的个人决策:

(i)是否买卖、认购或发行证券;或者

(ii)按规则行事是否可能会对商业活动产生影响(如影响某人的战略调整、企业的资本结构、法律或企业或资产的实益所有权)。

(b)适用列出的GDPR规则的可能会对金融市场的有序运行或经济资本配置效率产生不良影响。

(4)本条中:

"公司金融服务"是指以下行为包含的服务:

(a)包销发行、配售票据;

(b)与包销有关的服务;或者

(c)调整企业资本结构、产业战略和相关事务的建议,以及与兼并、收购企业相关的服务和建议。

"证券"是欧洲议会2004/39/EC号指令附件一c条以及2004年4月21日市场金融工具委员会所指的票据,证券包括尚未存在但可能被创造处的票据。

"价格"包括价值。

"相关人"是指:

(d)根据《2000年金融服务和市场法案》第4A部分获得许可,执行公司金融服务而不违反一般禁令者;

(e)该法案附则3第5(a)款或第5(b)款中提到的,按照附则第12款获得合理授权后即可合法执行企业金融服务的EEA企业;

(f)对企业金融服务一般禁令享受豁免者:

(i)依据该法案第38(1)条要求获得豁免结果,或者

(ii)存在该法案第39(1)条的情形(任命代表);

(g)第(a)款、第(b)款或第(c)款以外不违反一般禁令,合法执行企业金融服务者;

(h)在雇佣期间,为其雇主提供第(b)款或第(c)款所述"企业金融服

务”以外服务者;

(i)为其他合伙人提供条款以外服务的合伙人。

(5)第(4)分款“相关人”的定义,其中的“一般禁令”是指《2000 年金融服务和市场法》第 19 条中所指一般禁令。

管理预测

20. 所列的 GDPR 规则不适用于,为了商业或其他活动相关的管理预测或管理规划而处理的个人数据,若适用这些规则可能会损害商业或相关活动。

协商

21. 所列的 GDPR 规则不适用于,包含管理者与数据主体进行任何协商的意图记录的个人数据,若适用这些规则的可能会阻碍协商。

机密资料

22. 列 GDPR 规则不适用于,为了以下目的而由管理者提供(或将提供)的机密资料组成的个人数据:

(a)对数据主体的教育、培训或雇佣(或潜在教育、培训、雇佣);

(b)对数据主体就职任何机关的任命(或潜在任命);或者

(c)数据主体提供(或潜在提供)的服务。

测试底稿及测试分数

23. (1)上述 GDPR 规则不适用于,由测试候选人提供的信息所组成的个人数据。

(2)若由经管理者处理的结果或其他信息组成的个人数据:

(a)是为了确认测试的结果,或者

(b)是因为对测试的结果的确认,

由 GDPR 第 12(3)条或第 12(4)条设定的,要求控制者提供数据主体在特定期间内所需信息的义务,因为适用 GDPR 第 15 条(处理的确认、数据的访问及数据向第三国传输的保障措施),需按照第(3)分款所述进行修改;

(3)若问题是就管理者是否应当根据 GDPR 第 15 条的要求进行数据披露所产生,且该问题是在测试结果宣布前产生的,管理者必须在以下期限内提供第 12(3)条或第 12(4)条所述的信息:

(a)自问题产生之日起的 5 个月内,或者

(b)如更早,自宣布结果之日起 40 天内。

(4)该条中,“测试”意为学术性、专业性或其他用于判定候选人知识、智力、技巧或能力的测试,这种测试可能包括对候选人在企业工作或其他活动中

表现的评估。

(5)基于本款规定,考试结果被公开之日为宣布之日或者,若未被公开,则为第一次告知候选者之日。

第五部分　第85(2)条的豁免:表意与通信自由

新闻、学术、艺术、文学目的

24.(1)本条中的"特殊目的"指以下一项或多项目的:

(a)新闻业目的;

(b)学术目的;

(c)艺术目的;

(d)文学目的。

(2)上述GDPR规则不适用于,仅为了达到以下范围内的特殊目而处理的个人数据:

(a)个人数据是为了新闻、学术、艺术或文学材料的个人出版而被处理的;

(b)管理者合理相信材料的公布符合公共利益;以及

(c)管理者合理相信适用一项或多项GDPR所列规则不符合特殊目的。

(3)判断信息公布是否符合公共利益,管理者必须考虑公共利益在表意与通信自由中的特殊重要性。

(4)为明确信息公布符合公共利益的确信是否合理,管理者必须顾及第(5)分款所列的所有关于公布问题的业务指导或指引。

(5)业务指导或指引是指:

(a)《BBC编辑指引》;

(b)《广电守则》;

(c)《IPSO编辑业务指导》。

(6)国务大臣根据法规修改第(5)分款的列表。

(7)第(6)分款的规定属于积极解决程序。

(8)为了该条目的,列出的GDPR规则是以下GDPR的规则[根据GDPR第85(2)条可被豁免或废除]:

(a)GDPR第二章(原则):

(i)第5(1)(a)条至第5(1)(e)条(程序原则);

(ii)第 6 条(合法性);

(iii)第 7 条(肯定条件);

(iv)第 8(1)条和第 8(2)条(儿童同意);

(v)第 9 条(特殊类别数据处理);

(vi)第 10 条(刑事判决相关数据);

(vii)第 11(2)条(无须识别的程序)。

(b)GDPR 第三章(数据主体的权利):

(i)第 13(1)条至第 13(3)条(从数据主体处收集的个人数据:需提供的信息);

(ii)第 14(1)条至第 14(4)条(从数据主体以外收集的个人数据:需提供的信息);

(iii)第 15(1)条至第 15(3)条(处理的确认、数据的访问及数据向第三国传输的保障措施);

(iv)第 16 条(修改权);

(v)第 17(1)条和第 17(2)条(删除权);

(vi)第 18(1)条(处理限制);

(vi)第 20(1)条和第 20(2)条(移动数据权);

(viii)第 21(1)条(异议处理)。

(c)GDPR 第 7 章(合作与一致性):

(i)第 60 ~ 62 条(合作);

(ii)第 63 ~ 67 条(一致性)。

(9)为了执行该条规定的“公开”,有关的新闻、学术、艺术、文学材料应提供给公众或部分公众。

第六部分　第 89 条的部分废除:研究、统计和归档

研究和统计

25.(1)列出的 GDPR 规则不适用于,为以下目的而处理的个人数据:

(a)为了科学或历史研究目的;或者

(b)统计目的。

若适用这些规则会妨害或严重影响正在处理的目的的实现。

这是根据第(3)分款作出的。

(2)列出的 GDPR 规则是指以下 GDPR 的规则[权利依据 GDPR 第 89

(2)条可被废除]:

(a)第15(1)条至第15(3)条(处理的确认、数据的访问及数据向第三国传输的保障措施);

(b)第16条(修改权);

(c)第18(1)条(处理限制);

(d)第21(1)条(异议处理)。

(3)第(1)分款规定的豁免仅适用于:

(a)根据GDPR第89(1)条进行的个人数据处理行为(参考第18条);以及

(b)由于不适用第15(1)条至第15(3)条,研究或统计结果没有在表格中列明用以识别数据主体。

公共利益归档

26.(1)根据第(3)分款列出的GDPR规则,不适用用于为了实现公共利益而处理的个人数据,这种规则的适用某种程度上会阻碍或严重影响以下目的的实现。

(2)列出的GDPR规则是指以下GDPR规则[权利依据GDPR第89(3)条可被废除]:

(a)第15(1)条至第15(3)条(处理的确认、数据的访问及数据向第三国传输的保障措施);

(b)第16条(修改权);

(c)第18(1)条(处理限制);

(d)第19条(通知义务);

(e)第20(1)条(移动数据权);

(f)第21(1)条(异议处理)。

(3)第(1)分款规定的豁免仅在个人数据依照GDPR第89(1)条(作为第18条的补充)处理时适用。

附则3 GDPR规则豁免:健康、社会工作、教育及虐待儿童数据

第一部分 被限制的GDPR规则:“所列GDPR规则”

1.附则中“所列GDPR规则”是指以下GDPR规则[权利和义务根据GDPR第23(1)条可被限制]:

(a)第 13(1)条至第 13(3)条(从数据主体处收集的个人数据:需提供的资料);
(b)第 14(1)条至第 14(4)条(从数据主体以外处收集的个人数据:需提供的资料);
(c)第 15(1)条至第 15(3)条(处理的确认、数据的访问及数据向第三国传输的保障措施);
(d)第 16 条(修改权);
(e)第 17(1)条和第 17(2)条(删除权);
(f)第 18(1)条(处理限制);
(g)第 20(1)条和第 20(2)条(移动数据权);
(h)第 21(1)条(异议处理);
(i)第 5 条(一般原则)只要其规定符合第(a)分款至第(h)分款的权利义务规定。

第二部分　健康数据

定义

2.(1)在本附则的此部分:

“合适的保健专业人员”是指是否通过有关健康数据的严重损害测试:

(a)目前或最近负责对与数据相关事项有关的数据主体进行诊断、护理或治疗的保健专业人员。
(b)当存在一个以上保健专业人员时,由最适合的保健专业人员对问题提出意见。
(c)由需要具备必要的经验和资历的保健专业人员对问题提出意见,当:
(i)没有第(a)款或第(b)款中规定的保健专业人员;或者
(ii)管理者是国务大臣,且数据的处理是其依照《1991 年儿童援助法案》《1995 年儿童援助法案》的职权履行,或国务大臣的职权是关于社会安全与战争抚恤金;或者
(iii)控制者是北爱尔兰的社区和政府部门,且数据的处理是其依照《1991 年儿童援助(北爱尔兰)法令》(S. I. 1991/2628)及《1995 年儿童援助(北爱尔兰)法令》(S. I. 1995/2702)的职权履行。

"战争抚恤金"与其在《1989年社会保险法案》第25条(战争抚恤金的设立及功能)中的含义相同。

(2)为了本附则本部分的目的,如果GDPR第15条的适用可能对数据主体或其他个体造成严重的身心伤害,则应通过有关健康的数据的"严重损害测试"。

GDPR规则豁免:由法庭进行的数据处理行为

3.(1)列出的GDPR规则不适用于健康相关数据,若该数据:

(a)是由法庭作出处理的,

(b)包含在适用第(2)款所列规则的诉讼程序中,被提交给法庭的报告或证据中的信息,以及

(c)根据这些规则,法庭可能扣留数据主体的全部或部分数据。

(2)这些规则是:

(a)《1969年裁判法院(儿童和青少年)规则(北爱尔兰)》(S. R. 1969 No. 221);

(b)《1992年裁判法院(儿童和青少年)规则》(S. I. 1992/2071(L. 17);

(c)《1996年家庭诉讼规则(北爱尔兰)》(S. R. 1996 No. 30 322);

(d)《1996年裁判法院[1995年儿童(北爱尔兰)法令](北爱尔兰)规则》(S. R. 1996 No. 323);

(e)《1997年(儿童保健和维护条例)集会法案》[S. I. 1997/291(S. 19)];

(f)《2010年家事诉讼程序程序规则》[S. I. 2010/2955(L. 17)];

(g)《2013儿童听证(苏格兰)法案(儿童听证程序条例)》(S. S. I. 2013/194)。

所列GDPR规则的豁免:数据主体的期望与愿望

4.(1)当健康数据的请求是根据成文法律法规授权行使权力而作出的且满足以下情形时,适用本条:

(a)在英格兰、威尔士或北爱尔兰,不满18岁的数据主体且需要父母对其承担责任的数据主体;

(b)在苏格兰,不满16周岁且需要父母对其承担责任的数据主体;或者

(c)数据主体无能力管理自己的事务,需要由法庭指定的人来管理

这些事务。

(2)所列GDPR规则不适用于以下范围内的,遵守信息披露的要求的健康相关数据:

(a)由数据主体提供并期望不披露给要求者的数据;

(b)作为测试或调查的结果被获取,数据主体同意不期望被披露的数据;或者

(c)数据主体明确表述不应被披露的数据。

(3)如果数据主体明确表示其不再有上述期望,则第(2)(a)分款和第(2)(b)分款的豁免不适用。

GDPR第15条的豁免:严重损害

5.(1)GDPR第15(1)条至第15(3)条(处理的确认、数据的访问及数据向第三国传输的保障措施)不适用于,在某种程度上通过了数据相关的严重损害测试的健康相关数据。

(2)非保健专业人员管理者不可依照第(1)分款持有相关健康数据,除非该控制者已经获得了从足以被认定为合适保健专业人员的建议,且通过了数据相关的严重损害测试。

(3)如果有以下情形,该建议对第(2)分款的目的不必要:

(a)该意见在相关期间开始前获得;或者

(b)该意见在相关期间获得,但在任何情形下对该合适保健专业人员的咨询都是合理的。

(4)此条中的"相关期间"是指依据该意见确定结束之日起的六个月内。

GDPR第15条的限制:合适保健专业人员的先先验观点

6.(1)GDPR第15(1)条至第15(3)条(处理的确认、数据的访问及数据向第三国传输的保障措施)不允许保健专业人员以外的控制者披露健康相关数据,除非该控制者已经获得了从足以被认定为合适保健专业人员的建议,且通过了数据相关的严重损害测试。

(2)根据第(1)分款的规定,如果健康相关数据已经被数据主体知晓或在数据主体知识范围之内,且控制者对此予以满意,这种规定在一定程度上不适用。

(3)如果有以下情形,该意见对第(1)分款的目的不重要:

(a)该意见在相关期间开始前获得;或者

(b)该意见在相关期间获得,但在任何情形下对该合适保健专业人员

的咨询都是合理的。

(4)此条中的“相关期间”是指依据该意见确定结束之日起的6个月内。

第三部分　社会工作数据

定义

7.(1)在本附则本部分：

“教育数据”在第17款中予以解释；

“健康和社会保健信托”是指根据《1991年健康和个人社会服务(北爱尔兰)法》建立的健康和社会保健信托；

“首席记者”是指根据《2011年儿童听证(苏格兰)法》任命的首席记者或依据该法案附则3第10(1)款被授予职权的苏格兰儿童首席记者行政官；

“社会工作数据”是指以下个人数据：

(a)适用第8款的数据;但

(b)不是教育或健康相关数据。

(2)为了本附则本部分的目的,如果适用GDPR第15条可能会损害社会工作的执行,那么相关社会工作需要通过“严重损害测试”,因为它可能会对数据主体或其他个体身心造成严重损害。

(3)第(2)分款,“执行社会工作”是指执行以下内容包含的工作：

(a)行使第8(1)(a)款、第8(1)(d)款、第8(1)(f)款至第8(1)(j)款、第8(1)(m)款、第8(1)(p)款、第8(1)(s)款、第8(1)(t)款、第8(1)(u)款、第8(1)(v)款或第8(1)(w)款规定的职权；

(b)提供第8(1)(b)款、第8(1)(c)款或第8(1)(k)条规定的服务；

(c)行使第8(1)(e)款规定的机构职权或第8(1)(q)款或第8(1)(r)款所规范的人员的职权。

(4)按照本附则本部分规定,参考包括锡利群岛议会在内的被地方机关处理或预先处理的数据,以及议会根据法律授权按照第8(1)(a)(ii)款规定的职权处理的和预先处理的数据。

8.(1)本条适用的个人数据是以下所列数据以外的数据：

(a)由地方机关处理的数据：

(i)关于《1970年地方机关社会服务法》所指的有关社会服务职权,或《1968年(苏格兰)社会工作法》规定的地方机关的职权,或关于该法案第5(1B)条;或者

(ii)履行第(i)分款规定的其他职权所获取的或由获取信息组成。

(b)由地区健康或社会关怀委员会处理的数据:

(i)提供《1972 年健康和个人社会服务法》中涉及的社会关怀;或者

(ii)是履行关怀有关规定的其他职权所获取的,或由获取信息组成。

(c)由健康和社会保健信托处理的数据:

(i)关于《1972 年(北爱尔兰)健康和个人社会服务法》中规定的,代表依《1994 年(北爱尔兰)健康和个人社会服务法》授权,地区健康和社会关怀委员会作出的社会关怀规则;或者

(ii)是履行关怀有关规定的其他职权所获取的,或由获取信息组成履行从该维护的有关规定中获取的或由该信息组成的其他职能。

(d)议会根据《1983 年健康和社会服务及社会保障裁决法案》附则 9 第二部分在履行职权时处理的数据。

(e)下述机构处理的数据:

(i)根据《2007 年犯罪管理法》第 5 条设立的缓刑信托基金;或者

(ii)根据《1982 年缓刑委员会法》(北爱尔兰)建立的北爱尔兰缓刑委员会。

(f)地方行政机关根据《1989 年儿童法》第 36 条或《1996 年教育法》第六部分第二章在履行职权时进行处理的数据,只要这些职权是关于确保适龄儿童(《1996 年教育法案》第 8 条中的含义)进入学校接受合适的义务教育。

(g)教育局根据《1995 年儿童(北爱尔兰)法》第 55 条或《1986 年教育与图书馆法案》附则 13 第 45 条在履行职权时进行处理的数据,只要这些职权是关于确保适龄儿童(《1986 年教育与图书馆法》第 46 条中的含义)进入学校接受符合他们年龄、能力、资质以及其他所需教育特殊因素的高质量全日制教育。

(h)教育局根据《1980 年(苏格兰)教育法》第 35 ~ 42 条在履行职权时进行处理的数据,只要这些职权是关于确保适龄儿童

[《1980年(苏格兰)教育法》第31条中的含义]进入学校接受符合他们年龄、能力、资质以及其他所需教育特殊因素的高质量全日制教育。

(i)根据《2006年国家健康服务法》第4条的规定,接受高度安全神经服务并在医院拘留的人提供的有关数据,根据该法案第28条建立的特殊健康局在履行类似地方机关的社会服务职能的职权时,应对该数据进行处理。

(j)根据《1986年心理健康法》第110条的规定,被拘留在特殊住处者的相关数据会被健康和社会保健信托在执行类似于地方机关社会服务职能的职权的条件下进行处理的数据。

(k)以下数据:

(i)全国学会、其他自愿组织或是根据国务大臣或北爱尔兰卫生部条款而设立的机构为了预防虐待儿童而进行处理的数据;以及

(ii)国务大臣或部委根据具体不同情况为了提供与第(a)款、第(b)款、第(c)款或第(d)款中履行特殊职能类似的服务而进行处理的数据。

(l)第(2)分款中的机构进行的数据处理:

(i)从第(a)款至第(k)款中行政管理机构及机关或政府部门处获得的或由获得的信息组成的数据,以及

(ii)第(a)款至第(k)款中行政管理机构及机关处理的从自己处获得的数据、或由获得的信息组成的数据。

(m)根据《2006年国家健康服务法》第25条的规定而首次建立的国家健康服务信托处理的数据。

(n)NHS信托基金会在履行与地方机关社会服务功能相类似的职能时进行处理的数据。

(o)政府部门的处理的数据:

(i)第(a)款至第(n)款规定的行政管理机关及机构处获得的或由获得的信息处理的数据;以及

(ii)符合这些条款规定的行政管理机关及机构处理的数据。

(p)国务大臣依照《1989年儿童法》第82(5)条中规定的职能处理的数据。

(q)由以下主体处理的数据:

(i)根据《2010 年家事诉讼程序》(S. I. 2010/2955)制定的儿童监护人;

(ii)根据《1995 年(北爱尔兰)儿童法令》(S. I. 1995/755)第 60 条或《1987 年(北爱尔兰)收养法令》(S. I. 1997/2203)第 66 条指定的诉讼监护人;或者

(iii)根据《(苏格兰)儿童听证法案》第 30(2)条或第 31(3)条指定的保护者。

(r)首席记者进行处理的数据。

(s)儿童家庭咨询支持服务法庭的官员根据《1989 年儿童法》第 7 条或《家事诉讼程序条例》第十六部分中规定的官员职能处理的数据。

(t)威尔士家事诉讼程序官员为实现《1989 年儿童法》第 7 条或《2010 年家事诉讼程序条例》第十六部分规定的职能处理的数据。

(u)服务官员根据《2010 年家事诉讼程序条例》第 16 条被任命为诉讼代理人后处理的数据。

(v)儿童家庭咨询与支持服务法庭为了实现《2000 年刑事司法和法院服务法》第 12(1)条、第 12(2)条以及第 13(1)条、第 13(2)条、第 13(4)条规定的职能而处理的数据。

(w)威尔士大臣为了《2004 年儿童法案》第 35(1)条和第 36(1)条、第 36(2)条、第 36(4)条、第 36(5)条、第 36(6)条规定的职能而处理的数据。

(x)合适大臣依照《2002 年收养和儿童法》第 12 条(独立审查决定)的规定为了实现职能处理的数据。

(2)第(1)分款中的机构是指:

(a)根据《2006 年(威尔士)国家健康服务法案》第 18 条、第 25 条首次建立的国民保健服务信托;

(b)根据《1990 年国家健康服务和社区护理法》第 5 条首次建立的国民保健服务信托;

(c)NHS 信托基金;

(d)根据《2006 年国家健康服务法》第 14D 条建立的临床调试小组;

(e)国家健康服务委员会;

(f)《2006 年(威尔士)国家健康服务法》第 11 条建立的地方卫生局;

(g)根据《1978 年(苏格兰)国家健康服务法》第 2 条建立的卫生局。

所列 GDPR 规则的豁免:法庭进行的数据处理

9. (1)所列 GDPR 规则不适用于以下与健康和教育数据无关的数据:

(a)由法庭进行处理的;

(b)第(2)分款所列规则的适用于报告里提供的资料或其提交法庭的其他证据;以及

(c)根据该项规则,法庭扣留数据主体全部或部分数据。

(2)涉及规章有:

(a)《1969(北爱尔兰)裁判法院(儿童或年轻人)条例》(S. R. 1969 No. 221);

(b)《1992 裁判法院(儿童或年轻人)条例》[S. I. 1992/2071(L. 17)];

(c)《1996(北爱尔兰)家事诉讼程序条例》(S. R. 1996 No. 322);

(d)《1996 裁判法院[1995 年儿童法令(北爱尔兰)规则]条例》(北爱尔兰)(S. R. 1996 No. 323);

(e)《1997(儿童保健和维护条例)集会法》[S. I. 1997/291(S. 19)];

(f)《2010 家事诉讼程序程序条例》[S. I. 2010/2955(L. 17)];

(g)《2013 儿童听证(苏格兰)法案(儿童听证程序条例)》(S. S. I. 2013/194)。

所列 GDPR 规则的豁免:数据主体的期待与盼望

10. (1)该条适用于行使法律法规授予的职权而获得的社会工作数据以及:

(a)在英格兰、威尔士或北爱尔兰,不满 18 岁的数据主体以及需要父母对其承担责任的数据主体;

(b)在苏格兰,不满 16 周岁的数据主体需要父母对其承担责任;或者

(c)数据主体无能力管理自己的事务,需要由法庭指定的人来管理这些事务。

(2)所列 GDPR 规则不适用于有关社会工作的数据,若遵守这些规则需要信息披露:

(a)由数据主体提供的数据,且数据主体要求不对要求提出者披露该

数据;

(b)从测试或调查中获得的结果,对于该结果,数据主体同意不进行数据披露;或者

(c)数据主体明确表述不应被披露。

(3)如果数据主体明确表示其不再有上述期待,则第(2)(a)分款和第(2)(b)分款的豁免不适用。

GDPR 第 15 条的豁免:严重损害

11. GDPR 第 15(1)条至第 15(3)条(处理的确认、数据的访问及数据向第三国传输的保障措施)不适用于社会工作数据,若需要通过有关数据的严重损害测试。

第 15 条的限制:首席记者的先验观点

12. (1)本款适用于:

(a)社会工作行政管理机构作为管理者是否履行了 GDPR 第 15(1)条至第 15(3)条规定的披露义务而产生的问题(处理的确认、数据的访问及数据向第三国传输的保障措施)。

(b)以下数据:

(i)由首席记者依据其法定职权的所为行为提供的数据;以及

(ii)该数据不是数据主体从首席记者处有权得到的数据。

(2)控制者必须在问题产生之日起的起 14 日内告知首席记者事实。

(3)GDPR 第 15(1)条至第 15(3)条(处理的确认、数据的访问及数据向第三国传输的保障措施)不允许控制者将数据披露给数据主体,但首席记者告知控制为者自己认为有关数据未通过过严重损害测试除外。

(4)该款“社会工作行政管理机构”是指实现《1968 年社会工作(苏格兰)法》中规定的目的地方机关。

第四部分　教育数据

教育记录

13. 附则该章中“教育记录”是指第 14 款、第 15 款和第 16 款的记录。

14. (1)本条款适用于以下列信息的记录:

(a)第(3)分款规定的由代表政府机构或英国和威尔士学校的老师处理的记录;

(b)与将是或已经是学校的学生有关的信息;以及

(c)本款第(4)分款规定的人或其代表的人提供的信息。

(2)但本款不适用于仅为老师自用所处理的信息。

(3)第(1)(a)分款中提到的学校是指:

(a)由地方机关出资维持的学校;

(b)《1996年教育法》第337条规定的,不由地方机关出资维持的特殊学校。

(4)本条第(1)(c)分款规定的人是指:

(a)出资维持学校的地方机关的雇员。

(b)在这些情况下:

(i)由《1998年学校标准和框架协议》规定的自愿帮助建造特殊学校的人;或者

(ii)在不由地方机关出资维持的学校里的教师或其他雇员(包括由地方机关通过合同雇佣以提供服务的教育心理学家)。

(c)与记录有关的学生。

(d)《1996年教育法》第576(1)条规定的学生父母。

(5)在这个条款中"地方机关"的定义由《1996年教育法》第579(1)条来确定。

15.(1)本条款适用于下列主体作出处理的信息记录:

(a)苏格兰教育管理机构所作;以及

(b)为行政管理机构相关作用发挥的目的所作。

(2)但本款不适用于仅为老师自用所处理的信息。

(3)为了本条款的目的,如果履行职权的程序涉及以下人员,教育管理机构为了该机构相关功能的发挥而进行数据处理:

(a)将是或已经是被权威机构供应的学校里的学生;或者

(b)接受或已接受了行政管理机构提供的深造。

(4)本款中的"相关功能"是指与教育权威机构相关的,并由《1980(苏格兰)教育法案》第1条和《1989年(苏格兰)自治学校法》第7(1)条规定的职能。

16.(1)本款规定适用于下列信息的记录:

(a)北爱尔兰的助学学校的老师或者政府的委员会代表处理的信息;

(b)是或曾是学校的学生有关的信息;以及

(c)来自或由第(4)分款规定的人的代表提供的信息。

(2)但本款不适用于仅为老师自用所处理的信息。

(3)本款中的"助学学校"的含义与《1986年北爱尔兰教育与图书馆令》中的规定相同。

(4)第(1)(c)分款中提到的人是指:

(a)学校的老师;

(b)除学校老师以外的教育管理机构的雇员;

(c)与记录有关的学生;

(d)《1986年(北爱尔兰)教育与图书馆命令》中第2(2)条中定义的父母。

其他定义

17.(1)附则中本部分:

"教育管理机构"与"深造"与《1980年(苏格兰)教育法案》规定中的含义相同。

"教育数据"是指:

(a)包含了构成教育记录信息;

(b)但并非健康相关数据。

"首席记者"是指2011年儿童听证会(苏格兰)任命的首席记者,或者是苏格兰儿童记者管理会的职员,此职员根据附则3第10(1)款,是可履行任何职权的首席记者。

"学生"是指:

(a)对于英格兰和威尔士,是《1996年教育法》中规定的经登记注册的学生;

(b)对于苏格兰,是《1980年(苏格兰)教育法》中规定的学生;以及

(c)对于北爱尔兰,是《1986年教育和图书馆命令(北爱尔兰)》中规定的经登记注册的学生。

"学校":

(a)对于英格兰和威尔士,与《1996年教育法》中的含义相同;

(b)对于苏格兰,与《1980年(苏格兰)教育法》中的含义相同;以及

(c)对于北爱尔兰,与《1986年教育和图书馆命令(北爱尔兰)》中的含义相同。

“老师”包括:

(a)英国的校长;以及

(b)在北爱尔兰学校的校长。

(2)为了实现本部分目的,如果GDPR第15条的适用可能对数据主体或其他个体的身体或精神健康导致严重的伤害,对于教育数据需要通过“严重损害测试”。

所列GDPR条款豁免:法庭处理的数据

18.(1)GDPR条款在以下情况不适用于教育数据:

(a)数据在法庭处理的;

(b)第(2)分款所列规则适用于提交给法庭的报告或其他证据中提供的资料;以及

(c)根据这些规定,数据可能会全部或部分被法院从数据主体扣留。

(2)这些规则是指:

(a)《1992裁判法院(儿童或年轻人)条例》[S. I. 1992/2071(L. 17)];

(b)《1969(北爱尔兰)裁判法院(儿童或年轻人)条例》(S. R. 1969 No. 221);

(c)《1996(北爱尔兰)诉讼程序条例》(S. R. 1996 No. 322);

(d)《1996裁判法院(1995年北爱尔兰儿童法令)条例》(北爱尔兰)(S. R. 1996 No. 323);

(e)《1997(儿童保健和维护条例)集会法》[S. I. 1997/291(S. 19)];

(f)《2010家庭诉讼规则》[S. I. 2010/2955(L. 17)];

(g)《2011年儿童听证会法案》、《2013(苏格兰儿童听证会程序)条例》(S. S. I. 2013/194)。

第15条的豁免:GDPR严重损害

19. GDPR第15(1)条至第15(3)条(处理的确认、数据的访问及数据向第三国传输的保障措施)不适用于通过严重损害测试的教育数据。

第15条的限制:首席记者的先前观点

20.(1)本款适用于:

(a)社会工作行政管理机构作为管理者是否履行了GDPR第15(1)条至第15(3)条规定的披露教育数据的义务而产生的问

题(处理的确认、数据的访问及数据向第三国传输的保障措施);以及

(b)管理者相信数据是:

(i)由首席记者或其代表,按其法定职权的履行而提供;以及

(ii)该数据不是数据主体从首席记者有权得到的数据。

(2)管理者必须在问题产生之日起的14日内告知首席记者事实。

(3)GDPR第15(1)条至第15(3)条(处理的确认、数据的访问及数据向第三国传输的保障措施)不允许管理者将数据披露给数据主体,但首席记者告知管理者自己认为有关数据没有通过严重损害测试除外。

第五部分 虐待儿童数据

第15条豁免:GDPR虐待儿童数据

21.(1)该条款适用于需要法律或法规授权而行使权力得到的儿童虐待的数据以及:

(a)父母需要对未满18周岁的数据主体承担责任;或者

(b)数据主体无能力管理自己的事务,需要由法庭指定的人来管理这些事务。

(2)虐待儿童数据不适用GDPR第15(1)条至第15(3)条(处理的确认、数据的访问及数据向第三国传输的保障措施)的规定,因这种规定的适用会使数据主体不能获得最大利益。

(3)数据主体是否正在遭受或存在虐待儿童风险的信息组成了"虐待儿童数据"的个人数据。

(4)为了该目的,"虐待儿童"包括对未满18周岁儿童的身体伤害(不包括意外伤害)、物质或精神忽视、虐待、性虐待。

(5)该条款不适用于苏格兰地区。

附则4 GDPR的豁免:披露的法定禁止或限制

GDPR规定的限制:"所列GDPR规则"

1.附则中"所列GDPR规则"意为下列GDPR规定[根据第23(1)条限制的权利义务]:

(a)第15(1)条至第15(3)条(处理的确认、数据的访问及数据向第三国传输的保障措施);

(b)第5条(一般原则)只要该规定符合第15(1)条至第15(3)条规定的权利义务。

人类受精与胚胎信息

2. 所列GDPR规则不适用于,由根据《1990年人类受精与胚胎法案》第31条、第31ZA条至第31ZE条、第33A条至第33D条的规定禁止或限制披露的信息组成的个人数据。

收养记录与报告

3. (1)所列GDPR规则不适用于,由根据第(2)分款、第(3)分款或第(4)分款所列规定禁止披露或限制的信息组成的个人数据。

(2)适用于英格兰和威尔士的法律有:

(a)《1983年收养机构条例》第14条(S. I. 1983/1964);

(b)《2005年收养机构条例》第41条(S. I. 2005/389);

(c)《2005年收养机构(威尔士)条例》(S. I. 2005/1313)(W. 95)第42条;

(d)《1984年收养条例》(S. I. 1984/265)第5条、第6条、第9条、第17条、第18条、第21条、第22条;

(e)《2005年家事诉讼程序(收养)条例》(S. I. 2005/2795)(L. 22)第24条、第29条、第30条、第65条、第72条、第73条、第77条、第78条;

(f)《2010年家庭诉讼规则》(S. I. 2010/2955)(L. 17)中第4.6条、第14.11条、第14.12条、第14.13条、第14.14条、第14.24条、第16.20条(只要适用于该规则第十四章在诉讼中指定儿童监护人)及第16.32条和第16.33条(只要其适用于该规则第十四章诉讼中的儿童及家事记者)。

(3)适用于苏格兰的法律有:

(a)《1996年收养机构(苏格兰)规章》(S. I. 1996/3266)(S. 254)第23条规则。

(b)《1994年法庭程序法案》(1994年苏格兰最高民事法院规则)(S. I. 1994/1443)(S. 69)第67.3条;

(c)《2009年法庭程序法案》第10.3条、第17.2条、第21条、第25条、第39条、第43.3条、第46.3条、第46.2条、第47条(郡法院规定修正案)[《2007年(苏格兰)收养和儿童法案》](S. S. I.

2009/284);

(d)《2009年(苏格兰)收养支持服务和津贴法规》第28(1)条(S. S. I. 2009/152);

(e)《2007年(苏格兰)收养和儿童法》第53条和第55条(asp4);

(f)《2009年(苏格兰)收养与儿童规章》第28条(S. S. I. 2009/154);

(g)《2009年(苏格兰)收养(亲生父母医疗信息及信息披露)法规》第3条(S. S. I. 2009/268)。

(4)适用于北爱尔兰的法令有:

(a)《1987年收养(北爱尔兰)法令》第50条和第54条(S. I. 1987)(N. I. 22);

(b)《1980年司法法院(北爱尔兰)条例》第84法令第53条(S. R. 1980/346);

(c)《1996年家庭诉讼规则(北爱尔兰)》第4A部分第4A.4(5)条、第4A.5(1)条、第4A.6(6)条和第4A.22(5)条、第4C.7条(S. R. 1996/322)。

特殊教育需求的声明

4.(1)所列GDPR规则不适用于,含有根据第(2)分款禁止或限制公开的信息的个人数据。

(2)上述法律包括:

(a)《2004年特殊教育需求和残疾规章》第17条(S. I. 2014/1530);

(b)《2005年(苏格兰)额外支持学习(协调支持计划)修正规章》第10条(S. I. 2005/518);

(c)《2005年(北爱尔兰)教育(特殊教育需求)规章》第22条(S. I. 2005/384)。

父母亲权记录与报告

5.(1)所列GDPR规则不适用于,含有根据第(2)分款、第(3)分款、第(4)分款被禁止或限制公开的信息的个人数据。

(2)适用于英格兰和威尔士的法律有:

(a)《2002年收养与合同法案》第60条、第77条、第78条和第79条,以及《2010年人工生殖和胚胎法案》(S. I. 2010/985)附表1和第2条修正部分中关于父母亲权令的规定是基于以下法案制定的:

(i)《1990年人工生殖和胚胎法案》第30条;或者

(ii)《2008 年人工生殖和胚胎法案》第 54 条。

(b)《1980 年治安法庭法案》第 144 条的规定,《2002 年收养和儿童法案》第 141(1)条,经修正的《2010 年人工生殖和胚胎法案》(父母亲权令)第 2 条和附表 1 中的关于下列情形的规定:

(i)父母亲权报告人的任命和义务;以及

(ii)保持登记,和对关于父母亲权令程序或相关程序的文件和信息的保管、检查和披露。

(c)《2003 年法庭法案》第 75 条,《2002 年收养和儿童法案》第 141(1)条,经修正的《2010 年人工生殖和胚胎法案》(父母亲权令)第 2 条和附表 1 中的关于下列情形的规定:

(i)父母亲权报告人的任命和义务;以及

(ii)保持登记,和对关于父母亲权令程序或相关程序的文件和信息的保管、检查和披露。

(3)适用于苏格兰的法律有:

(a)《2007 年收养和儿童法案》第 53 条和第 55 条,经修正的《2010 年人工生殖和胚胎法案》(父母亲权令)第 4 条和附表 3 中的关于父母亲权令的规定:

(i)《1990 年人工生殖和胚胎法案》第 30 条;或者

(ii)《2008 年人工生殖和胚胎法案》第 54 条。

(b)《1997 年法院程序法案》(儿童护理和保养规则)(S. I. 1997/291)第 2.47 条和第 2.59 条,或与该规则具有同等效力的替代规则。

(c)《2009 年郡法院收养规则》第 21 条和第 25 条。

(4)适用于北爱尔兰的法律有:

(a)《1987 年收养(北爱尔兰)令》第 50 条和第 54 条,经修正的《2010 年人工生殖和胚胎法案》(父母亲权令)第 4 条和附则 3 中关于父母亲权令的规定:

(i)《1990 年人工生殖和胚胎法案》第 30 条;或者

(ii)《2008 年人工生殖和胚胎法案》第 54 条。

(b)《1980 年(北爱尔兰)司法法院规则》84A 法令第 4 条、第 6 条和第 16 条规则,或者与该规则具有同等效力的替代规则;

(c)《1981 年(北爱尔兰)郡法院规则》50A 法令第 3 条、第 5 条和第 15 条(S. I. 1981/225),或者与该规则具有同等效力的替代规则。

儿童听证会中主要记者提供的信息

6. 被列举的 GDPR 法案不适用于含有以下法律禁止或限制公开信息的个人数据:

(a)《2011 年(苏格兰)儿童听证法案》(asp1)第 178 条;

(b)《2011 年(苏格兰)儿童听证法案》、《2013 年(儿童听证会程序)条例》(S. S. I. 2013/194).

附则 5 认证资质提供者:复审和申诉

介绍

1. (1)本附则适用于:

(a)向认证机构提出成为认证资质提供者申请的个人("申请人");以及

(b)对申请是否许可的决定有异议者。

(2)本附则所称的"认证机构"是指:

(a)专员;或者

(b)国家认证机构;

在第十六章中,"资质提供者"和"国家认证机构"同义。

复审

2. (1)申请人可以要求认证机构复审其申请决定。

(2)申请人的复审申请书须在收到认证机构书面决定通知书之日起 28 日内以书面形式提交。

(3)复审申请书须包括以下内容:

(a)被复审的决定;以及

(b)复审理由。

(4)复议申请书可以附上申请人希望认证机构在复审时参考的文件。

(5)若申请人提出本条第(1)分款至第(4)分款的要求,认证机构须:

(a)复审该决定;以及

(b)在收到复审要求之日起 28 日内,以书面方式将复审结果告知申请人。

申诉权

3. (1)若申请人对认证机构基于第 2 款做出的复审决定有异议,申请人可以要求认证机构将复审决定提交至基于第 4 款成立的申诉委员会。

(2)申请人须在收到复审决定书之日起3个月内提交书面形式的申诉申请书。

(3)申诉申请书须包括以下内容:

(a)被提交至申诉委员会的复审决定书;以及

(b)申诉理由。

(4)申诉申请书可以附上申请人希望申诉委员会在审查时参考的文件。

(5)申请人可随时提交书面撤销申请书撤销申诉申请。

申诉委员会

4.(1)若申请人根据本附则第3款提出申诉申请,申诉委员会须根据本条成立。

(2)申诉委员会须包括1名委员长和不少于2名委员。

(3)若被申诉决定的作出者为专员,则:

(a)国务大臣可指定除委员长以外的1名申诉委员会委员,以及

(b)满足上述第(a)款的同时,专员须指定1名委员会委员。

(4)若被申诉决定的作出者为国家认证机构,则:

(a)国务大臣:

(i)国务大臣可指定除委员长以外的1名申诉委员会委员;或者

(ii)可以指导专员指定除委员长以外的1名申诉委员会委员,以及

(b)满足上述第(a)款的同时,国家认证机构须指定1名委员会委员。

(5)符合下列条件的人员禁止担任申诉委员会成员:

(a)与被申诉决定具有利害关系;

(b)曾参加过与被申诉决定有关的事项;或者

(c)是认证机构的负责人或工作人员。

(6)专员不得担任自己作出的被申诉决定的申诉委员会成员。

(7)申诉申请人可对所有申诉委员会成员提出异议。

(8)若申诉申请人根据本条第(7)分款对申诉委员会成员提出异议,则被指定的成员者须另行指定一人。

(9)申诉申请人可以不行使本条第(7)分款赋予的异议权。

听证程序

5.(1)若申诉委员会认为有必要,须举行听证会,且申诉申请人和认证机构均须到场。

(2)申诉申请人和认证机构须在听证会举行前5日内提交希望申诉委员会参考的文件。

(3)申诉委员会可允许专家和证人出席听证会并提供证据。

申诉委员会的决定

6.(1)申诉委员会须在其依据本附则第4款成立之日起28日内:

(a)以书面形式向认证机构作出合理的建议书;以及

(b)将建议书副本送达申诉申请人。

(2)为了满足本条第(1)分款的要求,若申诉申请人基于本附则第4(7)款对申诉委员会成员提出异议,在新的成员被指定前申诉委员会未依据本附则第4款成立(或若申诉申请人对多个成员提出异议,最后一个新成员被指定之时申诉委员会成立)。

(3)认证机构须在收到建议书之日起3个工作日内:

(a)以书面形式作出合理的终审决定书;以及

(b)将终审决定书送达申诉申请人。

(4)若认证机构是国家认证机构,则建议书和终审决定书须由各机构的最高负责人作出。

(5)在本条中,“工作日”是指不包括以下时间的自然日:

(a)星期六或星期日;

(b)圣诞节或耶稣受难日;

(c)全国范围内基于《1971年银行及金融交易法》规定的银行休假日。

附则6 GDPR的适用以及第二章的适用

第一部分 GDPR的修正

介绍

1.基于第20(1)条的适用,以下对GDPR的修正具有同等效。

对GDPR及其条款的引用

2.除下列条款外,对GDPR及其条款的引用与GDPR及其条款的适用具有同等效力:

(a)经第9(f)款、第15(b)款、第16(a)(ii)款、第35款、第36(a)款和第36(e)(ii)款、第38(a)款、第46款和第47款修正的条款;

(b)在第61(2)条中插入第49款。

对欧盟法和成员国法的引用

3.(1)对"欧盟法""成员国法""成员国的法律""欧盟或成员国法律"的引用与对国内法的引用具有同等效力。

(2)本条第(1)分款是基于本附则本部分规定的修正。

(3)在本附则本部分内,"国内法"是指英国法或英国地方法,且包括法规,基于女王特权或法治制定的法律文件。

对欧盟和成员国的引用

4.(1)对"欧盟""某成员国""成员国"的引用与对英国的引用具有同等效力。

(2)本条第(1)分款是基于本附则本部分规定的修正。

监管机构的参考

5.(1)对某"监管机构"、某"主管监督机关"或"监管机构",无论何种表述,均指专员。

(2)上述第(1)分款不适用于以下条款的引用:

(a)经第9(f)款修正的第4(21)条;

(b)第57(1)(h)条;

(c)插入第49款的第61(1)条。

(3)本条第(1)分款也是基于本部分进行的修正。

对国会的引用

6.对"欧洲议会"的引用与对英国议会的引用具有同等效力。

GDPR的第1章(一般规定)

7.第2条修改为:

"2.本法规适用于2017年法案第三章第二部分的个人数据处理对GDPR适用(见2017年法案第19条)。"

8.第3条修改为:

"第3条 适用地域

"2017年法案第186条基于本法产生的效力与基于GDPR产生的效力相同,除非其做了以下修改:

"(a)本法对'本法案'的引用与对本法规的引用具有同等效力;

"(b)删除第(1)分条中',适用第(3)分条';

"(c)删除第(2)分条中',适用第(4)分条';

“(d)删除第(3)分条和第(5)分条;

“(e)删除第(7)分条中的‘或本法第57(8)条或第103(3)条(制造者在特定情况会被当作控制者)。’”

9. 在第4条(定义)中:

(a)在第(7)款中(“控制者”的含义),将“;由欧盟或成员国法律决定这些处理目的和含义时,控制者或对其特殊任命标准可以由欧盟或成员国法律规定”修改为“适用2017年法案的第5条(‘控制者’的含义)”;

(b)在第(7)款后,添加:“(7A)‘2017年法案’是指GDPR法案第20条以及该法案第2条其后规定的修正中适用于2017年数据保护法案的部分。”;

(c)删除第(16)款(“主要设施”的含义);

(d)删除第(17)款(“代表”的含义);

(e)在第(20)款(“结合社团规则”的含义)中,将“在成员国的地域内”修改为“在英国”;

(f)在第(21)款(“监管机构”的含义)中,在“一个成员国”后插入“(除了英国)”;

(g)在第(21)款后插入:“(21A)‘专员’是指信息的专员(见2017年法案第112条);”;

(h)删除第(22)款(“相关监管机构”的含义);

(i)删除第(23)款(“跨境处理”的含义);

(j)删除第(24)款(“相关合理反对”的含义);

(k)在第(26)款后加入:“(27)‘the GDPR’是指2017年法案中第2(10)条中的GDPR。”

GDPR的第二章(原则)

10. 在第6条中(处理的合法性):

(a)删除第2款;

(b)在第3款中,将第1分款修改为:

“除了2017年法案中第14条和附则2第一部分的规定,法规第1款第(c)项和第1款第(e)项关于处理的合法基础可以是由国务大臣主张。(见2017年法案第15条)”

(c)在第3款第2分款中,将“欧盟和成员国法律可以”改为“法规须”。

11. 在第 8 条(关于信息社会服务中儿童同意的适用情况):

(a)在第 1 款中,将第 2 分款修改为“本款适用 2017 年法案第 8 条的规定”;

(b)在第 3 款中,将“成员国的一般合同法”修改为“合同一般法与依据国内法执行的合同”。

12. 在第 9 条中(特殊种类的个人数据处理):

(a)在第 2(a)款中,删除“,但依照欧盟或者成员国的法律规定,第 1 款规定的禁止情形不能被数据主体援引的除外。”;

(b)在第 2(b)款中,将“欧盟或成员国法律”修改为“国内法(见 2017 年法案第 9 条)”;

(c)在第 2 款中,将第(g)项修改为:

“(g)处理的必要性基于社会公共利益以及国内法的授权(见 2017 年法案的第 9 条);”;

(d)在第 2(h)款中,将“欧盟和成员国法律”改为“国内法(见 2017 年法案第 9 条);”;

(e)在第 2(i)款中,在“欧盟和成员国法律”插入“国内法(见 2017 年法案第 9 条);”;

(f)在第 2 款中,将第(j)项修改为:

“(j)处理的必要性为基于公共利益,第 89(1)条规定的科学的或历史学的研究目的或统计学的目的(作为对 2017 年法案第 18 条的补充)并且经国内法授权(见 GDPR 第 9 条)。”;

(g)将第 3 款中两处“国家主管部门”修改为“英国国家主管部门”;

(h)删除第 4 款。

13. 在第 10 条(有关刑事定罪和罪行的个人数据的处理)第一句中,将“被欧盟或成员国法律授权为保护数据主体的自由和权利而提供保护措施的处理。”改为“国内法(见 2017 年法案第 9 条)”。

GDPR 第三章第 1 条(数据主体权利:信息透明度和信息机制)

14. 在第 12 条(数据主体行使权利的交流等)中,删除第 8 款。

GDPR 第三章第 2 条(数据主体权利:个人数据信息和获取)

15. 在第 13 条(数据主体收集的个人数据的提供)第 1 款中:

(a)删除第(a)项中的“适当时还要提供代表人的身份和详细联系

方式”;

(b)在第(f)项中,在“委员会”后添加“依据 GDPR 第 45(3)条”;

16. 在第 14 条(并非从数据主体处获取的个人数据的提供)中:

(a)在第 1 款中:

(i)在第(a)项中,删除“适当时还要提供代表人的身份和详细联系方式”;

(ii)在第(f)项中,在“委员会”后面添加“依据 GDPR 第 45(3)条”;

(b)在第(5)(c)款中,将“控制者应当根据联盟或者成员国法律所规定的”修改为“国内法规定”。

GDPR 第四章第 3 条(数据主体的权利:纠正权和删除权)

17. 在第 17 条[删除权(被遗忘权)]中:

(a)在第 1(e)款中,将“控制者所受制的联盟或成员国法律规定”修改为“基于国内法”;

(b)在第 3(b)款中,将“控制者所受制的联盟或成员国法律规定”修改为“基于国内法”。

18. 在第 18 条(限制处理权)中,将第 2 款中“联盟或成员国的”修改为“英国的”。

GDPR 第四章的第 4 条(数据主体的权利:拒绝权和自主决定权)

19. 在第 21 条(拒绝权)第 5 款中,删除“即使有欧共体 2002 年的指令,”。

20. 在第 22 条(自主化的个人决策,包括分析)中,将第(2)(b)款改为:“(b)是基于 2017 年法案第 13 条规定的‘合格的重大决定’;或者”。

GDPR 第三章第 5 条(数据主体的权利:限制权)

21. 在第 23 条(限制权)第 1 款中:

(a)将“联盟或成员国的法律规定数据控制者或处理者是主体”修改为“除了 2017 年法案附则 2 第 14 条、附则 3 和附则 4 的规定外,国务大臣”;

(b)将第(e)项中两处“联盟或成员国的”修改为“英国的”;

(c)在第(j)项后增加:“见 2017 年法案第 15 条。”

GDPR 第四章第 1 条(控制者和处理者;基本义务)

22. 在第 26 条(联合控制者)第 1 款中,将“控制者须遵守的联盟和成员国法律”改为“国内法”。

23. 删除第27条(未在联盟中设立的控制者或处理者的代理人)。

24. 在第28条(处理者)中:

(a)在第3款第(a)项中,将"处理者须遵守的联盟或成员国法律"改为"国内法";

(b)在第3款第(2)分款中,将"其他联盟或成员国关于数据保护的条款"改为"任何其他关于数据保护的国内法律";

(c)在第6款中将"第7款和第8款"改为"第8款";

(d)删除第7款;

(e)在第8款中,删除"并按照第63条所指的一致性机制"。

25. 在第30条(处理活动的记录)中:

(a)在第1款第一句中,删除"且适当时,还要提供控制者代理人的";

(b)在第1款第(a)项中,删除",控制者代理人";

(c)在第1款第(g)项中,在"32(1)"后插入"或2017年法案第26(3)条";

(d)在第2款第一句中,删除"且适当时,还要提供控制者代理人的";

(e)在第2款第(a)项中,删除"控制者或处理者的代理人,且";

(f)在第2款第(d)项中,在"32(1)"后插入"或2017年法案第26(3)条";

(g)在第4款中删除"且适当时,还要提供控制者或处理者代理人的"。

26. 在第31条(和监督机构的合作)中,删除"且适当时,还要提供控制者代理人的"。

GDPR 第四章第3条(数据保护影响评估以及事先咨询)

27. 在第35条(数据保护影响评估)中,删除第4款、第5款、第6款以及第10款。

28. 在第36条(事先咨询)中:

(a)将第4款修改为:

"4. 国务大臣在准备关于数据处理立法措施的提案前须咨询专员。";

(b)删除第5款。

GDPR 第四章第4条(控制者和处理者:数据保护局)

29. 在第37条(数据保护局人员的指派)中删除第4款。

30. 在第39条(数据保护人员的任务)第1(a)款和第1(b)款中,将"其他联盟或成员国关于数据保护的条款”修改为“其他关于数据保护的国内法规定”。

GDPR 第四章第 5 条(控制者和处理者:行为法规和认证)

31. 在第 40 条(行为法规)中:

(a)在第 1 款中,将“成员国、监管机构、董事会和委员会应当”修改为“专员须”;

(b)删除第 3 款;

(c)在第 6 款中,删除“,且与成员国所进行的处理活动没有联系的时候”;

(d)删除第 7 款至第 11 款。

32. 在第 41 条(行为法规的合法性监控)中,删除第 3 款。

33. 在第 42 条(认证)中:

(a)在第 1 款中:

(i)将“成员国、监管机构,理事会和委员会”修改为“专员”;

(ii)删除“,尤其在联盟内”;

(b)删除第 2 款;

(c)在第 5 款中,删除“或者基于根据第 63 条董事会所制定的标准。如果标准由董事会制定,将由欧洲数据保护局来进行认证。”

(d)删除第 8 款。

34. 在第 43 条(认证主体)中:

(a)在第 1 款第 2 句中,将“成员国应当确定这些认证主体”修改为“这些认证主体须”;

(b)在第 2 款第(b)项中,删除“或者是第 63 条所说的董事会的监管机构的认可”;

(c)在第 3 款中,删除“或者是第 63 条所说的董事会的监管机构的认可”;

(d)在第 6 款中,删除第二句和第三句;

(e)删除第 8 款和第 9 款。

GDPR 第五章(个人数据向第三国或者国际组织的传输)

35. 在第 45 条(基于充分决定的数据传输)中:

(a)在第 1 款中,在“被决定的”后面添加“根据 GDPR 第 45 条”;

(b)在第 1 款后添加:

“1A 基于第 1 款,个人数据不得向第三国或者国际组织的传输,除非专员做出的与下列第三国(包括第三国内某块领土或领域)或者国际组织有关的决定:

“(a)被中止;

“(b)被修改,或者

“(c)被废除,

通过专员基于 GDPR 第 45(5)条。”;

(c)删除第 2 款至第 8 款。

36. 在第 46 条(主体传输的保障措施)中:

(a)在第 1 款中,将“第 45(3)条”修改为“GDPR 第 45(3)条”;

(b)在第 2 款中,删除第(c)项;

(c)在第 2 款第(d)项中删除“且被专员经第 93(3)条规定的检查程序审查后许可”;

(d)删除第 4 款;

(e)在第 5 款中:

(i)在第一句中,将“成员国或者监管机构”修改为“专员”;

(ii)在第二句中,将“本条”修改为“GDPR 的第 46 条”。

37. 在第 47 条(约束性合作法规)中:

(a)在第 1 款第一句中,删除“对第 63 条的一致性机制进行约束性合作”;

(b)在第 2 款第(e)项中,将“成员国法院”修改为“法院”;

(c)在第 2 款第(f)项中,将“在成员国的地域范围内”修改为“在英国范围内”;

(d)删除第 3 款。

38. 在第 49 条(具体情形下的部分违反)中:

(a)在第 1 款第一句中:

(i)将“第 45(3)条”修改为“GDPR 的第 45(3)条”;

(ii)将“第 46 条”修改为“本法第 46 条”。

(b)在第 4 款中,将“由控制者所遵守的联盟法或者成员国法进行规定”修改为“国内法(见 2017 年法案第 17 条)”。

(c)将第 5 款修改为:

“5. 第 1 款适用 2017 年法案第 17(2)条的所有规定。”

39. 在第 50 条(关于个人数据的国际合作)中删除“委员会和”。

GDPR 第六章第 1 条(独立的监管机构)

40. 在第 51 条(监管机构)中:

(a)在第 1 款中:

(i)将“各成员国都应该至少规定一个负责独立公共机构”修改为“专员是”;

(ii)删除“与促进联邦范围内个人信息的自由流通(‘监管机构’)”。

(b)删除第 2 款至第 4 款。

41. 在第 52 条(独立性)中:

(a)在第 2 款中:

(i)将“各监管机构的成员”修改为“专员”;

(ii)将两处“他们的”修改为“专员的”。

(b)在第 3 款中:

(i)将“各监管机构的成员”修改为“专员”;

(ii)将两处“他们的”修改为“专员的”。

(c)删除第 4 款至第 6 款。

42. 删除第 53 条(监管机构成员的一般条件)。

43. 删除第 54 条(关于监管机构建置的规定)。

GDPR 的第六章第 2 条(独立的监管机构:权限、任务和职权)

44. 在第 55 条(权限)中:

(a)在第 1 款中,删除“在其所属成员国领域内”;

(b)删除第 2 款。

45. 删除第 56 条(主监管机构的权限)。

46. 在第 57 条(任务)中:

(a)在第 1 款第一句中,将“各监管机构应该在其管辖范围内”修改为“专员应该”;

(b)在第 1 款第(e)项中,删除“如果条件允许的话,可以请其他成员国的监管机构协助提供”;

(c)在第 1 款第(f)项中,删除“或与其他监管机构协调”;

(d)在第 1 款中,删除第(g)项、第(k)项和第(t)项;

(e)在第 1 款后添加:

"1A 在本条和第58条中对'本法'的引用与对本法规和2017年法案第26(3)条的引用具有同等效力。"

47. 在第58条(职权)中:

(a)在第1款第(a)项中删除"适当时还要提供处理者及其法定代表人提供任何信息";

(b)在第1款第(f)项中,将"联盟或者成员国程序法"修改为"国内法";

(c)在第3款中,删除第(c)项;

(d)删除第4款至第6款。

48. 在第59条(活动报告)中:

(a)将"政府以及由成员国法律指派的其他机构"修改为"和国务大臣";

(b)删除",向欧盟委员会、理事会"。

GDPR第七章(合作与协调)

49. 将第60条至第76条修改为:

"第61条

"1. 专员可基于本法行使其职能:

"(a)与其他监管机构合作,提供帮助或向其寻求帮助;

"(b)与其他监管机构联合执法,包括联合调查和联合强制措施。

"2. 专员须基于本法行使其职能,须重视:

"(a)欧洲数据保护理事会基于GDPR第68条发布的决定、建议、指导、推荐和最佳范例;

"(b)欧盟委员会基于GDPR第67条采纳的所有实施的法案。"

GDPR第八章(补救措施,责任以及处罚)

50. 在第77条(向监管机构提出控诉的权利)中:

(a)在第1款中,删除"尤其是其惯常居所地、工作地或侵权地的监管机构";

(b)在第2款中,将"被提起控诉的监管机构"修改为"专员"。

51. 在第78条(针对监管机构进行司法救济的权利)中:

(a)删除第2款;

(b)将第3款修改为:

"3. 对专员提起的诉讼需在英国的法院起诉。";

(c)删除第4款。

52. 将第79条(针对数据控制者及处理者的有效的司法救济权利)第2款修改为:

"2. 对控制着或处理者提起的诉讼需在英国的法院起诉(见2017年法案第167条)。"

53. 在第80条(数据主体的代理)中:

(a)在第1款中删除"符合成员国的法律规定";

(b)删除第2款。

54. 删除第81条(中止诉讼)。

55. 将第82条(赔偿权及责任)第6款修改为:

"6. 主张赔偿权的诉讼须在法院起诉(见2017年法案第167条)。"

56. 在第83条(征收行政罚款的一般情形)中:

(a)在第7款中,将"每个成员国"修改为"国务大臣";

(b)将第8款修改为:

"8. 2017年法案第113(9)条规定了基于本法专员权力的行使。2017年法案第6部分(执行)进一步规定了行政处罚(包括上诉条款)。"

(c)删除第9款。

57. 在第84条(处罚)中:

(a)将第1款修改为:

"1. 违反本法所适用的其他惩罚条款规定在2017年法案[见第六部分(强制措施)]。";

(b)删除第2款。

GDPR第九章(特定数据处理情形下的相关规定)

58. 在第85条(信息及信息表现形式的处理与自由)中:

(a)删除第1款;

(b)在第2款中,将"成员国应该"修改为"除有关条款规定另有规定外,国务大臣可以通过规定(见2017年法案第15条),";

(c)在第2款后添加:

"在本条中,'有关条款'是指2017年法案第14条和附则2第5部分。";

(d)删除第3款。

59. 在第86条(官方文件的处理以及公众获取)中,将"公共机构或实体所遵守的联盟法活成员国法律"修改为"国内法"。

60. 删除第 87 条(国家鉴定数据的处理)。

61. 删除第 88 条(职场数据处理)。

62. 在第 89 条(涉及公共利益、科学历史研究或者统计等目的的数据处理的保护与限制)中:

(a) 在第 2 款中,将“联盟法或者成员国法律可以”修改为“除有关条款规定另有规定外,国务大臣可以通过规定(见 2017 年法案第 15 条)”;

(b) 在第 3 款中,将“联盟法或者成员国法律可以”修改为“除有关条款规定另有规定外,国务大臣可以通过规定(见 2017 年法案第 15 条)”;

(c) 在第 3 款后添加:

“3A 在本条中,‘有关条款’是指 2017 年法案第 14 条和附则 2 第 6 部分。”

63. 删除第 90 条(保密义务)。

64. 删除第 91 条(教会与宗教协会现有的数据保护规则)。

GDPR 的第十章(委托行为与实施行为)

65. 删除第 92 条(委托权的行使)。

66. 删除第 93 条(委员会程序)。

GDPR 的第十一章(最终条款)

67. 删除第 94 条(废除第 95/46/EC 号指令)。

68. 删除第 95 条(与第 2002/58/EC 号指令之关系)。

69. 在第 96 条(与在先缔结协定之关系)中,将“被成员国”修改为“英国或者专员”。

70. 删除第 97 条(委员会报告)。

71. 删除第 98 条(委员会审查)。

72. 删除第 99 条(生效及适用)。

第二部分 对第二部分第二章的修正

介绍

73. 通过对第 20(2) 条的应用,本部分第二章按照以下修改发生效力。

一般性修改

74. (1) 对本法第二章及其条款的引用与对第二章及其条款的适用具有同等效力。

(2)除了第17(2)(a)条外,对GDPR及其条款的引用与对GDPR及其条款的适用具有同等效力。

(3)对第二章适用的个人数据诉讼的引用与第三章适用的个人数据诉讼的引用具有同等效力。

免除

75. 在第15条(进一步通过法规免除等权力)第(1)(a)分条和第(1)(d)分条中,将"成员国法律"修改为"国务大臣"。

附则7 主管部门

1. 除了非内阁部委的任何英国政府部门。
2. 苏格兰大臣。
3. 北爱尔兰的司法部。

警察机构长官和其他警察主体

4.《1996年警察法案》第2条规定的警力的保留的郡警察局局长。
5. 首都警务处处长。
6. 伦敦市警务处处长。
7. 北爱尔兰警察局局长。
8. 苏格兰警察局局长。
9. 英国交通警察局局长。
10. 核能警察的警察局长。
11. 国防部警察局局长。
12. 皇家海军警察局局长。
13. 英国皇家军事警察局局长。
14. 英国皇家空军警察局局长。
15. 以下部门的最高负责人:
    (a)基于《1847年海港和码头法案》第79条所任命的警队;
    (b)基于《1964年海港法案》第14条规定的法令所任命的警队;
    (c)基于《1968年伦敦港口法案》(c. xxxii)第154条所任命的警队。
16. 基于《1996年警察法案》第22A条的规定,根据合作协议组建的机构。
17. 警察非法行为独立办公室。
18. 警察调查和审查专员。
19. 北爱尔兰警方申诉专员。

其他具有调查职能的机构

20. 女税务和海关专员。

21. 国家犯罪局局长。

22. 严重欺诈办公室主任。

23. 边境收入署署长。

24. 金融市场行为监管局。

25. 卫生安全局。

26. 刑事案件复查委员会。

27. 苏格兰刑事案件复查委员会。

具有犯罪管理职能的机构

28. 警察服务的提供者(除国务大臣),按照根据《2007 年犯罪管理法案》第 3(2)条所做出的安排行事。

29. 英格兰和威尔士青少年司法委员会。

30. 英格兰和威尔士假释裁决委员会。

31. 苏格兰假释裁决委员会。

32. 北爱尔兰假释委员。

33. 北爱尔兰缓刑委员会。

34. 北爱尔兰囚犯特派员。

35. 执行合同或作为合同一方的人:

(a)基于《1991 年刑事司法法案》第 84 条规定的罪犯或者青少年犯劳改所;或者

(b)基于《1994 年刑事司法和公共秩序法案》第 7 条的安全培训中心。

36. 与国务大臣达成协议的人:

(a)基于《1991 年刑事司法法案》第 80 条规定,为了罪犯护送的安排;或者

(b)基于《1994 年刑事司法及公共秩序法案》附则 1 第 1 款,为了护送的安排的。

37. 根据法令负责安装针对个人的电子监控的人。

38. 基于《1998 年犯罪与骚乱法案》第 39 条规定组建的青少年犯罪特别工作组。

其他机构

39. 英国皇家检察署署长。

40. 北爱尔兰刑事检察处处长。
41. 检察长。
42. 地方检察官。
43. 公诉机关负责人。
44. 信息专员。
45. 苏格兰信息专员。
46. 苏格兰法院和法庭服务。
47. 刑辩律师。
48. 民事审判庭。

附则8　第三部分的敏感处理情形

司法和法定的目的

1. (1)若处理满足下列条件:
   (a)基于第(2)分款列举的目的是必要的;以及
   (b)为了重大公共利益是必要的。
(2)这些目的包括:
   (a)司法;
   (b)法律授权某人行使职权。

保护个人重要权益

2. 若处理对保护数据主体或者其他个人的重要权益是必要的,则满足条件。

已公开的个人数据

3. 若处理是关于显然是被数据主体自行公开的个人数据的,则满足条件。

法律诉讼和司法行为

4. 若处理对诉讼的提出、运作或辩护或当法庭运用其司法能力是必要的时,则满足条件。

防止欺诈

5. (1)若处理满足以下条件:
   (a)对防止欺诈或某种特别欺诈目的有必要。
   (b)包括:
      (i)参加反欺诈组织的机构公开个人数据;
      (ii)依据反欺诈组织制定的制度的机构公开个人数据;或者
      (iii)按照第(i)分款或者第(ii)分款对已公开数据的处理。

(2)在本条中,“反欺诈组织”与其在《2007 年严重犯罪法案》第 68 条中含义相同。

归档等

6. 处理满足下列条件时是必要的:

(a)基于公共利益的存档目的;

(b)基于科学或历史学研究目的;或者

(c)为了统计学目的。

附则 9　第四部分的处理的情形

1. 数据主体同意处理。

2. 处理在下列情况下是必要的:

(a)为了实施数据主体作为一方的合同;或者

(b)为了满足数据主体优先订立契约的要求。

3. 除合同约定的义务外,为遵守控制者法定义务而做的处理是必要的。

4. 为保护数据主体或其他主体的重要利益而做出的处理是必要的。

5. 在以下情况下的处理是必要的:

(a)为了司法;

(b)为了欧洲议会行使职能;

(c)为了个人行使法律授予的职权;

(d)为了皇室,皇室或政府部门的大臣行使职权;或者

(e)为了个人基于公共利益行使职权。

6. (1)下列主体为追求合法权益做出的处理是必要的:

(a)控制者;或者

(b)数据公开的第三方主体。

(2)在个案中因对数据主体的合法权益和自由有偏见而进行的无根据的处理不能适用第(1)分款。

(3)在本条中,与个人数据有关的“第三方”是指除数据主体、控制者或处理者或其他被控制者或处理者授权处理个人数据的主体以外的人。

附则 10　第四部分的敏感处理情形

对特定处理的同意

1. 数据主体对处理已同意。

雇佣的权利或义务

2. 为了实施控制者被法律赋予或施加的与雇佣有关的权利或义务的处理是必要的。

个人重大利益

3. 处理在下列情况下是必要的:

(a)在下列个案中,为了保护数据主体或者其他个人的重大利益:

(i)数据主体不同意或者同意不能代表数据主体;或者

(ii)控制者预计不能合理获得数据主体的同意;或者

(b)在个案中,为了保护其他个人的重大利益,数据主体的同意和预期同意被不合理地撤销了。

数据主体已公开的数据

4. 由于数据主体的故意行为导致个人数据中所含的信息被公开。

法律诉讼等

5. 处理:

(a)在为了或者有关任何诉讼(包括潜在的法律诉讼)时是有必要的;

(b)在为了获得法律意见时是有必要的;或者

(c)成立、行使或维护合法权利时是有必要的。

国家职能

6. 处理在下列情况下是有必要的:

(a)为了司法;

(b)为了上议院和下议院行使职能;

(c)为了个人行使法律授予的权利;或者

(d)为了皇室,皇室大臣或者政府部门大臣行使职能。

医疗目的

7. (1)处理是由下列主体基于医疗目的而做出时是必要的:

(a)专业医生;或者

(b)在某种情况下具有与专业医生同样的保密义务的个人。

(2)在本条中,“医疗目的”包括为了预防医疗、医疗检查、医学调查、医学治疗条款以及医疗服务制度安排。

平等

8. (1)处理:

(a)包括了类似于种族或民族身份等信息的敏感个人数据;

(b)为了识别或者保持正在审查的不同种族或民族起源的平等机会和公平待遇是否存在,重点在发展和保持这种平等之目的;以及

(c)为了数据主体的权利和自由实施保障措施。

(2)在本条中,“敏感个人信息”是指处理过程中包括敏感处理的个人信息[见第84(7)条]。

附则11 第四部分的其他豁免

序言

1. 在本附则中,“所列条款”是指:

(a)第二章(数据保护原则),除了第84(1)(a)条、第84(2)条、附则9和附则10;

(b)第三章(数据主体权利);

(c)第四章第106条(违反专员的个人数据交流)。

犯罪

2. 所列条款不适用于基于以下目的的个人数据处理,因所列条款的适用很可能会违背第(a)款或者第(b)款的规定:

(a)预防和发现犯罪;或者

(b)对违法者的逮捕和起诉。

法律等要求公开或者与法律诉讼有关的信息

3. (1)所列条款不适用于控制者具有公开信息的法律义务的信息,若所列条款的适用会阻碍控制者遵守上述义务。

(2)所列条款不适用于法律、规则或者其他法庭命令要求公开的数据,若所列条款的适用会阻碍控制者公开。

(3)若所列条款的适用会防止控制者公开,所列条款不适用于,基于以下目的被公开而必要的个人数据:

(a)为了或有关诉讼(包括潜在的法律诉讼);或者

(b)为了获得法律意见,或者为了设立、行使或维护法律权利。

议会特权

4. 所列条款不适用于为了防止对上议院和下议院特权的损害而被要求的个人数据。

司法诉讼

5. 所列条款不适用于若适用则损害司法诉讼的个人数据。

皇室荣誉和尊严

6. 所列条款不适用于基于皇室授权的数据处理。

军队

7. 所列条款不适用于此种情况的个人数据,若所列条款的适用将有损皇家军队战斗力。

经济福利

8. 所列条款不适用于此种情况的个人数据,所列条款的适用将有损英国经济福利。

合法职业权利

9. 所列条款不适用于,包含关于对合法职业权利的主张或者法律诉讼中的传输机密的信息的个人数据。

协商

10. 所列条款不适用于,包含关于数据主体参与的协商中控制者目的记录的个人信息,若适用所列条款将有损协商。

控制者对机密的引用

11. 所列条款不适用于,包含控制者基于以下目的秘密地提供(或者被提供)的相关个人数据:

(a)数据主体的教育、培训或者雇佣(或者预期的教育、培训或者雇佣)信息;

(b)数据主体所有的职位(或预期职位);

(c)数据主体的在任何服务中的条款(或预期条款)。

测试底稿和分数

12. (1)所列条款不适用于,含有在考试中被候选人记录信息的个人数据。

(2)当控制者对含有分数或者其他信息的个人数据进行处理,第92条效力的产生受第(3)分款的约束:

(a)为了确认考试结果;或者

(b)由于考试结果的确认。

(3)当有相关日期在考试结果公布日期前,第92(10)(b)条提到的期间将延长至以下日期:

(a)自相关日期起5个月内;以及

(b)考试结果公布之日起40日内。

(4)在本条中:

"考试"是指学术的,专业的或者其他用于考察候选者的知识、智力、技巧或者能力,也包括在候选者承担工作或其他活动的同时进行的对候选者表现的考察。

"相关日期"与其在第92条中含义相同。

(5)基于本款规定,考试结果被公开之日为宣布之日或者,若未被公开,则为第一次告知候选者之日。

调查和统计

13.(1)所列条款不适用于,基于以下目的处理的个人数据,若所列条款的适用将阻碍或损害考量因素:

(a)科学或者历史学研究目的;或者

(b)统计学目的。

(2)第(1)分款规定的豁免在以下情况下可适用:

(a)处理个人数据是为了对数据主体的权利和自由实施保障措施;以及

(b)调查结果或者任何统计结果不能通过表明数据主体的表格获得。

公共利益存档

14.(1)所列条款不适用于,为了公共利益存档而进行处理的数据,若所列条款的适用将阻碍或严重损害目的的达成。

(2)第(1)分款规定的豁免适用于为了保障数据主体的权利和自由而处理的个人数据。

附则12 信息专员

地位和职能

1.(1)专员一直是独立法人。

(2)专员及其工作人员不再作为皇室的公务员或代理人。

任命

2.(1)专员由女皇按照《英皇制诰》任命。

(2)不得向女皇推荐任命专员,除非相关人员是基于公正公开竞争的基础下据实被选举。

(3)专员任职不得超过7年,也可取决于依据第3款规定的专员任命的时间。

(4)一人只能被任命一次专员。

辞职和免职

3.(1)专员可自行要求被女皇解除职务。

(2)专员可被女皇基于上议院或者下议院的演说发言解除职务。

(3)上议院或下议院都不会基于发言采取行动,除非皇室大臣向议会提出报告并表达大臣已经同意满足以下条件:

(a)专员犯了严重不当行为;

(b)专员不再胜任其岗位。

工资等

4.(1)专员的工资由下议院的决议决定。

(2)专员的退休金由下议院的决议决定。

(3)基于本款的决议可以:

(a)详细规定工资或者退休金;

(b)详细规定工资或者退休金或增加其数量;或者

(c)各专员无论是在特定部门还是具有特殊能力,只要是为皇室服务,均享有同样的工资和退休金、同样的计算基础和支付。

(4)基于本款的决议生效于:

(a)决议被通过之日;或者

(b)决议规定的更早或更晚的日期。

(5)基于本款的决议可对专员不同部门负责人规定不同的退休金。

(6)本法规定的工资和退休金的费用和发放由统一基金负责。

(7)在本条中,"退休金"包括津贴和退职金,且对退休金发放的引用包括对退休金条款支付的引用。

职员和工作人员

5.(1)专员:

(a)应任命一名或多名副专员;以及

(b)可委任其他职员和工作人员。

(2)专员应决定依照本款受委任的人员的报酬及其他服务条件。

(3)专员可向依照本款受委任的人员支付津贴、抚恤金或酬金,包括通过补偿办公或工作中的相关损失的方式支付的津贴、抚恤金或酬金。

(4)在第(3)分款中提到的支付津贴、抚恤金或酬金,包括根据规定对津贴、抚恤金或酬金进行支付。

(5)在根据本条作出委任时,专员应在公平公开竞争的基础上遵循择优评选的原则。

(6)《1969 年雇主责任(强制保险)法案》中,没有要求专员进行保险投保。

通过职员和工作人员执行专员职务

6.(1)在以下情形,专员的职务应由一个或多个副专员执行:

(a)有一个专员的职位空缺;或者

(b)专员出于任何理由而无法采取行动。

(2)若专员委任了第二个或替补副专员,则专员需明确规定在第(1)分款提到的情况下各副专员应执行的专员职务。

(3)在专员授权的范围内,专员职务可以由专员的任意职员或工作人员执行。

专员印章的鉴定

7.专员印章应通过以下方式鉴定:

(a)专员的签名;或者

(b)为此目的获授权的其他个体员的签名。

专员所发文件的真实性鉴定

8.若一份文件是由专员发出的文书,以及

(a)由专员盖章妥为签立;或者

(b)由专员或其代表签署。

该文件应被视为证据,且除非有相反的显示,应认定为为专员所发文书。

钱款

9.国务大臣向专员的钱款支付由议会拨款承担。

费用和其他款项

10.(1)专员所收到的所有用于执行专员职务的费用和其他款项,均应由专员向国务大臣支付。

(2)当国务大臣在财政部的同意下另有指示,第(1)分款不适用。

(3)国务大臣基于第(1)分款所收到的所有款项,均应存入统一基金。

账目

11.(1)专员应:

(a)备存妥善账目或其他与账目相关的记录;以及

(b)按照国务大臣的指示,准备关于每一财政年度的账目报表。

(2)专员应将报表副本发送给主计审计长:

(a)在报表相关年度完结后的 8 月 31 日当日或之前;或者

(b)按照财务部的指示,在当年完结后的较早日期的当日或之前。

(3)主计审计长需对报表进行检验、认证和报告。

(4)专员应安排复印报表和主计审计长提交给议会的报告。

(5)本条中“财政年度”是指从 4 月 1 日开始,为期 12 个月的时间区间。

苏格兰

12. 第 1(1)条、第 7 条和第 8 条不适用于苏格兰。

附则 13　专员的其他一般性职权

一般性职权

1. 专员应:

(a)监管和实施本法案的第三部分和第四部分;

(b)促进公众认识和了解适用本法进行个人数据处理的风险、规则、保障和权利;

(c)对议会、政府和其他机构和团体为保护自然人适用本法处理个人数据的权利和自由所做的立法和行政措施提出建议;

(d)促进控制者和处理者对于其基于本法第三部分和第四部分所承担的责任义务的认识;

(e)应要求,向数据主体提供关于其基于本法第三部分和第四部分的数据主体权利行使信息,并在适当情形下,与 LED 监管机构及境外指定机构合作提供此类信息;

(f)与 LED 监管机构及境外指定机构合作,确保《执法指令》和《数据保护公约》适用和执行的一致性,包括分享信息和提供互助;

(g)对本法第三部分和第四部分的适用进行调查,包括根据 LED 监管机构、境外指定机构和其他公共机构所提供的信息;

(h)监测相关事态的发展,当其在某种程度上会影响个人数据的保护,包括信息通信技术的发展;

(i)促进由 GDPR 成立的欧洲数据保护委员会发起的,适用《执法指令》的关于个人数据处理的活动。

2. 专员有对适用本法第三部分和第四部分的相关个人数据处理进行调查、纠正、授权和警告的权力:

(a)向控制者或处理者发出通知,当其根据本法案第三部分和第四部分涉嫌侵权时;

(b)向控制者或处理者发出警告,当其即将进行的处理操作可能违反本法案第三部分和第四部分的规定时;

(c)向控制者或处理者发出谴责,当其处理操作已经违反本法案第三部分和第四部分的规定时;

(d)专员主动或应要求向议会、政府和其他机构和团体以及公民,就其任何个人数据保护相关问题的意见。

名词定义

3. 在此附则中:

"境外指定机构",是指由《数据保护公约》某一合约国(除英国外)为实现该合约第 13 条之目的而指定的机构;

"LED 监管机构",是指由《执法指令》成员国(除英国外)为实现该指令第 41 条之目的而设的监管机构。

附则 14　合作与互助

第一部分　《执法指令》

合作

1. (1)专员应为 LED 监管机构提供信息或协助,若专员认为这些信息或协助对接收者履行数据保护职能具有必要性。

(2)专员可以根据履行数据保护职能的需求,请求 LED 监管机构提供信息或协助。

(3)本条中的"数据保护职能",是指对自然人的个人数据处理所进行的相关保护。

LED 监管机构的提供信息或协助的请求

2. (1)本条适用于,当专员收到某 LED 监管机构提出的提供《执法指令》第 41 条所述信息或协助的请求,且该请求:

(a)解释了请求的目的和原因;以及

(b)包含了所有专员回复所需的必要信息。

(2)专员应:

(a)采取所有适当措施以回复请求,不得无故拖延,且在任何情形下,

在收到请求的 1 个月之内进行回复;以及

(b)通知 LED 监管机构结果,或者视情形告知为回应请求所采取措施之进展。

(3)专员不得拒绝接受请求,除非:

(a)专员没有完成该请求的权力;或者

(b)接受该请求将违背《执法指令》、欧盟法规或英国或英国部分地区的法律。

(4)若专员拒绝了 LED 监管机构提出的请求,应向该机构告知拒绝的理由。

(5)作为一般性规则,专员向 LED 监管机构提供其请求的信息时,应通过电子途径并使用标准化格式。

费用

3.(1)在第(1)分款和第(2)分款的情形下,根据本附则本部分需提供的任何信息和协助,都应是免费提供的。

(2)专员可与 LED 监管机构达成协议,规定专员与其他机构如何赔偿对方在特殊情况下提供协助所产生的费用。

信息使用的限制

4.当专员通过第 1(2)款的请求从 LED 监管机构获取到信息,专员仅可在请求规定的限度内对信息进行使用。

LED 监管机构

5.在此附则的此部分中,"LED 监管机构"是指由《执法指令》成员国(除英国外)为该指令第 41 条之目的而设的监管机构。

第二部分 《数据保护公约》

专员和境外指定机构的合作

6.(1)专员在向境外指定机构发出请求时,应:

(a)向该机构提供《数据保护公约》第 13(3)(a)条(数据保护领域的法律和行政法规中的信息)中所述信息作为请求的主体;以及

(b)依照《数据保护公约》第 13(3)(b)条采取适当措施,向该机构提供英国的个人数据处理相关信息。

(2)专员可以要求境外指定机构:

(a)提供《数据保护公约》第13(3)条中所述的信息;或者

(b)为提供该信息采取适当措施。

协助基于公约第14条发出请求的英国境外居住人士

7.(1)若该请求是由英国境外居住人士所发出的,为了行使其基于《数据保护公约》第8条在英国享有的任何权利的协助请求,包括通过国务大臣向专员发出的或向境外指定机构发出的请求时,适用本条。

(2)专员应采取恰当措施协助此人行使其权利。

协助基于公约第8条发出请求的英国居民

8.(1)当协助请求是为了行使其基于《数据保护公约》第8条,在请求指定国家或地区(除英国外)享有的任何权利时,适用本条:

(a)请求由英国居民发出;以及

(b)根据公约第14(2)条,通过专员提交。

(2)若专员确认请求包含所有公约第14(3)条所述的必要细条,则专员应将此请求发送给指定国家或地区的境外指定机构。

(3)否则,专员应在可行时告知请求发出者不需要专员协助的理由。

信息使用的限制

9.当专员从境外指定机构收到信息,作为以下请求的结果:

(a)专员基于第6(2)条作出的请求;或者

(b)专员基于第6(1)条或第7条收到的请求,

专员仅可在请求规定的限度内使用该信息。

境外指定机构

10.在此附则的此部分中,"境外指定机构"是指由《数据保护公约》成员国(除英国外)为该指令第13条之目的而指定的监管机构。

附则15 进入和检查之权力

违规犯罪行为相关的搜查令之发放

1.(1)当巡回法院法官或地区法院法官(治安法院)宣誓确认由专员提供的以下信息,适用此条:

(a)有合理根据怀疑:

(i)某一控制者或处理者已经或即将不符合第142(2)条的描述;或者

(ii)某一项本法案所规定的犯罪行为正在进行。

(b)有合理根据怀疑此种不符的证据或犯罪的罪行将在信息指定的处所被发现。

(2)法官可向专员授予搜查令。

关于评估通知的搜查令之发放

2.(1)当巡回法院法官或地区法院法官(治安法院)宣誓确认了由专员提供的信息(某控制者或处理者未能遵守评估通知规定的要求)时,适用此条。

(2)为了使专员能够确认控制者或处理者是否已遵守或将遵守数据保护立法,法官可向专员授予评估通知中规定的相关处所的搜查令。

发放搜查令的限制:特殊事由的处理

3.基于本附则,关于出于特殊事由的个人数据处理,法官不得发放许可,除非某项基于第 164 条的关于数据或处理的判决已经生效。

发放搜查令的限制:程序要求

4.(1)基于本附则,法官不得发放许可,除非:

(a)符合第(2)分款到第(4)分款的条件;

(b)遵守这些条件将会惊动目标进入被怀疑处所;或者

(c)专员需要紧急进入该被怀疑处所。

(2)第一个条件是,专员已提前 7 天向该被怀疑处所的占有者发出需要进入该处所的书面通知。

(3)第二个条件是:

(a)在合理的时间法发出进入该处所的要求,且受到了不合理的拒绝;或者

(b)进入该处所已被授权,但占有者不合理的拒绝遵守根据第 5 条所述已被允许进行任何行为的专员或专员的职员或工作人员之请求。

(4)第三个条件是,因为拒绝,该处所占有者:

(a)专员已就搜查令申请对其进行通知;以及

(b)曾有机会就是否应发放搜查令的问题向法官作出申诉。

(5)为确认第一个条件是否满足,向占有者发出的评估通知应不予考虑。

搜查令的内容

5.(1)一项基于此附则发出的搜查令应授权专员或专员的职员或工作人员:

(a)进入该处所;

(b)搜查该处所;以及

(c)查看、检验、操作和测试该处所内发现的任何用于或将被用于处理个人数据的仪器。

(2)一项基于第1条发出的搜查令应授权专员或专员的职员或工作人员:

(a)检查并扣押该处所内发现的任何可作为该条所述的违规或违法行为证据的文件及其他材料;

(b)要求该处所内的任意人员就任何该处所内发现的文件或其他材料进行说明;以及

(c)要求该处所内的任意人员提供为确定控制者或使用者是否已违反或将违反第142(4)条的目的,可合理要求的其他此类信息。

(3)一项基于第2条发出的搜查令应授权专员或专员的职员或工作人员:

(a)检查并扣押该处所内发现的任何能够使专员确定控制者或使用者是否已遵守或将遵守数据保护立法的文件及其他材料;

(b)要求该处所内的任意人员就任何该处所内发现的文件或其他材料进行说明;以及

(c)要求该处所内的任意人员提供为确定控制者或使用者是否已遵守或将遵守数据保护立法的目的可合理要求的其他此类信息。

(4)一项基于此附则发出的搜查令应授权专员或专员的任何职员或工作人员,在该搜查令发出起7日内的任何时间可进行第(1)款到第(3)款所描述的所有行为。

搜查令副本

6.基于此附则发出搜查令的法官,应:

(a)发放两份该搜查令的副本;以及

(b)清晰地认证其为副本。

搜查令的执行:合理使用武力

7.基于此附则发出的搜查令的执行者,可在必要时合理使用武力。

搜查令的执行:执行时间

8.基于此附则发出的搜查令应在合理的时间执行,除非执行人认为,有理由怀疑在合理时间执行该搜查令会惊动搜查的对象。

搜查令的执行:处所占有者

9.(1)当搜查令执行时,基于此附则发出的搜查令涉及的处所有占有者

存在,搜查令的执行者应:

(a)向占有者出示搜查令;以及

(b)向占有者提供一份搜查令副本。

(2)否则,应将一份搜查令副本留在处所的显眼处。

搜查令的执行:文件等的扣押

10.(1)当基于本附则的搜查令执行者扣押某物时,适用本条。

(2)执行者应承索:

(a)出具一份扣押该物的收据;以及

(b)向处所的占有者提供一份收据副本。

(3)当搜查令执行者认为出具收据副本将导致无故拖延,则第(2)(b)款不适用。

(4)被扣押的物品在任何必要的情况下均可被保留。

检查和扣押的豁免问题:特权通讯

11.(1)基于本附则发出的搜查令所赋予的检查和扣押权力,不得在以下通信中使用:

(a)专业法律顾问与其当事人之间的通信;以及

(b)该通信是关于向客户提供有关数据保护法规定的义务、责任或权利的法律咨询。

(2)基于本附则发出的搜查令所赋予的检查和扣押权力,不得在以下通信中使用:

(a)专业法律顾问与其当事人之间的通信,或者该顾问或当事人与他人之间的通信;

(b)关于或考虑到基于数据保护立法或由其产生的诉讼的通信;以及

(c)通信是为了实现该诉讼的目的。

(3)第(1)分款和第(2)分款不阻止基于本附则发出的搜查令赋予的权力在以下方面的行使:

(a)某人(除专业法律顾问及其当事人外)财产中的任何物品;或者

(b)任何以推动犯罪的目的而持有的物品。

(4)第(1)分款和第(2)分款中所提到的通信包括:

(a)通信的副本或其他记录;以及

(b)通信中依照第(1)(b)分款或第(2)(b)分款和第(2)(c)分款包含或参照的任何物品。

(5)第(1)分款到第(3)分款中所提到的专业法律顾问的当事人,包括该当事人的代表。

检查和扣押的豁免问题:议会特权

12. 基于本附则发出的搜查令所赋予的检查和扣押权不得行使,当此权力的行使可能涉及侵犯议会大厦的特权时。

部分豁免材料

13. (1)如基于本附则发出的搜查令相关的处所占有者,反对基于搜查令进行的对任何材料的检查和扣押(以其中部分包含这些权力不可行使之事项为理由)时,本条适用。

(2)如执行者发出此种请求,此人应当向执行者提供这些材料的副本,以视同为未豁免于该权力。

搜查令的归还

14. (1)已执行的基于此附则发出的搜查令:

(a)应在执行后归还给法官;以及

(b)执行者在搜查令中需做书面声明,说明此搜查令的权力已执行。

(2)如基于此附则发出的搜查令未予执行,需在授权执行的时间内,将搜查令归还给法官。

违法行为

15. (1)为以下行为视为违法:

(a)故意阻碍基于此附则发出的搜查令的执行人员;或者

(b)当执行人员为执行搜查令而作出合理要求时,无合理理由拒绝给予该搜查令执行者协助。

(2)为以下行为视为违法:

(a)为回应基于第5(2)(b)款或第5(2)(c)款或第5(3)(c)款的请求,在材料方面做明知虚假的陈述;或者

(b)为回应该请求,不计后果的在材料方面做虚假陈述。

自证其罪

16. (1)某人为回应基于第5(2)(b)款、第5(2)(c)款、第5(3)(b)款或第5(3)(c)款的请求给出的解释或提供的信息,仅可用于反证此人:

(a)在基于第(2)款规定的罪行起诉中。

(b)在任何其他罪行的起诉中:

(i)在给予证据证明此人作出的说明与解释或信息不一致;

(ii)与解释或信息相关的证据被此人或此人的代表举证,或者相关问题被此人或此人的代表询问。

(2)这些规定是:

(a)第 15 条;

(b)《1911 年伪证法》第 5 条(虚假的未宣誓陈述);

(c)《1995 年刑事诉讼法(苏格兰)》第 44(2)条(虚假的未宣誓陈述);或者

(d)《1979 年伪证法(北爱尔兰)》第 10 条(虚假的法定陈述和虚假的未宣誓陈述)。

船舶、车辆等

17. 在此附则中:

(a)"处所"包括船舶、车辆或其他形式的运输工具;以及

(b)处所的占有者包括对此船舶、车辆或其他形式的运输工具进行管理的人员。

苏格兰

18. 此附则在苏格兰的适用:

(a)如诉诸苏格兰法官或简易程序的苏格兰法官,诉诸巡回法院法官具备效力;

(b)对经宣誓的信息具备效力,如该信息来自于经宣誓的证据;以及

(c)对发出搜查令的法院具备效力,如他们是法官的职员。

北爱尔兰

19. 此附则在北爱尔兰的适用:

(a)对巡回法院法官具备效力,如其为一名郡法院法官;以及

(b)对经宣誓的信息有效力,如其来自经宣誓的申诉。

附则 16 罚　　款

罚款的含义

1. 本附则所中的"罚款"是指由罚款通知规定的罚款。

罚款意向的通知

2. (1)在向某人发出罚款通知前,专员应就发出罚款通知的意向对此人进行书面通知("意向通知")。

(2)意向通知发出超过6个月后,专员不得再据该意向通知发出罚款通知。

意向通知的内容

3.(1)一项意向通知应包含以下信息:

(a)专员拟向其发出罚款通知者的姓名和地址;

(b)专员拟向其发出罚款通知的原因[见第(2)分款];

(c)专员拟实施的罚款数额,包括专员拟考虑的所有加重和减轻情条;

(d)专员拟发出罚款通知的日期。

(2)第(1)(b)分款所要求的信息包括:

(a)对违规行为的情况描述;以及

(b)若该通知是就第142(2)条所述的违法行为作出的,个人数据的性质包含在此中违法行为中。

(3)一项意向通知还需:

(a)说明该人可就专员拟发出罚款通知的意向作出书面陈述;以及

(b)规定可作出书面陈述的时间期限。

(4)所规定的可作出书面陈述的时间期限,从意向通知发出之日起算不得少于21天。

(5)若专员认为,给予某人就专员拟发罚款通知的意向作口头陈述的机会是恰当的,意向通知书还应:

(a)说明该人可作该种陈述;以及

(b)规定作该种陈述的安排,以及该陈述应在何时或何种期间内作出。

罚款通知的发出

4.(1)在规定的作口头或书面陈述的时间或期限完结前,专员不得发出罚款通知。

(2)在决定是否发出罚款通知及罚款的金额时,专员应考量此人根据意向通知作出的所有口头或书面陈述。

罚款通知的内容

5.(1)罚款通知书应包含以下信息:

(a)接收人的姓名和地址;

(b)发出给此人的意向通知的细条;

(c)专员是否收到了此人就意向通知作出的口头或书面陈述;

(d)专员拟发出罚款通知的理由[见第(2)分款];

(e)该罚款数额的理由,包括专员计划考虑的所有加重和减轻的情条;

(f)支付罚金的细条;

(g)基于第154条的上诉权的细条;

(h)专员基于本附则的执行权的细条。

(2)第(1)(d)分款中要求的信息包括:

(a)对违法情况的描述;以及

(b)当通知是就基于第142(2)条所述的违法行为发出的,个人数据的性质应含在违法行为中。

罚金缴付期限

6.(1)罚金应在罚款通知所规定的期限内缴付给专员。

(2)罚金缴付期限自罚款通知发出之日起算不得超过28天。

变更罚款

7.(1)专员可通过向罚款通知接收者发出书面通知(罚款变更通知)的方式对罚款通知进行变更。

(2)罚款变更通知中应明确规定:

(a)相关的罚款通知;以及

(b)罚款如何变更。

(3)罚款变更通知不可:

(a)缩短罚金支付的期限;

(b)提高罚款的金额;

(c)以其他可能损害罚款通知接收者的方式更改罚款通知。

(4)如:

(a)罚款变更通知减少了罚款金额;以及

(b)在变更通知发出前缴付的钱款,多于减少后的罚款金额。

专员应就超额部分进行偿还。

撤销罚款

8.(1)专员可通过向罚款通知接受者发出书面通知的方式对罚款通知进行撤销。

(2)若罚款通知撤销,专员:

(a)不可再基于第148条或本附则的规定,就通知中的相关违法行为采取任何进一步的行动;以及

(b)应偿还根据该通知缴付的所有金额。

执行罚款

9.(1)专员不得采取行动收回罚款,除非:

(a)基于第6款规定的期限已结束;

(b)所有针对罚款通知的诉讼已判决或以其他方式终结;

(c)如该罚款通知已被变更,所有针对罚款变更通知的诉讼已判决或以其他方式终结;以及

(d)控制者或处理者就罚款通知或罚款变更通知提起诉讼的期限已过。

(2)在英格兰和威尔士,罚款是可收回的:

(a)如地方法院作出此种命令(若缴付罚款的根据是该法院的命令);

(b)如高等院作出此种命令(若缴付罚款的根据是该法院的命令)。

(3)在苏格兰,罚款可以按照苏格兰任意郡法院执行搜查令时提取注册法令仲裁的方式被强制执行。

(4)在北爱尔兰,罚款是可收回的:

(a)如地方法院作出此种命令(若缴付罚款的根据是该法院的命令);

(b)如乡高等院作出此种命令(若缴付罚款的根据是该法院的命令)。

附则17 相关记录

相关记录

1.(1)第171条中的"相关记录"是指:

(a)健康记录;

(b)有关定罪或警告(见第2款)的相关记录;或者

(c)相关犯罪记录(见第3款)。

(2)若一项记录仅关于或将关于属于第19(2)条的个人信息(FOI公共机构保存的手动非结构化个人数据),则该记录并非"相关记录"。

定罪或警告的相关记录

2.(1)"定罪或警告的相关记录"是指该记录:

(a)已经或即将由数据主体,在第(2)分款中所列举之人的数据主

体访问权的行使中获得;以及

(b)包含定罪或警告的相关信息。

(2)这些主体包括:

(a)《1996 年警察法》所含警力范围内的郡警察局局长;

(b)首都的警务处处长;

(c)伦敦市的警务处处长;

(d)北爱尔兰警察局局长;

(e)苏格兰警察局局长;

(f)英国犯罪局的局长;

(g)国务大臣。

(3)在本条:

“警告”是指给予英格兰、威尔士或北爱尔兰公民的有关犯罪的、在给予时即被承认的警告;

“定罪”与《1974 年罪犯自新法令》及《1978 年(北爱尔兰)罪犯自新法令》[S. I. 1978/1908(N. I. 27)]中所指相同。

法定职权的相关记录

3.(1)“法定职权的相关记录”是指:

(a)已经或即将由第(2)分款中所列举的数据主体根据其数据主体访问权实际获得;以及

(b)包含与此人相关职能具备关联的信息。

(2)主体包括

(a)国务大臣;

(b)北爱尔兰的社区与地方政府部门;

(c)苏格兰大臣;

(d)披露和禁令服务人员。

(3)对于国务大臣,“相关职权”是指:

(a)涉及基于以下法案被判处拘役的人员的国务大臣职权:

(i)《2000 年刑事法院量刑权限法》第 92 条;

(ii)《1995 年(苏格兰)刑事诉讼法法案》第 205(2)条或第 208 条;或者

(iii)《1968 年(北爱尔兰)儿童和青少年法案》[c. 34(N. I.)]第 73 条。

(b)涉及基于以下法案被监禁或拘留的人员的国务大臣职权:

(i)《1952 年监狱法》;

(ii)《1989 年(苏格兰)监狱法》;或者

(iii)《1953 年(北爱尔兰)监狱法》[c. 18(N. I.)]。

(c)基于以下法案的国务大臣职权:

(i)《1992 年社会保险缴费和补贴法》;

(ii)《1992 年社会保障管理法》;

(iii)《1995 年求职者法》;

(iv)《2007 年福利改革法案》第一部分;或者

(v)《2012 年福利改革法案》第一部分。

(4)对于北爱尔兰的社区与地方政府部,"相关职权"是指其基于以下法案的职权:

(a)《1992 年(北爱尔兰)社会保险缴费和补贴法》;

(b)《1992 年(北爱尔兰)社会保障管理法》;

(c)《1995 年(北爱尔兰)求职者法》[S. I. 1995/2705(N. I. 15)];或者

(d)《2007 年(北爱尔兰)福利改革法案》[c. 2(N. I.)]。

(5)对于苏格兰大臣,"相关职权"是指其基于《2007 年(苏格兰)弱势群体保障法》(asp14)第一部分及第二部分的职权。

(6)对于披露和禁令服务人员,"相关职权"是指其基于以下法案的职权:

(a)《2006 年弱势团群保护法》;或者

(b)《2007 年(北爱尔兰)弱势群体保护法》[S. I. 2007/1351(N. I. 11)]。

数据访问权限

4. 在此表中,"数据访问权限"是指基于以下法案所享有的权利:

(a)GDPR 第 15 条(数据访问权);

(b)GDPR 第 20 条(反对权);

(c)本法案第 43 条(执法程序:数据主体的访问权);

(d)本法案第 92 条(情报服务程序:数据主体的访问权)。

个人数据未经处理的记录状态

5. 为了本附则的设置目的,一项处于控制者未对关于某一特定问题的个人数据进行处理之状态的记录,应是一个被视为包含该问题相关信息的记录。

修订权

6.(1)国务大臣可以依律修订此附则。

(2)根据本条制定的规则服从于积极解决程序。

附则 18 轻微及相应修订

《1974 年消费者信贷法令》(c.39)

1.(1)《1974 消费者信贷法案》作如下修订。

(2)在第 157 条(代理机构姓名等披露义务)中:

(a)第(2A)(a)分条中,“《1998 年数据保护法案》”替换为“GDPR”;

(b)第(2A)(b)分条中,在“任何”后插入“其他”;

(c)第(4)款后插入:

“(5)本条所述‘GDPR’与其在《2017 年数据保护法案》第五部分及第七部分中的定义相同[详见该法案第 2(14)条]。”

(3)在第 159 条(错误信息纠正)中:

(a)在第(1)(a)分款中,“《1998 年数据保护法案》第 7 条”替换为“GDPR 第 15(1)条至第 15(3)条(处理的确认、数据的访问及数据向第三国传输的保障措施)”;

(b)在第(8)分条后插入:

“(9)本条所述‘GDPR’与其在《2017 年数据保护法案》第五部分及第七部分中的定义相同[详见该法案第 2(14)条]。”

《1998 年数据保护法案》(c.29)

2.《1998 年数据保护法案》已废除。

《1999 年移民和庇护法案》(c.33)

3.(1)《1999 年移民和庇护法案》的第 13 条(被遣送或驱逐出境的人员身份证明)做如下修订。

(2)第(4)分条替换为:

“(4)为了 GDPR 第 49(1)(d)条之目的,根据本条所提交的证明数据,是基于重大公共利益所进行的必要的个人数据传输。”

(3)在第(4)分条后插入:

“(4A)‘GDPR’与其《2017 年数据保护法案》第五部分及第七部分中的定义相同[详见该法案第 2(14)条]。”

《2000 年信息自由法》(c.36)

4.《2000 年信息自由法》作如下修订。

5. 在第 2(3)条(绝对豁免)中,第(f)款替换为:

“(f)第 40(1)条,

“(fa)第 40(2)条至于有关符合该款前述 5 项条件的情况,”。

6.(1)第 40 条(个人信息)作如下修订。

(2)在第(2)分条中:

(a)第(a)款中的“做(do)”替换为“做(dose)”;以及

(b)第(b)款中的“第一或第二”替换为“第一、第二或第三”。

(3)第(3)分条替换为:

“(3A)第一个条件是,信息的披露面向公众,除本法:

“(a)将违反任何数据保护原则,或者

“(b)如《2017 年数据保护法》第 22(1)条(公共机构持有的手动非结构化数据)的豁免不予考虑。

“(3B)第二个条件是,信息的披露面向公众,除本法将违反 GDPR 第 21 条(一般处理:处理对象的权利)。”

(4)第(4)款替换为:

“(4A)第三个条件是:

“(a)当访问个人数据请求是根据 GDPR 第 15(1)条(一般处理:数据主体的访问权)发出,该信息将会依照或根据由《2017 年数据保护法案》中的第 14 条、第 15 条或第 24 条,或者附则 2、附则 3 或附则 4 作出的规定被扣留;或者

“(b)当请求是基于该法第 43(1)(b)条(执法程序:数据主体的访问权)发出的,该信息将依照该条第(4)分条的规定被扣留。”

(5)第(5)分条替换为:

“(5A)当所涉及的信息是(或该信息是由公共机构持有的)依照第(1)分条的豁免信息,不产生确认或否认的责任。

“(5B)当所涉及的其他信息属于以下任意情况时,不产生确认或否认的责任:

“(a)根据第 1(1)(a)条的规定,应给予某一公众成员确认或否认:

“(i)将违反任何数据保护原则(除本法案外);或者

“(ii)如《2017 年数据保护法》第 22(1)条(公共机构持有的手

动非结构化数据)的豁免不予考虑。

“(b)为遵照第1(1)(a)条的规定而给予某一公众成员确认或否认的行为,将违反GDPR第21条(一般处理:处理对象的权利);

“(c)当请求根据GDPR第15(1)条(一般处理:数据主体的访问权)发出,为了确认个人数据是否正在被处理,该信息将依照第(4A)(a)分条的规定被扣留;

“(d)当请求是基于《2017年数据保护法》第43(1)(a)条(执法程序:数据主体的访问权)发出,该信息将依照该条第(4)分条的规定被扣留。”

(6)删除第(6)分条。

(7)第(7)分条替换为:

“(7)此条中:

“‘数据保护原则’是指在以下法规中所陈述的原则:

“(a)GDPR中的第5(1)条;以及

“(b)《2017年数据保护法案》中的第32(1)条。

“‘数据主体’与《2017年数据保护法案》中所指含义相同[见该法案第二部分第(5)款]。

“‘GDPR’‘个人数据’‘处理’与《2017年数据保护法案》的第五部分至第七部分所指含义相同[见该法案第2(14)条]。”

(8)此条的目的是确认GDPR第5(1)(a)条中的合法性原则是否会被信息披露所违反,GDPR第6(1)条(合法性)将被读取假如第2款(不适用于与公共机构相关的合法利益手条)被删去。

7. 删去第49条(提交给议会的报告)。

8. 第61条(上诉程序)替换为:

“61. 上诉程序

“(1)《法庭程序规则》就第57(1)条、第57(2)条、第60(1)条和第60(4)条所赋予的上诉权进行了规制。

“(2)对规制下的相关上诉,《法庭程序规则》可作如下规定:

“(a)确保材料的生产是用于处理个人数据;以及

“(b)对于设备和材料的审查、检验、操作和测试都是用于与个人数据处理有关事宜。

“(3)第(4)分条适用于:

"(a)关于初审法庭前的诉讼,某人根据这些规则为某事或未为某事,提出上诉;以及

"(b)若该诉讼是在具备判处蔑视法庭罪权力的法庭,其作为或不作为将构成蔑视法庭。

"(4)初审法庭可向上诉法庭证明其违法行为。

"(5)若一项违法行为基于第(4)分条被证明,则上诉法庭可:

"(a)调查此事;以及

"(b)如其违法行为与上诉法庭有关,可就此罪行对被指控者以任何能够惩戒此人的方式对其进行处置。

"(6)在实行第(5)(b)分条的权力之前,法院应:

"(a)听取任何足以证明被控告者罪状或代表此人的证人的证言;以及

"(b)听取任何可能在辩护中提出的陈述。"

9. 在第76A条后插入:

"76B 对专员和法庭的信息披露

"没有禁止或限制信息披露的成文法或法律法规,阻止个人向专员、初审法庭或上诉法庭提供据本法履行职务时的必要信息。

"76C 向专员提供的信息的保密性

"(1)专员或曾担任专员者,或者专员的工作人员或专员的代理人,明知或罔顾后果的披露以下信息,将构成犯罪:

"(a)已经根据或为了本法的目的或被获取,或提供给该专员的信息;

"(b)该信息与某已识别或可识别的自然人或企业相关;以及

"(c)在披露时,该信息在其他来源不向公众开放,且未曾通过其他途径向公众开放。

"除非该披露是通过合法权限进行的。

"(2)为了第(1)分条的目的,仅有以下范围内的披露属于通过合法权限进行:

"(a)此披露是经过该自然人或当时经营该项业务的负责人的同意而做出的;

"(b)此披露是为了使该信息基于本法案或数据保护法规条款被公众所获取(无论通过何种方式)而做出的;

"(c)此披露是为了使某项基于本法案或数据保护法规条款的职务得

以履行而做出,且此披露对于该职务的履行具有必要性;

“(d)此披露是为了使某项欧盟的义务得以履行而做出,且此披露对于该义务的履行具有必要性;

“(e)此披露是为了刑事或民事法律程序而作出;或者

“(f)在考虑了所有人的权利、自由及法定权益的前提下,此披露对于公共利益而言仍具有必要性。

“(3)此条中的‘数据保护法规’和‘可识别的个人’与《2017年数据保护法案》所指含义相同(见该法案第2条)。”

10. 在第77(1)(b)条(意图组织披露而篡改记录犯罪),删除“或《1998年数据保护法案》的第7条”。

《2002年(苏格兰)信息自由法》(asp13)

11.《2002年(苏格兰)信息自由法》作如下修订。

12. 第2(2)(e)(ii)条(绝对豁免)中,删除“依据该条中的第(2)(a)(i)条或第(2)(b)分条”。

13. (1)第38条(个人信息)做如下修订。

(2)在第(1)分条中,第(b)款替换为:

“(b)个人数据及第一、第二或第三个条件满足[见第(2A)分条到第(3A)分条];”。

(3)第(2)分条替换为:

“(2A)第一个条件是,信息的披露面向公众,除本法:

“(a)将违反任何数据保护原则;或者

“(b)如《2017年数据保护法》第22(1)条(公共机构持有的手动非结构化数据)的豁免不予考虑。

“(2B)第二个条件是,信息的披露面向公众,除本法将违反GDPR第21条(一般处理:处理对象的权利)。”

(4)第(3)分条替换为:

“(3A)第三个条件是:

“(a)当访问个人数据请求是根据GDPR第15(1)条(一般处理:数据主体的访问权)发出,该信息将会依照或根据由《2017年数据保护法案》中的第14条、第15条或第24条,或者附则2、附则3或附则4作出的规定被扣留;或者

“(b)当请求是基于该法第43(1)(b)条(执法程序:数据主体的访问

权)发出的,该信息将依照该条第(4)分条的规定被扣留。”

(5)删除第(4)分条。

(6)在第(5)分条中,对“数据保护原则”和“数据主体”和“个人数据”的定义替换为:

“‘数据保护原则’是指在以下法规中所陈述的原则:

“(a)GDPR 中的第5(1)条,以及

“(b)《2017 年数据保护法案》中的第32(1)条;

“‘数据主体’与《2017 年数据保护法案》中所指含义相同[见该法案第2(5)条];

“‘GDPR’‘个人数据’和‘处理’与《2017 年数据保护法案》的第五部分至第七部分所指含义相同[见该法案第2(14)条];”。

(7)在此款后插入:

“(5A)此条的目的是确认 GDPR 第5(1)(a)条的合法性原则是否会被信息披露所违反,GDPR 第6(1)条(合法性)将被读取假如第2款(不适用于与公共机构相关的合法利益手条)被删去。”

《2004 年环境信息条例》(S. I. 2004/3391)

14.《2004 年环境信息条例》(S. I. 2004/3391)作如下修订。

15.(1)第2条(解释)作如下修订。

(2)在第(1)款中的适当位置,插入:

“‘数据保护原则’是指在以下法规中所陈述的原则:

“(a)GDPR 中的第5(1)条;

“(b)《2017 年数据保护法案》中的第32(1)条;以及

“(c)该法案第83(1)条;”。

“‘数据主体’与《2017 年数据保护法案》中所指含义相同[见该法案第2(5)条];”。

“‘GDPR’与《2017 年数据保护法案》的第五部分至第七部分所指含义相同[见该法案第2(14)条];”。

“‘个人数据’与《2017 年数据保护法案》的第五部分至第七部分所指含义相同[见该法案第2(14)条];”。

(3)第(4)款替换为:

“(4A)在本条例中,对《2017 年数据保护法》的援引具有效力,如该法案的第二部分第三章(其他一般处理):

“(a)援引FOI公共机构的,即本条例所定义的对公共机构的援引;以及

“(b)援引该当局所持有的个人数据的,需按照第3(2)条进行解释。”

16.(1)第13条(个人数据)作如下修订。

(2)第(1)款替换为:

“(1)若所申请的信息包含了个人数据,且申请人并非数据主体,公共机构不得披露该个人数据,如:

“(a)第一个条件得到满足;或者

“(b)第二个或第三个条件得到满足,且在任何情况下不公开信息的公众利益重于公开信息的公众利益。”

(3)第(2)款替换为:

“(2A)第一个条件是,信息的披露面向公众,除本法:

“(a)将违反任何数据保护原则;或者

“(b)如《2017年数据保护法》第22(1)条(公共机构持有的手动非结构化数据)的豁免不予考虑。

“(2B)第二个条件是,信息的披露面向公众,除本法将违反:

“(a)GDPR第21条(一般处理:处理对象的权利);或者

“(b)《2017年数据保护法》第97条(智能服务处理:处理客体的权利)。”

(4)第(3)款替换为:

“(3A)第三个条件是:

“(a)当访问个人数据请求是根据GDPR第15(1)条(一般处理:数据主体的访问权)发出,该信息将会依照或根据由《2017年数据保护法案》中的第14条、第15条或第24条,或者附则2、附则3或附则4作出的规定被扣留;

“(b)当请求是基于该法第43(1)(b)条(执法程序:数据主体的访问权)发出的,该信息将依照该条第(4)分条的规定被扣留;或者

“(c)当请求是基于该法第92(1)(b)条(智能服务处理:数据主体的访问权)发出的,该信息将依照该法案第四部分第六章的规定被扣留。”

(5)删除第(4)款。

(6)第(5)款替换为:

“(5A)为实现本条例目的,在以下情形下,政府对于信息是否存在并被公共机构所掌握、是否掌握该信息的请求,应既不确认也不否认:

“(a)第(5B)(a)款的条件得到满足;或者

“(b)第(5B)(b)款至第(5B)(e)款中的一项条件得到满足,且在任何情形下对该信息是否存在不予确认或否认的公众利益重于对其予以确认或否认的公众利益。

“(5B)第(5A)款中所述条件为:

“(a)给予某一公民确认或否认:

“(i)将违反任何数据保护原则(除本条例外);或者

“(ii)将导致《2017 年数据保护法》第 22(1)条(公共机构持有的手动非结构化数据)的豁免被不予考虑。

“(b)给予公民确认或否认将(除本条例外)违反 GDPR 第 21 条或《2017 年数据保护法》第 97 条(处理客体的权利)。

“(c)当确认数据是否被处理的请求是根据 GDPR 第 15(1)条(一般处理:数据主体的访问权)发出,该信息将会依照第(3A)(a)款的规定被扣留。

“(d)当该请求是基于《2017 年数据保护法》第 43(1)(a)条(执法程序:数据主体的访问权)发出的,该信息将会依照第(4)款的规定被扣留。

“(e)当该请求是基于该法案第 92(1)(a)条(智能服务处理:数据主体的访问权)作出的,该信息将依照该法案第四部分第六章的规定被扣留。”

(7)在该条后插入:

“(6)此条例之目的是确认 GDPR 第 5(1)(a)条中的合法性原则是否会被信息披露所违反,假如第 2 款(不适用于与公共机构相关的合法利益手条)被删去,GDPR 第 6(1)条(合法性)将被读取。”

17. 在第 14 条(信息披露的拒绝)第(3)(b)款中,将“第 13(2)(a)(ii)条或第 13(3)条”替换为“第 13(1)(b)条或第 13(5A)条”。

18. 在第 18 条(执行和上诉规定)第(5)款中,将“第 13(5)条”替换为“第 13(5A)条”。

《2004 年环境信息条例》(苏格兰)(S. S. I. 2004/520)

19.《2004 年环境信息条例》(苏格兰)(S. S. I. 2004/520)作如下修订。

20.(1)第 2 条(解释)作如下修订。

(2)在第(1)款中的适当位置,插入:

"'数据保护原则'是指在以下法规中所陈述的原则:

"(a)GDPR 第 5(1)条;

"(b)《2017 年数据保护法案》中的第 32(1)条;以及

"(c)该法案第 83(1)条;"。

"'数据主体'与《2017 年数据保护法案》中所指含义相同[见该法案第 2(5)条];"。

"'GDPR'与《2017 年数据保护法案》的第五部分至第七部分所指含义相同[见该法案第 2(14)条];"。

"'个人数据'与《2017 年数据保护法案》的第五部分至第七部分所指含义相同[见该法案第 2(14)条];"。

(3)第(4)款替换为:

"(4A)在本条例中,对《2017 年数据保护法》的援引具有效力,如该法案的第二部分第三章(其他一般处理):

"(a)援引 FOI 公共机构的,即本条例所定义的对公共机构的援引;以及

"(b)援引该当局所持有的个人数据的,需按照此条例第(2)款进行解释。"

21.(1)第 11 条(个人数据)作如下修订。

(2)第(2)款替换为:

"(2)若所申请的环境信息包含了个人数据,且申请人并非数据主体,苏格兰公共机构在以下情形下,不得提供该个人数据:

"(a)满足第(3A)款中所陈述的第一个条件;或者

"(b)满足第(3B)款或第(4A)款中第二个或第三个条件,且在任何情形下,使信息可获取的公共利益重于不使其可获取的公共利益。"

(3)第(3)款替换为:

"(3A)第一个条件是,信息的披露面向公众,除本法:

"(a)将违反任何数据保护原则;或者

"(b)如《2017 年数据保护法》第 22(1)条(公共机构持有的手动非结构化数据)的豁免不予考虑。

“(3B)第二个条件是,信息的披露面向公众,除本法将违反 GDPR 第 21 条(一般处理:处理对象的权利)。”

(4)第(4)款替换为:

“(4A)第三个条件是,信息的请求是以下任意情形下发出的:

“(a)提供个人数据访问和相关信息的请求,是根据 GDPR 第 15(1)条(一般处理:数据主体的访问权)中的义务免除发出,依照或根据由《2017 年数据保护法案》中的第 14 条、第 15 条或第 24 条,或者附则 2、附则 3 或附则 4;

“(b)当请求是基于该法第 43(1)(b)条(执法程序:数据主体的访问权)发出的,该信息将依照该条第(4)分条的规定被扣留。”

(5)删除第(5)款。

(6)在第(6)款后插入:

“(7)此条例之目的是确认 GDPR 第 5(1)(a)条中的合法性原则是否会被信息披露所违反,假如第 2 分款(不适用于与公共机构相关的合法利益手条)被删去,GDPR 第 6(1)条(合法性)将被读取。”

《2008 年刑事司法和移民法》(c.4)

22.《2008 年刑事司法和移民法》中删除:

(a)第 77 条(个人数据非法取得的处分权);

(b)第 78 条(为新闻及其他特殊目的获取的新辩护)。

《刑事司法和数据保护(议定书 No.36)条例》(S.I.2014/3141)

23.《刑事司法和数据保护(议定书 No.36)条例》删除第四部分(刑事案件中警察和司法合作相关的数据保护)。

《2015 年小企业就业法案》(c.26)

24.(1)《2015 年小企业就业法案》第 6 条(向指定信贷参考机构提出的上市条款申请)作如下修订。

(2)在第(7)分条中:

(a)将(b)款替换为:

“(b)GDPR 中的第 15(1)条至第 15(3)条(处理的确认、数据的访问及数据向第三国传输的保障措施);”;

(b)删除第(c)款。

(3)在第(7)款后插入:

“(7A) GDPR 中的第(7)分条与《2017 年数据保护法案》中第五部分到

第七部分中所指相同[见该法案第2(14)条]。”

《2017年数字经济法案》(c.30)

25.《2017年数字经济法案》中删除了第108条到第110条(收费信息专员)。

此附则在从属立法中插入的条款

26.如果是经最初授权的条款插入,则根据此附则的规定,插入的条款可被修订或废止。

本法案就监管个人相关信息的处理作出规定;就若干与信息相关的法规下信息专员的职权作出规定;就直接营销的行为规则作出规定;以及其他相关目的作出规定。

责令印刷,2017年9月13日

欧盟《一般数据保护条例》

General Data Protection Regulation

（2016年5月25日公布;2018年5月25日生效）

翻译指导人员：李爱君　苏桂梅

翻译组成员：方　颖　王　璇　方宇菲

任依依　李廷达　姚　岚

第一章　一般规定

第1条　宗旨与目标

1. 本条例就与个人数据处理相关的自然人保护及个人数据自由流动订立规则。

2. 本条例保护自然人的基本权利和自由，尤其是自然人的个人数据保护权。

3. 不得以保护与处理的个人数据相关的自然人为由限制或禁止个人数据在欧盟内部的自由流动。

第2条　适用范围

1. 本条例适用于部分或全部以自动方式对个人数据进行的处理，但构成或拟构成整理汇集系统一部分的自动方式除外。

2. 本条例不适用于以下个人数据的处理：

(a) 发生在欧联法律范围之外的活动过程中；

(b) 成员国在《欧联条约》第二章第五卷范围内进行活动时；

(c) 自然人在纯粹的个人或家庭活动的过程中；

(d) 主管当局出于预防、调查、侦查或起诉刑事犯罪，执行刑事处罚的目的时,包括防范和阻止公共安全受到威胁时。

3. 欧盟机构、委员会、办事处和专业行政部门(代理机构)处理个人数据,适用第45/2001号条例。

根据本条例第98条,处理个人数据适用第45/2001号条例和其他联盟法律法规的,应当符合本法的原则和规则。

4. 本条例不影响2000/31/EC指令的适用,特别是该指令第12~15条中的中间服务提供商的责任规则。

第3条　地域范围

1. 本条例适用于设立在欧盟内的控制者或处理者对个人数据的处理,无论其处理行为是否发生在欧盟内。

2. 本条例适用于以下情形对欧盟内的数据主体的个人数据的处理,即使控制者和处理者的设立地并不在欧盟:

(a)发生在向欧盟内的数据主体提供商品或服务的过程中,无论此项商品或服务是否需要数据主体支付对价;或者

(b)是对数据主体发生在欧盟内的行为进行的监控的。

3. 本条例适用于设立地在欧盟之外,但依据国际公法或欧盟成员国法律可适用的控制者对个人数据的处理。

第4条　定义

为本条例之目的:

(1)"个人数据"是指任何指向一个已识别或可识别的自然人("数据主体")的信息。该可识别的自然人能够被直接或间接地识别,尤其是通过参照诸如姓名、身份证号码、定位数据、在线身份识别这类标识,或者是通过参照针对该自然人一个或多个如物理、生理、遗传、心理、经济、文化或社会身份的要素。

(2)"处理"是指针对个人数据或个人数据集合的任何一个或一系列操作,如收集、记录、组织、建构、存储、自适应或修改、检索、咨询、使用、披露、传播或其他的利用,排列、组合、限制、删除或销毁,无论此操作是否采用自动化的手段。

(3)"处理限制"是将已存储的个人数据的标识,用于在将来限制他们的处理行为。

(4)"剖析"是指为评估与自然人相关的某些个人情况,对个人数据以利用的方式进行任何自动化处理,特别是针对与自然人工作表现、经济状况、健

康状况、个人偏好、兴趣、信度、习性、位置或行踪相关的分析和预测。

(5)"匿名化"是一种使个人数据在不使用额外信息的情况下不指向特定数据主体的对待个人数据的处理方式。该处理方式将个人数据与其他额外信息分别存储,并且使个人数据因技术和组织手段,而无法指向一个可识别和已识别的自然人。

(6)"整理汇集系统"是一种依照特定标准,如集中、分散或功能分布或地域基准存取个人数据的结构化集合。

(7)"控制者"是能单独或联合决定个人数据的处理目的和方式的自然人、法人、公共机构、行政机关或其他非法人组织。其中,个人数据处理的目的和方式,以及控制者或控制者资格的具体标准由欧盟或其成员国的法律予以规定。

(8)"处理人"是指为控制者处理个人数据的自然人、法人、公共机构、行政机关或其他非法人组织。

(9)"接收者"是指接收到被传递的个人数据的,无论其是否是第三方的自然人、法人、公共机构、行政机关或其他非法人组织。但是,政府因在欧盟或其成员国法律框架内特定调查接收到个人数据的,不得被视为"接收者";政府处理这些数据应当根据数据处理的目的遵循可适用的数据保护规则。

(10)"第三方"是指数据主体、控制者、处理者以及在控制者或处理者的直接授权处理个人数据的人以外的自然人、法人、公共机构、行政机关或其他非法人组织。

(11)数据主体的"同意"是指数据主体依照其意愿自愿做出的任何指定的、具体的、知情的及明确的指示。通过声明或明确肯定的行为作出的这种指示,意味着其同意与其有关的个人数据被处理。

(12)"个人数据泄露"是指个人数据在传输、存储或进行其他处理时的安全问题引发的个人数据被意外或非法破坏、损失、变更、未经授权披露或访问。

(13)"基因数据"是指与自然人先天或后天的遗传性特征相关的个人数据。这类数据传达了与该自然人生理机能或健康状况相关的独特信息,并且上述数据往往来自自然人生物样本的分析结果。

(14)"生物识别数据"是通过对自然人的物理、生物或行为特征进行特定的技术处理而得到的个人数据。这类数据生成了那个自然人的唯一标识,如人脸图像或指纹识别数据。

(15)"健康数据"是指与自然人身体或精神健康有关的个人数据,包括能揭示其健康状况的健康保健服务所提供的数据。

(16)“主营业地”是指:

(a)对于营业机构在多个成员国的控制者,除非控制者在欧盟内的另一个营业机构能够决定并有能力贯彻个人数据的处理目的和方式,否则其在欧盟内的主要管理者所在地被视为主营业地。

(b)对于营业机构在多个成员国的处理者,其在欧盟内的主要管理者所在地,在本条例下承担特定义务;如果处理者在欧盟内没有主要管理者,在处理者的营业机构的营业范围内进行的主要处理行为的营业地,在本条例下承担特定义务。

(17)“代表”是指由控制者和处理者依照第 27 条书面指定的,代表控制者和处理者分别履行本条例规定的义务的欧盟内的自然人、法人。

(18)“企业”是指参与经济活动的自然人或法人,包括合伙或经常性参与经济活动的协会,无论其为何种组织形式。

(19)“企业团体”是指一个管控性的企业以及受其管控的企业群。

(20)“约束性企业规则”是指成员国领土上的控制者和处理者通过事业集团或企业集团进行的联合经济活动,当个人数据传输或系列传输到一个或多个第三方国家的控制者或处理者时,必须遵循的个人数据保护政策。

(21)“监管机构”是指一个独立的,由成员国依据第 51 条设立的公权力机构。

(22)基于以下原因,“有关监管机构”是指一个关注个人数据的处理监管机构:

(a)控制者或处理者是建立在监管机构所在的成员国领土上的;

(b)居住在监管机构所在成员国的数据主体被或可能被处理行为严重影响;或

(c)一个由监管机构提交的申诉。

(23)“跨境处理”是指以下情形之一:

(a)个人数据处理发生在欧盟内设立在多个成员国的控制者或处理者在多个成员国的营业机构的活动中;

(b)个人数据的处理发生在欧盟内控制者或处理者的唯一营业机构的活动中,且这种处理严重影响或可能会严重影响多个成员国的数据主体。

(24)“相关与合理异议”是指一种关于是否存在违反本条例情况,或是控制者或处理者是否存在遵守本条例的预设行为的异议。这个异议清晰地表明了有关数据主体的基本权利和自由的决议草案所造成的风险的重要影响，此种异议也适用于欧盟内的个人数据自由流动。

(25)“信息社会服务”是指欧洲议会和理事会的指令(欧盟)2015/1535的第1条第1款第(b)项中定义的服务。

(26)“国际组织”是指依照国际公法设立的组织及其下属机构，或依据两个或更多国家之间达成的协议为基础建立的其他机构。

第二章　原　　则

第5条　与个人数据处理相关的原则

1. 个人数据应为：

(a)以合法、公正、透明的方式处理与数据主体有关的(“合法性、公平性和透明性”)。

(b)为特定的、明确的、合法的目的收集，并且不符合以上目的不得以一定的方式进行进一步的处理；出于公共利益、科学、历史研究目的，或统计目的而进一步处理，按照第89条第1款，不应被视为不符合初始目的(“目的限制”)。

(c)以充分、相关作为对该个人数据处理目的之必要限度进行处理(“数据最小化”)。

(d)个人数据必须准确、及时、保持更新；只有当必须采取措施确保个人数据是不准确的，这样才需考虑清除或及时纠正(“精确”)。

(e)在不超过个人数据处理目的之必要的情形下，允许以数据主体可识别的形式保存；为了保护数据主体的权利和自由，依据第89条第1款予以实施本条例所要求的适度的技术和组织措施，只要个人数据将仅以为达到公共利益、科学或历史研究或统计的目的而处理，个人数据能被长时间存储(“存储限制”)。

(f)以确保个人数据适度安全的方式处理，包括使用适当的技术或组织措施来对抗未经授权、非法的处理、意外遗失、灭失或损毁的保护措施(“完整性和机密性”)。

2. 控制者应该负责，并能够证明符合第1款的规定(“问责制”)。

第6条　处理的合法性

1. 只要适用以下至少一条，处理即视为合法：

(a)数据主体同意将其个人数据为一个或多个特定目而处理；

(b)处理是为了履行数据主体参与合同之必要,或处理是因数据主体在签订合同前的请求而采取的措施;

(c)处理是为了履行控制者所服从的法律义务所需;

(d)处理是为了保护数据主体或另一个自然人的切身利益所需;

(e)处理是为了执行公共利益领域的任务或行使控制者既定的公务职权所需;

(f)处理是控制者或者第三方为了追求合法利益的之必要,但此利益被要求保护个人数据的数据主体利益或基本权利以及自由覆盖的除外,尤其是在数据主体为儿童的情形下。

前第1款第(f)项不适用于政府当局在履行其职责时进行的处理。

2.成员国可以维持或引入更具体的规定来适应本条例关于处理的条款应用,通过遵守第1款第(c)项和第(e)项的规定,设定包括在第九部分中规定的其他具体处理情形,设定更准确具体的处理要求和其他措施来确保合法和公平的处理。

3.第1款的(c)项和第(e)项所指的处理的依据如下:

(a)欧盟法律;或

(b)控制者所属的成员国法律。

处理的目的应当依据法律确定,或者根据第1款第(e)项中所指之处理,即应当为了执行公共利益领域的任务或行使控制者既定的公务职权之必要。法律依据可以包括具体条款以此来适应本条例条款的应用,特别以下几种情况:调整控制者处理合法性的一般条件;被处理的数据类型;与数据主体相关的;个人数据可能被披露的实体和目的、目的限制、存储期限以及处理操作和处理程序,包括确保合法和公平处理的措施,如那些在第九部分提及的其他具体处理情况。欧盟或成员国法律应当符合公共利益以及与正当目标相称。

4.处理不是为了个人数据被收集时的目的,并且此目的并非基于数据主体的同意,亦非基于在民主社会构成一个必要且适当的措施来保障第23条第1款所指之目标的欧盟或成员国法律,控制者应当为了查明出于其他目的进行的处理是否与个人数据最初被收集时的目的相一致,特别:

(a)任何在个人数据被收集时的目的和预期进一步处理的目的之间的联系;

(b)个人数据被收集时的情形,尤其是关于数据主体和控制者的关系的;

(c)个人数据的性质,尤其是依据第9条被处理的特殊类别的个人数据,

以及第 10 条与刑事定罪和罪行有关的个人数据;

(d)预期进一步处理给数据主体可能造成的后果;

(e)适当的可能包括加密或匿名化的保障措施的存在。

第 7 条　同意的要件

1. 如处理是基于同意,则控制者应能证明数据主体已经同意处理他或她的个人数据。

2. 如数据主体通过书面声明的方式作出同意,且书面声明涉及其他事项,那么同意应以易于理解且以与其他事项显著区别的形式呈现。构成违反本条例声明的任何部分,均不具约束力。

3. 数据主体有权随时撤回同意。同意的撤回不应影响在撤回前基于同意作出的合法的数据处理。在作出同意前,数据主体应被告知上述权利。撤回同意应与作出同意同样容易。

4. 当评估同意是否是自由作出时,应尽最大可能考虑,还应考虑合同的履行,包括服务的提供是否是基于对履行合同不必要的个人数据的同意。

第 8 条　关于信息社会服务适用于儿童同意的条件

1. 如适用第 6 条第 1 款第(a)项,关于直接向儿童提供信息社会服务的,对 16 周岁以上儿童的个人数据的处理为合法。儿童未满 16 周岁时,处理只有在征得父母同意情形下或父母授权儿童同意的范围内才合法。

如儿童年龄不低于 13 周岁,则成员国可以通过法律途径对儿童进行授权。

2. 考虑到现有技术,控制者应当作出合理的努力,去核实在此种情况下父母的同意或授权。

3. 第 1 款不应影响成员国的一般合同法律,如与儿童有关的合同效力、构成或实行。

第 9 条　特殊种类的个人数据处理

1. 对揭示种族或民族出身,政治观点、宗教或哲学信仰、工会成员的个人数据,以及仅以识别自然人为目的的基因数据、生物特征数据,健康、自然人的性生活或性取向的数据的处理应当被禁止。

2. 如果符合以下情形,则第 1 款不适用:

(a)数据主体对以一个或数个特定目的对上述个人数据的处理给予了明确同意,但依照欧盟或者成员国的法律规定,第 1 款规定的禁止情形不能被数据主体援引的除外。

(b)数据处理为实现控制者或数据主体在工作、社会保障以及社会保障法的范畴内履行义务、行使权利之目的,则是必要。应当在欧盟或成员国的法律认可下,或者依据成员国对数据主体的基本权利和利益提供适当的保障的法律规定订立的集体协议的范围内实施。

(c)数据处理是对于保护数据主体或另一个自然人的切身利益之必要,但数据主体在物理上或法律上无法给予同意时。

(d)数据处理是由政治、哲学、宗教、工会性质的协会、组织或其他非营利组织在有适当安全保障的合法活动中实施的,处理应当仅与该组织的成员或前成员或与该组织依组织宗旨为联系的定期联系人相关,并且相关个人数据未经数据主体同意不得向组织外的人披露。

(e)处理数据主体明显地公开的个人数据。

(f)数据处理为合法诉求的成立、行使或辩护或者法庭司法权的行使之必要。

(g)为了实质公共利益,数据处理是必要的。依据欧盟或者成员国的法律,追求该目的是适当的,则应当尊重数据保护的基本权利,应当提供适当、特定的措施来保障数据主体的基本权利和利益。

(h)为实现以下目的,数据处理是必要的。为了预防医学和职业医学,为了雇员的工作能力评估、医疗诊断,提供卫生社会保健或治疗或卫生社会保健体系以及服务的构建,应当依据欧盟或成员国的法律或者依据与保健专业人士的合同,并且遵守第3款要求的条件和保障。

(i)出于公共利益的考量,在公共健康的领域,对于特定专业秘密的数据处理是必要的。譬如,抵御严重的跨境卫生威胁,确保卫生保健、药品或医疗器械高标准的质量和安全,依据联盟或成员国的法律规定以适当的、特定的措施来保障数据主体的权利与自由。

(j)出于公共利益、科学或历史研究或者统计的目的,若依照第89条第1款基于联盟或者成员国的法律,追求该目的是适当的,则应当尊重数据保护的基本权利,应当提供适当、特定的措施来保障数据主体的基本权利和利益。

3. 出于第2款第(h)项中的目的,第1款中的个人数据可能被处理,该数据应当由专业人士处理,这些专业人士依据欧盟或者成员国的法律或国家法定机构制定的规则负有保守专业秘密的义务或者责任;或者由另一个依据欧盟或成员国的法律或国家法定机构制定的规则遵守保密义务的人处理。

4. 成员国可以保持或者引进进一步的条件,包括基因数据、生物特征数据或者健康数据的相关个人数据处理限制。

第10条　有关刑事定罪和量刑的个人数据的处理

有关刑事定罪量刑的,或有关基于第6条第1款的安全措施的个人数据处理,或者被欧盟或成员国法律授权为保护数据主体的自由和权利而提供保护措施的处理应当在公权控制下开展。任何刑事定罪的综合登记必须在公务职权的控制下保存。

第11条　无须认证的处理

1.如果控制者不需要或者不再需要认证其所掌控的个人数据的数据主体,那么若仅仅根据本条例的要求和规定,控制者就没有义务保存、获取或者处理额外的信息来认证数据主体。

2.如果有本条第1款所提到的情况,那么在可能的情况下,控制者应当告知数据主体,说明自己并无对数据主体进行认证的职责。只有在数据主体出于行使自身权利需要,而且提供额外的身份证明信息的情况下,第15~20条才能得以适用。

第三章　数据主体权利

第1节　信息透明度和信息机制

第12条　数据主体行使权利的透明度、交流和模式

1.控制者应当以一种简单透明、明晰且容易获取的方式,通过清楚明确的语言,采取合适措施提供第13条和第14条所提到的任何信息,以及根据第15~22条和第34条提及的关于数据主体处理过程的沟通信息(尤其是关于儿童的任何信息)。控制者应当提供书面材料,在其他情况下,若有必要,可以采用电子方式。如果数据主体能够通过其他方式得到认证,那么在数据主体的要求下,可以口头方式提供信息。

2.控制者应当根据第15~22条的规定帮助数据主体行使权利。在第11条第2款的情形下,除非控制者说明自己不具有数据主体的认证职责,否则,对于数据主体根据第15~22条行使自身权利的要求,控制者不能拒绝。

3.控制者应当及时(在任何情况下不得超过1个月)提供根据第15~22条采取的行动信息。考虑到要求的复杂性和数量,必要时,这一期限可以再延长2个月。对于延期提供信息的任何情况,控制者都应当通知数据主体相关情形和延迟原因。在可能的情况下,这些信息能够以电子方式提供,除非数据主体对提供方式有特殊要求。

4. 如果控制者没有根据数据主体的要求采取行动,应当及时通知(最多不超过1个月)数据主体未采取行动的原因、向监督机构提起申诉以求寻求司法救济的可能性。

5. 根据第13条和第14条所提供的信息以及根据第15~22条和第34条提供的任何沟通行动都应当免费提供。在数据主体提出的要求无法查明、超出提供范围,尤其是重复提起要求的情形下,控制者也可以:

(a)考虑到提供信息、交流或者采取行动的行政成本,行政部门可以收取合理的费用;

(b)拒绝受理数据主体的请求。

控制者应当承担说明那些无法查明或者其提供范围之外的数据的责任。

6. 在不违背第11条的前提下,控制者在对自然人依据第15~22条所提出的要求持有合理怀疑时,可以要求数据主体提供额外的必要信息来证明身份。

7. 根据第13条和第14条的要求,控制者应当采用标准化的图标,以简洁明了、清晰可视、通畅易读的方式向数据主体提供信息。这些图标以电子方式呈现,以便机读的方式进行信息的读取工作。

8. 欧盟委员会应当被授予根据第92条的规定采取措施来制订标准化图标的信息和程序的权利。

第2节　个人数据信息和获取

第13条　数据主体收集的个人数据的提供

1. 鉴于数据主体能够获取与自身有关的个人数据,控制者应当在获取个人信息时,向数据主体提供以下信息:

(a)控制者的身份和详细联系方式,适当时还要提供代表人的身份和详细联系方式。

(b)适当时提供数据保护局的详细联系方式。

(c)个人信息处理的目的以及处理的法律基础。

(d)当处理过程是依据第(f)项和第6条第1款的规定进行的,应当说明控制者或者第三方追求的立法利益。

(e)如果可以,应当提供个人数据接收方或者接受方的种类。

(f)在适当的情况下,应当提供控制者意图将个人数据向第三国或者国家组织进行传输的事实，委员会是否就此问题做出过充分决议，第 46 条、第 47 条或者第 49 条第 1 款第 2 项提及情形的相关信息。此外，还包括所采取的保护个人信息的合理安全措施以及获取副本的方式。

2. 除了第 1 款提到的信息，控制者在获取个人数据时，出于证实处理过程的公正和透明的需要，在必要的情况下，应当向数据主体提供如下信息：

(a) 个人数据的储存阶段，在无法提供的情形下，应当提供阶段划分的决定标准。

(b) 有资格处理数据主体权利要求的，能够获取、修正、删除个人信息或者管制数据权利的控制者的信息。

(c) 根据第 6 条第 1 款第(a)项或者第 9 条第 2 款第(a)项规定，在不触犯法律的前提下，处理过程信息、任意取消满意度的相关信息。

(d) 向监督机构提起申诉的权利。

(e) 个人数据条款应当在法律条文、合同契约中规定，还是应当作为缔结合同的必要条件进行规定。此外，还应当包括数据主体是否有义务提供个人数据以及无法提供数据情形下的可能的后果的信息。

(f) 自动的决策机制，包括第 22 条第 1 款以及第 4 款提到的分析过程涉及的逻辑程序以及对数据主体的处理过程的重要意义和设想结果。

3. 鉴于控制者进一步处理个人信息的意图，控制者应当在此之前向数据主体提供与第 2 款有关的信息。

4. 当数据主体已经获得这些信息时，第 1 款、第 2 款、第 3 款不能得以适用。

第 14 条　非从数据主体处获取的个人数据提供

1. 当个人信息并非从数据主体处获得时，控制者应当向数据主体提供如下信息：

(a) 控制者的身份和详细联系方式，适当时还要提供代表人。

(b) 适当时提供数据保护局的详细联系方式。

(c) 个人信息处理的目的以及法律基础。

(d) 相关个人数据的种类。

(e) 个人数据接收方或者接受方的种类。

(f) 在适当的情况下，应当提供控制者意图将个人数据向第三国或者国家组织进行传输的事实，委员会是否就此问题做出过充分决议，第 46 条、第 47 条或者第 49 条第 1 款第 2 项提及情形的相关信息。此外，还包括保护个人信息所采取的合理安全措施以及获取副本的方式。

2. 除了第 1 款提到的信息,控制者在获取个人数据时,出于证实处理过程的公正和透明的需要,在必要的情况下,应当向数据主体提供如下信息:

(a)个人数据的储存阶段,在无法提供的情形下,应当提供阶段划分的决定标准;

(b)鉴于第 6 条第 1 款第(f)项的处理过程,控制者或者第三方追求的立法利益;

(c)有资格处理数据主体权利要求的,能够获取、修正、删除个人信息或者管制数据权利的控制者的信息;

(d)在不触犯法律的前提下,根据第 6 条第 1 款第(a)项或者第 9 条第 2 款第(a)项所进行的,处理过程信息、任意取消满意度的相关信息;

(e)向监督机构提起申诉的权利;

(f)个人数据获取的来源,在合适的情况下,提供是否是通过公共方式获取的信息;

(g)自动的决策机制,包括第 22 条第 1 款以及第 4 款提到的分析过程所涉及的逻辑程序以及对数据主体的处理过程的重要意义和设想结果。

3. 控制者应当根据第 1 款和第 2 款的规定提供信息:

(a)在获取个人数据之后的合理期限内(最迟不超过 1 个月),提供与个人数据获取具体情形有关的信息;

(b)如果个人数据将要用于数据主体间的交流,那么信息提供时间最迟不晚于第一次交流活动;

(c)如果可以披露接收方,那么信息提供时间最迟不晚于个人数据的首次披露时间。

4. 鉴于控制者进一步处理个人信息的意图,控制者应当在此之前向数据主体提供与第 2 款有关的信息。

5. 第 1 款至第 4 款在以下情形不得适用:

(a)数据主体已经获得这些信息。

(b)这些信息的提供是不可能的,尤其是根据第 89 条第 1 款规定或者本条第 1 款提及的义务规定,出于公共利益、科学或者历史调查和统计调查的目的所进行的不均衡的努力。在这些情况下,控制者应当采取合适的措施去保护数据主体的权利和自由以及法律利益(包括公开信息的措施)。

(c)控制者应当根据联盟或者成员国法律所规定的获取或者披露个人信

息的规定,采取合适的措施来保护数据主体的法律利益。

(d)根据联盟或者成员国法律以及保密法规定的职业保密制度,个人数据必须保密。

第15条　数据访问权

1. 数据主体应当有权从管理者处确认关于该主体的个人数据是否正在被处理,以及有权在该种情况下访问个人数据和以下信息:

(a)处理的目的;

(b)有关个人数据的类别;

(c)个人数据已经被泄露或者将会被泄露给的接受者或接受者类别,特别是第三国或国际组织的接受者;

(d)在可能的情况下,预想的个人数据存储期间;或者不可能时,用于确定该期间的标准;

(e)有权要求管理者纠正或删除该个人数据或者限制或拒绝处理关于该数据主体的个人数据;

(f)向监管机构提出投诉的权利;

(g)在个人数据并非由数据主体收集的情况下,关于其来源的任何可用信息;

(h)自动化决策,以及涉及的至少包括第22条第1款和第4款提到的概要。

2. 在前述情况下有意义的逻辑方面的信息,和这种处理行为对数据主体而言的意义和预想的后果。如果将个人数据转移到第三国或国际组织,数据主体应当有权根据第46条获得有关转让的适当保障的通知。

3. 控制者应提供正在处理的个人数据副本。对于数据主体要求的任何进一步的文本,控制者可以根据管理成本收取合理的费用。如果数据主体通过电子方式提出请求,除非数据主体另有要求,信息应当以常用的电子形式提供。

4. 获得第3款所指副本的权利不得对他人的权利和自由产生不利影响。

第3节　修正和删除

第16条　修正权

数据主体应当有权要求控制者无不当延误地修正不准确个人数据。考虑到处理的目的,数据主体应当有权使不完整的个人数据完整,包括通过提供补充声明的方式。

第17条　删除权(被遗忘权)

1. 数据主体有权要求控制者无不当延误地删除有关其的个人数据,并且在下列理由之一的情况下,控制者有义务无延误地删除个人数据:

(a)就收集或以其他方式处理个人数据的目的而言,该个人数据已经是不必要的;

(b)数据主体根据第6条第1款第(a)项或第9条第2款第(a)项撤回同意,并且没有其他有关(数据)处理的法律依据的情况时;

(c)数据主体根据第21条第1款反对处理,并且没有有关(数据)处理的首要合法依据,或者数据主体根据第21条第2款反对处理;

(d)个人数据被非法处理;

(e)为遵守控制者所受制的联盟或成员国法律规定的法定义务,个人数据必须被删除;

(f)个人数据是根据第8条第1款所提及的信息社会服务的提供而收集的。

2. 如果控制者已将个人数据公开,并且根据第1款有义务删除这些个人数据,控制者在考虑现有技术及实施成本后,应当采取包括技术措施在内的合理步骤,通知正在处理个人数据的控制者,数据主体已经要求这些控制者删除该个人数据的任何链接、副本或复制件。

3. 当(数据)处理对于以下情形而言是必要的时,第1款和第2款不应当被适用:

(a)为了行使言论和信息自由的权利;

(b)为了遵守需要由控制者所受制的联盟或成员国法律处理的法定义务,或为了公共利益或在行使被授予控制者的官方权限时执行任务;

(c)根据第9条第2款第(h)项、第(i)项以及第9条第3款,为了公共卫生领域的公共利益的原因;

(d)根据第89条第1款,为了公共利益的存档目的、科学或历史研究目的或统计目的,只要第1款所述的权利很可能难以实现或者很可能严重损害该处理目标的实现;

(e)为了设立、行使或捍卫合法权利。

第18条　限制处理权

1. 有下列情形之一的,数据主体应当有权限制控制者处理(数据):

(a)数据主体对个人数据的准确性提出争议,且允许控制者在一定期间内核实个人数据的准确性;

(b)该处理是非法的,并且数据主体反对删除该个人数据,要求限制使用;

(c)控制者基于该处理目的不再需要该个人数据,但该个人数据为数据主体设立、行使或捍卫合法权利而必须;

(d)数据主体在核实控制者的法律依据是否优先于数据主体的法律依据之前已根据第21条第1款进行处理。

2.如果处理(行为)根据第1款受到限制,除储存之外,这些个人数据只应在数据主体同意的情况下,或为设立、行使或捍卫合法权利,或为保护其他自然人或法人的权利,或为联盟或成员国的重要公共利益的原因被处理。

3.根据第1款有权限制处理(数据)的数据主体应当在处理限制解除之前收到控制者的通知。

第19条 关于修正或删除个人数据或限制处理的通知义务

除非被证明不可能完成或者包含不成比例的工作量,控制者应当将根据第16条、第17条第1款以及第18条对个人数据进行的任何纠正、删除或者处理限制,传达给已向其披露个人数据的接收者。如果数据主体请求,控制者应当通知数据主体这些接收者。

第20条 反对权

1.数据主体有权以结构化,常用和机器可读格式接收他或她提供给控制者的个人资料,若满足以下条件,有权将这些数据无障碍地传送给另一个控制者:

(a)处理是根据第6条第1款第(a)项或第9条第(2)款第(a)项或第(6)(b)项合同的同意;以及

(b)数据处理以自动方式进行。

2.在根据第1款行使其数据可移植性的权利时,在技术上可行的前提下,数据主体有权将个人数据从一个控制者向另一个控制者进行直接传输。

3.本条第1款所述权利的行使不能违背第17条的规定。该权利不适用于为履行公共利益或行使正式授权而开展任务所必需的处理控制者。

4.第1款所述的权利不得对他人的权利和自由产生不利影响。

第4节 拒绝权和自主决定权

第21条 拒绝权

1. 在关涉其利益的特定情形下,在任何时间处理涉及第6条第1款第(e)项或第(f)项规定的个人数据,和基于这些条款的分析,数据主体享有拒绝权。控制者不能处理个人数据,除非控制者能够证明不顾数据主体的利益、权利和自由处理数据或者建立、行使或维护这种法律权利具有令人信服的正当化理由。

2. 个人数据因为直接营销被处理的,数据主体应当有权利拒绝在任何时间为商业目的处理与其有关的个人数据,这种商业目的包括分析达到这种直接营销的程度。

3. 数据主体拒绝因直接的商业目的处理数据的,个人数据不应该因此种目的而处理。

4. 至少应在与数据主体第一次沟通时,就应该明确地提起数据主体注意在第1款和第2款中指代的权利,这些信息应该被清晰地呈现且与任何其他的信息相区分。

5. 在信息社会服务使用的背景下,即使有欧共体2002年的指令,数据主体也可以通过使用技术规范的自动化方式行使其的拒绝权。

6. 根据第89条第1款规定,个人数据因科学或历史研究或统计的目的被处理的,数据主体对于与其有关的数据,有权利拒绝对其个人数据进行处理,除非这种处理是出于公共利益的需要。

第22条 自主化的个人决策,包括分析

1. 数据主体有权不受仅依靠自动化处理(包括分析)的决定的限制,这会产生与其有关的或仅影响其的法律后果。

2. 在以下情形下,第1款不能适用:

(a)对于数据主体和一个数据控制者之间合同的建立和履行是必要的;

(b)这个控制者是数据主体,以及确立保护数据主体权利、自由和正当化利益的适当措施是联盟或成员国的法律所规定的;或者

(c)基于数据主体的明确同意。

3. 在涉及第2款第(a)项和第(c)项的情况下,数据控制者应当实施适当的措施保护数据主体的权利、自由和正当化利益,至少获得对控制者部分的人为干预权,表达其观点和决定权。

4. 在第2款涉及的决定不应当基于第9条第1款提及的个人数据的特殊分类,除非能够适用第9条第2款第(a)项或第(g)项和确立适当的措施维护数据主体的权利、自由和正当化利益。

第5节 限 制

第23条 限制

1. 联盟或成员国的法律规定数据控制者或处理者是主体,可以通过立法措施限制第12条至第22条和第34条的权利与义务的范围,以及第5条中与在第12条至第22条的权利义务相对应的条款。这样一种限制尊重了基本权利和自由的本质,是一种在民主社会必要的、相符合的措施,以此维护:

(a)国家安全;

(b)防卫;

(c)公共安全;

(d)刑事犯罪的预防、调查、侦查、起诉或者刑事处罚的执行,包括对公共安全威胁的防范和预防;

(e)联盟或成员国一般公共利益的其他重要目标,特别是联盟或成员国的重要经济或财政利益,包括货币、预算和税收等事项、公共卫生和社会保障;

(f)司法独立与司法程序的保护;

(g)违反职业道德规范的预防、调查、侦查和起诉;

(h)监督、检查或相关的监管职能,甚至偶尔行使涉及第(a)项、第(b)项、第(c)项、第(d)项、第(e)项、第(f)项和第(g)项的官方权力情形下;

(i)对数据主体或其他人的权利与自由的保护;

(j)民事诉讼赔偿的执行。

2. 需特别注意的是,第1款所指的任何立法措施,应至少包以下含具体的相关规定,如:

(a)处理的目的或处理的分类;

(b)个人数据的分类;

(c)引入的限制范围;

(d)防止滥用或非法使用或转让的保障措施;

(e)控制者的具体说明或控制者分类;

(f)存储期限和适用的保障措施,考虑到性质、范围和处理的用途或处理的分类;

(g)对数据主体权利和自由的威胁;以及

(h)数据主体被告知限制的权利,否则将不利于限制的目的。

第四章　控制者和处理者

第1节　基本义务

第24条　控制者的义务

1.考虑到性质、范围、内容和处理的用途以及处理给自然人的权利和自由带来的不同可能性和严重程度的风险,控制者应当采用适当的技术和组织措施,以确保并证明其是根据本条例进行数据处理的。这些措施应在必要时进行审查和更新。

2.第1款所指的措施应包括由控制者实施的与有关处理活动相称的适当的数据保护政策。

3.遵守第40条提及的行为准则或第42条提及的经批准的认证机制,可以作为一个元素,以证明符合控制者的义务。

第25条　通过设计和默认的数据保护

1.考虑到现状、执行成本、性质、范围、内容和处理的用途以及处理给自然人的权利和自由带来的不同可能性和严重程度的风险,控制者应该在确定处理手段以及处理的同时,实施适当的技术和组织措施,如匿名化,即目的是实施数据保护原则,如数据最小化,以有效的方式,在处理时实施必要的保障措施,以符合法律要求,保护数据主体的权利。

2.控制者应该实施适当的技术和组织措施以确保在默认情况下只处理对每个特定处理目的有必要的个人数据。该义务适用于收集的个人数据的数量,数据处理的程度、数据的存储期限和数据的可及性。特别是这些措施应确保在没有个人对无限数量自然人的干预下,个人数据在默认情况是不可访问的。

3.根据第42条规定经批准的认证机制可以作为一个元素,以证明符合本条第1款和第2款的要求。

第26条　联合控制者

1.当由两个或两个以上的控制者共同决定处理的目的和手段时,他们就是联合控制者。他们应以明确的方式确定在监管规定下各自的责任与义务,尤其是通过他们之间的安排,确定关于行使数据主体的权利和第13条和第14

条提及的他们各自的提供信息的职责,除非控制者各自的责任和主体地位已经由联盟或成员国法律确定。这种安排可以指定数据主体的联系点。

2. 第1款提到的安排应当及时反映各自的角色和联合控制者相对数据主体的关系。该安排的实质应使数据主体得知。

3. 数据主体可以根据第1款所指的安排条款的规定行使其权利,而无论是否与控制者的规定相一致。

第27条　非联盟范围设立的控制者或处理者的代理人

1. 根据第3条第2款的规定,控制者或处理者应当以书面形式指定联盟中的代理人。

2. 该义务不适用于:

(a)偶然的处理,在一个大的范围里,不包括对第9条第1款提及的数据的特殊类别的处理,或者第10条提及的有关刑事定罪和处罚的个人数据的处理,而且考虑到处理的性质、内容、范围和目的,这种处理不太可能导致自然人的权利和自由的风险;或者

(b)一个公权力机关或机构。

3. 代理人应当被建立在一个成员国中,这些成员国的数据主体及其个人数据根据提供给它们的货物或服务被处理,或者它们的行为被监控。

4. 为确保遵守本条例的目的,代理人应通过被控制者或处理者授权,以及特别是监管机构和数据主体的授权来处理所有的相关问题。

5. 控制者或处理者对代理人的指定,应对于代理人可能做出的不利于控制者或处理者自身的法律行为无损权益。

第28条　处理者

1. 当处理以控制者的名义进行时,控制者只使用处理者实施的适当的技术和组织措施提供充分保证,以这种方式使处理满足法规的要求,确保对数据主体权利的保护。

2 如果未经控制者特别的或一般的的事先书面授权,该控制者不能引入另一个控制者参与。在一般书面授权的情况下,处理者应该通知控制者任何有关增加或替换其他控制者的变化,以使控制者有机会应对这样的变化。

3. 一个处理者的处理应遵守联盟或成员国法律下在合同或其他法律行为的规定,即控制者与处理者相结合,提出处理的主题和处理的期限、性质和处理目的,个人数据的类别、数据主体的分类和控制者的权利义务。该合同或其他法律行为应对其予以规定,特别是对处理者的行为进行规定:

(a)处理个人数据只能基于控制者的书面指示,包括有关个人数据向一个第三世界国家或一个国际组织的转移,除非联盟或成员国法律允许这样做,该处理者是主体;在这种情况下,处理者在处理之前,应通知控制者有关法律的要求,除非法律由于重大公共利益的原因禁止提供这样的信息。

(b)确保个人被授权处理个人数据,且已承诺保密或在适当的法定保密义务下。

(c)根据第32条要求采取所有措施。

(d)符合第2款和第4款提到的引入其他处理者的条件。

(e)考虑到处理的性质,运用适当的技术和组织措施协助控制者,因为到目前为止这是可能的,为履行控制者的义务,以适应第三章规定的行使数据主体权利的要求。

(f)考虑到处理的性质和处理者可得到的信息,协助控制者应确保其遵守第32~36条规定的义务。

(g)一旦选择了控制者,就需要删除或向该控制者返还所有的个人数据,在提供有关处理服务的最后,删除现有的版本,联盟或成员国法律允许存储的个人数据除外。

(h)提供给控制者所有必要的信息,由控制者或由控制者授权的另一审计师进行以证明符合在本条中规定的义务,并允许其和促进审计,包括检查。

根据第1款第(h)项的规定,处理者在认为指令违反了本条例或其他联盟或成员国的数据保护规定的情形下,其应当立即通知控制者。

4.在处理者引入其他处理者执行代表控制者的特定处理活动时,第3款提及的控制者和处理者之间的合同或其他法律行为中相同数据保护的要求,应通过联盟或成员国法律在合同或其他法律行为施加给其他处理者,特别是实施适当的技术和组织措施提供充分保证,以这样的方式,确保处理能满足本规范要求。其他处理者未能履行其数据保护义务的,最初处理者应就其他处理者义务的履行对控制者承担责任。

5.第40条所提及的处理者遵守的被认可的行为准则,或在第42条提及的经批准的认证机制,可以作为元素用来证明本条的第1款和第4款中提到的充分保证。

6.在不损害控制者和处理者之间的单个合同情况下,本条第3款和第4款提及的合同或其他法律行为,当它们成为依据第42条和第43条授权给控制者和处理者的认证的一部分,可能是基于本条第7款和第8款提及的标准化的合同条款的全部或部分。

7. 欧盟委员会可就本条第3款和第4款所指的事项制订标准化的合同条款,并按照第93条第2款所指的审查程序。

8. 监督机关可以采用根据本条第3款和第4款所指事项的标准化的合同条款,并按照第63条所指的一致性机制处理。

9. 第3款和第4款所指的合同或其他法律行为,应当以书面形式作出,包括电子形式。

10. 在不违背第82条、第83条和第84条的情况下,如果一个处理者违反本条例的规定决定处理的目的和手段,该处理者可以在此方面被认为是控制者。

第29条　控制者或处理者的处理过程

有权访问个人数据的处理者以及在控制者或处理者的权限下作为的任何人,除控制者指令外不得处理那些数据,除非联盟或成员国法律允许这么做。

第30条　处理活动的记录

1. 控制者及其代理人应当依其职责保持处理活动的记录。记录应当包括以下所有信息:

(a)控制者以及如适用的联合控制者、控制者代理人和数据保护员的姓名和联系信息;

(b)处理的目的;

(c)数据主体的类别和个人数据的分类的描述;

(d)个人数据已经或将要被公开的收件人的类别,包括在第三世界国家或国际组织的收件人;

(e)如适用,将个人数据向第三世界国家或国际组织的传输,包括该第三国或国际组织的鉴定,以及在第49条第1款、第2款提及的传输的情况下,对文档采取适当的安全措施;

(f)如可能,对消除不同类别的数据设定时间限制;

(g)如可能,对第32条第1款提及的技术和组织安全措施进行一般性描述。

第31条　和监督机构的合作

在事务执行的过程之中,应用控制者、应用处理者以及它们的代表,应当根据要求与监管机构进行合作。

第2节 个人数据的安全性

第32条 处理过程的安全性

1. 统筹考虑最先进的技术、实施成本、处理过程（包括其性质、范围、目的）以及自然人自由权利变化可能性和严重性的风险。控制者、处理者应当执行合适的技术措施和有组织性的措施来保证合理应对风险的安全水平，尤其要酌定考虑以下因素：

（a）个人数据的匿名化和加密；

（b）数据系统保持持续的保密性、完整性、可用性以及弹性的能力；

（c）在发生自然事故或者技术事故的情况下，存储有用信息以及及时获取个人信息的能力；

（d）定期对测试、访问、评估技术性措施以及组织性措施的有效性进行处理，力求确保处理过程的安全性。

2. 安全账户的等级评估应当尤其重视处理过程中的风险问题，特别是抵御意外和非法销毁、损失、变更、未经授权披露或者是个人数据的传送、存储和处理过程中的风险。

3. 参考第40条采取一种合法行为或者参考第42条采取一种认证机制，这可以用来说明本条第1款要求的合规性。

4. 控制者以及处理者应当逐步采取措施，以求确保在部门规制之下操作个人数据的自然人不能对数据进行处理，除非获得控制者的指示，或者其根据联邦或州宪法确有必要。

第33条 监管机构对个人数据泄露的通知

1. 在个人数据泄露的情况下，控制者不能不当延误，而且至少应当在知道之时起72小时以内，根据第55条向监管机构进行通知，除非个人数据的泄露不会导致自然人权利和自由的风险。如果通知迟于72小时，需要对迟延原因进行解释。

2. 在控制者知道发生信息泄露而不当延误时，处理者应当通知控制者。

3. 第1款所说的通知，至少应当包括：

（a）对于所泄露的个人数据的性质进行描述，包括相关数据主体以及数据记录的种类和大致数量；

（b）和数据保护局或者是其他获取更多信息的联系点交流名称和联系方式；

(c)描述个人信息泄露的可能情况;

(d)重视个人数据泄露问题,描述控制者采取的或者计划采取的措施,包括在适当情况下能够减轻可能的负面影响的措施。

4. 只要没有造成不适当的进一步延误,在信息不可能同时提供的情况下可以分阶段进行。

5. 控制者应当记录任何个人数据泄露情况,包括和个人数据泄露有关的事实、影响和采取的补救性措施,这些可以使监管机构验证行为的合规性。

第34条 关于数据主体的个人数据交流

1. 当个人数据泄露可能对自然人权利和自由形成很高的风险时,控制者应当毫不延误地就个人数据泄露的主体进行交流。

2. 本条第1款提到的数据主体交流,应当至少应当包括第33条第3款第(b)项、第(c)项、第(d)项3项所涉及的信息和建议,并且用清晰平实的语言描述个人数据泄露的性质以及内容。

3. 在以下这些情况下,不能适用第1款所提到的数据主体交流:

(a)控制者已经采取合适的技术性、组织性保护措施,而且此类措施已经被应用于受到信息泄露影响的个人信息之中,尤其是那些未经授权任何人都无法得知的技术,如数据加密技术;

(b)控制者已经采取能够确保第1款所提到的(自然人)权利和自由不受侵犯的高风险不再可能实现的措施。

(c)这会涉及不相称的努力。在这样的情况下,就应当采取能够使数据主体获得平等有效通知的公共交流机制或者相类似的举措。

如果控制者并未就数据主体进行个人数据交流,考虑到个人数据信息泄露的高度风险,监管机构可以要求其这样做或者可以决定其符合第3款列出的任何条件。

第3节 数据保护影响评估以及事先咨询

第35条 数据保护影响评估

1. 鉴于一种数据处理方式,尤其是使用新技术进行数据处理,统筹考虑处理过程的性质、范围、内容和目的,(不难得知)这很可能对自然人权利和自由带来高度风险。在进行数据处理之前,控制者应当对就个人数据保护所设想的处理操作方式的影响进行评估。单一的评估方法或能够对目前的相似的高风险状况,提供相类似的一组操作方式。

2. 当进行数据保护影响评估时,受委任的控制者可以向数据保护局寻求帮助。

3. 在以下情形下,尤其要适用于第 1 款所说的数据保护:

(a)基于自动处理(包括分析)以及基于依据对自然人个人情况评估所进行的系统和广义上的理解。

(b)第 9 条第 1 款提到的大范围的数据处理或者第 10 条提到的关于刑事定罪和罪行相关的个人信息。

(c)一个大规模的公共可访问区域的系统性监测。

4. 监督机构应当根据第 1 款的规定,建立并且公布一套数据处理机制,使其满足评估影响的需要。监管机构应当就这些与第 68 条所提到的董事会进行交流。

5. 监督机构也可以建立以及向公众发布并不强制要求数据评估保护的处理机制种类。监管机构应当就此与董事会进行交流。

6. 在采取第 4 款、第 5 款的措施之前,监管机构应当应用第 63 条的监管机制,包括与货物提供、服务提供、数据主体或者某些成员国的行为管控相关或者与可能会实质上影响到个人数据自由运动相关的处理活动。

7. 评估至少包括以下内容:

(a)对于所设想机制以及处理目的(包括数据应用、控制者追求的立法利益)的系统性描述;

(b)对与处理目的相关的处理机制的必要性评估;

(c)对第 1 款所提到的数据主体的权利自由的风险性评估;

(d)所设想的处理风险的举措,包括保障措施、安全措施、确保个人数据保护安全的机制以及说明数据主体权利和立法利益方面的合规性举措。

8. 在评估处理机制影响的过程中,应当考虑第 40 条所规定的相关管理者以及处理者行为的合法性的要求,尤其是关于数据保护评估目的的部分。

9. 在合适的情况下,管理者应当寻求数据主体或者他们在预期处理方面的代表的观点,不能对商业利益保护、个人利益保护或者处理机制的安全保护持有偏见。

10. 依据第 6 条第 1 款第(c)项或第(e)项的处理,有联盟法律或者成员国国内法的依据,在这些法律之中,管理者是一方主体。这些法律规定了具体的处理方式或者一系列仍受争议的机制。数据保护影响评估方式已经被当作一般影响评估的一个部分得到实施。除非成员国认为处理活动的事先评估确有必要,第1~7款不能得到适用。

11.必要时,如果处理方式是根据数据保护影响评估所作出的,在处理机制的风险出现变化的时候,处理管理者应当对评估进行审查。

第36条　事先咨询

1.第35条下的数据保护影响评估表明,如果控制者没有采取措施减少风险,那么处理过程将会是高风险的。因而,控制者应当在处理之前向监督机构进行咨询。

2.第1款中监管机构预期处理在控制者没有完全认定或者减少风险的情况,是对第1款规定的违反。监督机构应当至迟在8周以内向控制者提出书面建议,也可以使用第58条所规定的权力。考虑到预期处理的复杂性,这一期限可以延迟6周。监管机构应当就任何延长期间的情况通知控制者以及处理者,并且说明迟延理由。这些期间可以中止,直到监管机构实现它所要求的咨询目的。

3.根据第1款向监管机构咨询时,管理者应当提供:

(a)控制者、控制者和处理者的联合部门的代表职责,尤其是关于处理过程的企业团体;

(b)预期处理的目的和手段;

(c)根据本条例保护数据主体权力自由的措施;

(d)应用时,数据保护局的联系方式;

(e)第35条所规定的数据板胡影响评估;

(f)其他。

4.成员国应当在准备方案期间向监管机构咨询国家议会所指定的立法措施,或者基于这些立法措施且和数据处理有关的规章。

5.根据第1款的规定,成员国的法律也要先向控制者咨询,对于涉及公共利益(包括社会保护和公众健康)的处理程序,应当获得监管机构的预先授权。

第4节　数据保护局

第37条　数据保护局人员的指派

1.在以下情况下,控制者和处理者应当指派数据保护人员:

(a)公共当局或者机构施行的处理措施,而非法院基于行使司法权进行的;

(b)控制者或者处理者数据处理机制的核心活动是性质、范围和(或者)目的,需要进行定期和系统的大规模数据主体监控;

(c)根据第9条的大规模特殊种类数据处理方式以及第10条的刑事指控和犯罪,控制者和处理者的核心活动构成大规模的特殊数据种类。

2. 如果可以在企业指派数据保护人员,企业团体可以任命一个独立的数据保护人员。

3. 鉴于控制者和监管部门是一种公共的部门或者机构,考虑到它们的组织结构和规模,独立的数据保护人员可以被一些这样的部门或者机构所指派。

4. 除了第1款所涉及的情况,控制者、处理者、处理协会、其他代表不同种类的部门或者根据联盟或者成员国法律应当设立的部门,应当指派数据保护人员。数据保护人员可以根据这些机构以及代表控制者或者处理者的其他主体进行活动。

5. 数据保护人员的指派应当具备职业能力,尤其是关于数据保护法律的专业知识以及第39条提到的完成任务的经验和能力。

6. 数据保护人员可以是控制者或者处理者的成员,他们基于一种服务上的联系完成任务。

7. 控制者或者处理者应当公布数据保护人员的联系方式,并且将名单告知监管机构。

第38条　数据保护人员的地位

1. 在进行个人数据保护的任何相关活动时,控制者和处理者应当保证数据处理人员的参与是合适的而且及时的。

2. 控制者和处理者应当对数据保护人员根据第39条所执行的活动予以支持(通过提供执行任务的必要资源、接触个人数据和处理机制的必要方式以及个人专业知识的培训)。

3. 控制者和处理者应当确保对数据保护人员不下达任何指令,他们不能因为执行任务的原因而被解雇或者受到刑事处罚。数据保护人员直接向最高管理者报告工作。

4. 数据主体可以就所有关于自身数据以及本章程规定下的自身权利问题,与数据保护人员进行联系。

5. 根据联盟法律或者成员国法律,数据保护人员应当对其执行的任务内容进行保密。

6. 数据保护人员也可以执行其他的任务,履行其他职责。控制者或者处理者应当确保这些执行活动不会导致利益冲突。

第39条　数据保护人员的任务

1.数据保护人员的任务至少包括：

(a)向控制者、处理者以及根据本条例或者根据其他联盟法律成员国法律规定的义务进行数据处理的人员，提出通知和建议；

(b)监控本条例、其他联盟成员国法律、控制者处理者关于个人数据的相关政策(包括职责、意识提高、人员培训)以及相关审计活动的合规性；

(c)根据第35条提出对于数据保护影响评估和监控的建议；

(d)和监管机构合作；

(e)作为监管机构与处理活动的连接点，包括第36条提到的事先咨询或者其他咨询活动。

2.数据保护人员应当适当考虑他们的任务以及和处理机制有关的风险(考虑到处理活动的性质、范围、内容以及目的)。

第5节　行为法规和认证

第40条　行为法规

1.为了本条例得到更好的应用，成员国、监管机构、董事会和委员会应当鼓励行为法规的起草。起草应当考虑不同的处理者的具体特点，以及小微企业和中等规模企业的具体需要。

2.为了使本条例得到具体应用，协会和其他代表不同种类的主体可以为行为法规的制定、修订、扩充做准备：

(a)公平透明的处理程序；

(b)在具体情形下，控制者的立法利益；

(c)个人数据收集；

(d)个人数据的虚假信息；

(e)向公众和其他数据主体提供的信息；

(f)数据主体权利的行使；

(g)关于儿童保护以及父母抚养责任持有人同意的方式的信息收集；

(h)第24条和第25条提到的保护措施以及第32条提到的确保安全措施；

(i)向监管机构以及其他数据主体进行个人数据泄露的通知；

(j)向第三国或者国际组织传输个人数据；

(k)不违背第 77 条、第 79 条地看待数据主体权利,重视关于控制者和其他数据主体冲突解决的庭外程序以及其他冲突解决程序。

3. 控制者和处理者应当制作有约束力和强制力的承诺,在保障数据主体的权利时作为保障。

4. 第 2 款所说的行为法规应当包括使第 41 条第 1 款所提到的主体在进行强制监控时能够应用的守则。守则应当根据第 55 条或者第 56 条,不受监管机构权力制约,不偏不倚地得到执行。

5. 本条第 2 款所说的协会和其他意图准备修订或者扩充现有守则的主体,应当根据第 55 条提交守则草案、修正案。监管机构应当提出草案、修正案是否符合本章程规定的意见,如果具备充分合理的保障,监管机构应当予以批准。

6. 当符合第 5 款的草案或者修正案已经获得批准,且与成员国所进行的处理活动没有联系的时候,监管机构应当公开登记守则。

7. 关于一些成员国处理活动的行为法规草案,根据第 55 条,监管机构应当在批准守则草案、修正案之前,依据第 63 条的程序向董事会进行提交,而且应当附有草案、修正案是否合规的意见,并根据第 3 款的情况提出合理的保障措施。

8. 根据第 7 款的意见,提出合理的保障措施,董事会应当向委员会提交意见。

9. 委员会可以通过采取措施来决定根据第 8 款提交的批准的行为法规、修正案在联盟内具有普遍的有效性。实施行为应当符合第 93 条第 2 款的规定。

10. 委员会应当保证对符合第 9 款规定具有有效性的守则进行信息公开。

11. 董事会会应当对行为法规、修正案进行整理和登记,并且采用合适的方式进行信息公开。

第 41 条　行为法规的合法性监控

1. 监管机构依据第 57 条和第 58 条的规定,不得违背规定,执行任务和行使权力。可以由某个机构主体对根据第 40 条所施行的活动的加以合法性监控。

2. 第 1 款所说的主体是一种被认可的监督合规性主体。应当负责进行如下活动:

(a)说明它关于守则主体问题的独立性和专业性,以求获得监管机构的同意；

(b)建立能让其取得管理者和处理者评估资格的程序，对于行为合法性及对自身机制进行的阶段性复审；

(c)建立处理对违反守则或者控制者、处理者以前及现在对守则的执行情况的控告程序和结构。让程序和结构透明化和公开化；

(d)向负责的监管机构说明它的任务和职责的履行不会造成利益冲突。

3. 负责的监管机构应当根据第63条向董事会提交本条第1款所说相关主体的标准化草案。

4. 第1款所提到的主体应当遵从合理的保障机制，在违反行为法规时采取合理措施，包括暂停或者排除管理者或处理者的管理权力。此外，应当将负责这些行动的相关监督主体以及行动原因进行通知。

5. 如果主体行为违反或者不再满足资格，监管机构应当撤销主体资格。

6. 本条不适用于公共部门和主体。

第42条　认证

1. 出于数据保护保密标志以及说明管理者处理者处理机制合法性的需要，成员国、监管机构，委员会的董事应当建立在联盟内激励数据保护认证机制。特别需要考量小微企业以及中等规模企业的特殊要求。

2. 数据保护认证机制和根据本条第5款的密封标志可以基于说明控制者、处理者行为合理性的目的而建立。这些控制者或者处理者应当做出有约束力和强制力的承诺，包括关于数据主体的相关权利。

3. 认证应当出于自愿，程序应当透明。

4. 管理者、处理者的职责不能因为根据本条进行的认证而减少，必须不违背第55条或者第56条，得到监管机构的授权。

5. 基于根据第58条第3款监管机构制订的标准或者基于根据第63条董事会制订的标准，认证必须由第43条所提到的认证主体进行。如果标准由董事会制订，将由欧洲数据保护局来进行认证。

6. 控制部门、处理者依照认证机制提交其处理过程时，应当提供第43条所说认证主体或者负责的监管机构的信息以及具体处理活动，这些对于执行认证程序很有必要。

7. 控制者、处理者的认证时间最长不超过3年，但如果有继续进行的需要，在相同的情况下，期间可以重新计算。当认证主体或者相关负责的监管机构不再符合条件时，认证程序将会被取消。

8. 董事会应当将所有认证机制、数据保护密封标志进行整理和注册，并以任何合理的方式对公众进行公开。

第43条 认证主体

1. 对于有关数据保护问题有一定程度经验的认证主体，在为了行使依据第58条获得的权力通知监管机构之后，可以公布及更新认证。成员国应当确定这些主体应当被以下至少一个机构授权：

(a)第55条或者第56条提及的监管机构；

(b)符合欧洲议会通过的EC第765/2008规定、委员会通过的EN－ISO/IEC 17065/2012规定以及依据第55条或第56条监管机构所制定的额外要求的国际证人主体。

2. 第1款提到的认证主体只有在以下情况下才能得到授权：

(a)根据监管机构的要求，说明他们在数据主体相关问题上的独立性和经验性；

(b)承诺遵照第42条第5款提到的标准以及获得第55条、第56条或者是第63条所说的董事会的监管机构的认可；

(c)建立公开、阶段性复审以及取消数据保护认证，保密标志的程序；

(d)建立处理对违反守则或者控制者、处理者以前及现在对守则的执行情况的控告程序和结构，使程序和结构透明化和公开化；

(e)向负责的监管机构说明它的任务和职责的履行不会造成利益冲突。

3. 第1款和第2款所提到的认证主体的授权必须是基于第55条、第56条或第63条所说的董事会的监管机构的认可。在符合本条第1款所述条件下，应当根据欧洲议会通过的EC第765/2008规定以及描述认证主体认证方法和程序的技术要求，对相关要求进行补充。

4. 第1款所说的认证主体应当对导致认证开始或者取消进行合理的评估负责。鉴定合格最长应当在5年内进行公布，如果满足本条所列条件，在相同的情况下，期间可以重新起算。

5. 第1款所说的数据主体应当向监管机构提供准予认证和撤销认证的理由。

6. 第3款所说的要求以及第42条第5款所说的标准应当以一种简便的方式向公众公开。监管机构也应当向董事会传达具体要求和标准。董事会应当将所有认证机制、数据保护密封标志进行整理和注册，并以任何合理的方式对公众进行公开。

7. 遵照第八章的规定,负责的监管机构或者国际鉴定主体在认证主体的行为违反规定或者认证条件不满足或者不再满足的情况下,应当撤销认证。

8. 为了实现具体化认证要求的目的,委员会应当依据第92条被授权,并采取被授权进行的行动(考虑到第42条第1款所提到的数据保护认证机制)

9. 委员会可以使用措施规定认证机制和数据保护密封标志的技术性标准。行动应当根据第93条第2款的规定实施。

第五章　个人数据向第三国或者国际组织的传输

第44条　传输的一般原则

正在向第三国或者国际组织进行传输的或者是将要进行传输的任何个人信息,只有在满足本章程的其他条款和本章规定的传输方式时(包括从第三国或国际组织到另外一个第三国或者国际组织的数据传输)才能进行。很显然,根据本章规定的所有条款应用的目的都是确保自然人数据保护的安全水平。

第45条　基于充分决定的数据传输

1. 向第三国或者国际组织的个人数据传输可能发生在委员会所决定的第三国(一片领土一个或者更多的具体部门),或者对数据保护程度是都充分仍有争议的国际组织。这种传输并不需要任何具体授权。

2. 当评估数据保护程度的充分性时,委员会应当尤其考虑以下因素:

(a)法律制度、对公民基本权利和自由的尊重、相关立法、整体和部门利益,包括相关公共安全和防御、国家安全和刑法,以及对个人数据获取方式的公共授权。另外,还有相关立法、数据保护法规、职业法规以及安全措施的实施,包括依据国家或者国际组织、案例法、有效和强制的数据主体权利、有效的行政和司法赔偿而向第三国或者国际组织的个人数据传输;

(b)第三国或者服从国际组织管制的一个或多个独立监管机构的存在和有效运作、根据数据保护法规所履行的职责,包括为了数据主体更好地行使强制权力以及和成员国的监督部门的合作;

(c)国际委员会、第三国或者国际组织已经着手与此或者基于其他法律上的约束性惯例或者手段,尤其是与个人数据相关的多元文化或者宗教系统。

3. 在评估了保护水平程度的充分性以后,委员会可以根据本条第2款采取相关行动。行动的实施能够至少每隔4年为数据保护机制提供一种阶段性的复审机制(将会考虑到第三国或者国际组织所有相关的发展),而且能够使监管机构的监管具体化。行动的采取应当依据第93条第2款所规定的检验程序。

4. 委员会应当监控第三国以及国际组织的发展,因为这能够影响到本条第3款规定的运作功能和决定,以及根据指令95/46/EC的第25条第6款所执行的决定。

5. 可得信息显示,委员会(尤其是依据本条第3款的)、第三国、一片领土、一个或多个具体地区或者一个国际组织,在本条第2款的含义之下,并不能够获得一种充分的保证。若通过实行一系列没有反作用的撤销、修正或者暂停本条第3款决定的行为,从某种程度来说是必要的。那些行为的实施应当符合第93条第2款的规定。

出于一种必要的紧迫性,委员会应当采取符合第93条第3款的及时可行的措施。

6. 委员会应当以一种改善现状的方式,参与和第三国或者国际组织的咨询交流活动。

7. 根据本条第5款做出的决定不能违反第46~49条规定的向第三国、一片领土、一个或多个地区进行个人信息传输的要求。

8. 委员会应当在欧盟官方杂志以及网站上公开第三国、领土以及具体部门的名单。并且确定名单上的国家或地区的个人数据保护水平是否达到要求。

9. 委员会基于指令95/46/EC第25条第6款的规定作出的决定,在被修正、提到或者撤销之前具有强制力。

第46条　主体转移的保障措施

1. 在缺乏第45条第3款决定的情况下,控制者或者处理者只有在其提供合理的保障措施、可实施的数据主体权利以及有效的法律救济途径时,才能向第三国或者国际组织进行数据传输。

2. 第1款所说的合理的保障措施并不包括监管机构的任何具体授权,而是包括:

(a)一种法律上的、在公共机构或者主体之间有约束力和强制力的工具;

(b)符合第47条规定的约束性合作法规;

(c)委员会采取的标准化数据保护条款,并且符合根据第93条第2款所进行的检验程序;

(d)监管机构采取的标准化数据保护条款,并且符合根据第93条第2款所进行的检验程序；

(e)符合第40条规定的任意一项经核准的、有约束力和强制力的法规，包括数据主体权利的相关规定。

(f)符合第42条的经批准的认证机制和管理者、处理者所做的关于在第三国应用合理保障措施的有约束力和强制力的承诺，包括数据主体权利的相关规定。

3. 根据负责的监管机构的管制要求，第1款所说的“合理保障措施”尤其应当包括：

(a)管理者、处理者、第三国或者国际组织等个人数据的接受者之间的契约条款；

(b)公共机构或者公共主体之间就数据主体权利强制力和有效性的行政性安排条款；

4. 在本条第3款规定的情形之下，监管机构应当运用第63条规定的一致性机制。

5. 基于95/46/EC指令第26条第2款，成员国或者监管机构的授权被授权、代替或者撤销之前应为有效。根据本条第2款的规定，委员会基于95/46/EC第26条第4款的规定所采取的措施，应当在被修订、代替或者撤销之前保持有效性。

第47条　约束性合作法规

1. 如果有以下情况，相关负责的监管机构应当对第63条的一致性机制进行约束性合作：

(a)和企业相关的法律性约束强制机制和应用，或者参与经济活动的企业有关，包括参与企业的职员；

(b)明确在关于个人数据等方面，赋予数据主体强制执行权利；

(c)符合第2款规定的要求。

2. 第1款所说的“约束性合作法规”应当至少详细说明以下几项：

(a)参与经济活动的企业的结构和成员联系方式；

(b)数据传输或者一组传输，包括个人数据的种类、处理过程的类型以及目的、受影响的数据主体类型以及第三国的认证；

(c)内部及外部法律相互约束的性质；

(d)数据保护一般原则的运用，尤其是用于模拟、数据最小化、限制性存储阶段、数据质量、计划进行的数据保护或者对数据保护规定的违反、处理过

程的法律依据、个人数据特殊种类的处理过程、保证数据安全的措施以及对于不受合作法规约束的主体的要求;

(e)数据主体关于处理程序以及行使权利的手段,包括不仅依靠自动程序来做出决定,也包括依据第22条和第79条在向成员国法院进行控告之前先向负责的监管机构提出申诉,违反上述约束性合作法规时应当获得赔偿;

(f)对于成员国或者地区管理者、处理者违反约束性合作法规责任的规定;只有在其证明成员在造成的损害方面没有责任时,管理者或者处理者的责任才应当被全部免除或者部分免除;

(g)此外,除了第13条或者第14条的规定,约束性合作法规的信息,尤其是在本款第(d)项、第(e)项、第(f)项里提及的条款的信息,须向数据主体进行提供的方式;

(h)根据第37条委派的数据保护人员或者其他负责监控约束性合作法规履行情况的人的任务、参与经济活动的企业以及训练监管和处理申诉情况的机构;

(i)申诉处理程序;

(j)为了验证企业参与的经济活动的合规性机制,机制应当包括数据保护审计以及确定保护数据主体权利的正确举措的审计,由于这些验证应当与第(h)项里提到的人和控制企业经济活动的董事会进行交流,并且应当让此机制对于监管机构来说具有可知性;

(k)公布记录法规变化的机制以及将这些变化向监管机构进行公布;

(l)为确定企业成员参与经济活动而和监管机构的合作机制,尤其是让监管机构指导第(j)项里提出的验证措施的结果;

(m)将企业成员向采取约束性合作法规可能会对许可活动发生实质性负面影响的第三国的任何法律要求,向监管机构进行公布的机制;

(n)对于个人的合理、永久或规律的数据保护培训。

3. 委员会可以具体化管理机构、处理机构以及监管机构在约束性合作法规上的信息交流模式和程序。实施手段应当符合第93条第2款规定的检验程序。

第48条 未经联盟授权的传输或者披露

任何法院或者审判组织的判决以及第三国行政机构的决定,只有在双方存在国际条约,如相互间存在法律协助协定的情况下才能够进行传输或者披露。这种传输和披露不应该违背本章规定。

第 49 条　具体情形下的部分违反

1. 如果没有第 45 条第 3 款规定的充分的决定，或者没有包括约束性合作法规在内的第 46 条规定的合理的安全措施，只有在满足以下情形之一时才可以向第三国或者国际组织进行个人数据的传输：

(a)在已经知道缺乏充分决定和合理安全保障措施的情况下进行数据主体传输的风险性之后，数据主体仍然坚决同意所提议的数据传输。

(b)对于数据主体之间契约的履行或者对于数据主体要求的预先契约行为的实施来说，传输是必需的。

(c)对基于控制者和其余自然人或者法律人利益的合同来说，传输是必要的。

(d)出于重大公众利益的需要，传输是必需的。

(e)对于法律诉求的提出、执行或者辩护，传输是必要的。

(f)当数据主体不可能在实际上或者法律上获得同意时，为了保护数据主体或者其他人的重大利益，数据传输是必要的。

(g)根据联盟法或者成员国法的规定，数据传输是由注册登记活动而来，力求向公众或者能够说明是出于维护自身法律利益需要的人进行公开。但是仅限于联盟法或者成员国法中规定的这些情况获得满足的时候，才能得以适用。

根据第 45 条、第 46 条(包括约束性合作法规的规定)的规定，在具备第(a)项到第(g)项条件之一时，可以向第三国或者国际组织进行数据传输。前提是传输的数据并不重复，只关涉部分数据主体，与控制者和处理者的立法利益追求契合，不违背保护数据主体权利自由利益的要求，符合安全措施保障的规定。除了可以提供第 13 条和第 14 条的信息，控制者还能够将其所追求的不可违背的立法利益告知数据传输主体。

2. 第 1 款第(g)项提到的数据传输不包括经登记注册的个人信息的整体或者全部种类的传输。鉴于人们进行登记注册的数据都出自于自身的法律利益，因而只有基于这些有资格领受信息的人的要求，数据才能得以传输。

3. 公共机构行使权力时，不能适用第 1 款以及所说的第(a)项、第(b)项、第(c)项以及第 1 款的第二小段的规定。

4. 当控制者是数据传输主体时，第 1 款第(d)项所说的“公共利益”应当由联盟法或者成员国法进行规定。

5. 如果没有充分的决定，联盟法或者成员国法可能为了重大公共利益的需要,对向第三国或者国际组织进行传输的数据的具体种类进行限制。成员国应当告知委员会这些具体条款。

6. 根据第 30 条所说的数据记录,控制者或者处理者应当为数据评估以及本条第 1 款的第二小段所说的合适的安全保障措施作证明。

第 50 条　关于个人数据的国际合作

在与第三国和国际组织的交流之中,委员会和监管机构应当采取如下措施:

(a) 为了实现个人信息保护法律的强制力和有效性,应当加强国际合作机制的构建;

(b) 为了促进个人信息保护法律的强制力,国家间应当在保护个人数据安全以及个人基本权利和自由的前提下,构建国际互助体制,包括通知、参照诉求调查协助以及信息交流;

(c) 把相关者的利益以及旨在加强个人信息保护立法的更深层次的国际合作问题纳入讨论范畴之中;

(d) 促进个人数据保护立法和时间的交流和研究,包括和第三国司法冲突问题。

第六章　独立的监管机构

第 1 节　独 立 地 位

第 51 条　监管机构

1. 各成员国都应该至少规定一个负责监测本条例实施的机构,致力于保护在处理与促进联邦范围内个人信息自由流通的过程中涉及的自然人的基本权利与自由。

2. 各监管机构应按照本条例第七章的规定,彼此之间以及与欧盟委员会之间相互配合,以促进本条例在邦联范围内的统一实施。

3. 设立数个监管机构的成员国,应指定其中一个监管机构在理事会中代表其他机构,并且应按照第 63 条关于一致性机制规定设置一致性机制,保障其他机构对其配合。

4. 各成员国应向欧盟委员会报告其根据本章规定在国内法中采用的条款(最迟不能超过本条例生效之日起 2 年),报告后应及时报告该条款修正案。

第52条　独立性

1.各监管机构应根据本条例规定,独立执行任务和行使权力。

2.各监管机构的成员在根据本条例的规定执行任务、行使职权时,不应受到外部直接或间接的干扰,也不应寻求或接受任何人的指示。

3.各监管机构的成员都应避免与其职责不符的行为,并且在任职期间不应收取费用或者免费从事任何与其本职工作有利害关系的其他工作。

4.各成员国应提供各监管机构执行任务行使职权所必需的人力、技术资源、资金以及工作场所和必要基础设施,包括各机构间相互协助、合作以及参与理事会所需的资源。

5.各成员国应确保各监管机构雇佣的工作人员与其他相关监管机构的成员相互独立。

6.各成员国应在不影响独立性的前提下确保各监管机构接受财务控制,并且保障其在州或国家财政预算中享有独立的公共财政预算。

第53条　监管机构成员的一般条件

1.成员国应保障其监管机构的成员的录用遵守了各成员国国会、政府、国家元首或依国内法授权成立的独立机构规定的公正透明程序。

2.监管机构的成员应具备其履行职责和行使权力所需的资格、经验和技术,特别是在个人数据保护领域的资格、经验和技术。

3.依据各成员国的相关法律规定,监管机构成员在公职任期届满、辞职或者强制退休时其职权也应消灭。

4.监管机构成员只有在严重的失职行为或者不再符合履行职责所需的条件时才应被开除。

第54条　关于监管机构建置的规定

1.各成员国应立法规定下列内容:

(a)各监管机构的建置。

(b)各监管机构成员录用的资格和资质条件。

(c)各监管机构成员录用的规则和程序。

(d)各监管机构成员任期不少于4年,但本条例生效之日起第一批录用的成员除外。为保证监管机构独立性,第一批录用成员中的一部分应采用转任制度而适用较短任期。

(e)如果采用转任制度而适用较短任期,那么各监管机构成员是否有资格连任,可以连任几次。

（f）关于监管机构成员职责义务、禁止行为、任期期间以及期后职务廉洁性以及任职结束的规定。

2. 监管机构成员应根据欧盟或者成员国法律的规定，在任职期间与期后严格遵守执行任务和行使权力的过程中掌握的机密信息的职业保密义务。特别是在其任职期间，自然人对违反本条例规定情况进行报告时其更应该遵守职业保密义务。

第 2 节　权限、任务和职权

第 55 条　权限

1. 各监管机构有权根据本条例规定在其所属成员国领域内执行被分配的任务以及行使被赋予的权力。

2. 公共机构或私人组织依据第 6 条第 1 款第（c）项、第（d）项行事，则相关成员国的监管机构有权对其主管不再适用第 56 条的规定。

3. 监管机构无权监督法院在其司法职能内的处理操作行为。

第 56 条　主监管机构的权限

1. 在不违反第 55 条的前提下，控制者、处理者的主营业地或者唯一营业地的监管机构有权作为主要监管机构根据第 60 条规定的程序负责控制者、处理者跨区域运行的案件。

2. 对于仅涉及成员国内的一个营业地或者仅在成员国范围内对数据主体有实质性影响的情况，该成员国的各监管机构有权处理对其投诉或者违反本条例的行为，此时不适用第 1 款的规定。

3. 在出现第 2 款规定的情况时，监管机构应就该问题毫不迟延地向主监管机构报告。在监管机构报告之后的 3 周内，主监管机构应根据控制者、处理者在其所属成员国内是否有营业地，决定是否根据第 60 条规定的程序处理该案。

4. 主监管机构若决定对该案处理，则应按照第 60 条规定的程序进行。监管机构向主监管机构进行报告时可以附上决议草案。主监管机构在依据第 60 条第 3 款做出决定时应充分考虑该草案。

5. 主监管机构对该案做出不处理决定时，报告该案的监管机构应该按照第 61 条和第 62 条的规定自行处理。

6. 在控制者、处理者跨区域运行的情况下，主监管机构应是其唯一的对接机构。

第 57 条　任务

1. 在不违背本条例设定的其他任务的前提下,各监管机构应该在其管辖范围内完成以下任务:

(a) 监督和推动本条例的实施;

(b) 提高公众对数据处理的风险、规则、保障措施和对权利意识的了解程度,特别应该注重专门对儿童开展的教育活动;

(c) 按照成员国法律的规定,就保护自然人在数据处理中的权利与自由有关的问题,向国民议会、政府以及其他机构团体提出建议;

(d) 提高控制者、处理者根据本条例负担义务的意识;

(e) 数据主体依据本条例行使权利提出请求时,监管机构应提供相应信息。如果条件允许,可以请其他成员国的监管机构协助提供;

(f) 依据第 80 条的规定,监管机构应妥善处理数据主体或者组织提出的投诉,并对投诉的问题进行适当调查。在合理的期限内告知投诉者处理进度以及调查的结果,特别是需要进行进一步调查或与其他监管机构协调的情况下;

(g) 与其他监管机构建立分享信息、相互提供协助的合作关系,以确保本条例适用与执行的一致性;

(h) 在获得其他监管机构或者政府机构掌握的信息的基础上对本条例适用情况进行调查;

(i) 持续监控任何可能影响个人数据安全的相关进展,特别是信息交流技术以及商业活动的发展;

(j) 采用第 28 条第 8 款以及第 46 条第 2 款第(d)项要求的标准合同条款;

(k) 根据第 35 条第 4 款,建立并维护数据保护影响评价所需的列表;

(l) 就第 36 条第 2 款规定的处理程序提出建议;

(m) 根据第 40 条第 5 款的规定,推动第 40 条提及的行为守则的编制,提出意见,审批通过后可以提供充分保障的行为守则条款;

(n) 根据第 42 条第 1 款的规定推动建立数据保护认证机制以及数据保护密封和标记机制,根据第 42 条第 5 款的规定审批通过认证标准;

(o) 若适用前述关于认证的规定,则应根据第 42 条第 7 款的规定对认证进行定期审查;

(p) 编制并且公布第 41 条规定的行为准则监管机构和第 43 条规定的认

证机构的评审标准；

(q)执行第41条规定的行为准则监管机构以及第43条规定的认证机构的评审标准；

(r)根据第46条第3款批准合同条款和规定；

(s)根据第47条批准约束性合作规则；

(t)督促董事会行动；

(u)对违反本条例规定行为和根据第58条第2款规定采取的措施进行内部记录；以及

(v)完成其他与个人信息保护相关的任务。

2. 各监管机构应设置上述第1款第(f)项规定的投诉接收机制，如网上填写投诉表格或者其他方式。

3. 在正常情况下，各监管机构在执行任务时不应向数据主体以及从事数据保护工作人员收取费用。

4. 如果数据主体多次提出显然毫无根据或者过度的请求时，监管机构可以收取合理的费用或者拒绝回复。监管机构应对何为显然毫无根据或者过度的请求作出解释。

第58条　职权

1. 各监管机构有权行使以下的各项调查权：

(a)基于执行任务的需要，要求控制者、处理者及其法定代表人提供任何信息；

(b)以数据保护审核的方式进行调查；

(c)执行第42条第7款规定的认证审查；

(d)向涉嫌违反本条例的控制者、处理者发出通知；

(e)有权通过控制者、处理者取得所有个人信息以及其他执行任务所需的信息；

(f)根据欧盟或者成员国的程序法的规定，有权访问任何控制者、处理者或者任何数据处理设备和装置。

2. 各监管机构有权采取以下纠正措施：

(a)对违反本条例规定进行处理操作的控制者、处理者发出警告；

(b)对违反本条例规定进行处理操作的控制者、处理者处以申诫；

(c)督促控制者、处理者不得拒绝数据主体依据本条例行使权利的要求；

(d)要求控制者、处理者在规定的期限内、以规定的方式，按本条例的规定规范其处理操作；

(e)要求控制者向数据主体提示个人信息被侵犯的情况；

(f)施以暂时性或者包括禁止运行在内的永久性的限制措施；

(g)根据第16条、第17条和第18条的规定要求修改、删除个人信息或者进行程序性限制,并且向获得被暴露个人信息的接收者发出通知；

(h)撤回或者要求认证机构撤回根据第42条、第43条发出的认证,或者要求认证机构在不符合认证要求的情况下拒绝发出认证；

(i)视个案的具体情况,根据第83条的规定收取行政管理费或者采取本条规定的措施；

(j)暂停数据流向第三方国家的接收者或者国际组织。

3. 各监管机构有权进行以下的授权与建议：

(a)根据第36条规定的事先协商程序对控制者提出建议；

(b)主动或应请求向国民议会、成员国政府或者成员国法律规定的其他机构组织以及公众提出任何关于个人数据保护问题的意见；

(c)如果成员国法律规定了事先授权,则有权根据第36条第5款的规定进行授权；

(d)根据第40条第5款的规定提出意见以及通过行为准则草案；

(e)根据第43条的规定对认证机构授权；

(f)根据第42条第5款的规定出具证明以及通过认证标准；

(g)根据第28条第8款和第46条第2款第(d)项的规定,采用标准的数据保护条款；

(h)根据第46条第3款第(a)项的规定批准合同条款；

(i)根据第46条第3款第(b)项的规定批准行政安排；

(j)根据第47条的规定批准约束性合作规则。

4. 监管机构行使本条授予的权力应采取适当的保障措施,包括欧盟以及成员国法律根据本章规定的有效司法救济和正当程序。

5. 为确保本条例的实施,各成员国法律应规定其监管机构有权将违反本条例的案件移送给司法机构处理,如果符合条件则提起诉讼。

6. 各成员国法律可以规定其监管机构有权行使本条第1款、第2款、第3款规定以外的其他权力,但这些权力的行使不能阻碍本条例第七章的有效实施。

第59条　活动报告

各监管机构应起草年度活动报告,包括被报告的违反本条例行为类型以及根据第58条第2款采取措施类型的列表。报告应交由国民议会、政府以及由成员国法律指派的其他机构，并由这些机构向社会公众以及欧盟委员会、理事会公布。

第七章　合作与协调

第1节　合　　作

第60条　主监管机构与其他相关监管机构的配合

1. 主监管机构应根据本条的规定与其他相关监管机构进行配合，以使处理结果保持一致性，并且互相提供相关的信息。

2. 主监管机构可以根据第61条的规定随时要求相关的监管机构提供帮助，并且可以根据第62条的规定启动联合处理程序，尤其对象是其他成员国营业的控制者、处理者执行调查或监控对其他成员国营业的控制者、处理者采取的措施的情况下。

3. 主监管机构应及时将相关问题涉及的信息提供给其他相关的监管机构，对于其他相关监管机构提出的问题审慎考虑并及时给予处理意见。

4. 其他相关监管机构在根据本条第3款得到答复后4周之内，应对主监管机构的处理意见作出相关的合理的反馈，如果主监管机构不接受或者认为该反馈缺乏必要性、合理性，则应该将该问题提交给一致性机制处理。

5. 如果主监管机构接受相关监管机构做出的反馈，则应按照第4款规定的程序在2周内就该问题给予该相关监管机构修改后的处理意见。

6. 如果其他相关机构在第4款、第5款规定的期限内对主监管机构的处理意见没有提出反对意见，则视为主监管机构与相关监管机构达成一致意见并对双方产生拘束力。

7. 主监管机构应视具体情况执行该决定并通知控制者、处理者的主营业机构或者唯一营业机构，并通知相关监管机构和理事会对所涉问题的决定以及对相关事实与理由进行总结。收到投诉的监管机构应负责将处理结果告知投诉人。

8. 若投诉被主监管机构排除或拒绝，收到投诉的监管机构应接受该决定并通知投诉人以及控制者，此时不再适用第7款的规定。

9. 如果主监管机构与相关监管机构达成一致意见对同一个投诉分别作出排除或拒绝一部分而接受另一部分的决定，则主监管机构应执行予以接受部分的决定，并应通知投诉人以及主营业地或唯一营业地在所属成员国管辖范围内的控制者、处理者；而收到投诉的监管机构应执行排除或拒绝部分的决定，并应通知投诉人以及控制者、处理者。

10. 根据第7款、第9款的规定收到主监管机构关于决定的通知后，控制者、处理者应采取必要的措施确保其在欧盟范围内的运行处理活动符合该决定的要求。控制者、处理者应通知主监管机构其为执行该决定而采取的措施，由主监管机构通知其他相关监管机构。

11. 在特殊的情况下，相关监管机构有理由认为存在采取行动保护数据主体利益的紧急需求，则应适用第66条的紧急程序。

12. 主监管机构以及相关监管机构应通过电子方式相互提供基于本条要求的信息，并应使用标准化的格式。

第61条　相互协助

1. 为实现本条例的实施和适用，监管机构应以统一的方式互相提供相关信息、相互协助，采取适当的措施以实现有效的配合。

2. 各监管机构在收到其他监管机构的请求后1个月以内，应及时采取该请求所需的任何措施，特别是传达经调查获取的相关信息。

3. 请求协助时应提供所有所需的信息，包括提出请求的目的和原因，且所获信息只能用于请求所为的目的。

4. 除了以下情况，被请求的监管机构不得拒绝请求：

(a)没有资格对该事项提出请求或者要求采取该项措施；或者

(b)执行该请求将会违反监管机构应遵守的本条例、欧盟法律以及成员国法律关于接收请求的规定。

5. 被请求的监管机构应视具体情况告知提出请求的监管机构处理结果以及针对该请求所采取措施的进展。

6. 被请求的监管机构通常应通过电子方式，以标准化格式向其他监管机构提供所请求的信息。

7. 监管机构对应相互协助的请求而采取的措施不应收取任何费用，在特殊情况下监管机构可以就相互赔偿因提供协助而产生的具体支出达成一致意见。

8. 监管机构在收到其他监管机构请求后1个月内没有按照第5款的规定提供信息，提出请求的监管机构可以根据第55条第1款在其所属的成员国领域内采用临时措施。此时，应属于第66条第1款规定的迫切需要采取行动的情况,可以根据第66条第2款的规定请求理事会作出紧急约束性决定。

9.欧盟委员会可以指定本条规定的相互协助以及监管机构间、监管机构与理事会间通过电子方式相互获取信息的管理应采用的格式和程序,特别是第6款中规定的标准化格式,并应执行第93条第2款规定的审查程序。

第62条　监管机构联合处理

1.监管机构应适时进行联合处理,包括与其他成员国监管机构的人员联合调查、联合执行措施。

2.在控制者、处理者营业地分布在多个成员国或者大量处于不同的成员国的数据主体的情况下,更有可能实质上适用联合处理程序,相关的各成员国都有权参与联合处理。根据第56条第1款或者第56条第4款负责的监管机构应邀请相关的各成员国的监管机构参与联合处理,并应及时回应监管机构参与联合处理请求。

3.主办监管机构根据其成员国法律以及辅助监管机构批准,有权授予辅助监管机构调查参与联合处理的该国监管机构成员的权利,以及在主办监管机构所在成员国法律允许的情况下授权辅助监管机构的成员根据其所在成员国法律行使调查权。该调查权只有在主办监管机构成员领导且在场的情况下才能行使。辅助监管机构成员应遵守主办监管机构所在成员国法律。

4.辅助监管机构的成员根据第1款规定在其他成员国执行任务时,主办监管机构所属成员国应为其活动负责,包括根据对行为地有管辖权的成员国的法律对处理期间造成的任何损害承担赔偿责任。

5.损害结果发生在其管辖范围内的成员国,应以其成员致损时的赔偿标准赔偿该损失。辅助监管机构所属成员国的成员在另一成员国管辖区域内致第三人受损的,应向该成员国偿还该成员国以自己的名义向第三人赔偿全部款项。

6.进行联合处理时,除了第5款规定的情况以外,在不妨碍对第三方行使权利的情况下,各成员国不应要求第4款规定的与损害相关的其他成员国偿还。

7.当某个监管机构拒绝履行本条第2款第(b)项的义务参与联合处理时,其他监管机构可以根据第55条在其所属成员国范围内采取临时措施。此时,应认为属于第66条第1款规定的迫切需要采取行动的情况,理事会应根据第66条第2款提出处理意见或者作出紧急约束性决定。

第2节 一 致 性

第63条 一致性机制

为实现本条例在欧盟范围内的实施一致性,监管机构之间、监管机构与欧盟委员会之间在相互关联时,应通过本部分规定的一致性机制相互配合。

第64条 理事会的处理意见

1. 理事会应在负责的监管机构意图采取以下措施时提出处理意见,故而负责的监管机构应当在下列情况发生时向理事会提出决议草案:

(a)意图采取一系列基于第35条第4款规定的数据保护影响评估的要求而进行的处理操作;

(b)第40条第7款规定的,关于行为准则草案或者行为准则的修改增补是否与本条例相符的问题;

(c)意图批准第43条第3款规定的认证机构和第41条第3款规定的认证机构的认证标准;

(d)意图制定第46条第2款和第28条第8款规定的标准化数据保护条款;

(e)意图批准第46条第3款第(a)项的规定的合同条款;或者

(f)意图批准第47条规定的约束性合作规则。

2. 各监管机构、理事会主席以及欧盟委员会,可以就任何有关一般适用或在多个成员国产生影响的问题要求理事会审查并提出建议,特别是负责的监管机构拒绝履行第61条规定的互相协助的义务或者第62条规定的联合处理的义务的情况下。

3. 在第1款或第2款规定的情形下,理事会应针对向其提交的问题提出处理意见,但应避免重复处理。理事会成员以简单多数决通过该处理意见,则应在8周内执行该处理意见。视问题的复杂程度,该期限可以再延长6周。对于根据第5款向理事会成员传阅的第1款提及的决议草案,理事会成员在主席指定的合理期限内没有提出反对意见则视为同意通过该决议草案。

4. 监管机构和欧盟委员会应及时通过电子方式、采用标准化格式进行相关信息的交流,视具体情况包括事实的总结、决议草案、必须采取该措施的理由以及对其他相关监管机构的审查等信息。

5. 理事会主席应采用电子方式及时通知:

(a)以标准化格式提交相关信息的理事会成员或者欧盟委员会成员,在

需要的情况下理事会秘书处应提供相关信息的翻译;以及

(b)在第1款、第2款规定的各种情况下涉及的监管机构以及提出意见的委员会,并且将内容进行公开。

6. 负责的监管机构在第3款规定的期限内不能实施第1款中提及的决议草案。

7. 第1款中涉及的监管机构应充分考虑理事会的意见,并在收到意见后的2周内以电子方式、采用标准化格式告知理事会主席其是否修改原决定以及修改后的决议草案。

8. 如果相关监管机构在本条第7款规定的期限内告知理事会主席其拒绝听从理事会的全部或部分意见并提出相关理由,则应适用第65条第1款的规定。

第65条　理事会争端解决

1. 为确保本条例在个案中的正确适用和统一适用,理事会应针对以下情况做出约束性决定:

(a)在第60条第4款规定的情况下,即相关监管机构对主监管机构的处理意见提出相关的合理反对意见或者主监管机构以缺乏相关性合理性为理由拒绝接受该反对意见。约束性决定应针对相关的合理反对意见所涉问题作出处理,特别是在可能违反本条例的情况下。

(b)在确定相关监管机构中负责的监管机构时存在争议。

(c)如果负责的监管机构在第64条第1款规定的情况下没有向理事会寻求处理意见或者拒绝履行理事会根据第64条做出的处理意见,各相关监管机构或者欧盟委员会可以向理事会提出该问题。

2. 根据第1款规定做出的约束性决定经理事会成员2/3以上多数通过后,则应该在转交该决定后1个月内予以执行。对于复杂的问题,期限可以延长1个月。该约束性决定应具有合理性,并应通知给主监管机构、各相关监管机构以及受约束监管机构。

3. 理事会未能在第2款规定的期限内执行该决定,如果得到理事会成员简单多数通过,则可以在第2款规定的期限届满2个月后的2周之内执行该约束性决定。

4. 相关监管机构在第2款、第3款规定的期限内,针对根据第1款向理事会提交的所涉问题不能做出任何决定。

5. 理事会主席应将根据第1款做出的处理意见及时通知给相关监管机

构,也可以通知欧盟委员会。监管机构根据第6款的规定告知最后决定后,理事会网站应及时公布该决定。

6. 视具体情况不同,主监管机构或者被投诉的监管机构应及时在理事会向其通知约束性决定的1个月之内,按照第60条第7款、第8款、第9款的规定执行其在本条第1款约束性决定基础之上做出的最终决定,并应告知理事会其分别通知控制者、处理者与数据主体其最终决定的日期。最终决定应参考并符合根据本条第1款做出的约束性决定,并应明确本款涉及的决定应按照第5款的规定在理事会网站上予以公布。

第66条 紧急程序

1. 在相关监管机构认为存在需要采取行动保护数据主体的权利和自由的紧迫需求的特殊情况下,该相关监管机构可以排除适用第63条、第64条、第65条规定的一致性机制以及第60条规定的程序而立即采取在其管辖范围内产生法律效力的临时措施,但该措施只能在一定期间内有效而且最长不能超过3个月。监管机构应及时将采取的措施及其原因告知其他相关监管机构、理事会以及欧盟委员会。

2. 根据第1款的规定采取紧急措施的监管机构认为需要立即采取最终措施的,其可以向理事会寻求紧急处理意见或者紧急约束性决定并给出理由。

3. 视具体情况不同,在紧迫需要采取行动保护数据主体权利与自由而负责的监管机构不采取适当措施的情况下,其他监管机构可以向理事会寻求紧急处理意见或者紧急约束性决定并给出理由。

4. 根据本条第2款、第3款做出的紧急处理意见或者紧急约束性决定应在理事会成员简单多数通过后2周内予以执行,此时不再适用第64条第3款和第65条第2款的规定。

第67条 信息交流

欧盟委员会可以在一般范围内采取行动以管理利用电子方式在监管机构之间、监管机构与理事会之间进行的信息交流,特别是要采取第64条规定的标准化格式。采取执行措施应遵守第93条第2款规定的审查程序。

第3节 欧盟数据保护理事会

第68条 欧盟数据保护理事会

1. 特此设立欧盟数据保护理事会(理事会)作为欧盟的机构之一,并具有法律人格。

2. 理事会主席代表理事会。

3. 理事会应由各成员国其中一个监管机构的负责人和欧洲数据保护监管人或者各自代表组成。

4. 在一个成员国内有多个根据本条例负责监督规则适用的监管机构,则应根据成员国的法律指定一个联合代表。

5. 欧盟委员会有权参与理事会的活动和会议,但没有投票权。欧盟委员会应指定代表。理事会主席应将理事会的活动通知欧盟委员会。

6. 在第65条规定的情况下,欧盟数据保护监管人仅对于欧盟机构、办事处做出的并且实质上符合的本条例所涉规则原则的相关决定享有投票权。

第69条　独立性

1. 理事会在根据第70条、第71条执行任务或行使权力时应独立自主行动。

2. 理事会应在不违背欧盟委员会基于第70条第1款第(b)项和第70条第2款提出的要求的基础上执行任务或者行使权力,并且不应寻求或听从任何主体的指令。

第70条　理事会的任务

1. 理事会应该主动或应欧盟委员会的请求采取措施以确保本条例适用的一致性,特别是完成以下任务:

(a)在第64条、第65条规定的情况下监督并确保本条例的正确适用,并且不得与国家监管机构的任务相违背。

(b)向欧盟委员会提出在欧盟范围内关于个人数据保护的任何问题的建议,包括提出任何关于本条例的修正案。

(c)向欧盟委员会提出关于控制者、处理者以及监管机构之间根据约束性合作规则进行信息交流的格式与程序的建议。

(d)根据第17条第2款的规定,提出从公共信息服务平台消除与个人信息相关的链接、拷贝或复制的指导、建议以及程序上的最佳实践。

(e)主动或应其成员、欧盟委员会的请求审查任何关于本条例适用的问题,并提出指导、建议以及程序上的最佳实践以促进本条例的统一适用。

(f)根据本款第(e)项的规定提出指导、建议以及程序上的最佳实践,以进一步明确第22条第2款规定的基于分析做出决定的标准和条件。

(g)根据本款第(e)项的规定,在第33条第1款、第2款规定的确定个人数据泄露和不适当迟延以及特殊情况下要求控制者、处理者提醒个人数据泄露的情况,提出指导、建议以及程序上的最佳实践。

(h)在第34条第1款规定的个人数据泄露有可能造成自然人权利与自由受损的巨大风险的情况下,根据本款第(e)项的规定提出指导、建议以及程序上的最佳实践。

(i)为了进一步明确控制者、处理者按照约束性企业规则进行个人数据交流的标准和要求,以及为了进一步明确保障数据主体个人数据安全的必要条件,根据本款第(e)项的规定提出指导、建议以及程序上的最佳实践。

(j)为了进一步说明根据第49条第1款而规定的个人数据传输的标准和要求,根据本款第(e)项的规定提出指导、建议以及程序上的最佳实践。

(k)向监管机构提出关于适用第58条第1款、第2款、第3款规定的措施以及根据第83条确定行政管理费的指导。

(l)审查根据第(e)项、第(f)项提出的指导、建议以及程序上的最佳实践的实际适用。

(m)在根据第54条第2款制定公众报告违反本条例情况的通用程序时,按照本款第(e)项的规定提出指导、建议以及程序上的最佳实践。

(n)督促根据第40条、第42条的规定,编制行为准则、建立数据保护认证机制以及确定数据保护证的标志。

(o)执行认证机构的认证结果及其根据第43条对认证结果进行定期审查,保存根据第43条第6款获得认可的机构以及根据第42条第7款获得认可的营业地在第三国的控制者、处理者的登记。

(p)明确第43条第3款提及的要求并根据第42条的规定审查认证机构的认可。

(q)向欧盟委员会提出关于第43条第8款规定的认证要求的意见。

(r)向欧盟委员会提出关于第12条第7款规定的标准化信息呈现方式的意见。

(s)针对第三国或者国际组织保护水平是否充分的评估,包括第三国或者第三国的某个区域或特定部门是否不再能确保充分的保护水平的评估,向欧盟委员会提出意见。为此,欧盟委员会应向理事会提供所有所需的文件,包括与第三国政府关于该第三国、该区域或该特定部门的通信,以及与国际组织的通信文件。

(t)根据第64条第1款规定的一致性机制提出对监管机构决议草案的处理意见。并根据第64条第2款提交的问题提出意见。再根据第65条的规定做出约束性决定,包括在第 66 条规定的情况下。

(u)促进监管机构之间的合作、有效的双边和多边信息交流以及最佳实践。

(v)推进监管机构之间,包括与第三国的监管机构或者国际组织之间的共同培训项目以及人员交流。

(w)促进全世界数据保护监管机构之间的数据保护立法与实践的信息文件交流。

(x)对根据第 40 条第 9 款草拟的在欧盟范围内适用的行为准则提出意见。

(y)对于监管机构以及法院针对提交至一致性机制的问题所做出的决定,应以电子登记的方式保持公开访问。

2. 在欧盟委员会向理事会寻求建议的情况下,欧盟委员会可以根据该问题的紧迫性指定答复期间。

3. 理事会应向欧盟委员会和根据第 93 条设立的辅助委员会提出意见、指导、建议以及最佳实践,并予以公开。

4. 理事会应征求相关方的意见并给予他们在合理的期间内的表达意见机会。理事会应在不违反第 76 条的前提下,将通过征求意见程序得到的结果予以公开。

第 71 条　报告

1. 董事会应该起草一份年度报告。该报告涉及自然人信息的保护问题。这些信息包括工会、其他国家的分支机构以及国际组织所处理的个人信息。报告应该被公开并且被传播到欧盟的议会、政委以及其他委员会。

2. 这份年度报告应该包括对指导原则在实际运用中的评价、建议、关于 70 条第 1 款第(1)项的最佳实现情况以及关于第 65 条的有法律约束力的决定。

第 72 条　程序

1. 除非本规则另有规定,董事会应该通过其成员的简单多数决做出决定。

2. 董事会应该采取其自身成员 2/3 多数决的程序规则来制定可操作性的规章制度。

第 73 条　主席

1. 董事会应该从成员中通过简单多数决选出 1 名主席和 2 名副主席。

2. 主席和副主席的任期为 5 年,可以连选连任一次。

第74条 主席的职责

1. 主席应该履行以下职责：

(a)召集董事会会议并且筹备其日程；

(b)将董事会依照第65条做出的决定通知给主要机构及相关监督机构；

(c)确保董事会职责的及时履行，尤其是第63条中规定的协调职责。

2. 董事会应该在它的程序规则中规定主席和副主席的职责分配。

第75条 秘书

1. 董事会应当设立秘书，该秘书由欧盟数据保护监管机构派出。

2. 秘书应当独立履行职责，不受董事会主席的干涉。

3. 根据本规则被董事会授予需要执行的任务的欧盟数据保护监管机构的人员与被欧盟数据保护监管机构授予任务的人员应该遵守不同的报告规则。

4. 若发生数据盗用，董事会和欧盟数据保护监管机构应该建立并发表一个解释执行该条款的备忘录，规定他们的合作期限，并且可以应用于根据本规则执行董事会授予任务的欧盟数据保护监管机构的人员。

5. 秘书应该对董事会提供分析性的、管理性的以及后勤上的帮助。

6. 秘书应该尤其对以下内容负责：

(a)董事会日常业务；

(b)董事会成员、主席以及委员会的沟通；

(c)与其他机构及公众的沟通；

(d)内外部交流中电子工具的使用；

(e)相关信息的翻译；

(f)董事会会议的筹备及后续工作；

(g)观点的筹备、起草以及发表、决定监管权威文本以及其他被董事会所采纳的文本发生争议后的解决。

第76条 机密性

1. 正如其程序规则所规定的，若董事会认为有必要，则其讨论应该被保密。

2. 专家和第三方代表有权使用呈递给董事会成员的文件，但是应该遵守欧盟议会和委员会2001年的第1049号规则。

第八章 补救措施、责任以及处罚

第77条 向监管机构提出控诉的权利

1. 除了采取其他任何行政或司法补救措施，如果数据主体与其相关的个人数据的处理违反本规则,则其有权向监管机构提出控诉。尤其是其惯常居所地、工作地或侵权地的监管机构。

2. 被提起控诉的监管机构应该将争议的发展进程及结果,包括依据第78条可能采取的司法救济告知控诉者。

第78条 针对监管机构进行司法救济的权利

1. 除了其他行政和非司法的救济措施,每个自然人和法人针对监管机构涉及他们的法律决定,有权进行有效的司法救济。

2. 如果依据第55条和第56条规定认定的合格监管机构并不处理控诉或者依照第77条的规定,其在3个月内并不通知数据主体争议的进展及结果,则此时除了其他行政和非司法措施,每个数据主体均有权采取有效的司法补救措施。

3. 针对监管机构提起的诉讼应该在监管机构所在地成员国的法院进行。

4. 为保持机制的前后一致性,若当针对监管机构的决定所提起的诉讼进行前,已经有了董事会的决定,此时监管机构应该将那些决定提交法院。

第79条 针对数据控制者及处理者的有效的司法救济权利

1. 除了任何可用的行政或非司法救济手段(其中包括依照第77条向监管机构提出控诉),如果数据主体认为其数据在未经允许的情况下被处理从而侵害其权利,则此时他有权进行有效的司法救济。

2. 针对数据控制者及处理者的诉讼应该在其设立地的成员国法院进行。除非数据控制者或处理者是一个成员国行使公权力的公共机构,否则,这一诉讼也可以在数据主体惯常居所地的成员国法院进行。

第80条 数据主体的代理

1. 数据主体为了自身利益,有权委托一个非营利性组织去行使第77条、第78条及第79条的权利,并且行使成员国法律所规定的与第82条有关的接受赔偿的权利。该组织的组成的符合成员国的法律规定(以公共利益为目的且致力于数据主体权利及自由的保护),从数据主体的利益出发,保护其个人数据并提出诉讼。

2. 成员国可以规定:任何本条第1款提到的机构,均享有在该成员国享有独立于数据主体授权的起诉权。如果其认为数据主体的权利由于数据处理而遭受侵害,则有权依照第77条的规定向监管机构提出控诉并且行使第78条、第79条的权利。

第 81 条　中止诉讼

1. 如果一个成员国的法院在进行诉讼的过程中得到消息,相同数据控制者或处理者进行数据处理所引发的相同案件正在另一个成员国进行诉讼,则其应该通知该成员国确认这一诉讼的存在。

2. 当相同数据控制者或处理者进行数据处理所引发的相同案件正在其他成员国进行诉讼,除首先立案的法院之外,其他法院应该中止诉讼。

3. 当上述情况发生时,如果首先立案的法院对该案件有管辖权并且依据其法律可以进行全案审理,则此时接受起诉的其他法院应该拒绝管辖此案。

第 82 条　赔偿权及责任

1. 任何由于本规则中规定的侵权行为而遭受物质或非物质损害的人有权接受数据控制者或者处理者的赔偿。

2. 依据本条例,任何进行数据处理的数据控制者应该对其处理数据所造成的损害承担责任。如果其没有遵守本条例的规定或者其行为超出法律规定,则应该对造成的损害承担责任。

3. 如果数据控制者或者处理者能够证明其在引起损害的期间不应承担责任,则其应该免于承担本条第 2 款规定的责任。

4. 如果一个数据处理案件中存在多个数据控制者或者处理者,或者数据控制者与处理者同时存在,则依据第 2 款、第 3 款的规定,他们都对处理数据所造成的损害负责,则此时每个控制者或处理者应该对全部损害负责,以确保对数据主体的充分赔偿。

5. 根据第 4 款规定,当一个数据控制者或处理者支付了全部的损害赔偿,则其应该被赋予向相同事件中的其他人责任人追索相应份额的权利。

6. 进行赔偿请求诉讼的法院应该是依照第 79 条第 2 款规定符合成员国法律规定的法院。

第 83 条　征收行政罚款的一般情形

1. 在每个案件中,监管机构应该确保:违反本条第 4 款、第 5 款、第 6 款的规定而被执行的行政罚款是有效的、适当的、于法有据的。

2. 根据每个案件的情况,行政罚款应该成为第 58 条第 2 款第(a)~(h)项以及第(j)项中所规定的措施的补充或替代措施。在个案中,当决定是否处以行政罚款或者罚款数额时,以下几点需要注意:

(a)在确定侵权的性质、严重性以及持续时间时,应考虑相关数据处理主体的知识背景或目的、受影响的数据主体数量以及损害水平;

(b)故意或过失；

(c)数据控制者或处理者所采取的，使数据主体减轻损害的措施；

(d)在确定数据控制者或处理者责任程度时，要考虑第25条及第32条的规定，其所采取的技术与组织措施；

(e)任何数据控制者和处理者先前所实施的相关侵权；

(f)为了对侵权行为进行补救以及减轻其造成的不利影响，而与监管机构相互配合的程度；

(g)受到侵权影响的个人数据的种类；

(h)监管机构了解侵权行为的方式，特别是数据控制者或处理者是否以及在何种程度上报告其侵权行为；

(i)在同样的数据案件中，若在侵权前已经对相关数据控制者或处理者采取了第58条第2款的措施，则那些措施的遵守程度如何；

(j)遵守第40条的规定或者第42条有关鉴定机制的规定；以及

(k)任何其他可以恶化或改善案情的因素，如在侵权中直接、间接的金钱收益或避免的损失。

3. 如果一个数据控制者或者处理者由于相同或相关联的数据处理行为而故意或过失地违法本条例中的数个规定，则行政罚款的数额不应超过最严重侵权所应承担的责任数额。

4. 根据第2款的规定，以下条款中的侵权行为所应承担的行政罚款具有最高限额，一般情况下为1000万欧元。当案件中的主体为企业时，限额为该企业全球上一年度年营业额的2%，不足1000万欧元的，则限额为1000万欧元。

(a)依据第8条、第11条、第26条、第27条、第28条、第29条、第30条、第31条、第32条、第33条、第34条、第35条、第36条、第37条、第38条、第39条、第42条以及第43条的规定，数据控制者和数据处理者所应承担的责任；

(b)依据第42条、第43条的规定，鉴定机构所应承担的责任；

(c)依据第41条第(4)款的规定，监测机构所应承担的责任。

5. 根据第2款的规定，以下条款中的侵权行为所应承担的行政罚款具有最高限额，一般情况下为2000万欧元。当案件中的主体为企业时，限额为该企业全球上一年度年营业额的4%，不足2000万欧元的，则限额为2000万欧元。

(a)依据第5条、第6条、第7条、第9条的规定，违背处理数据的基本原

则或者允许处理数据的情形进行数据处理;

(b)依据第12~22条的规定,侵害数据主体的权利;

(c)依照第44~49条的规定,将个人数据传播给第三国或国际组织;

(d)违反本条例第九章规定的、被成员国法律采纳的义务;

(e)依照第58条第2款的规定,不服从监管机构对处理或暂停处理数据的命令,或者不服从暂时性、最终性的限制处理数据的命令,或者违反第58条第1款的规定却无法提供数据访问端口。

6. 依照第58条第2款的规定,不遵守监管机构命令而应该承担的行政罚款具有最高限额,一般情况下为2000万欧元。当案件中的主体为企业时,限额为该企业全球上一年度年营业额的4%,不足2000万欧元的,则限额为2000万欧元。

7. 除了监管机构依照第58条第2款的规定拥有惩罚权,每个成员国对于其国内的公共机构及其他机构是否进行罚款以及罚款数额,可以进行规定。

8. 监管机构依照本条行使权力的行为,应该受到欧盟以及成员国法律所规定的对于合法程序的保护,其中包括有效的司法救济以及法定的诉讼程序。

9. 如果成员国确保其法律救济措施是有效的并且与监管机构的行政罚款具有相同的作用,则他们的法律系统中可以不规定行政罚款。此时,本条款可能通过以下方式得以运用:由监管机构处以罚款并且被国内的法院强制执行。在任何情况下,罚款必须有效、适当且于法有据。这些成员国应该将由于本款规定而导致他们所采取的国内法律、附加修正案或者影响到他们的修正案及时通知委员会。

第84条 处罚

1. 成员国应该设立规则,规定违反本条例后的其他可执行的处罚(尤其是依照第83条的规定,没有规定行政罚款这一处罚措施的成员国),并且应该采取所有必要的措施来确保这些处罚的实行。这些处罚方式必须有效、适当且于法有据。

2. 这些成员国应该将由于本条第1款的规定而导致他们所采取的国内法律、附加修正案或者影响到他们的修正案及时通知委员会。

第九章 特定数据处理情形下的相关规定

第85条 信息及信息表现形式的处理与自由

1. 成员国应该通过法律去协调本条例所规定的个人数据保护权与信息数

据自由权之间的冲突，这种信息数据自由权包括为了新闻、学术、艺术、文学表达等目的而进行的数据处理。

2. 为了协调个人数据保护与信息数据自由之间的冲突，对于以新闻、学术、艺术、文学表达等为目的而进行的数据处理，成员国在必要情形下应该使其免受或部分免受第二章、第三章、第四章、第五章、第六章、第七章、第九章的调整。

3. 这些成员国应该将由于本条第 2 款的规定而导致他们所采取的国内法律、附加修正案或者影响到他们的修正案及时通知委员会。

第 86 条　官方文件的处理以及公众获取

由于为了解决公众获取官方文件的权利与个人数据保护之间的矛盾，依据欧盟或成员国的法律，那些被公共机构或以满足公共利益为目的的私人机构所掌握的官方文件中的个人信息，有可能被泄露。

第 87 条　国家鉴定数据的处理

成员国可能进一步决定其他数据处理的特殊情形，如国家鉴定数据处理或任何其他一般鉴定的数据处理。在此种情形下，国家鉴定数据或其他一般鉴定数据必须在一定条件下才能进行处理，即必须依照本条例对数据主体的权利与自由给予合理的保护。

第 88 条　职场数据处理

1. 成员国可能会通过法律或集体合同的方法，在职场情形下规定更多的特殊规则以确保对雇员个人数据处理权利与自由的保护，尤其是为了以下目的：招聘雇员，为了合同的履行（包括法律、集体合同、管理办法、计划和工作组织中所规定的义务免除；平等且多样化的工作环境；工作的健康与安全；雇主或客户财产的保护；愉快工作的展开；个人或集体基本准则；雇佣中的权利与利益）以及为了合同关系的终止。

2. 这些规则应该包括适当并且特定的措施来保护数据主体的人格尊严、法律利益以及基本权利，尤其涉及数据处理的透明性、一个企业群体或从事共同经济活动的企业中内部的个人数据转移以及工作地的数据监督系统。

3. 这些成员国应该将由于本条第 1 款的规定而导致他们所采取的国内法律、附加修正案或者影响到他们的修正案及时通知委员会。

第 89 条　涉及公共利益、科学历史研究或者统计等目的的数据处理的保护与限制

1. 依据本条例，为了数据主体的权利与自由，涉及公共利益、科学历史研究或者统计等目的的数据处理应该被合理保护。这些保护应该确保技术和组织措施正在发挥效用,尤其是为了保证数据最小化原则的贯彻。这些措施可能包括化名制度,从而确保在此种方式下这些目的的实现。如果一种数据处理不允许数据主体的确认,而上述目的又可以通过这种数据处理得以实现,则此时应进行数据的处理。

2. 如果个人数据的处理是为了科研、历史或者统计的目的,此时欧盟或成员国的法律可能规定对第 15 条、第 16 条、第 18 条和第 21 条中的权利加以限制,这些权利保护的优先级低于本条第 1 款规定的数据处理情形。如果这些权利对第 1 款中特定目的的实现具有不可忍受的严重的损害,并且对这些权利的限制是有必要的,则应加以限制。

第 90 条　保密义务

1. 依据欧盟或成员国国家机构的法律,成员国可以设立规定:为了必要合理地协调个人数据保护权与保密义务之间的矛盾,本规则第 58 条第 1 款中第(e)项和第(f)项所规定的与数据控制者或处理者有关的监管机构的权力,要服从于专业保护或其他相应的保密义务。本规则仅在涉及以下个人数据时被运用:数据控制者与处理者已经在一个涉及保密义务的活动中获取了数据。

2. 这些成员国应该将由于本条第 1 款的规定而导致他们所采取的国内法律、附加修正案或者影响到他们的修正案及时通知委员会。

第 91 条　教会与宗教协会现有的数据保护规则

1. 如果在成员国内,教会与宗教协会或社团中适用有关自然人(数据)处理保护的综合性规则,则本条例生效之时,在与本条例相一致的前提下,这些规则可能会继续适用。

2. 根据第 1 款规定,实施综合性规则的教会与宗教协会,应当受到独立监管机构的监管。该监管机构可能是特定的,但需满足本条例第六章所规定的条件。

第十章　委托行为与实施行为

第 92 条　委托权的行使

1. 批准授权行为的权力被授予受本条规定限制的欧盟委员会。

2. 第 12 条第 8 款和第 43 条第 8 款中所述的委托权,应当自本条例生效之日起被无确定期限地授予欧盟委员会。

3. 第 12 条第 8 款和第 43 条第 8 款中所述的委托权随时可能被欧洲议会

或者理事会撤销。在撤销决定中应当规定终止该决定中的委托权。该决定应当自其在欧盟公报上公布的次日或欧盟公报中规定的日期生效。该决定不应影响任何已生效的授权行为的效力。

4. 一旦批准了授权行为,欧盟委员会应同时通知欧洲议会和理事会。

5. 根据第 12 条第 8 款和第 43 条第 8 款被批准通过的授权行为,只有在两种情形下会发生效力:(1)欧洲议会或者理事会在接到通知后的 3 个月内均未表示反对;(2)在该期限届满之前,欧洲议会和理事会均通知欧盟委员会,表示将不会反对。欧洲议会或者理事会可以主动将该期限延长 3 个月。

第 93 条　委员会程序

1. 欧盟委员会应由一个委员会协助。该委员会应是欧盟第 182/2011 号条例意义上的委员会。

2. 凡提及本款,应适用欧盟第 182/2011 号条例第 5 条。

3. 在提及本款时,应适用欧盟第 182/2011 号条例第 8 条,并结合其第 5 条。

第十一章　最 终 条 款

第 94 条　废除第 95/46/EC 号指令

1. 第 95/46/EC 号指令自本条例生效之日起 2 年后废除。

2. 凡提到该被废除的指令,应当被解释为提到本条例。

3. 凡提到根据第 95/46/EC 号指令第 29 条设立的有关个人数据处理方面的个人保护工作组,应当被解释为提到根据本条例设立的欧洲数据保护理事会。

第 95 条　与第 2002/58/EC 号指令之关系

本条例不得就与欧盟公共通信网络中的公用电信服务条款有关的(数据)处理对自然人或法人施加额外义务。这些自然人或法人受到与第 2002/58/EC 号指令之规定具有相同目标的特定义务的制约。

第 96 条　与在先缔结协定之关系

本条例生效之日以前缔结的,且根据欧盟法在本条例生效之日以前可以适用的、涉及将个人数据转让给第三国或国际组织的国际协定,在被修改、替换或撤销前,应当对成员国保持有效。

第 97 条　委员会报告

1. 在本条例生效后的第四年以及此后每 4 年,欧盟委员会应当向欧洲议会和理事会提交关于本条例的评价和审查的报告。报告应当公开。

2. 在第1款所指的评价和审查范围内,欧盟委员会应当特别审查下列各项的适用和运作情况:

(a)第五章关于将个人数据转让给第三国或国际组织,特别是根据本条例第45条第3款通过的决定和根据第95/46/EC号指令第25条第6款通过的决定;

(b)第七章关于合作和一致性。

3. 为实现第1款之目的,欧盟委员会可以要求成员国和监管机构提供资料。

4. 在进行第1款和第2款所述的评价和审查时,欧盟委员会应当考虑欧洲议会、理事会及其他有关机构或来源的立场和调查结果。

5. 如有必要,特别是考虑到信息技术的发展和信息社会的进步情况,欧盟委员会应当提交适当的议案以修订本条例。

第98条　关于其他有关数据保护的联盟法案的审查

欧盟委员会应当视情况提交立法议案,来修订其他有关个人数据保护的联盟法案,以确保自然人在(数据)处理方面得到统一和一致的保护。这应当特别考虑联盟机构、团体、办事处和行政机关有关自然人(数据)处理保护的规则以及此类数据的自由流转。

第99条　生效及适用

1. 本条例自欧盟官方公报刊登后第20日生效。

2. 本条例自生效之日后2年起适用。

本条例整体具有法律约束力,并直接适用于所有成员国。

新加坡 2012 年《个人数据保护法》
Personal Data Protection Act

（2012 年第 26 号）

翻译指导人员：李爱君　苏桂梅
翻译组成员：任依依　芦　姗　方宇菲　方　颖
姚　岚　李　昊　李廷达　马　军

2012 年 12 月 3 日下午 5:00，电子版首次在政府公报电子版刊登。

2012 年 10 月 15 日议会通过了本法案，2012 年 11 月 20 日总统批准通过。

本法旨在对机构收集、使用和披露个人数据的活动进行规制；建立个人数据保护委员会以及谢绝骚扰登记表，对其及与其有关事项进行管理；并对先前的不同法案规定作出相关重要修订。

经新加坡议会的建议和同意，总统颁布内容如下：

第一章　准备措施

第 1 条　简介

本法名称为《2012 年个人数据保护法》，在部长经宪报公告指令之日起施行。

第 2 条　解释

（1）在本法中，除文义另有所指外：

"行政机关"（Administration Body）是指根据第 9 条授权的行政机构。

"咨询委员会"（advisory committee）是指根据第 7 条委任的咨询委员会。

"上诉委员会"（Appeal Committee）是指根据第 33 条第（4）款提名的数据保护上诉委员会。

“上诉小组”(Appeal Panel)是指根据第33条第(1)款设立的数据保护上诉小组。

“指定日”(appointed day)是指第三章至第四章规定的生效日期。

“被授权人员”(authorised officer)是指根据本法规定,满足第8条第(2)款规定的,行使该权力或履行职责的人。

“福利计划”(benefit plan)是指保险单、养老金计划、年金、公积金计划或其他类似计划。

“商业”(business)包括任何机构的活动,无论是为了获取利益而进行的活动,还是以定期,重复或持续的方式进行活动,但不包括以个人或家庭名义行事的个人活动。

“商业联络信息”(business contact information)是指不仅只出于个人目的而由个人单独提供的姓名、职称、商务号码、商户地址、商务电子邮件地址、商务传真号码以及与个人有关的任何其他类似信息。

“主席”(Chairman)指根据附件一第1条第(1)款委任的证监会主席。

“委员会”(Commission)是指根据第5条设立的个人数据保护委员会。

“信用局”(Credit Bureau)是指:

(a)以营利目的提供信用报告的机构;或

(b)作为以获取利润或营利为目的的经营业务的附属部分,提供日常非营利基础的信用报告的机构。

“信用报告”(credit report)是指向机构提供的书面、口头或其他形式的沟通,以评估个人有关机构与个人之间的交易方面的信誉。

“数据中介”(data intermediary)是指代表另一机构处理个人数据的机构,但不包括该另一机构的雇员。

“文件”(document)包括以任何形式记录的信息。

“家庭”(domestic)是指与家庭或家族有关的。

“教育机构”(education institution)是指任何单独或与他人合作提供教育,包括指导、训练或教学的机构。

“员工”(employee)包括志愿者。

“雇佣”(employment)包括无偿义工的工作关系。

“评估目的”(evaluative purpose)是指:

(a)确定数据相关个人的适当性、资质或资格。

(i)受雇或被委任公职;

(ii)升职或续期；

(iii)撤职或离职；

(iv)教育机构入学；

(v)合同、奖励、奖学金、助学金、荣誉或其他类似利益；

(vi)体育或艺术目的的选择；或

(vii)在公共机构管理下的任何计划中，给予财政或社会援助，或提供适当的保健服务。

(b)确定是否对合同、助学金、奖学金、荣誉或其他类似利益进行延期、修改或取消。

(c)决定是否为任何个人或财产进行投保，或继续或续期任何个人或财产的保险。

(d)部长指定的其他类似用途。

"个人"(individual)是指一个自然人，无论存活还是死亡。

"调查"(investigation)是指对以下情形作出的调查。

(a)违反协议；

(b)违反成文法规定、职业操守规则、依据成文法规定行使权力的监督机关的规定或其他规定；或

(c)根据法律规定可能导致补救或救济的情况或行为。

"国家利益"(national interest)包括国防、国家安全、公共安全、基本服务维持以及国际事务的开展。

"机构"(organisation)包括任何个人、公司、协会、个人团体、企业，或非法人团体，无论是否满足以下条件：

(a)根据新加坡法律设立或得到认可；或

(b)在新加坡有居住地或营业地的。

"个人数据"(personal data)是指一个通过以下资料可以识别的个人数据，而不必考虑其真实性：

(a)该数据；或

(b)该数据以及机构已经或可能获得的数据和其他资料。

"指定医疗机构"(prescribed healthcare body)是指为了附件四的目的，由负责卫生责任的部长指定的保健机构。

"指定执法机构"(prescribed law enforcement agency)是指出于第21条第(4)款和附件四规定的目的以及负责追究犯罪或根据成文法指控罪犯的机关。

“私人信托”(private trust)是指为一个或多个指定个人(作为交易人的朋友或家庭成员的受益人)利益的信托。

“诉讼程序”(proceedings)是指在以下情形下,法院、法庭或监管机构进行的相关民事,刑事或行政诉讼活动:

(a)违反协议;

(b)违反任何成文法规定、职业操守规则依据成文法规定;或

(c)违反法律规定引起的救济责任。

“处理”(processing),就个人数据而言,是指对个人数据进行以下单项或组合操作:

(a)记录;

(b)持有;

(c)机构,适应或变更;

(d)检索;

(e)组合;

(f)传输;

(g)删除或破坏。

“公共机构”(public agency)包括:

(a)政府,包括任何机关、部门、机构或国家机构;

(b)根据成文法规定委任设立的特别法庭;或

(c)第(2)款规定的任何法定机构。

“公开可得”(publicly available),就个人数据而言,是指一般可供公众使用的个人数据,包括通过合理预期手段在某一地点或某一事件可以注意到的个人数据:

(a)个人出现的时间或地点;以及

(b)向公众开放的。

“有关机构”(relevant body)是指委员会、行政机关、上诉小组或任何上诉委员会;

“特别法庭”(tribunal)包括司法或准司法机构、纪律法庭、仲裁或调解机构。

(2)部长可以通过在宪报刊登通知,将根据公众行为设立的公共职能的法定机构指定为本法规定的公共机构。

第3条　目的

本法旨在规范各机构收集、使用和披露个人数据的活动，且组织的行为必须是在理性人承认组织有权且需要收集、使用或披露个人数据的情况下进行。

第4条　法律适用

(1)根据第三章至第六章的规定，以下主体不应承担任何义务：

(a)以个人或家庭身份行事的个人；

(b)受雇于某一机构以被雇佣身份行事的雇员；

(c)代理公共机构就个人数据的收集、使用或披露方面采取行动的公共机构或机构；或

(d)符合本条规定意旨的其他机构或个人数据。

(2)若数据中介机构是依据书面合同或其他以书面形式证明的合同的规定而代表另一机构或为另一机构的目的而进行的个人数据处理活动，第三章和第四章[除第24条(个人数据保护)和第25条(个人数据保留)的规定以外]不得对其施加任何义务。

(3)根据本法，无论由数据中介机构代表某机构还是为该机构之目的而进行个人数据处理活动，或该机构自己进行个人数据处理活动，该机构均负担相同的义务。

(4)本法不适用于：

(a)包含在至少留存100年的记录中的个人数据；或

(b)已故个人的数据，但死亡时间在10年以下的个人的数据适用有关个人数据披露的规定以及第24条(个人数据的保护)的规定。

(5)除明确说明以外，商业联络信息不适用第三章至第六章的规定。

(6)除本法另有规定：

(a)法律规定的任何授权、权利、特权或豁免、法律规定的义务或限制条件不适用第三章至第六章的规定，但合同的履行义务必须依照本法规定；以及

(b)第三章至第六章的规定与其他成文法的规定不一致的，应以其他成文法的规定为准。

第二章　个人数据保护委员会和行政机关

第5条　个人数据保护委员会

(1)设立个人数据保护委员会，由部长任命的成员(不少于3名但不超过

17 名)组成。

(2)附件一是对委员会及其成员及其法律程序的效力规定。

第 6 条　委员会的职能

委员会的职能为:

(a)增强新加坡数据保护意识;

(b)提供咨询、建议、技术、管理或其他有关数据保护的专业服务;

(c)就与数据保护有关的所有事项向政府提供意见;

(d)在国际数据保护有关事项代表政府;

(e)开展调查和研究,促进有关数据保护的教育活动,包括机构和举办研讨会、讲习班和专题讨论会,并且支持开展此类活动的其他机构;

(f)代理或代表政府与其他机构,包括外国数据保护机构和国际或政府间机构,进行数据保护的技术合作和交换;

(g)执行和实施本法;

(h)根据其他书面法律履行赋予委员会的职能;以及

(i)从事此类的其他活动,履行部长通过宪报公布命令方式授予委员会的职能。

第 7 条　咨询委员会

(1)部长可以任命 1 个或多个咨询委员会,就执行本法规定的任何职能向委员会提供咨询意见。

(2)委员会可就本法规定的职责的履行和权力的行使等事项向咨询委员会咨询意见,但委员会不受该咨询意见的约束。

第 8 条　代表团

(1)委员会可按名称或职位的要求来委任合适的视察员及其他人员为公职人员或法定机构雇员。

(2)委员会可根据本法(除本款授权外),将其全部或任何职能、职责和权力委托给依照第(1)款规定任命的官员,但须符合委员会明确提出的条件或限制。

(3)被授权的官员根据本法行使任何执行权力时,应当按要求向对方表明其正在行使委员会授予其行使的权力。

(4)委员会的任何决定,或由委员会授予职能、责任或权力的人作出的决定,均可由主席签署或任何经主席授权签署的人员代为签署。

第9条 行政机关

(1)部长可以通过宪报公告任命一个行政机关。

(2)行政机关:

(a)可针对行政机关认为适当的或由部长交付给行政机关的有关管理和行政委员会等事项,向部长提出建议;

(b)可以为委员会的目的订立协议,包括任何合作协议;

(c)管理委员会的预算,以及与委员会有关的交易和事务的账目和记录;

(d)应按照部长的要求提交与委员会事务有关的报告;以及

(e)可以向委员会提供可能需要的行政和其他支持。

(3)关于本法规定的对违法行为诉讼程序,经检察官授权,由主席以书面形式授权的行政机关的官员代其执行。

(4)尽管有任何书面法律的规定,根据《法律职业法》(Cap. 161),被承认是个人数据保护的倡导者和律师的行政机关的法律顾问(无论名称如何),可以:

(a)根据任何成文法,在涉及委员会履行其职能或职责的任何民事诉讼中出庭;以及

(b)代表委员会从事和进行所有有关民事诉讼的行为和申请。

第10条 合作协议

(1)为第9条及第59条的意旨,合作协议是为以下目的而达成的协议:

(a)促进委员会和另一监管机构为履行其各自职能而进行的合作,只须这些职能与数据保护有关;以及

(b)避免委员会和另一个监管机构在涉及执行数据保护法律上的重复活动。

(2)合作协议可以包括以下条款:

(a)如果被另一方需要的信息是为了履行其任何一项职能,则委员会和另一监管机构须向对方提供其各自拥有的信息;

(b)互相提供其他协助,以有利于其任何其他职能的履行;以及

(c)另一方正在履行与事件有关的职能在这种职能可以满足需要的情况下,确保委员会和其他监管机构不予履行其与事件相关的任何一项职能。

(3)委员会不得根据合作协议向外国数据保护机构提供任何信息,除非

该机构要求并获得该机构的书面保证,保证其符合,包括委员会披露信息的成文法规定在内的该要求规定的条件。

(4)在下列情况下,委员会可向外国数据保护机构承诺,承诺其将遵守外国数据保护机构对委员会提出的要求条款:

(a)这些条款与在外国设立数据保护机构的国家或地区的现行法律规定有关,属于外国数据保护机构披露第(b)项所述信息的规定;以及

(b)遵守要求是外国数据保护机构根据合作协议向委员会提供信息的条件。

(5)在本条中:

"外国数据保护机构"是依照其他国家或地区有关数据保护的法律中有关执行和管理的规定,拥有既得职能的机构。

"监管机构"包括委员会和任何外国数据保护机构。

第三章 保护个人数据的一般规则

第11条 遵守法案

(1)为履行本法规定的责任,机构应考虑理性人在该情况下认为适当的情形。

(2)机构对其拥有或控制的个人数据负责。

(3)机构应指定1人或多人确保机构遵守本法。

(4)根据第(3)款指定的个人可以将该指定下的责任授予给他人。

(5)机构应向公众提供根据第(3)款指定或根据第(4)款授予的至少1人的商业联络信息。

(6)机构根据第(3)款指定个人不得免除机构根据本法所承担的任何义务。

第12条 政策与规范

机构应:

(a)制定和执行本机构根据本法履行机构义务所必需的政策和规范;

(b)制定程序用以接受和应对适用本法产生的投诉;

(c)向工作人员通报第(a)项所述机构的政策和规范的信息;以及

(d)根据要求提供有关信息:

(i)第(a)项所述的政策和规范;以及

(ii)第(b)项所述的投诉程序。

第四章 个人数据的收集、使用和披露

第一部分 同 意

第 13 条 需要同意

机构在指定日期的当日或之后,不得收集、使用或披露有关个人的个人数据,除非:

(a)个人根据本法作出或被视为已经作出收集、使用或披露(视情况而定)的同意;或

(b)根据本法或任何其他成文法规定,不经个人同意或授权收集、使用或披露(视情况而定)。

第 14 条 明示同意

(1)根据本法,除下列情况外,不视为个人同意机构为某一目的而收集、使用或披露与个人有关的个人数据:

(a)根据第 20 条,已向个人提供所需信息;以及

(b)个人为符合本法的目的而给予同意。

(2)机构不得:

(a)以提供产品或服务为条件,要求个人同意收集、使用或披露超出为其提供产品或服务的合理性的个人数据;或

(b)通过提供与所需收集、使用或披露个人数据不符的虚假或误导性信息,或使用欺骗性或误导性的规定,获取或企图获取收集、使用或披露个人数据的同意。

(3)出于本法的目的在第(2)款中的任何情况下作出的任何同意,均无效。

(4)在本法中,个人为收集、使用或披露有关其的个人数据而作出或被视为已经作出的同意,应包括其代表人为收集、使用或披露其数据而作出或被视为已作出的同意。

第 15 条 视为同意

(1)如有以下情况,视为个人同意由机构收集、使用或披露与其有关的个人数据:

(a)个人在没有实际作出第 14 条所述的同意的情况下,为此目的自

愿向机构提供个人数据;以及

(b)个人自愿提供数据是合理的。

(2)如果个人作出或被视为已经作出将一个机构与其有关的个人数据以特定目的披露给另一机构的同意,则该个人被视为同意另一机构的为特定目的收集、使用或披露个人数据。

第16条 撤回同意

(1)对于该机构为任何目的收集、使用或披露的与某人有关的个人数据,在向机构发出合理通知的情况下,该人可随时撤回根据本法作出或被视为已经作出的同意。

(2)收到第(1)款提及的告知后,有关机构应告知个人撤回其同意的可能后果。

(3)机构不得禁止个人撤回收集、使用或披露与其有关的个人数据的同意,但撤回不会产生任何法律后果的除外。

(4)除第25条另有规定外,如果个人撤回机构为任何目的收集、使用或披露的与其有关的个人数据的同意,则机构应停止(并使其数据中介机构和代理人停止)收集、使用或披露个人数据(视情况而定),除非根据本法或其他成文法的规定或授权,否则未经个人同意不得收集、使用或披露(视情况而定)。

第17条 未经同意收集,使用和披露

(1)机构仅在附件二,并受附件二的任何条件约束的情况下,可以未经同意向个人以外的来源收集有关个人的个人数据。

(2)机构仅在附件三,并受附件三的任何条件约束的情况下,经个人同意可以使用有关个人的个人数据。

(3)机构仅在附件四,并受附件四的任何条件约束的情况下,经个人同意可以披露有关个人的个人数据。

第二部分 目的

第18条 目的和程度的限制

机构可为以下目的:收集、使用或披露有关个人的个人数据,

(a)理性人在这种情况下认为适当的目的;以及

(b)如适用须根据第20条已通知个人。

第19条 指定日期前收集的个人数据

尽管本章另有规定,用于收集个人数据的目的机构可以在指定日期之前

使用收集的有关个人的个人数据,除非:

(a)根据第 16 条,使用的同意被撤回;或

(b)无论在指定日期之前、之时还是之后,个人已向机构另有表示不同意使用个人数据。

第 20 条 目的的通知

(1)为施行第 14 条第(1)款第(a)项及第 18 条第(b)项的规定,机构应通知个人:

(a)在收集个人数据之时或之前,收集、使用或披露(视情况而定)个人数据的目的;

(b)为此目的使用或披露个人数据之前,未在第(a)项下告知个人使用或披露个人数据的目的;以及

(c)根据个人的要求,能够代表机构回答其关于收集、使用或披露个人数据的问题的商业联络信息。

(2)在未经个人同意的情况下,一个机构从另一个机构收集与个人相关的个人数据时或之前,应向该机构提供关于收集目的的充分信息,以便让该机构判断披露信息是否符合本法规定。

(3)如果第(1)款不适用:

(a)根据第 15 条,个人被视为已同意收集、使用或披露(视情况而定);或

(b)根据第 17 条,该机构未经个人同意而收集、使用或披露个人数据。

(4)尽管有第(3)款的规定,机构在收集、使用或披露有关个人的个人数据之时或之前,为了管理或终止机构与该个人之间的使用关系,应通知个人:

(a)目的;以及

(b)应个人的要求,可以代表机构回答其对该收集、使用或披露之人的商业联络信息。

第五章 访问和更正个人数据

第 21 条 访问个人数据

(1)除第(2)款、第(3)款及第(4)款另有规定外,根据个人的请求,机构应尽快向个人提供:

(a)该机构持有或控制的与该人有关的个人数据;以及

(b)在请求日期之前的1年内,该机构已经或可能已经使用或披露的第(a)项中提及的个人数据的方式的信息。

(2)就附件五所列事项,机构无须向个人提供与该人有关的个人数据或其他第(1)款规定的信息。

(3)如果可以合理地预期提供该个人数据或其他信息(视情况而定)会导致的结果,那么机构不得向个人提供与其有关的个人数据或其他第(1)款中规定的信息:

(a)威胁提出请求之人以外的人的安全或身体或精神健康;

(b)对提出请求的人的安全或身体或精神健康造成直接或严重的伤害;

(c)揭示与另一人有关的个人数据;

(d)揭示提供有关另一人的个人数据之人的身份且提供个人数据的个人不同意披露其身份;或

(e)与国家利益相悖。

(4)如果披露是根据附件四的第1条第(f)项、第(n)项或任何其他书面法律的进行,且未经此人同意,根据第(1)款机构不得通知任何个人已将个人数据披露给法律规定的执行机构。

(5)如果一个机构能够向个人提供其第(1)款要求的第(2)款、第(3)款和第(4)款规定以外的个人数据和其他数据,机构应提供个人可以访问个人数据和其他信息的途径,但第(2)款、第(3)款及第(4)款规定的个人数据或其他信息除外。

第22条 更正个人数据

(1)个人可以要求机构对机构持有或控制的与其有关的个人数据中的错误或遗漏进行更正。

(2)除非机构因合理的理由不予更正,否则机构应该:

(a)尽快更正个人数据;及

(b)根据第(3)款规定,除非其他机构因任何法律或业务的目的不需要已经更正的个人数据将更正的个人数据发送至个人数据所在的其他机构(该机构在作出更正的日期前1年内披露过此个人数据)。

(3)如果个人同意,一个机构(不包括信用局)可以将更正的个人数据仅发送至特定的机构发送的数据是,该机构在作更正的日期前1年内披露过的个人数据。

(4)当根据第(2)款第(b)项或第(3)款通知机构对个人数据进行更正时,机构应对由其持有或控制的个人数据予以更正,除非该机构出于合理理由不予更正。

(5)如果根据第(2)款第(a)项或第(4)款没有作更正,机构应注明其所持有或其控制的个人数据被要求更正但没有作出更正。

(6)本条中的任何内容均不得要求一机构更正或另外改变意见,包括专业人士或专家的意见。

(7)机构不需要遵守本条中有关附件六所指明的问题。

第六章 管理个人数据

第23条 个人数据的准确性

机构应作出合理努力以确保由机构或代表机构收集的个人数据是准确且完整的,如果个人数据:

(a)可能被机构用来作出影响与个人数据相关的个人的决定;或

(b)有可能被机构披露给另一机构。

第24条 个人数据的保护

机构应保护其持有或控制的个人数据,利用合理的安全安排以防止未经授权的访问、收集、使用、披露、复制、修改、处置或类似的风险。

第25条 个人数据的保留

一旦存在以下合理假设,机构应停止保留其个人数据的文件资料,或删除个人数据与特定个人相关联所使用的方法:

(a)收集个人数据的目的不再为服务个人资料的保留;以及

(b)因为法律或业务的目的,不再需要保留。

第26条 个人数据转移至新加坡境外

(1)机构不得将任何个人数据转移给新加坡以外的国家或地区,除非按照本法规定的要求,确保机构为所转让的个人数据提供的保护标准,与本法规定的保护相当。

(2)对于机构根据第(1)款就该机构个人数据任一转移而订立的要求,委员会可应任何机构的申请,书面通知其免除。

(3)根据第(2)款作出的豁免:

(a)可能受委员会书面指明的条件的约束;及

(b)不得在宪报刊登,并可能在任何时候被委员会撤销。

(4)委员会可随时增加、更改或撤销任何一项本部分规定的条件。

第七章　第三章至第六章的执行

第27条　替代性纠纷解决

(1)如委员会认为个人针对机构的任何投诉通过调解解决可能会更适当,委员会可以在得到投诉人和机构同意的情况下,调解此事项。

(2)除第(1)款另有规定外,无论有无投诉人和机构的同意,委员会均可直接指导投诉人或机构或双方企图以委员会指示的方式,用以解决此人的投诉。

第28条　审查权

(1)根据投诉人的申请,委员会可以审查:

(a)拒绝提供第21条投诉人所要求的个人数据的获取途径,或未能在合理的时间内提供获取途径;

(b)第21条或第22条规定的有关投诉人的要求,投诉人要求机构承担的费用;或

(c)拒绝根据第22条规定的投诉人的要求而更正个人数据,或未能在合理的时间内作出更正。

(2)根据第(1)款完成其审查后,委员会可能:

(a)确认拒绝提供第21条投诉人所要求的个人数据的获取途径,或指导机构在委员会指定的合理时间内提供获取途径;

(b)确认减免或不收取费用,或指示机构向投诉人退款;或

(c)确认拒绝更正个人数据,或指示机构以这种方式在委员会指定的时间内纠正个人数据。

第29条　有权指示

(1)如果一个机构不遵守第三章至第六章的任何规定,在委员会在认为与确保遵守第三章至第六章相适合的情况下,可以给予该机构指示。

(2)在不损害第(1)款一般性原则的情况下,如果在委员会认为与确保遵守第三章至第六章相适合,委员会可以给予机构以下全部或任一指示:

(a)停止收集、使用或披露违反本法的个人数据;

(b)销毁违反本法收集的个人数据;

(c)遵从第28条第(2)款规定的委员会的任何指示;

(d)支付委员会认为合适的且不超过100万美元的罚款。

(3)第(2)款第(d)项不适用于任何不遵守本法规定的行为,根据本法,这种违反本法规定的行为属于犯罪。

(4)委员会应按指示支付任何要求的罚款,并明确罚款必须要支付的日期支付,日期不得早于根据第31条或第34条申请复议指示期限的结束日期,或对该指示进行申诉的期限的结束日期。

(5)根据第(2)款第(d)项施加的任何大额罚款的应付利息以及根据第(2)款第(d)项施加的任何罚款分期付款(由委员会酌情决定)均按照委员会所指示的费率,进行费率不得超过法院判定的债务规则规定的利率。

(6)根据第(5)款命令支付的任何利息应作为应付罚款的一部分,并按照第30条执行。

第30条　地方法院对委员会指示的执行

(1)为执行第28条第(2)款或第29条委员会作出的任何指示的目的,委员会可以申请在地方法院按照"法院规则"登记该指示,地方法院应按照"法院规则"登记该指示。

(2)自根据第(1)款登记任一指示之日起,该指示将具有相同的效力,所有法律程序都可以为执行的目的对指示适用,其效力与有权强制执行的地方法院里原始获得的命令一样。

(3)无论货币金额如何,地方法院根据第(2)款将有权强制执行任何指示,可以为执行这些指示而作出任何命令:

(a)确保遵守指示。

(b)要求任何人做任何事情来补救、减轻或消除任何源于以下情况的影响:

(i)在指示下不应该做却已经做的任何事情;或

(ii)在指示下应该完成的却未做的任何事情。

如果遵守了指示就不会发生。

第31条　指示或决定的复议

(1)如果因以下情况,机构或个人感到不公:

(a)委员会根据第27条第(2)款或第29条第(1)款或第(2)款作出的任何指示;或

(b)根据第28条第(2)款作出的任何指示或决定,可以在有关指示或决定发出后28天内,向委员会针对指示或决定提出书面申请复议。

(2)除非委员会在任何特定情况下另有决定,复议申请不得中止将要复议的指示或决定,除非对支付的罚款或其数额的指示提出复议。

(3)复议申请应以委员会可能要求的形式和方式提出,并规定申请人要求复议的理由。

(4)如果有任何复议的申请是根据本条提出的,委员会应:

(a)对该指示或决定进行复议;

(b)委员会认为合适的,确认、撤销或更改指示或决定;以及

(c)以书面通知申请人复议结果。

(5)不得申请复议根据第(4)款第(b)项作出的决定。

第32条 私人行动权

(1)任何人因一机构违反第四章、第五章或第六章而直接遭受损失或损害的应有权通过法庭民事程序获得救济。

(2)如果委员会根据本法对第(1)款指明的违规行为作出决定,有关此违规行为将不会产生任何诉讼,若再无进一步的上诉权,则此决定成为最终决定。

(3)法院可以授予原告根据第(1)款行使以下全部或任一权利:

(a)通过禁止救济或宣布;

(b)损害赔偿;

(c)法庭认为合适的其他救济。

第八章 上诉至数据保护上诉委员会,高等法院和上诉法院

第33条 数据保护上诉小组和数据保护上诉委员会

(1)应设立数据保护上诉小组。

(2)部长应任命上诉小组成员。

(3)上诉委员会主席由来自上诉小组成员中的部长任命。

(4)为旁听根据第34条提出的上诉,上诉小组主席可提名3名或3名以上的上诉小组成员组成数据保护上诉委员会。

(5)附件七对上诉小组、上诉委员会及其成员及上诉委员会的诉讼程序(视情况而定)等事宜具有效力。

第34条 对委员会的指示或决定提出上诉

(1)任何机构或个人受到以下侵害:

(a)委员会根据第27条第(2)款或第29条第(1)款或第(2)款作出

的任何指示;

(b)委员会根据第28条第(2)款作出的任何指示或决定;或

(c)委员会根据第31条第(4)款第(b)项作出的任何决定。

可能在指示或决定发出后28天内,向上诉小组的主席对指示或决定提出上诉。

(2)根据第31条规定,如果复议申请已作出,则作为申请复议主题的同一指示或决定而提出的每项上诉都应被视为撤回。

(3)除非上诉委员会在特定情况下另有决定,根据本条提出的上诉不得中止与上诉有关的指示或决定的效力,但对罚款或其数额提出异议的请求除外。

(4)听取上诉的上诉委员会可以确认、变更或搁置作为上诉主题的指示或决定,特别是:

(a)将该事项交予委员会;

(b)施加或撤销或更改罚款的金额;

(c)作出委员会自身可以给予或采取的该等指示,或采取其他步骤;或

(d)委员会自身可以做出的任何其他指示或决定。

(5)上诉委员会审查的上诉指示或决定具有相同的效果,可以作为委员指示或决定以相同的方式执行,但不得根据第31条提出进一步复议申请,并不再进一步根据本条向上诉委员会的任何指示或决定提出上诉。

(6)如果上诉委员会确认了作为上诉主题的指示或决定,则可以搁置指示或决定所依据的任何事实的发现。

第35条　向高等法院和上诉法院提出上诉

(1)针对或有关上诉委员会的指示或决定,应向高等法院提起诉讼

(a)关于由上诉委员会指示或决定引起的法律问题;或

(b)上诉委员会就罚款数额的任何指示。

(2)根据本条提出的上诉只可由以下主体下作出:

(a)申请委员会的指导或决议侵害了其利益的机构;

(b)与投诉有关的该决议,该投诉的投诉人;或

(c)委员会。

(3)高级法院应该对任何上诉进行听审并作出决定,并且可以:

(a)确认、修改或改变上诉委员会的指导或决议;以及

(b)在如果法院认为合适的情况下,针对该上诉的费用或其他问题,作出进一步或其他的决议。

(4)依据高级法院在行使其原有民事管辖权时所作出的决定,享有上诉权利。

第九章 登 记 处

第一部分 准备措施

第36条 本部分术语解释

(1)本章除非另有说明依据以下规定:

“主叫线识别”是指通过电话号码或信息可以显示来电者。

“金融服务”与《消费者保护(公平贸易)法案》(Cap. 52A)第二部分的含义相同。

“产品”是指任何有形或无形个人财产,包括:

(a)附属于或交付后附属于不动产的动产;

(b)金融产品和信贷,包括涉及领土安全的信贷;

(c)任何住宅财产;或

(d)凭证。

“信息”是指任何信息,无论是音频、文本、视频还是其他形式。

“登记”是指任何在第39条提到的登记。

“发送”与信息相关联使用时,是指:

(a)发送或引起发送信息或授权发送信息;

(b)发送或引起发送包含信息的语音呼叫,或授权发出包含该消息的语音呼叫。

“发送者”与信息相关联使用时,是指一个人:

(a)发送或引起发送信息或授权发送信息;或

(b)发送或引起发送包含信息的语音呼叫,或授权发出包含该消息的语音呼叫。

“服务者”包括:

(a)提供包括对货物或任何住宅财产的修补或保养、修理或变更的服务;

(b)任何以营利为目的俱乐部或机构的成员;

(c)分期合同项下规定的使用分期住宿权;以及

(d)金融服务。

"新加坡电话号码"是指:

(a)根据第12号电话通信条例(Cap. 323,Rg 3)中国家编号计划的规定,以3、6、8或9开头的8位数字的电话号码;或

(b)其他法律法规规定的电话号码。

"用户"与新加坡电话号码相联系使用时,是指与新加坡电话号码相关联电信服务的用户。

"分期住宿"是指在新加坡或任何其他地方,任何有权利(全部或部分)使用或参与安排使用的人用于或打算用于休闲的住宿。

"分期合同"是指在不少于3年的时间内提供或是指在提供独立的可操作的分期权。

"语音电话"包括:

(a)一个包含录音或合成声音的呼叫;

(b)对于残疾人(如听力障碍)来说相当于语音呼叫的电话。

无论接收人是否通过电话还是类似的电信设备的按键作出反应。

(2)出于本部分的目的,仅发送指定消息服务的电信服务提供者,除非事实证明相反,否则应假定其未曾发送消息并且未允许发送该消息。

(3)出于本部分的目的,如果一个指定的消息发送,而发送信息的电信设备、服务或网络的控制者不知晓通信设备、服务或网络的所有者或授权用户,除非有相反证明,否则应假定其没有发送消息并没有授权的消息的发送。

(4)第(3)款中的"控制"是指通过使用软件或其他手段进行物理控制或控制。

第37条 "指定信息"的含义

(1)出于本部分的目的,根据第(5)款的规定指定信息是指与以下事项有关的信息:

(a)信息的内容。

(b)信息的表象内容。

(c)从消息中提到的数字、URLs或联系信息(如果有)中获得的内容。

(d)如果发送信息的电话号码被披露给接收者(无论是通过电话线路识别还是其他方式)。

通过拨打该号码可以获得的内容,可以推断出信息的目的或目的之一是:

(i)主动提供产品或服务;

(ii)宣传推广产品或服务;

(iii)宣传推广产品或服务的供应商或潜在的供应商;

(iv)提供土地或土地权益;

(v)宣传推广土地或土地权益;

(vi)宣传推广土地或土地权益的供应商或潜在的供应商;

(vii)提供商业机会或投资机会;

(viii)宣传推广商业机会或投资机会;

(ix)宣传推广商业机会或投资机会的供应商或潜在供应商;或

(x)出于任何与获取或提供信息有关的目的。

(2)出于第1款第(i)项至第(x)项的目的,以下事项无关紧要:

(a)是否有产品、服务、土地、权益或商业机会存在;或

(b)是否有要求产品、服务、土地或权益或接受商业的合法机会。

(3)根据第(4)款的规定,授权他人提供、宣传或推广自己的产品、服务、土地、权益或商业机会的,应被视为授权被授权人发送任何信息。

(4)根据第(3)款的规定,该段涉及的采取合理措施终止任何信息发送不应被视为已授权信息的发送。

(5)出于本部分的目的,指定信息不应包括在附表八提及的任何信息。

第38条　本部分的适用

本部分应适用于在下情况下发给新加坡电话号码的指定信息:

(a)指定信息的发送者在发送信息时正在新加坡境内;或

(b)指定信息的接收者在收到信息时正在新加坡境内。

第二部分　管　　理

第39条　登记

(1)出于本部分的目的,委员会应保持并维护一个或多个新加坡电话号码的登记簿,命名为登记簿。

(2)各登记薄应以委员会认为合适的形式存在,并且包含委员会认为合适的信息。

(3)根据该委员会认为合适的条件或限制,委员会可以授权他人以自己的名义保存任何登记簿。

第40条　申请

(1)用户可以以规定的形式向委员会申请:

(a)将其新加坡电话号码添加至登记簿;或

(b)将其新加坡电话号码从登记簿移除。

(2)任何人可以以委员会要求的形式向委员会申请,以确认某一新加坡号码是否列在登记簿中。

第41条　证据

一份由主席或授权官员签署并显示新加坡电话号码是否于证书所列日期列于登记簿的证书,应该可以在任何诉讼中作为证据使用。

第42条　关于被终止的新加坡电话号码的信息

(1)每一个电信服务供应商都应以所规定的形式和方式向委员会报告所有终止的新加坡电话号码。

(2)电信服务提供商违反第(1)款的,处以不超过1万美元的罚款。

(3)在该部分,"终止的新加坡电话号码"是指:

(a)适用以下各项的新加坡电话号码:

(i)已经分配给用户的新加坡电话号码;

(ii)用户终止或电信服务提供者终止与新加坡电话号码相联系的电信服务;以及

(iii)该新加坡电话号码未被分配给另一个用户。或

(b)规定的任何其他的电话号码以及情况:

(4)出于第(1)款的目的,以下情况:

(a)电信服务供应商已经将新加坡电话号码分配到用户(本段所称的是第一供应商);

(b)与新加坡电话号码相联系的电信服务已经被用户终止;

(c)与另一个电信服务供应商(本段提到的为第二供应商)签订的新加坡电话号码相联系的电信服务的电信合同;

(d)用户或第二供应商已经终止了第(c)项提及的电信服务;并且

(e)新加坡电话号码尚未分配给任何用户,应由第一个供应商负责执行第(1)款的规定。

(5)如不影响电信服务提供商履行第(1)款至第(4)款下的义务,委员会应向按照本条规定报告终止的新加坡电话号码的电信服务供应商支付规定的费用。

第三部分　向新加坡电话号码发送的指定信息

第 43 条　核查登记簿的责任

(1)除非在规定的期间内(可能包含在规定日期之前的期间),任何人不得在规定的日期当日或之后,发送指定信息给新加坡电话号码:

(a)按照第 40 条第(2)款的规定向委员会申请确认新加坡的电话号码是否列在相关的登记簿上;以及

(b)收到委员会关于新加坡电话号码未列于相关登记簿上的确认函。

(2)任何人违反第(1)款的规定,即为违法并应被罚处不超过 1 万美元的罚款。

(3)第(1)款规定的违法行为的任何诉讼程序中,被指控为该电话号码的用户或使用人应享有辩护权:

(a)明确同意向新加坡电话号码发送指定信息;并且

(b)该同意以书面或其他方式证明,以便后续参考。

(4)出于本部分的目的

(a)在按照第 39 条的规定只有 1 份登记簿的情况下,相关登记薄则指该登记簿;以及

(b)在按照第 39 条的规定针对不同类型的指定信息有 2 份或 2 份以上的登记簿的情况下,相关登记薄是指与特定类型的指定信息相关的登记簿。

第 44 条　联系信息

(1)任何人不得在规定的日期当日或之后,发送指定信息给新加坡电话号码,除非:

(a)指定的信息包括明确的可以确定发送或授权发送指定信息的个人或机构的信息;

(b)指定信息包括明确的关于信息接收者如何有效地联系个人或机构信息;

(c)指定信息包括这些信息并且符合本条例所规定的条件;以及

(d)本条所述的指定信息中包含的信息在发送之后至少有效 30 个月。

(2)任何违反第(1)款规定的人,即为违法,应罚处不超过 1 万美元的罚款。

第 45 条　不予删除来电信息

(1)任何人在规定的日期或之后,接到或拨打、被授权拨打由电话号码或传真号码向新加坡电话号码的特定信息语音电话,不应从事以下行为:

(a)向接收者取消或撤销发送者来电信息;

(b)执行任何操作或发出与指定的信息相关的任何指示,以便向收件人隐藏或扣留发件人的呼叫线路身份而产生隐瞒效果。

(2)任何人违反第(1)款,即属犯罪,一经定罪,可处不超过 1 万美元的罚款。

第 46 条　同意

(1)超出为用户提供货物、服务、土地、利益或机会的合理性时,任何人不得利用提供货物、服务、土地、利益或机会的条件要求向新加坡电话号码的用户或任何其他新加坡电话发送指定的信息,并且在此情况下作出的任何同意都无效。

(2)如果某人获得或尝试获得向新加坡电话号码发送指定信息的同意。

(a)就送达指明信息提供虚假或误导资料;或

(b)使用欺骗性或误导性的做法,在此情况下给予的任何同意均无效。

第 47 条　撤回同意书

(1)一经通知,新加坡电话号码的用户可随时撤回对其对新加坡电话号码发送指定信息的同意。

(2)任何人不得禁止新加坡电话号码的用户或用户撤回向该新加坡电话号码发送指定信息的同意,但本条规定不得影响撤回产生的任何法律后果。

(3)如果新加坡电话号码的用户发出通知,撤回对任何人向该号码发送指定信息的同意,此人应在规定期限届满后,停止(并让其代理人停止)向该新加坡电话号码发送任何指定的信息。

(4)就本部分而言,在以下情况下新加坡电话号码的用户应被视为已同意对方向其发送指定的信息到该新加坡电话号码:

(a)在本部分生效日期之前同意发送指定的信息;以及

(b)在本部分生效日期当日或之后,未撤回同意。

(5)就本部分而言,新加坡电话号码的用户是指:

(a)本部分生效日期之前、之时或之后同意向该新加坡电话号码发送指明讯息的人;和

(b)在本部分生效日期当日或之后,将该新加坡电话号码新增或增列为登记册的人。

新加坡电话号码的增加或增加的申请不得视为撤回该同意书。

(6)为免生疑问,新加坡电话号码的用户可在本部分生效日期当日或之后撤回向该新加坡电话号码发送指明讯息的任何同意。

第48条 员工的辩护

(1)在本条所规定罪行的任何程序中,就雇员所称其已从事或参与的任何行为,雇员可证明他确实采取了这种行动或进行了真诚的行为:

(a)在受雇期间;

(b)或代表雇主或雇主在雇用期间给予他的指示。

(2)第(1)款不适用于作出该作为或从事该行为的高级职员,且以下事项须被证明:

(a)该行为已经完成或该行为是在该人员的同意或纵容下进行的;或

(b)所进行的行为或所从事的行为归因于该人员的任何疏忽。

(3)在第(2)款中,“高级职员”与第52条第(5)款的含义相同。

第十章 一般原则

第49条 咨询指引

(1)委员会可随时发出书面咨询指引,用以说明委员会如何解释本法的规定。

(2)委员会根据本条发布的指引可以随时作出变更、修订或撤销。

(3)委员会应以其认为适当的方式公布准则,但若不遵守任何本条关于准则的规定,不得使准则无效。

第50条 调查权力

(1)监察委员会可在投诉或自行动议后,根据本条进行调查,以决定某个机构是否违反本法。

(2)委员会及检查专员根据本条获得的调查权力,须载列于附件九。

(3)如认为适当,包括但不限于以下情况,监察委员会可暂停、中止或拒绝根据本条进行的调查:

(a)申诉人并没有遵从第27条第(2)款的指示。

(b)涉及此事事项的双方对解决争议达成共识。

(c)涉及此事的任何一方已就另一方的任何违规行为或指称违反本

法而对另一方展开法律诉讼。

(d)监察委员会认为该事宜可能由另一监管机构调查更妥善,并将该事宜转交该机构。或

(e)委员会认为:

(i)投诉是轻率的或无理取闹的,不是真诚的;或

(ii)其他需要拒绝、暂停或中止调查的情况。

(4)机构应当在调查结束后1年或委员会以书面规定的任何较长的期限内,保留与本条调查有关的记录。

第51条 罪行及罚则

(1)任何人如根据第21条或第22条(视属何情况而提出)提出要求,在没有本人授权的情况下获得或更改关于另一人的个人资料,即属犯罪。

(2)任何人犯第(1)款所规定的罪行,一经定罪,可单处或并处不超过5000美元的罚款或不超过12个月的监禁。

(3)如果机构或个人有以下行为,即属犯罪:

(a)有意逃避根据第21条或第22条提出的要求,处置、改变、伪造、隐瞒或摧毁或指示他人处置、更改、伪造、隐瞒或毁灭:

(i)个人资料;或

(ii)有关收集、使用或披露个人资料的资料。

(b)阻碍委员会或获授权人员行使其根据本法规定的职权或履行职责的权力。

(c)在履行本法令规定的职责或权力的过程中,明知或不顾后果地向委员会作出虚假陈述,或故意误导或企图误导委员会。

(4)属第(3)款第(a)项所规定罪行的机构或个人:

(a)如属个人,则处以不超过5000美元的罚款;和

(b)在其他情况下,处以不超过50,000美元的罚款。

(5)属第(3)款第(b)项或第(c)项所规定罪行的机构或个人:

(a)如属个人,可单处或并处不超过10,000美元罚款或不超过12个月的期限监禁;以及

(b)在其他情况下,处以不超过100,000美元的罚款。

第52条 法人团体等的罪行

(1)当法人团体犯本法规定罪行得到以下证明:

(a)曾经由1名人员同意或纵容;或

(b)由于该人员的疏忽,该人员及该法人团体即属犯罪,可据此予以处罚及惩罚。

(2)当法人团体的事务由其成员管理,则同该人是该法人团体的董事一样,第(1)款适用于任何成员在其管理职能方面的作为和失责。

(3)当证明该团体犯本法规定的罪行是在以下情形下:

(a)在合伙人的同意或纵容下作出的;或

(b)由于该人的疏忽,合伙人以及合伙均应承担法律责任。

(4)当非法人团体(而不是团体)犯本法规定的罪行:

(a)曾经获得非法人团体的高级人员或其理事机构的成员同意或纵容;或

(b)由于该人员或成员的任何疏忽,

该人员或非法人团体,即属犯罪,可据此予以处罚。

(5)在本条中

"法人团体"包括有限合伙。

"高级职员":

(a)就法人团体而言,是指该法人团体的任何董事、合伙人、管理委员会成员、行政总裁、经理、秘书或其他类似高级人员,并包括被认为是以该等身份行事的人;或

(b)就非法人团体(不包括合伙)而言,是指非法人团体的总裁,秘书或委员会的任何成员,或任何类似于董事长、秘书或委员这样职位的人,并包括任何从事此类身份职员事务的人。

"合伙人"包括实际作为合伙人的人。

(6)本部分任何规定,经部长适当修改后,适用于根据新加坡以外地区法律成立或认可的法人团体或非法人团体。

第53条 雇主对雇员行为的责任

(1)任何人在其工作中所从事的任何(本条称为雇员)的行为,均应按本法规定对其雇主就其所做或从事的任何行为进行处理,无论是否完成还是是否有雇主的知情或批准。

(2)在根据本法所述的任何针对据称为该人的雇员所作的或从事(视属何情况而定)的行为而提起的罪行的法律程序中,该人证明他采取了切实可行的步骤。防止雇员在其受雇期间从事或参与该行为的描述可作为辩护理由。

第54条　司法管辖权

虽然《刑事诉讼法》(第六十八章)有相反的规定,区域法院有权对本法所规定的任何罪行进行审判,并有权对该罪行施加全额的处罚和惩罚。

第55条　犯罪构成

(1)监察委员会可酌情决定根据本法(第九部分除外)的任何罪行进行合理复合而向犯罪嫌疑人收取不超过以下款项中较低者的款项:

(a)为该罪行规定的最高罚款额的一半;

(b)5000美元。

(2)监察委员会可酌情决定,将根据第九部分订明的任何罪行,加以合理地向嫌疑人收取不超过1000美元,将其列为可复合罪行。

(3)在支付该笔款项后,就该罪行不得对该人进行进一步的法律程序。

(4)部长可以规定可能复合的罪行。

第56条　一般处罚

任何人有违反本法规定的犯罪行为,一经定罪,可处不超过10,000美元罚款或不超过3年的监禁,在定罪后犯罪状态持续的每1天或其中一定期间,另处不超过1000美元罚款。

第57条　公职人员

委员会的所有成员和高级职员以及授权或被任命行使委员会权力的人员,出于《刑事法典》(第二百二十四章)的目的,均被视为公职人员。

第58条　诉讼证据

(1)委员会、上诉小组、上诉委员会,其成员及任何为其行事或指示的人,不得在法庭或任何其他法律程序中,就任何根据本法履行职责或行使其权力或职能所获得的资料提供证据,除了:

(a)起诉伪证或提供虚假资料;

(b)检控本法规定的犯罪行为;或

(c)在司法审查的申请中或就有关申请作出的决定提出上诉。

(2)第(1)款也适用于在委员会进行的诉讼程序中存在的证据。

第59条　保密

(1)除第(5)款另有规定外,每个指定的人均须保存及协助保存:

(a)任何个人资料,如果载有根据第21条所要求的个人资料,机构将被要求或授权拒绝披露。

(b)根据第21条规定机构被要求或者被授权泄露个人信息。

(c)根据第(3)款被确定为机密的所有事项。

(d)向委员会提供资料的人的身份的所有事项,在其履行职责和履行本法规定的职责时可能会有所了解,除非在以下情况下进行交流,不得向任何人传达任何此类事项:

(i)对履行该等职责或履行任何该等职责是必要的;或

(ii)任何法院合法要求,或根据本法或任何其他书面法律合法要求或许可的。

(2)任何不能遵守第(1)款的人均构成犯罪。

(3)任何人在向委员会提供任何信息时,均可以指明他所声称的信息是机密信息。

(4)依据第(3)款做出的声明应当由一份包含机密性的理由的书面陈述来证明。

(5)基于下列情况,不适用第(1)款的规定,委员会可以披露或授权任何特定的人披露任何就第(1)款提出事宜的相关信息:

(a)获得该信息相关人的同意;

(b)如果委员会认为犯有违法行为,则向检察官、任何警务人员和其他执法机关披露与犯罪有关的信息;

(c)为执行任何本法的有关规定;

(d)为起诉的目的,依据第58条第(1)款第(a)项、第(b)项、第(c)项规定的申请或异议;

(e)在符合第(6)款所指明条件的情况下,遵守依据第10条订立的合作协议的条款;或

(f)部长指令向公共机构披露。

(6)适用第(5)款第(e)项的条件是:

(a)外国要求的信息或文档为委员会持有;

(b)除非政府另有规定,外国应承诺随时保密信息保密;并且

(c)信息披露不会违反公众利益。

(7)在本条中,“特定的人”是指是或曾经是:

(a)有关机构的成员或高级人员;

(b)任何有关机构的委员会成员或经授权、委任或雇佣协助有关机构的人;或

(c)监察员或经授权、委任或雇佣协助监察员的人。

第60条　个人责任的豁免保护

以下主体不承担责任:

(a)有关机构的任何成员或高级职员。

(b)任何经授权,委任或雇佣协助有关机构的人。

(c)任何借调或附属于有关机构的人。

(d)任何根据本法或其他书面法律规定的义务,经有关机构授权或委任行使有关机构的权力,履行有关机构的职能或履行有关机构的职责,或协助有关机构行使其职权,履行职能或履行职责的人。

(e)任何监察员或经授权、委任或雇佣,协助履行监察员根据本法履行职能或职责的人,处于已完成的事项(包括作出的声明)或以合理谨慎和诚信善意的态度省略不做的以下事项过程中或与以下事项有关:

(i)根据本法或任何其他书面法律行使或被视为行使权力;

(ii)履行或被视为履行本法或任何其他书面法律规定的任何职能或履行或被视为履行任何义务的行为;或

(iii)遵守或视为遵守本法或任何其他书面法律。

第61条　委员会标识

(1)委员会拥有使用与活动或事务有关标识的专有权利。

(2)任何人未经委员会授权,使用与委员会相同的标识,或相似并足以欺骗或引起混淆或可能欺骗或引起混淆的标识,构成犯罪,处以不超过6个月的监禁,单处或并处不超过2000美元的罚金。

第62条　豁免权

经部长批准,委员会可以通过公报发布命令,豁免任何个人、机构、任何类别的个人或机构,不受本法全部或任何规定的约束,但须遵守该规定所指明的条款或条件。

第63条　国家利益的证明

为了实现本法的目的,如果有任何疑问是关于是否有必要为国家利益的目的或可能违背国家利益,则负责该事项的部长签署的证书应当作为前述事项的确凿证据。

第64条　修订附件

(1)部长可以用公报发布命令来修改除附件九以外的附件。

(2)根据本条作出的命令,应当在公报发布后尽快提交议会。

第65条　制定法规的权力

(1)为了执行本法的目的和规定,以及规制本法需要的或授权规制的任何事项,部长可以制定必要或适当的规定。

(2)在不损害第(1)款一般性原则下,部长可以就以下事项作出规定:

(a)行政机关对有关委员会的交易和事务的账目和记录的保存和审计,以及行政机关对有关委员会的交易和事务的报告的提交,以及审计师的权力;

(b)有关制定和答复根据第21条或第22条提出的请求的格式、方式和程序。前述包括就此等请求的答复内容、答复期限,在何种情况下不予答复、拒绝确认、否认以及机构就此等请求收取的费用;

(c)根据本法确定为未成年人、死者或其他根据本法欠缺行为能力之人行事的人员,以及代理人根据本法行使权利或权力的方式和程度;

(d)根据本法提出的申请和投诉的格式,方式和程序;

(e)委员会根据第28条审查的行为;

(f)委员会根据第31条申请复议的格式、方式和程序,包括就此申请须缴付的费用;

(g)向上诉委员会提出上诉的格式、方式及程序,包括就此上诉所需支付的费用;

(h)裁定委员会或上诉委员会的诉讼费用或附带事宜,以及裁定包括向出席委员会或上诉委员会的相关人员支付的津贴等费用;

(i)确定有资格列入登记册的新加坡电话号码的标准;

(j)登记册内条目的制作、更正或删除方式;

(k)给予或撤销发送指定信息的同意方式和形式;

(l)有关登记册的设立、运作或管理的任何其他事项;

(m)根据本法,由委员会或代表委员会提供的申请和服务费用,包括为了第43条(1)款第(a)项的目的,确认新加坡电话号码是否列入有关的登记册的申请。

(3)根据本条作出的可能会为不同的机构、个人、机构类别或个人类别提供不同的规定。

第66条　法庭规则

法庭规则可以用于根据第32条采取的行动和根据第35条提出的上诉,

在进行相关程序时原告应在开始任何此类诉讼或上诉时通知委员会或履行其他随附义务。

第67条　相关修正

(1)《银行业法》(第19章)附件3第II部分修订如下:删去第9项。

(2)《电子交易法》(第88章)第26条现予修改,在第(1)款后新增以下分款:

“(1A)遵照第(2)款的规定,根据《2012年个人数据保护法》,网络服务供应商不因其仅提供访问权的电子记录形式的第三方资料承担任何责任。”

(3)新加坡信息通信发展局法令(第137A章)现予修订:

(a)删去第6条第(1)款第(t)项末尾的“及”字;

(b)删去第6条第(1)款第(u)项末尾的“全部停牌”,替换为“;以及”,并插入以下款项:

“(v)支持个人数据保护委员会履行其职能和职责,并行使《2012年个人数据保护法》规定的权力;以及”

(c)在附件二第31条之后新增以下段落:

“31A.提供行政支持,包括向个人数据保护委员会提供处所,办公室用品、设备以及人力和物业,以履行《2012年个人数据保护法》规定的职能。

“31B.履行职能和职责,行使行政机关根据《2012年个人数据保护法》规定的权力。”

第68条　保留和过渡性条款

关于本法的任何规定,在该条款生效日期后的2年期限内,颁布该条文时部长若其认为必要或适宜,可制定保留或过渡性的条款,并由公报进行公告。

附件一　第2条以及第5条第(2)款
个人数据保护委员会的章程和程序

主席和副主席的委任

1.(1)主席和副主席应当由部长从委员会成员中任命。

(2)副主席依据主席发出的指示,可以行使本法规定的主席可行使的任一或全部权力,包括第8条第(4)款提及的权力。

临时主席或副主席

2.在新加坡主席或副主席因疾病或其他暂时丧失工作能力的情况下临时缺席时,部长可以视情况委任任何成员为临时主席或副主席。

委任的撤销

3. 部长可以无理由撤销主席、副主席或任何成员的委任。

委任成员的任期

4. 除非部长撤销其委任或其于任职期间辞职,主席、副主席或成员须在部长确定的期间持续任职,并有资格被重新委任。

空缺职位的填补

5. 如果成员辞职、死亡或其职务于被委任期限届满前被撤销,部长可以委任1名人员填补其前任被委任的空缺剩余期限。

委员会会议

6. (1)委员会应当在主席进行委任的时间及地点,举行业务派遣会议。

(2)委员会会议应当有半数以上委员出席。

(3)委员会会议作出的决定应当由出席会议和表决的成员的简单多数决投票通过,此外如正反意见票数相等,主席或主持会议的委员再投1票决定。

(4)应由主席或在主席缺席时的副主席,主持委员会会议。

(5)主席、副主席均无法出席会议时,可选举出席会议的委员主持会议。

(6)在符合本法规定的前提下,委员会可以规制其一般程序,特别是关于会议的召开、通知、会议记录、会议议程、备忘录的留存,以及备忘录的保管、制作和检查。

委员会于空缺时亦可采取行动

7. 虽然委员会成员有空缺,但委员会也可采取行动。

附件二 第17条第(1)款 未经允许收集个人信息

1. 在以下情况下,机构可以未经个人或个人以外的其他来源的同意收集有关个人的个人信息:

(a)无法及时获得该项收集的同意或能合理预期到个人拒绝同意,但是是为符合其个人利益之目的的必要而收集。

(b)因威胁该人或另一个人的生命、健康或安全的紧急情况的必要而收集。

(c)个人数据是公开的。

(d)为国家利益的必要而收集。

(e)如果能合理预期到寻求个人同意可能损害个人资料的可用性或准确性,且为调查或诉讼的必要而收集。

(f)为评估目的的必要而收集。

(g)个人数据仅为艺术或文学目的而收集。

(h)除第(2)款另有规定外,个人数据仅由新闻机构收集,且仅用于其新闻活动。

(i)以便机构向他人行使债权或清偿债务而收集个人数据。

(j)为机构向其他人提供或接受法律服务而收集。

(k)个人数据是由征信局从征信局成员处收集用于制作信用报告,或来源于征信局提供给其成员的有关该成员与他人交易的信用报告。

(l)收集个人数据是为了根据个人信托或收益计划向个人提供利息或利益,并视情况而根据委托人或收益计划建立者的要求管理此类信托或收益计划。

(m)个人数据由他人提供给机构,以使机构能够为其个人或家庭提供服务。

(n)包含在以下文件中的个人数据:

(i)为个人的工作、生意或专业目的或此过程中为个人而设的;以及

(ii)收集的目的与该文件的制作目的一致。

(o)个人数据是由此人的雇主收集,且此项收集是合理的,用于管理或终止机构与个人之间的雇佣关系。

(p)在符合第3款的条件的情况下,个人数据:

(i)机构作为与另一机构商业资产交易的一方或未来一方,从另一机构收集;

(ii)是关于其他机构的雇员、客户、董事、高级职员或股东;以及

(iii)直接与其他机构的部分或该商业资产交易有关的资产相关。

(q)个人数据由公共机构披露,且该收集符合公共机构披露的目的。或

(r)个人数据:

(i)依照第17条第(3)款被披露给机构;并且

(ii)被机构收集,且收集的目的与披露的目的是一致的。

2. 在本段和第1款第(h)项:

“广播服务”与《广播法案》第2条的规定有相同的含义。

“新闻活动”意味着：

(a)为了向公众或部分公众传播的目的，进行的新闻收集，或涉及新闻、评论、时事的文章或项目的准备与汇编工作。或

(b)向公众或部分公众进行的任何涉及以下内容的文章或项目的传播：

(i)新闻；

(ii)新闻评论；或

(iii)时事。

“新闻机构”意味着：

(a)任何机构：

(i)全部或部分由新闻活动组成的企业，这些新闻活动包括相关的广播服务、新闻专线或报纸的出版；并且

(ii)如果该机构为新加坡《出版报纸印刷法案》第8条第(1)款规定的报纸，则需要成为该法案第三部分所规定的报纸公司。或

(b)任何机构在新加坡内提供广播服务(或服务来源于新加坡)，并且持有《广播法案》第8条所规定并依法授予的广播许可证。

“报纸”与《出版报纸印刷法案》第2条中所规定的含义相同。

“相关广播服务”意味着任何广播法案中规定的以下获得许可证的广播服务：

(a)全国免费电视服务；

(b)本地免费电视服务；

(c)国际免费电视服务；

(d)订阅全国电视服务；

(e)订阅本地电视服务；

(f)订阅国际电视服务；

(g)特殊喜好电视服务；

(h)全国免费广播服务；

(i)本地免费广播服务；

(j)国际免费广播服务；

(k)订阅全国广播服务；

(l)订阅本地广播服务；

(m)订阅国际广播服务；

(n)特殊喜好广播服务。

3.(1)如果个人数据通过第1款第(p)项中的情况被收集,则应适用本款内容。

(2)如果该机构是商业资产交易的潜在方:

(a)个人数据的收集必须是机构决定是否继续进行商业资产交易活动所必需的;并且

(b)机构以及其他机构必须签订协议,要求潜在方仅能以与商业资产交易活动有关的目的去使用或公布个人数据。

(3)如果机构与其他机构一同进入商业资产交易:

(a)本机构与其他机构在使用或公开所收集到的个人数据时必须持有相同目的,并且该其他机构已被允许使用或公开数据;

(b)如果收集的个人数据与其他机构无关或与商业资产交易活动所涉及的商业资产无关,则该机构应该将个人数据删除或返还给其他机构;并且

(c)雇员、客户、领导、官员以及股东的个人数据被披露时,应该通知其以下事项:

(i)商业资产交易活动的发生地点;以及

(ii)有关他们的个人数据被披露的目标机构。

(4)如果商业资产交易不再继续或已经结束,则机构应该删除或将其收集的个人数据返还给其他机构。

(5)本段以及第1款第(p)项中的"商业资产交易活动"与附件四第3条第4款中的商业资产交易活动含义相同。

4.为了避免歧义,即使第17条第(3)款在数据公布前还未生效,个人数据如果在指定日期之前公布且在附件四的环境和情况下,需要满足第1款第(r)项的规定。

附件三　第17条第(2)款　未经允许使用个人数据

1.在以下情况中,机构可以在未经个人允许的情况下使用个人数据:

(a)为了个人的利益进行的数据使用,同时这种使用不能被及时的允许或个人在正常情况下不会拒绝数据的适用;

(b)为了应对个人或他人生命健康或安全的威胁,而必须使用数据;

(c)个人数据是公众可以获取的;

(d)使用是为了国家利益所必要的；

(e)使用是为了侦查或诉讼所必要的；

(f)使用是预估目标所必要的；

(g)个人数据被机构用来偿还针对另一机构或个人的债务；

(h)数据的使用对于机构向其他人提供法律服务是必要的或对于机构获取法律服务是必要的；

(i)根据第2款的规定，个人资料用于研究目的，包括历史或统计研究；或

(j)机构依照第17条第(1)款进行数据收集并且机构的数据使用与收集的目的相一致。

2. 第1款第(i)项不得适用，除非：

(a)除非个人资料以一种个人可识别的形式被提供，否则研究的目的是不可能实现的；

(b)机构寻求个人的同意是行不通的；

(c)个人数据并非被用来联系个人，让他们加入到研究中；并且

(d)个人数据的披露对依据个人数据所识别到的个人无害，而这种源自于披露的利益也明显符合公共利益。

3. 为了避免歧义，即使第17条第(1)款在数据收集前还未生效，个人数据如果在指定日期之前收集且附件二的环境和情况下，需要满足第1款第(j)项。

附件四 第2条、第17条第(3)款以及第21条第(4)款未经允许披露个人数据

1. 有下列情形之一的，机构可以在未经个人同意的情况下，披露有关的个人数据：

(a)数据披露是明显为了个人的利益而必要的，且不能及时获得披露的同意。

(b)为了应对个人或他人生命健康或安全的威胁，而必须披露数据。

(c)依据第2款的情形，有合理的理由认为个人或他人的健康或安全将会受到严重影响，并且不能及时获得披露的同意。

(d)个人数据是公众可以获取的。

(e)为了国家利益，披露是必要的。

(f)为了侦查或诉讼的目的，披露是必要的。

(g)披露的对象是公共机构并且这种披露是为了公共利益所必要的。

(h)为了预估目标的实现，这种披露是必要的。

(i)为了机构偿还针对另一机构或个人的债务，数据的披露是必要的。

(j)数据的披露对于机构向其他人提供法律服务是必要的或对于机构获取法律服务是必要的。

(k)个人信息是信用局成员为了准备信用报告而向信用局披露的信息或是信用局在其信用报告中向其成员披露的有关成员与个人之间交易的信息。

(l)教育机构为了政策的规划或评估，将其现有或之前学员的个人信息披露给公共机构。

(m)私立医院及医疗诊所法案中所规定的医疗机构或其他有处方权的医疗机构为了政策的规划或评估，将其现有或之前的病人的个人信息披露给公共机构。

(n)经过法律执行机构的领导或同等级别的领导书面授权，证明个人信息是为了这些机构官员正常职责的必要发挥而向法律执行机构的官员进行披露。

(o)披露是为了与受伤或生病的近亲属或朋友取得联系。

(p)根据第3款的情况，个人信息：

(i)披露给一方或在商业资产交易中可预测的对方；

(ii)与雇员、客户、领导、官员或机构的股东有关；并且

(iii)与机构的部分组成相关或与其商业资产交易所涉及的商业资产相关。

(q)依照第4款的规定，披露是为了研究的目的，包括历史或统计研究。

(r)如果理性人不认为人数据对其太敏感而在某个特定时间不能被披露，而这种披露又是为了档案统计或历史的目的。或

(s)依照第5款的情况，个人数据：

(i)根据第17条第(1)款被机构所收集；并且

(ii)与收集的目的相一致的情况下被机构所披露。

2. 在第1款第(c)项的披露情况下，机构应该尽可能迅速地将披露及披露的目的通知给个人信息被披露的个人。

3.(1)本段的条件应该适用于第1款第(p)项中所规定的个人信息披露。

(2)在向业务资产交易的未来方披露的情况下:

(a)个人数据必须是对于相对方决定是否继续商业资产交易所必要;以及

(b)机构及相对方必须已经签订协议,要求相对方仅为了与商业资产交易相关的目的使用或披露个人数据。

(3)如果机构进行商业资产交易,则个人信息被披露的雇员、客户、领导、官员以及股东应该被通知:

(a)商业资产交易的发生地;以及

(b)有关他们的个人数据已经被披露给了相关方。

(4)在本段以及第1款第(p)项

"商业资产交易"意味着对某个机构或其部分或某个机构的业务或资产的购买、变卖、租赁、吸收、并购或其他的获得、处置或资金运作,而不仅是第1款第(p)项中提到的个人信息的披露。

"各方"意味着进入商业资产交易中的其他机构。

4.第1款第(q)项不应被适用除非

(a)如果未以可识别个人的形式提供的个人数据,则研究的目的无法有效完成。

(b)机构寻求个人对披露的同意是不切实际的。

(c)个人数据将不会被用来联系某人,让其加入研究中来。

(d)向其他人进行的数据披露对被数据识别出的个人无害,同时披露的利益明显符合公共利益。以及

(e)个人数据披露的目标机构已经签订了协议,其将遵守:

(i)本法案;

(ii)与机构收集到的个人数据机密性相关的政策及程序;

(iii)机构进行个人数据披露的安全性及机密性条件;

(iv)在最早的时刻消除或删除个人识别符号的要求;以及

(v)不得为其他目的使用个人数据或在没有明确授权的情况下以可识别个人的形式披露个人数据。

5.为了避免歧义,即使第17条第(1)款在数据收集前还未生效,个人数据如果在指定日期之前收集且附件二的环境和情况下,需要满足第1款第(s)项。

附件五　第21条第(2)款　访问数据要求的例外

1. 机构无须提供第21条第(1)款下的信息,关于:

(a)仅为了评估目的而存在的鉴定数据。

(b)任何由教育机构举办的考试,考试稿以及考试结果。

(c)为了进行授信的目的而保存的个人授信受益者的个人数据。

(d)仅以仲裁或调停为目的的仲裁机构或调停中心所保存的个人数据。

(e)若所有与诉讼有关的进展未被完成,此时与诉讼有关的文件信息。

(f)依照法律享有特权的个人信息。

(g)从理性人的视角来看,个人数据的披露将会披露机密性商业信息,从而损害机构的竞争地位。

(h)依照附件二第1款第(e)项,附件三第1款第(e)项或附件四第1款第(f)项的规定,所进行的未经允许的个人信息收集、使用或披露,这些行为的目的是调查,如果调查以及相关的诉讼或申诉还没有结束。

(i)为了能够被任命执行个人数据被调停者或仲裁者收集或创造:

(i)工业关系法案中的共同协议或存在于调停仲裁机构与当事方的协议;

(ii)制定法;或

(iii)法院、仲裁机构或调停中心。

(j)任何要求:

(i)由于其重复或有规律的特性而会不合理地干扰机构的运行;

(ii)提供许可的负担或花费对机构来说并不合理,或将打破个体利益之间的平衡;

(iii)为了并不存在或不可发现的信息;

(iv)为了无价值的琐碎信息;或

(v)无价值或费时费力。

附件六　第22条第(7)款　更正数据要求的例外

1. 在以下情形下,第22条不得适用:

(a)仅为了评估目的而存在的鉴定数据;

(b)任何由教育机构举办的考试,考试稿以及考试结果;

(c)为了授信目的而保存的个人授信受益者的个人数据;

(d)仅以仲裁或调停为目的的仲裁机构或调停中心所保存的个人数据;

(e)若所有与诉讼有关的进展未被完成,此时与诉讼有关的文件信息。

附件七 第33条第(5)款 数据保护上诉小组以及数据保护上诉委员会的组成与程序

数据保护上诉小组

1.(1)数据保护上诉小组的组成人员不得超过30人,由部长基于其工业、商业或管理领域的经验能力,专业能力或其他能力进行任命。

(2)数据保护上诉小组的成员由部长决定其任命期间,并且若其符合要求,可再次任命。

(3)部长可在任何时间无须原因撤销数据保护上诉小组成员的任命。

(4)数据保护上诉小组的成员可以向部长书面提出辞职。

上诉委员会主席或临时主席

2.(1)上诉委员会主席的任命除非由部长撤销或在任职期间自己辞职,其任期满后经部长决定可以再次被任命。

(2)在新加坡上诉委员会主席缺位或生病临时空缺或其他丧失工作能力的情形下,部长可以任命任何人为上诉委员会临时主席。

上诉委员会的程序

3.(1)除第(2)款另有规定外,上诉委员会主席根据第33条第(4)款规定提名上诉委员会委员,上诉委员会主席必须作为会议主持人。上诉委员会主席没有被提名为上诉委员会委员的,上诉委员会主席应当决定1位委员作为会议主持人。

(2)上诉委员会在任何会议上提交的事项,均需以出席会议的成员的多数票决议。如果投票未过半数,上诉委员会主席(如被提名为上诉委员会委员)或主持会议的其他委员应当进行第二次投票。

(3)上诉委员会委员在其指定审理案件的过程中任职期限届满,应继续担任上诉委员会委员,直到案件审理完毕为止。

上诉委员会的权力

4.(1)上诉委员会应当具有履行职责所必需的一切权利和义务,履行本法规定的职责。

(2)上诉委员会具有在地区法院听审的权力、权力或特权,包括:

(a)负责执行证人出庭作证、宣誓或其他检查事项;

(b)出示强制性文件,并且;

(c)根据第65条规定授予费用和开支。

(3)上诉委员会授权委员签署的传票,效力与任何经过正式程序签署的强制证人出庭或其他强制性文书具有相同的效力。

(4)凡是经正式传唤出席的人,经上诉委员会再次传唤后还未出席的。该被传唤人被追究刑事责任,一经定罪,可处不超过5000美元罚款或不超过6个月监禁,或两者并罚。

(5)上诉委员会的证人与区域法院的证人一样享有豁免和特权。

(6)根据第36条规定,根据上诉案件的性质和复杂性,在合理的情况下尽快决定。

(7)上诉委员会应当将上诉日期和地点通知委员及其他各方。

(8)上诉委员会应当将上诉的决定及其理由通知委员及其他各方。

津贴

5.上诉委员会的成员可以接受由主席认定的报酬,以及差旅费和辅助费用。

附件八 第37条第(5)款 排除"特定信息"

1.就第九部分而言,指定的信息不包括以下几项:

(a)公共机构发送或任何不以商业为目的而发送任何信息。

(b)任何个人或家庭发送的信息。

(c)对任何威胁个人生命、健康或安全的需要做出回应的紧急信息。

(d)任何信息的唯一目的是:

(i)为确认或完成先前收件人同意与发送人签订交易协议而提供便利;

(ii)提供授权人在购买产品或服务时保修的信息、召回的信息或安全或安全保密的信息;

(iii)交付货物或服务,包括产品更新或升级,收件人根据之前与发件人签订的交易协议,有权接受以上信息。

(e)任何提供信息的唯一目的为:

(i)关于改变条款或特征的通知;

(ii)关于收件人接收信息位置发生变化的通知;

(iii)定期针对账户余额或其他账户余额进行报告陈述。

涉及由发件人提供的商品或服务的收件人购买或使用订阅的会员资格、账户、贷款或类似持续的商业关系。

(f)或任何提供消息的目的是进行市场研究或市场调查。

(g)任何个人或家庭行为向任何机构发出任何供该机构任何目的的信息。

2. 在本附件中,"个人"不包括根据《商业登记法》登记的独资业主。

附件九 第50条第(2)款 调查委员会和委员的权力

获取文件或信息的权力

1. (1)根据第50条的目的进行调查的,委员会或委员通过书面向任何机构通知,要求任何机构向委员会或委员出示任何被认为与此类调查有关的文件或指明的信息。

(2)根据第(1)款发出的通知,应当表明委员会要求具体文件或具体信息的目的。

(3)委员会可在通知中指明:

(a)出示任何文件或任何信息被提供的时间和地点;以及

(b)出示文件或信息或提供的任何方式和形式。

(4)根据本段有要求机构提供文件的权力:

(a)如果该文件已被制作出来:

(i)取其副本或摘要;

(ii)要求任何现任或过去机构的高级管理人员,或任何时间曾受雇于该机构的人提供该文件的解释。或

(b)如果该文件未被出示,要求该机构或个人应尽其所能的声明文件在何处。

(5)在第(1)款及第(2)款中"指明"是指:

(a)在通知中指明或描述;或

(b)属于通知中指定或描述的类别。

未经授权进入住所的权力

2.(1)根据第 50 条进行的调查,检查员及其所需的任何人员可协助他们进入任何场所。

(2)任何检查员或协助检查员的人未经书面通知,不得进入任何行使本款规定的权力场所:

(a)预计至少提前 2 个工作日通知入场;并且

(b)表明调查的主题和目的。

(3)第(2)款不适用检查员有合理理由怀疑该处所,或违反本法被调查并且调查员已经采取合理可行的措施,无法根据本段规定发出通知的机构;

(4)适用第(3)款的,应当在第(1)款赋予的权力产生时使用:

(a)任命检查员的证据;并且

(b)包含第(2)款第(b)项所述信息的文件。

(5)检查员或根据本段规定协助检查员进入任何场所的人员:

(a)带上检查员认为有必要的装备。

(b)要求场所内的任何人:

(i)出示他认为任何与调查有关的文件;并且

(ii)如果一个文件被出示,则应解释它。

(c)要求任何人尽可能地以本人的知识和信念陈述发现的任何此类文件。

(d)接收出示的任何文件的副本或摘录。

(e)以任何形式存储的电子信息,他认为与调查有关的任何事项都应以表格的形式表现并且都可被查阅:

(i)可以将其带走;以及

(ii)信息是可见和清晰的。

(f)采取必要步骤,预防和保护与调查有关的任何文件受到干扰。

授权进入住所的权力

3.(1)委员会或检查员向法院申请搜查令,若满足向法院申请的条件,法院可签发搜查令:

(a)有合理理由怀疑任何住的所有任何文件:

(i)根据第(1)款或第(2)款的要求出示的文件;

(ii)没有按要求出示的。

(b)有合理理由怀疑:

(i)委员会或检查员根据第1款规定,有权要求出示任何住所内的文件;和

(ii)如果这些文件被隐藏、转移、篡改或销毁的,被要求出示而没有出示的。

(c)检查员或协助检查员的人试图行使第(2)款规定的权力而进入该处所,但却无法这样做,并且有合理理由认为在本条规定下要求出示证件。

(2)根据该款规定有合理理由怀疑该住所内有制作文件的:

(a)根据本段授权指定工作人员,其他人和协助检查员的人一样,检查员可以要求他们进行以下行为。

(b)如果有合理的理由怀疑该人拥有与调查有关的任何文件、设备或物品,则可以搜查该住所处的任何人。

(c)在第(1)款准许的范围内搜查该住所,抄录、复印任何有关的文件。

(d)如果持有任何与下列类似的文件:

(i)这种行为对保存文件或防止文件受到干扰是必要的;或

(ii)以不适当的行为在该住所取得文件的。

(e)为了达到第(d)项第(i)目所规定的目的而采取其他必要的手段。

(f)要求任何人就任何有关的文件提供解释,或就其所知情况做相关陈述。

(g)以任何形式存储的电子信息,其认为与调查有关的任何事项都应以表格的形式表现并且都可被查阅:

(i)可以将其带走;以及

(ii)信息是可见和清晰的。

(h)将任何与调查有关的设备或物品从该住所转移。

(3)如果在第(1)款第(b)项授权的情况下,有理由怀疑该住所有与调查有关的其他文件的,法院认为满足条件的授权令还应采取第(2)款规定的行为。

(4)凡是根据第(2)款第(d)项或第(3)款规定被带走的文件,被指定的人员须根据该文件所有人要求为其提供副本。

(5)指定的官员可以根据第(2)款第(h)项规定,转移任何对调查有影响的设备或物品,以保持指定人员所要求的情形供调查。

(6)根据本段签发的授权令:

(a)表明调查的主题和目的;以及

(b)从发出之日起 1 个月内有效。

(7)本款赋予的权力不得行使,除非依据本款规定发布授权令。

(8)根据本段授权令进入住所的任何人,可随身携带其认为有必要携带的设备。

(9)如果指定的官员提出执行授权令时,该住所内没有人。那么,应当在提出该授权令之前执行。

(a)采取合理的步骤通知占有人预期进入住所的时间;以及

(b)如果占有人被告知,在执行授权令时,可以合理地让占有人或其合法代表出席。

(10)如果指定的官员在进入住所前无法通知住所的占有人,指定的官员在执行授权令时应当在该住所明显位置处留下授权令副本。

(11)根据本段规定依据授权令离开其进入的住所时,住所占有人或占有人的代表人不在场,应将授权令作为指定官员的有效保障。

(12)根据第(12)款第(d)项或第(3)款规定取得的文件保留最长不得超过 3 个月。

(13)本段中:

“指定的官员”是指授权令中指定的官员;

“占有人”是指指定官员认为与该住所有合理的占用关系的占用人。

韩国《个人信息保护法》

Personal Information Protection Act

（2011年3月29日公布;2011年9月30日生效）

翻译指导人员:李爱君　苏桂梅

翻译组成员:方宇菲　方　颖　李　昊　李廷达

马　军　任依依　姚　岚　王　璇

第一章　一般规定

第1条　立法目的

本法旨在规范个人信息的处理方式,保护个人的隐私免受未经授权的收集、泄露、滥用或误用。以加强公民权益,进一步实现个人的尊严和价值。

第2条　定义

本法使用的术语定义如下:

1.“个人信息”是指与任何存在的人有关的,可以通过他/她的姓名和居民登记号码、图像等来识别这些个人(包括那些不能单独用来确定具体个人但可与其他信息结合来识别个人)的信息。

2.“处理”是指收集、生成、记录、存储、保留、增值处理、编辑、检索、更正、恢复、使用、提供、披露和销毁个人信息和其他类似操作。

3.“数据主体”是指通过处理的信息可识别为此类信息主体的自然人。

4.“个人信息档案”是指根据特定规则,经系统地安排或组织的一组或多组个人信息,以便个人信息的获取。

5.“个人信息处理者”是指为官方或商业目的操作个人信息档案,直接或间接处理个人信息的公共机构、法人、组织、个人等。

6.“公共机构”是指以下项目所述机构，以及

a. 国民议会行政机关、法院、宪法法院全国选举委员会、中央行政部门或机关(包括总统办公室和总理办公室)及其附属机构和地方政府；以及

b. 由总统令指定的其他国家机构和公共实体。

7.“可视数据处理设备”是指持续安装在某个地方用于拍摄人物或图像的设备，或经总统令指定的有线或无线网络传输上述图像的设备。

第3条　个人信息保护原则

(1)个人信息处理者应有明确而特定的目的，并在该目的所需范围内合法公平地收集最少的个人信息。

(2)个人信息处理者应当在达到个人信息处理目的所必要的范围内处理个人信息，不得超出。

(3)个人信息处理者应确保在达到个人信息处理目的所必要范围内个人信息的准确性、完整性和实效性。

(4)考虑到数据主体权利受到侵犯的可能性以及经受此类风险的程度，个人信息处理者应依据个人信息处理方法、类型等，以安全的管理方式保护个人信息。

(5)个人信息处理者应公开其隐私政策以及其他个人信息处理事项，并保障数据主体的权利，包括信息访问权。

(6)个人信息处理者应以尽量减少侵犯数据主体隐私的可能性的方式来处理个人信息。

(7)在条件允许时，个人信息处理者应努力以匿名的方式处理个人信息。

(8)个人信息处理者应努力获得数据主体的信任，遵守本法及其他相关法律法规的规定并履行其法定职责。

第4条　数据主体权利

数据主体对其个人信息的处理具有下列各项权利：

1. 被告知处理其个人信息的权利；

2. 是否同意处理其个人信息的权利，确定同意处理范围的权利；

3. 确认对其个人信息的处理，以及要求访问(包括颁发证书，下同)其个人信息的权利；

4. 暂停处理、修改、删除和销毁其个人信息的权利；以及

5. 对于个人信息处理导致的任何损害，经及时、公正的程序获得适当补偿

的权利。

第5条　国家义务等

(1)国家和地方政府应当制定政策,以防止在处理目的之外收集、滥用和误用个人信息,连续监控和追踪等造成有害后果,以及增强人的尊严,保护个人隐私。

(2)国家和地方政府应当制定政策措施,包括完善第4条规定的数据主体权利保护的立法。

(3)国家和地方政府应当尊重,促进和支持个人信息处理者的数据保护自律活动,以改善有关个人信息处理的非理性社会实践。

(4)国家和地方政府应当根据本法的目的依法制定或修改法律、法规或条例。

第6条　与其他法案的关系

数据保护应当遵守本法规定,《促进信息通信网络利用和数据保护法》《信用信息使用和保护法》另有规定的除外。

第二章　数据保护政策的建立等

第7条　个人信息保护委员会

(1)个人信息保护委员会(以下简称委员会)应在总统办公室下设立,以审议和解决有关数据保护的事项。委员会应独立行使属于其权限范围内的职能。

(2)委员会委员不应当超过15名,其中,包括1名主席和1名常务委员,且常务委员应当是公务人员。

(3)主席由总统从非公职委员中任命。

(4)委员应由总统从以下列出的任何一项人员中进行任命或委托。在这种情况下,5名委员应由国民议会从候选人中任命,另外5名专员由最高法院首席法官从指定的候选人中任命:

1. 由与隐私相关的公民组织或者消费者群体推荐的人;
2. 由个人信息处理人员组成的行业协会推荐的人;以及
3. 具有丰富的与个人信息相关的学术知识和经验的其他人。

(5)主席和委员的任期为3年,任期只能延长1次。

(6)当主席认为有必要或1/4以上的委员要求时,可以召集委员会会议。

(7)委员会会议应有1/2以上人员参加,会议决议由出席委员的1/2以上作出。

(8)在委员会内设立秘书处,支持委员会的行政工作。

(9)委员会的组织运作第(1)款至第(8)款规定以外的其他事项,应由总统令规定。

第8条　委员会的职能

(1)委员会应审议和解决以下事项:

1. 第9条规定的基本计划和第10条规定的实施方案;
2. 完善与数据保护有关的政策、制度和立法事项;
3. 与个人信息处理有关的公共机构之间的协调事项;
4. 与数据保护有关的法律法规解释和实施事项;
5. 关于第18(2)v条规定的个人信息使用和提供事项;
6. 关于第33(3)条规定的与影响隐私评估结果事项;
7. 关于第61(1)条规定的意见提出事项;
8. 关于第64(4)条规定的措施建议事项;
9. 关于第66条披露结果的事项;
10. 关于第67(1)条规定的年度报告制作和提交事项;
11. 由总统、委员会主席或2名以上的委员向会议提交的与数据保护有关的事项;以及
12. 本法案或其他法律法规规定委员会须审议和解决的其他事项。

(2)如有必要,委员会可就审议和解决第(1)款中所述的事项,征询有关公职人员、数据保护专家、公民组织和有关经营者的意见,并要求相关部门提供有关材料。

第9条　基本计划

(1)公共管理和安全部长应制定数据保护基本计划(以下简称基本计划),每3年征求中央行政部门或者有关机构的负责人的意见,并提交委员会,经委员会审议和决议后生效。

(2)基本计划应包括以下内容:

1. 数据保护的基本目标和预期方向;
2. 数据保护制度和立法的改进;
3. 防止隐私侵权的对策;
4. 如何推进数据保护的自律;
5. 如何启动教育和公共关系的数据保护;

6. 培训和培养数据保护方面的专家;以及

7. 数据保护所需的其他事项。

(3)国民议会、法院、宪法法院和全国选举委员会可以制定和执行相关机构(包括附属实体)的数据保护基本计划。

第10条　实施方案

(1)中央行政部门或者机关负责人每年都应当按照基本计划的规定,制定数据保护实施计划,提交委员会,并按照委员会的审议和决议执行实施计划。

(2)制定和执行实施计划所需的事项,由总统令规定。

第11条　请求材料

(1)公共行政和安全部长为有效地制定或执行基本计划,可以要求个人信息处理者、中央行政部门或相关机构的负责人、地方政府负责人,以及相关组织提供材料和建议,该材料和建议是关于个人信息处理者遵守法规以及个人信息管理等现实情况。

(2)中央行政部门或者机构负责人为有效制定和执行实施计划,可以在其管辖范围内,要求个人信息处理者提供第(1)款所述材料。

(3)任何根据第(1)款和第(2)款被要求提供材料的人应按照要求提供材料,除非特殊情况另有豁免。

(4)根据第(1)款和第(2)款,任何涉及提供材料的范围和方法的必要事项应由总统令规定。

第12条　数据保护准则

(1)公共管理和安全部长可以制定有关个人信息处理标准、隐私侵权的类型和预防措施等的标准数据保护准则(以下简称标准准则),并鼓励个人信息处理者遵守该准则。

(2)中央行政部门或者机构负责人可以制定本辖区内有关个人信息处理的数据保护准则,并鼓励个人信息处理者遵守该准则。

(3)国民议会、法院、宪法法院和全国选举委员会可以制定和实施自己的,包括附属实体在内的相关机构的数据保护准则。

第13条　促进和支持自律

行政管理和安全部长应制定出以下必要的政策措施,来促进和支持个人信息处理者的数据保护自律活动:

1. 数据保护教育和公共关系;

2. 推广和支持数据保护相关机构和组织；
3. 引入和促进隐私标记制度；
4. 支持个人信息处理者自律规则的形成和实施；以及
5. 支持个人信息处理者数据保护自律活动所需的其他事项。

第 14 条　国际合作

(1) 政府应制定必要的政策措施，提高国际环境中的数据保护标准。

(2) 政府应制定相关政策措施，确保数据主体的权利不得因个人信息的跨境转移而被侵犯。

第三章　个人信息的处理

第一节　个人信息的收集、使用、提供等

第 15 条　个人信息的收集和使用

(1) 个人信息处理者可以在以下任何情况下收集个人信息，并在收集目的范围内使用：

1. 获得数据主体同意；
2. 法律有特殊规定，或为遵守法律义务而不可避免的；
3. 公共机构为依照法律法规的规定，在其辖区内开展工作而不可避免；
4. 为与数据主体签订和履行合同而不可避免的；
5. 当数据主体或第三方主体的生命、身体或经济利益面临即将发生的危险，有保护之必要，以防数据主体或其法定代理人无法做出明示，或由于不知地址而无法事先获得同意的；或者
6. 个人信息处理者的正当利益必须达到明显优于数据主体的正当利益。在这种情况下，仅当与个人信息处理者的正当利益存在实质关系时才允许，并不得超出合理范围。

(2) 个人信息处理者根据第(1)款第 1 项获得同意时，应通知数据主体。发生以下任何变更同样适用：

1. 收集和使用个人信息的目的；
2. 欲收集的个人信息的详情；
3. 个人信息保留和使用期间；以及
4. 数据主体有权拒绝同意的事实，以及因拒绝同意而导致的不利

影响。

第16条 收集个人信息的限制

(1)个人信息处理者应收集为实现第15(1)条的所列情形之目的所需的最低限度的个人信息。在这种情况下,由个人信息处理者承担证明其收集了最低限度的个人信息的举证责任。

(2)个人信息处理者不得以数据主体不同意收集超过最低限度要求的个人信息为由,拒绝向其提供商品或服务。

第17条 个人信息的提供

(1)在下列情形中,个人信息处理者可向第三方提供(或分享,下同)数据主体的个人信息:

1. 数据主体同意;或者
2. 个人信息是在第15(1)条第2项、第3项、第5项规定的个人信息收集目的范围内提供的。

(2)个人信息处理者根据第(1)款第1项获得同意时,应通知数据主体。发生以下任何变更同样适用:

1. 个人信息的接收者;
2. 上述接收者使用个人信息的目的;
3. 提供的个人信息的详情;
4. 个人信息由上述接收者保留和使用的期间;以及
5. 数据主体有权拒绝同意的事实,以及因拒绝同意而导致的不利影响。

(3)个人信息处理者向海外第三方提供个人信息时,应通知数据主体第(2)款中的任何一项,并获得数据主体的同意。个人信息处理者不得违反本法规定订立跨境转移个人信息的合同。

第18条 限制使用和提供个人信息

(1)个人信息处理者不得使用超出第15(1)条所述范围以外的个人信息,不得向第三方提供超出第17(1)条和第17(2)条规定范围外的个人信息。

(2)尽管有第(1)款的规定,在下列情形中,个人信息处理者可以将个人信息用于其他目的而非预期目的,或将其提供给第三方,除非这有可能不公平地侵犯到数据主体或第三方的利益;但是,第5项至第9项仅适用于公共机构。

1. 获得数据主体追加的同意;

2. 法律有特殊规定;
3. 当数据主体或第三方主体的生命、身体或经济利益面临即将发生的危险,虽然有必要保护个人信息,以防数据主体或其法定代理人无法做出明示,或由于不知地址而无法事先获得同意;
4. 为了统计和科学研究等目的,有必要个人信息以无法识别个人的方式提供;
5. 除非个人信息处理者以预期目的以外的其他目的使用个人信息或将其提供给第三方,否则其无法依其他法律规定在其管辖范围内开展工作,同时须经委员会审议和决议;
6. 为了执行条约或其他国际公约,向外国政府或国际组织提供个人信息之必要;
7. 调查、控告和起诉犯罪之必要;
8. 法庭审理案件之必要;或者
9. 惩罚,以及实施照管和拘留之必要。

(3)个人信息处理者获得第(2)款第1项规定的同意时,应通知数据主体。以下任何变更同样适用:

1. 个人信息的接收者;
2. 使用个人信息的目的(在提供个人信息的情况下,指接收者的使用目的);
3. 使用或提供的个人信息的详情;
4. 保留和使用个人信息的期限(在提供个人信息的情况下,指接收者保留和使用的期限);以及
5. 数据主体有权拒绝同意的事实,以及因拒绝同意而致的不利影响。

(4)公共机构以预期目的以外的其他目的使用个人信息,或者依照第2~6项、第8项、第9项的规定向第三方提供是,公共机构应当根据行政管理和安全部条例规定,将使用的法律依据或规定、目的和范围,以及其他必要事项在官方公报或其网站上公告。

(5)个人信息处理者在适用第(2)款的任何一项的情况下,以预期目的以外的其他目的向第三方提供个人信息的,个人信息处理者应要求个人信息接收人限制其目的和使用方式以及其他必要事项,或准备必要的保障措施,以确保个人信息的安全。在这种情况下,被请求人应采取必要措施确保个人信息的安全。

第19条　接收者使用和提供个人信息的限制

从个人信息处理者接收到个人信息的人不得将个人信息用于预期目的以外的其他目的，也不得将其提供给第三方，但下列情形除外：

1. 获得数据主体追加同意；或者
2. 其他法律有特殊规定的。

第20条　来源于数据主体以外的个人信息的通知

(1)当个人信息处理者处理是来源于数据主体以外时，个人信息处理者应按数据主体的要求立即向其通知下列事项：

1. 收集个人信息的来源；
2. 个人信息处理的目的；以及
3. 数据主体有权要求暂停处理个人信息的事实。

(2)第(1)款不适用于下列情形；但条件是它虽然优于本法规定的数据主体的权利。

1. 需要通知的个人信息属于第32(2)条规定的情形，且存在于个人信息文件中；或者
2. 如果这种通知可能对其他人的生命或身体造成伤害，或者不公平地损害他人的财产和其他利益。

第21条　个人信息的销毁

(1)当个人信息因为保留期届满，个人信息处理的目的实现等，个人信息处理者应当毫不延迟的销毁个人信息；其他法律或法规强制保存的除外。

(2)当个人信息处理者根据第(1)款销毁个人信息时，应采取必要措施防止其还原或恢复。

(3)当个人信息处理者有义务在第(1)款的但书下保存而非销毁个人信息时，相关个人信息或个人信息档案应与其他个人信息分开存储和管理。

(4)其他必要事项，如销毁个人信息的方式、销毁程序等，均由总统令规定。

第22条　取得同意的方法

(1)个人信息处理者根据本法获得数据主体关于个人信息处理的同意时[包括第(5)款规定的法定代理人的同意，以下同样适用于本条]，个人信息处理者应单独将需要获得同意的事项通知数据主体，并帮助其确认同意，由此分别获得数据主体的同意。

(2)当个人信息处理者依照第15(1)i条、第17(1)i条、第24(1)i条的规

定获得数据主体关于数据处理的同意时,个人信息处理者应将签订合同时需要数据主体同意处理的个人信息以及与无须同意的个人信息进行区分。在这种情况下,由个人信息处理者承担无须数据主体同意的举证责任。

(3)个人信息处理者为了宣传商品、服务或推销而意图获取数据主体的同意处理个人信息,需要通知数据主体,帮助其确认通知并获得同意。

(4)数据主体根据第(2)款进行选择性同意,或根据第(3)款和第18(2)i条的规定不同意时,个人信息处理者均不得拒绝向数据主体提供商品或服务。

(5)为处理14周岁以下未成年人的个人信息,依照本法规定要求获得同意的,数据处理者应当获得其法定代表人的同意。在这种情况下,需要获得法定代表人同意的最低限度的个人信息,可以不经法定代表人同意直接向未成年人收集。

(6)关于个人信息的收集途径,除第(1)款至第(5)款规定的事项以外,有必要确保获得数据主体同意的具体方法,以及第(5)款规定的最低限度的信息,应由总统法令规定。

第二节　个人信息处理的限制

第23条　敏感数据处理的限制

个人信息处理者不得处理的个人信息(以下简称敏感数据),包括总统令中列举的意识形态、信仰、出入境、所属工会或政党、政治心态、健康、性生活等其他可能对危害数据主体隐私的个人信息;然而,不适用于下列情形:

1. 个人信息处理者将第15(2)条或第17(2)条规定的事项通知数据主体,并且获得包括处理其他个人信息的数据主体同意规定的事项;或者
2. 法律法规要求或准许处理敏感数据。

第24条　唯一识别符处理的限制

(1)除以下情形外,个人信息处理者不得处理依照总统令所规定的法律法规被认为是个人身份识别的标识符(以下简称唯一标识符):

1. 个人信息处理者将第15(2)条或第17(2)条的规定的事项通知数据主体,并且包括获得处理其他个人信息的数据主体同意;或者
2. 法律法规要求或准许以具体的方式处理唯一标识符。

(2)当数据主体打算通过互联网主页获得会员资格时,符合总统令规定标准的个人信息处理者应当提供一种允许其成员不使用居民登记号码即可进

入的替代方法。

(3)个人信息处理者处理第(1)款规定的唯一标识符时,个人信息处理者必须采取如总统令所述的包括加密在内的必要措施,确保唯一标识符的安全,防止其丢失、被盗、泄露、更改或损坏。

(4)公安部部长可以采取各种措施,如立法安排、政策制定、必要的设施和制度建设以支持第(2)款规定的措施。

第25条　可视数据处理设备的安装和操作限制

(1)除下列情形外,任何人不得在公共场所安装和操作可视数据处理设备:

1. 法律法规以具体的方式允许;
2. 犯罪的预防和调查的需要;
3. 设备安全和防火的需要;
4. 交通管制的需要;或者
5. 交通信息的收集、分析和提供的需要。

(2)任何人不得为了监控某些场所安装和操作可视数据处理设备,这样很可能明显侵犯个人隐私,如向公众开放的浴室、卫生间、汗蒸室和更衣室;然而,倘若是依法拘留或者保护人员的设施则不适用,如总统令规定的监狱,精神卫生中心。

(3)依据第(1)款规定拟安装和操作可视数据处理设备的公共机构负责人和依据第(2)款安装和经营可视数据处理设备的个人,应当通过总统令所规定的举行公开听证会、信息会议等途径,收集相关专家和利害相关人的意见。

(4)依据第(1)款的规定欲安装和操作可视数据处理设备的人员(以下简称V/D操作员)均应按照总统令的规定采取必要措施,包括在招牌上张贴公告,以便数据主体容易获知其行为;然而,倘若是总统令所规定的设施则不适用。

(5)V/D操作员不得以初始目的除外的其他目的任意处置可视数据处理设备,不能将所述设备调整到不同的位置,也不能使用录音功能。

(6)V/D操作员应当依据第29条的规定采取必要措施确保安全,以防止个人信息丢失、被盗、泄露、更改或损坏。

(7)V/D操作员应当依据总统令的规定制定合适的政策操作和管理可视数据处理设备。在这种情况下,这些政策可能为实现第30条规定的隐私政策而被废除。

(8)V/D操作员可以外包可视数据处理设备的安装和操作;但是,其在选择外包的公共机构时应当遵照总统令规定的程序和要求。

第26条　委托处理个人信息的限制

(1)个人信息处理者将个人信息的处理委托给第三方时,应该以书面形式列明以下所述的各项:

1. 不得出于委托目的之外的目的处理个人信息;
2. 个人信息的技术和管理保障;以及
3. 总统令所规定的个人信息安全管理的其他事项。

(2)个人信息处理者,依据第(1)款将个人信息的处理委托给第三方(以下简称委托人)应当披露已经委托的事项和进行个人信息委托处理的人(以下简称受托人),以便数据主体可以以总统法令规定的方式随时识别。

(3)委托者应该在将商品或服务的公共关系,或征求购买事项委托给他人时,以总统法令所规定的方式通知数据主体委托的内容及受托人。委托内容或委托人已经更改的同样适用。

(4)委托者应对受托者进行教育,使数据主体的个人信息不会由于委托工作而丢失、被盗、泄露、更改或损坏,并通过检查委托的处理工作以监督委托者如何以安全的方式处理这些个人信息,以及总统令所规定的其他工作。

(5)受托者不应该超过个人信息处理者委托的工作范围使用个人信息,也不应该将个人信息提供给第三方。

(6)对于违反本法规定将个人信息处理委托给受托者而引发的损害赔偿,受托者应该被视为个人信息处理者的雇员。

(7)第15~25条、第27~31条、第33~39条以及第59条应当比照适用于受托者。

第27条　营业转让后的个人信息转移的限制等

(1)个人信息处理者由于营业全部或部分转让或合并等情况,需转移个人信息时,应当提前依总统令规定的方式通知相关数据主体以下各项细节:

1. 个人信息将要被转移的事实;
2. 名称(指法人公司名称)、地址、电话号码等其他个人信息接收人的联络点(以下简称业务受让人),并以总统令所规定的方式通知数据主体这个事实,但是,同样的情况不适用于个人。
3. 取消同意的方式和程序,以防数据主体不想转移他/她的个人信息。

(2)一旦获取个人信息后,业务受让人必须毫不迟延地根据第(1)款规定向数据主体通知转移的事实。

(3)因营业转让、合并等情况接收个人信息的,业务受让人可以使用或者向第三方提供个人信息,在转移之前个人信息仅供初始目的使用。在这种情况下,业务受让人应视为个人信息处理者。

第28条 对个人信息管理者的监督

(1)处理个人信息时,个人信息处理者应对其指挥和监督下处理个人信息的人员进行适当的控制和监督,如职员或雇员、派遣工人、兼职人员等(以下简称个人信息管理者),以便管理个人信息。

(2)个人信息处理者应定期为个人信息管理者提供必要的教育项目,以确保适当的个人信息的管理。

第四章 个人信息的保密

第29条 保护义务

个人信息处理者可以采取如制定内部管理计划和保存登录记录等技术、管理和物理措施,但是必须按总统令具体规定确保安全,以防止个人信息的丢失、被盗、泄露、更改或损坏。

第30条 隐私政策的制定和披露

(1)个人信息处理者应制定个人信息处理政策,包括以下各项细节(以下简称隐私政策)。在这种情况下,公共机构应根据第32条规定制定个人信息档案登记的隐私政策:

1. 个人信息处理的目的;
2. 处理和保留个人信息的期限;
3. 向第三方提供个人信息(如适用);
4. 个人信息处理的委托(如适用);
5. 数据主体的权利和义务及如何行使权利;以及
6. 总统令所规定的与个人信息处理有关的其他事宜。

(2)个人信息处理者在制定或修改隐私政策时,应该披露政策内容,以便数据主体可以总统令所规定的方式识别政策内容。

(3)若隐私政策和个人信息处理者与数据主体实施的协议不一致,按有利于数据主体的规定。

(4)行政管理和安全部长可制定隐私政策指引,并鼓励个人信息处理者遵守这些指引。

第 31 条　隐私官的指定

(1)个人信息处理者应指定全面负责个人信息处理的隐私官。

(2)隐私官应履行下列职务：

1. 制订和实施数据保护计划；
2. 定期调查个人信息处理程序的实况和实践，并改善不足之处；
3. 处理有关个人信息处理事项的投诉以及救济补偿；
4. 建立内部控制系统以防止个人信息的泄露、滥用和误用；
5. 准备和实施数据保护教育活动；
6. 保护、控制、管理个人信息档案；以及
7. 总统令规定的关于处理个人信息的其他职能。

(3)在执行第(2)款规定的各项职能时，隐私官在有必要的情况下可以经常检查个人信息状态和系统，并且要求有关各方提供报告。

(4)隐私官发现违反本法和其他有关数据保护的有关法律、法规的行为，应当立即采取纠正措施，必要时应当向机构本身或者有关组织的负责人报告其所采取的纠正措施。

(5)个人信息处理者无正当理由不得阻碍隐私官执行第(2)款规定的各项职责。

(6)总统令应规定指定隐私官的要求、数据保护工作、资质以及其他必要事项。

第 32 条　个人信息档案的管理和披露

(1)管理个人信息档案的公共机构的负责人应当向公共管理与安全部长登记或修改下列事项：

1. 个人信息档案的名称；
2. 管理个人信息档案的理由和目的；
3. 个人信息档案中记载的个人信息详情；
4. 处理个人信息的方法；
5. 保存个人信息的期限；
6. 个人信息的接收者，以防止个人信息被经常或重复提供；以及
7. 总统令规定的其他事项。

(2)第(1)款不适用于以下个人信息档案：

1. 记录国家安全、外交秘密以及其他有关国家重大利益事项的个人

信息档案；

2. 记录犯罪调查、控告和起诉、惩罚和执行拘留、纠正事项、保护事项、安全观察事项和移民的个人信息档案；

3. 记录依据刑法规定的税务犯罪和违反海关法的违法行为检查的个人信息档案；

4. 专用于公共机构的内部工作绩效的个人信息档案；或者

5. 其他法律法规规定应保密的个人信息档案。

(3)公共管理与安全部长认为有必要，可以审查个人信息档案的注册及其内容，并建议有关部门负责人改进该文件。

(4)公共管理与安全部长应当将现有的第(1)款规定的已登记的个人信息档案公开，以便任何人查看。

(5)总统令应规定第(1)款提及的登记的必要事项以及第(4)款提及的公开的方式、范围和程序。

(6)国家议会、法院、宪法法院和全国选举委员会(包括其附属机构)所保留的个人信息档案的登记和公开，应由国民议会、法院、宪法法院和全国选举委员会各自进行规定。

第33条　隐私影响评估

(1)个人信息档案管理过程可能会侵犯总统令规定的个人信息档案，在这种情况下，公共机构的负责人为分析和改善此种风险因素应进行评估(以下简称隐私影响评估)，并将结果提交给公共管理与安全部长。在这种情况下，公共机构的负责人应要求给公共管理与安全部长指定的机构(以下简称PIA机构)进行隐私影响评估。

(2)隐私影响评估应包括下列事项：

1. 处理中的个人信息数量；

2. 个人信息是否被提供给第三方；

3. 侵犯数据主体权利的可能性以及这种风险的程度；以及

4. 总统令规定的其他事项。

(3)公共管理与安全部长可以根据收到的第(1)款规定的PIA结果向委员会的审议和处理结果提出意见。

(4)公共机构负责人应当根据第32(1)条的规定登记已经根据本条第(1)款进行隐私影响评估的个人信息档案，并附上PIA的评估结果。

(5)公共行政和安全部长应制定必要的措施，如培养相关专家、制定和传播 PIA 标准,使隐私影响评估发挥作用。

(6)关于隐私影响评估的必要事项,如 PIA 制度机构的任命条件,任命和撤销,评估标准、方法和程序等,应根据第(1)款的规定由总统令进行规定。

(7)国家议会、法院、宪法法院和全国选举委员会(包括其附属机构)所进行的隐私影响评估,应由国民议会、法院、宪法法院和全国选举委员会各自进行规定。

(8)若在管理个人信息档案的过程中很可能会侵犯数据主体的个人信息,公共机构以外的个人信息处理者应积极主动进行隐私影响评估。

第 34 条　数据泄露通知等

(1)个人信息处理者在得知个人信息泄露后,应当不得延迟地及时通知受侵害的数据主体下列事项:

1. 被泄露的个人信息的种类;
2. 个人信息何时以及如何被泄露;
3. 任何关于数据主体可以采取的使其在个人信息泄露中可能遭受的损失最小化的措施的信息;
4. 个人信息处理者的对策以及救济程序;
5. 数据主体可报告损失的个人信息处理者帮助中心以及联络点。

(2)个人信息处理者应准备应对措施,以减少个人信息泄露的损失,并采取必要措施。

(3)在发生超过总统令明确规定范围的大规模数据泄露时,个人信息处理者应不延迟地通知公共管理与安全部长以及总统令规定的特别机构第(1)款规定的事项以及按照第(2)款规定采取措施的结果。在这种情况下,公共管理与安全部长和总统令规定的特定机构可以为预防和恢复进一步损害提供技术援助等。

(4)有关第(1)款规定的信息泄露通知的时间、方式以及程序的必要事项应由总统令进行规定。

第五章　数据主体的权利保障

第 35 条　个人信息的访问

(1)数据主体可以向相关的个人信息处理者要求访问由个人信息处理者处理的他/她自己的个人信息。

(2)当数据主体向公共机构要求提供自己的个人信息时,数据主体可以直接向该机构提出请求，或依据总统令的规定间接向行政管理与安全部长提出要求。

(3)在数据主体根据第(1)款和第(2)款要求访问时，个人信息处理者应该允许数据主体在总统令规定的时间内访问相关个人信息。在这种情况下，如果有任何正当理由不允许在这段时间访问，个人信息处理者可以在通知有关数据主体该情况后推迟其访问。如果上述理由消除，则应该及时取消推迟决定。

(4)在下列情形中，个人信息处理者可以在通知数据主体原因后限制或拒绝其访问：

1. 属于法律禁止或者限制访问的范围；
2. 允许访问可能对他人的生命或身体造成损害，或者对他人的财产和其他利益有不当的侵犯；或者
3. 将使公共机构在执行下列任务时遇到严重困难：
   a. 征收，收集或偿还税款；
   b. 有关根据初级、中级教育法案以及高级教育法案设立的学校、根据终身教育法案设立的终身教育机构以及其他按照其他法案设立的更高级的教育机构的学业成绩或入学情况的评价；
   c. 有关学术能力、技术能力以及就业的测试和资格考试；
   d. 正在进行的评估或者与补偿有关的决定或者授予评定；或者
   e. 正在进行的其他法律规定的审计和检查。

(5)与根据第(1)款至第(4)款规定提出访问要求的方式或程序、访问的限制、通知等有关的必要事项，应由总统令进行规定。

第36条　个人信息的纠正或者删除

(1)根据第35条规定，访问他/她自己的个人信息的数据主体，可以向个人信息处理者提出修改或者删除这些个人信息的要求。但如果根据其他法律法规该个人信息应当被收集，则不允许删除。

(2)个人信息处理者一旦收到数据主体根据第(1)款的规定提出的要求，应及时调查所涉的个人信息，并采取必要的措施按该数据主体的要求更改或者删除，除非其他法律法规对有关的更改和处理另有规定。个人信息处理者应将结果通知相关数据主体。

(3)在根据第(2)款规定将个人信息删除的情况下，个人信息处理者应采取措施防止个人信息的恢复。

(4)在数据主体的要求符合第(1)款规定的情况下,个人信息处理者应及时通知相关数据主体。

(5)当根据第(2)款的规定调查所涉的个人信息时,个人信息处理者在需要时可以要求相关数据主体提供证明更改或者删除该个人信息的必要性的证据。

(6)有关第(1)款、第(2)款和第(4)款规定的更改和删除、通知的方法和程序等要求有关的必要事项,应由总统令进行规定。

第37条　处理个人信息的暂停

(1)数据主体可以要求个人信息处理者暂停处理他/她自己的个人信息。在这种情况下,如果该个人信息处理者是公共机构,仅有根据第32条登记的个人信息档案中包括的个人信息可以适用该规定。

(2)根据第(1)款收到要求后,个人信息处理者应立即停止按数据主体要求立即停止对上述个人信息的全部或部分处理;但是,当出现下列情况时,个人信息处理者可以拒绝该数据主体的要求:

1. 法律有明确规定或者为遵守法律、法规规定的义务的;
2. 可能会对他人的生命或身体造成损害,或不正当地侵犯他人的财产以及其他利益的;
3. 公共机构不处理相关的个人信息就不能按照其他法律规定进行工作的;或者
4. 数据主体即使难以履行合同也未明确终止合同,例如提供与所述数据主体约定的服务,却不能处理相关的个人信息。

(3)在根据第(2)款的规定拒绝暂停处理的要求时,个人信息处理者应立即将理由通知数据主体。

(4)个人信息处理者在停止处理数据主体要求的个人信息时,应立即采取包括销毁相关的个人信息的必要措施。

(5)根据第(1)款至第(3)款的规定的提出要求或拒绝处理、通知等的方法和程序的必要事项应由总统令规定。

第38条　行使权利的方法与程序

(1)数据主体可以书面形式或总统令规定的方式和程序,委托其律师行使第35条规定的查阅、第36条的更正或删除、第37条(以下简称要求访问)规定的权利。

(2)14岁以下未成年人的法定代表人可以替未成年人向个人信息处理者

提出访问需求。

(3)个人信息处理者可以根据总统令的规定向请求访问的人收取费用和邮费(仅在请求邮寄复印件时)。

(4)个人信息处理者应准备详细的方法以及程序,使数据主体能够实现访问需求,向数据主体公开上述方法和程序。

(5)个人信息处理者应准备以及指导数据主体适用对其拒绝访问需求提出异议的必要程序。

第39条 损害赔偿责任

(1)任何受到违反本法的个人信息处理者造成损害的数据主体都可以要求对个人信息处理者追究责任。在这种情况下,除非该个人信息处理者能够证明其不存在故意或过失,否则不得免除其损害赔偿责任。

(2)只有在符合本法规定和非疏于注意和监督的情况下,才可减轻个人信息处理者对其造成的个人信息的损失、被盗、泄露、变更或损害的损害赔偿责任。

第六章 个人信息争议调解委员会

第40条 委员会的设立和组成

(1)设立个人信息争议调解委员会(以下简称争议调解委员会)旨在调解个人信息纠纷。

(2)争议调解委员会由不超过20名成员组成,其中包括1名主席以及1名常务委员。

(3)委员会成员应由公共管理和安全部长从下列人员中任命或委托:

1. 属于中央行政部门或负责数据保护机构的高级政府官员的公职人员,或者目前在公共部门和相关组织中工作或从事同等职位的在数据保护方面有工作经验的人员;
2. 目前在大学或在公开认可的研究机构任职或曾担任副教授或以上职称的人;
3. 现任或曾经担任法官、公诉人或律师的人;
4. 与数据保护有关的民间组织或消费者团体推荐的人员;或者
5. 现任或曾任由个人信息处理者组成的行业协会的高级官员的人员。

(4)主席应由公共管理和安全部长从委员会成员中任命,但公职人员除外。

(5)主席和委员会成员的任期为2年,可连任一次;但是,根据第(3)款第1项任命的公职委员会成员在担任公职职务时,应留在委员会内。

(6)为了有效地解决争议,争议调解委员会可根据总统令的规定,在必要时设立一个由不超过5名委员会成员组成的小组。在这种情况下,争议调解委员会授权的小组决议应被解释为争议调解委员会的决议。

(7)争议调解委员会或小组的成员应当过半数出席,多数出席成员赞成则决议通过。

(8)公共管理和安全部长可指定一个专门机构,以便按照总统令的规定支持争议调解委员会的秘书处运作。

(9)除本法所规定外,争议调解委员会涉及的其他事项由总统令规定。

第41条　对委员会成员身份的保障

除被暂停成员资格或者被判较重处罚或者因精神或身体原因而无法履行职务外,其他情况下委员会成员不得被解雇或停职。

第42条　对委员会成员的排除、质疑与拒绝

(1)任何委员会成员,如符合下列任何一项,应被排除参与审议和解决申请调解争议的案件(以下简称案件):

1. 委员会成员、其配偶或其前任配偶为案件当事人,或为与案件有联系的权利人或义务人;
2. 委员会成员现在或曾经与案件当事人有亲属关系的;
3. 委员会成员就案件提供证词,专家意见或法律意见的;或者
4. 委员会成员作为一方代理人或代表人参与该案件的。

(2)任何一方如认为委员会成员难以作出公正审议和决议,可向委员会主席提出质疑申请。在这种情况下,主席应在没有任何委员会决议的情况下独自裁决质疑申请。

(3)任何委员会成员,在第(1)款或第(2)款规定的情况下,不得审议和解决该案件。

第43条　争议调解申请等

(1)任何人如果就可被调解的个人信息而发生争议,可向争议调解委员会申请调解。

(2)争议调解委员会在收到案件当事人的争议调解申请后,应当通知对方当事人该调解申请。

(3)除特定情况另有豁免外,公共机构根据第(2)款收到争议调解通知

时,应当对其作出回复。

第 44 条　调解程序的时间限制

(1)争议调解委员会应根据第 43(1)条的规定,在收到申请之日起 60 天内对案件进行审查,并准备调解草案;但是,如果有不可避免的情况,争议调解委员会可以决定延长这一期限。

(2)如果根据第(1)款的规定延长期限,争议调解委员会应将延长期限的理由和其他有关延长期限的事项通知申请人。

第 45 条　材料要求等

(1)争议调解委员会在收到根据第 43(1)条提出的争议调解申请后,可要求争议当事方提供调解争议所需的材料。在这种情况下,除非有正当理由,有关各方应遵守此项要求。

(2)争议调解委员会在有需要时可以让争议的当事方或有关证人出席委员会并听取他们的意见。

第 46 条　调解前的和解建议

争议调解委员会在收到根据第 43(1)条提出的争议调解申请后,可以提出一份解决草案,并在调解前出示。

第 47 条　争议调解

(1)争议调解委员会起草的调解草案可以包括下列事项:

1. 暂停将被调查的违法行为;
2. 归还,损害赔偿和其他必要补救措施;或者
3. 防止相同或类似的侵权行为再次发生所必需的任何措施。

(2)在根据第(1)款起草调解草案时,争议调解委员会应立即向各方提出调解草案。

(3)根据第(1)款收到调解草案的各方应在收到调解书之日起 15 日内将其接受或拒绝调解草案的决定通知争议调解委员会,没有通知则被视为拒绝接受调解草案。

(4)当事人接受调解的,争议调解委员会应当及时撰写调解书,并在上面附上主席和委员会成员的姓名和印章。

(5)根据第(4)款达成的调解,与法院的和解具有同等效力。

第 48 条　拒绝和中止调解

(1)争议调解委员会认为争议的性质不适合调解,或者以不正当的理由提出调解申请的,可以拒绝调解。在这种情况下,应将拒绝调解的理由通知申

请人。

(2)如果一方当事人在调解期间提起诉讼,争议调解委员会应当中止争议调解,并通知双方当事人。

第49条 集体争议调解

(1)根据总统令的规定,当以同一行为或类似行为对大量数据主体或其权利造成损害时,国家和地方政府、数据保护组织和机构、数据主体和个人信息处理者可以向争议调解委员会请求或申请集体的争议调解(以下简称集体争议调解)。

(2)争议调解委员会根据第(1)款收到集体争议调解的请求或申请后,可以根据第(3)款至第(7)款规定启动集体争议调解程序。在这种情况下,争议调解委员会应按照总统令所规定的期限,发出启动诉讼的通知。

(3)争议调解委员会可以受理由当事人以外的应当被增加入争议调解一方的其他数据主体或者个人信息处理者提交的争议调解申请书。

(4)争议调解委员会可以做出决定,选择一个或几个人作为代表方。且这些代表方最能恰当地代表第(1)款至第(3)款所述的共同争议调解的各方的普通利益。

(5)当个人信息处理者接受争议调解委员会提出的共同争议调解时,争议调解委员会可建议个人信息处理者准备并提交赔偿方案,用以赔偿受到相同事件侵害的第三方数据主体的损失。

(6)尽管有第48(2)条的规定,如果共同争议调解案件中由大量数据主体组成的一方中的某些数据主体,向法院提起诉讼,则此时争议调解委员会不应该停止调解程序,而应把提起诉讼的相关数据主体从调解一方中排除,剩余主体继续进行调解。

(7)共同争议调解的期限应少于60日,从第(2)款所述的通知失效的第二天开始计算。然而,如果在不可避免的特殊情况下,争议调解委员会可以做出延长期限的决定。

(8)其他必要事项,如共同争议调解程序,应该由总统令规定。

第50条 调解程序等

(1)除了第43~49条的条款外,涉及调解争议以及处理这种争议调解的方法程序的必要事项,应该由总统令规定。

(2)本法案没有规定的有关争议调解委员会的运行以及争议调解程序等事项,适用或准用民事调解法案的规定。

第七章　数据保护共同诉讼

第51条　共同诉讼主体等

如果个人信息处理者拒绝或不接受第49条规定的集体争议调解，此时任何下述组织可以向法院提起诉讼（以下简称共同诉讼），请求阻止或暂停侵害：

1. 依据《消费者框架法案》第29条的规定，在韩国公平贸易委员会注册的组织，且组织必须满足以下条件：
   a. 在议事规则中声明其目的是不断扩大既存数据主体的权利与利益的组织；
   b. 全体成员的数量在1000人以上；并且
   c. 在依据《消费者框架法案》第29条的规定注册后，已满3年。
2. 非营利性私有组织扶持法案第2条中规定的非营利性组织，且必须满足以下条件：
   a. 超过100个在法律或事实上遭受相同侵害的数据主体提出了共同诉讼申请；
   b. 在议事规则中声明了数据保护目的的组织，且该类组织最近3年均从事相关活动；
   c. 普通成员的人数超过5000人；以及
   d. 这些组织已经在中央行政部门或中央行政机构注册。

第52条　专属管辖权

（1）共同诉讼应该遵守专属管辖的规定。案件由业务或主要办公场所所在地的适格法院（法官小组）专门管辖，或者在没有商业机构时，由被告业务经理住所地的法院管辖。

（2）在第（1）款的内容适用于外国商业实体时，专属管辖法院同样取决于这些外国商业实体在韩国境内的业务所在地、主要办公地、业务经理所在地。

第53条　律师保留

共同诉讼中的原告应该保留一位律师作为诉讼律师。

第54条　诉讼批准申请

（1）拟进行共同诉讼的组织应该提交诉讼批准申请，在申请中描述以下内容：

1. 原告及其代理律师；

2. 被告;以及

3. 数据主体权利受侵害的详情。

(2)以下材料应该在提出第(1)款的申请时同时提交:

1. 证明提出诉讼的组织符合第51条规定的条件的证据材料;

2. 证明个人信息处理者拒绝争议调解或不接受在先调解的证据材料。

第55条　批准诉讼的要求等内容

(1)法院只有在以下条件同时满足的情况下,才可以作出同意共同诉讼的决定:

1. 个人信息处理者拒绝争议调解委员会的争议调解或者不接受其在先调解;以及

2. 符合第54条规定的申请诉讼的条件。

(2)法院所作出同意或不同意共同诉讼的决定可通过即时上诉推翻。

第56条　判决的效力

当驳回原告诉讼请求的决定是最终性时,第51条规定的组织不能就同一案件提起共同诉讼;但以下情形除外:

1. 在最终决定做出后,国家、地方政府或者其出资的机构发现涉及上述案件的新证据;或者

2. 驳回起诉的决定被证明是原告故意所致。

第57条　民事程序法等的适用

(1)如果本法中未规定关于共同诉讼的具体条款,则应适用《民事程序法》。

(2)当依照第55条的规定,法院作出了进行共同诉讼的决定的,则根据《民事执行法》第四章的规定,可同时作出保全命令。

(3)程序中的必要事项应该由最高法院的规则规定。

第八章　补充规定

第58条　适用的部分排除

(1)第三章至第七章的规定不适用于以下个人信息:

1. 公共机构依照统计法的规定所收集并掌握的公众个人信息;

2. 为了分析与国家安全相关的信息,而收集或要求提供的个人信息;

3. 未满足公共安全、安宁或公众健康的需要,而暂时处理的个人信

息;或者

4. 为了自身目的而收集和使用的个人信息,如为了报纸报道、宗教机构的传教活动以及政治党派的候选人提名。

(2)第15条、第22条、第27(1)条和第27(2)条、第34条以及第37条的规定不适用于第25(1)条规定的个人信息。这些个人信息通过在公共场所中安装或操作的可视数据处理设备进行处理。

(3)第15条、第30条以及第31条不适用于个人信息处理者为了如校友会或个人爱好俱乐部的团体情感交流而处理的个人信息。

(4)如果个人信息处理者处理的数据是第(1)款规定的数据,此时个人信息处理者应尽可能少的处理个人信息,处理的限度应限于在最小周期内达到目标所必须进行处理的限度。与此同时,个人信息处理者也应该进行必要的安排,如技术上的、管理上的,以及物质上的保障,个人申诉处理程序以及其他为了数据信息的安全保存以及恰当处理所需要的必要措施。

第59条　禁止的行为

个人信息处理者不得进行以下活动:

1. 以欺诈、非法或违反公平的方式获取个人信息或者获得个人信息处理的同意。
2. 将商业业务往来过程中获取的个人信息泄露或者未经授权提供给他人使用;或者
3. 未经法律授权或者超越法律授权损毁、毁坏、改变、伪造或泄露他人个人信息。

第60条　机密性等

参与到下述商业业务的个人不得将其履行职务时获取的个人秘密泄露给他人,也不得违背最初目的使用这些秘密;但是,其他法案的特殊条款另有规定的除外:

1. 第8条所规定的个人信息保护委员会的工作;
2. 第33条所规定的隐私影响评价工作;以及
3. 第40条所规定的争议调解委员会的争议调解工作。

第61条　改善建议

(1)当有关法律或规章的某些条款将影响数据保护时,如果公共管理和安全部部长认为必要,可以经委员会的审议和决议向有关当局提出建议。

(2)公共管理和安全部部长如果认为对数据保护是必要的,可以建议个人信息处理者改善其个人信息处理的实际状况。在这种情况下，个人信息处理者在收到建议后应该尽到真诚的努力来执行建议，并将结果通知政府及安全部门的官员。

(3)中央行政部门的负责人如果认为对数据保护是必要的，可以根据其管辖地区的法律来建议个人信息处理者改善其个人信息处理的实际状况。在这种情况下，个人信息处理者在收到建议时应该尽到真诚的努力来执行建议，并将结果通知中央行政部门的部长。

(4)中央行政部门和机构、当地政府、国家立法机构、法院、宪法法院以及国家选举委员会可以针对数据保护对他们管辖的附属实体和公共机构提出建议或者提供指导或监督。

第62条　违规报告

(1)在个人信息处理者对其个人信息进行处理的过程中，个人信息的权利和利益受到侵害后，可向公共管理与安全部长报告上述侵害。

(2)依照总统法令的规定，公共管理与安全部部长可以指定一个特殊机构，依据第(1)款的规定，有效地进行接收并处理控诉报告的工作。在这种情况下，此特殊机构应该建立并运行个人信息侵害联络中心(此处即指"DP联络中心")。

(3)个人信息侵害联络中心应该履行以下职责：

1. 接收涉及个人信息处理的控诉报告并且进行协商；
2. 进行事故的调查与认定并且听取利害关系人的意见；并且
3. 处理上述两种情况下的附带工作。

(4)公共管理和安全部部长在必要情况下，可以依照《国家官员法案》第32条第4款的规定向上述第(2)款所述的机构派遣政府官员，以便其可以有效履行第(3)款第2项所述的事故调查与认定职责。

第63条　要求提供材料以及检阅

(1)公共管理和安全部部长可以在下列情形中，要求个人信息处理者提供商品、文件等有关材料：

a. 发现或怀疑有违反本法的行为时；
b. 已经收到违反本法案的举报或有关民事申诉的情况时；或者
c. 根据总统令的规定，有必要对数据主体进行数据保护时。

(2)个人信息处理者未能按照第(1)款规定提供材料或被视为违反本法时，公共管理和安全部部长可以让其官员进入上述个人信息处理者的办公室或营业场所检查现行业务运作情况，审查分类账簿、书籍或其他文件等。在这种情况下，进行检查或审查的官员应携带能够证明其权力的证件，并向有关人员出示。

(3)中央行政主管部门或者有关机构负责人可以保护其管辖地区的法律要求个人信息处理者依照第(1)款的规定提供材料，依照第(2)款的规定进行检查或者审查。

(4)公共行政管理和安全部部长、中央行政主管部门或者有关机构负责人不得向第三方提供、不得公开由个人信息处理者提供或收集的文件、材料等，本法另有规定的除外。

(5)公共管理和安全部部长、中央行政主管部门或者有关机构负责人收到通过信息通信网络提交的材料或数字化信息时，应采取系统的技术安全措施，以免个人信息、商业秘密等泄露。

第64条　纠正性措施等

(1)当公共管理和安全部部长认为，若对所存在的个人信息的侵权行为置之不理可能造成不可弥补的伤害时，可以下令要求违反本法者(不包括中央行政部门和机构、当地政府、国民议会、法院、宪法法院和全国选举委员会)采取下列相关措施：

a. 暂停侵害个人信息的行为；

b. 临时性暂停处理个人信息；或者

c. 保护或防止侵犯个人信息的其他必要措施。

(2)当有关中央行政主管部门或机构的负责人认为，对个人信息的侵权行为基本存在，置之不理可能造成不可挽回的伤害时，可以责令个人信息处理者依照其管辖地区的法律采取第(1)款规定的相关措施。

(3)当地政府、国民议会、法院、宪法法院和全国选举委员会可以命令其辖下违反本法的附属实体和公共机构采取第(1)款的任何一项相关措施。

(4)中央行政机关、地方政府、国民议会、法院、宪法法院和全国选举委员会违反本法时，委员会可以通知有关当局负责人采取第(1)款规定的相关措施。在这种情况下，有关当局在收到意见后应当遵守该意见。

第65条　纪律处分的指控和建议

(1)在个人信息处理者违反本法或其他与数据保护有关的法律法规的犯罪嫌疑被视为基本存在时，公共管理和安全部部长可以向主管调查机关指控该事实。

(2)在违反本法或者其他与数据保护有关的法律法规,公共管理和安全部部长可以通知有关当局主管机关对其相关负责人采取纪律处分。在这种情况下,有关主管机关收到意见后,应当遵守,并将结果通知公共管理和安全部部长。

(3)中央行政主管部门或者有关机构的负责人可以依照其管辖地区的法律规定,依照第(1)款的规定,或者有关主管机关或者组织依照第(2)款的规定,提出对个人信息处理者采取行政处分的建议。在这种情况下,依照第(2)款收到建议后,有关主管机关或者组织机关应当遵守,并将结果通知中央行政主管部门或者有关机构的负责人。

第66条　结果披露

(1)经委员会的审议和决议,公共行管理和安全部部长可以分别披露基于第61条的修改建议、第64条的纠正命令、第65条的指控或纪律处分以及第75条规定的过失罚款。

(2)中央行政部门或者有关机构负责人可以依照其管辖地区的法律,依照第(1)款的规定披露事项。

(3)第(1)款、第(2)款中披露的方式、标准和程序由总统令规定。

第67条　年度报告

(1)委员会应根据有关当局提供的必要材料和数据保护政策措施及其实施情况,每年编制报告,并在全体会议开幕前提交给(包括通过信息和通信网络传输)给国民议会。

(2)第(1)款的所指的年度报告,应当包括下列事情:

a. 对数据主体的权利的侵害及对其补救的现状;

b. 关于个人信息处理的实际情况的调查结果;

c. 数据保护政策措施的实施现状及其成果;

d. 与个人信息有关的海外立法和政策发展;以及

e. 有关数据保护政策措施的其他须披露或报告事项。

第68条　授权和委托

(1)根据本法,公共管理和安全部部长或中央行政主管部门或者有关机构负责人的部分权力可以依据总统令授予或委托给特殊城市或大城市市长,省、特区自治省的省长,或总统令所规定的类似专门机构。

(2)公共管理和安全部部长或者中央行政主管部门或者有关机构负责人依照第(1)款所授权或委托的机关,应当将被委托或委托的工作结果通知公安部部长或中央行政部门或有关机构负责人。

(3)公共管理和安全部部长在依据第(1)款将其部分权力授权或委托给专门机构时,可以向有关专门机构提供履行其职责所需的费用。

第69条 适用刑罚规定的官员的法律拟制

负责执行公共管理和安全部长或中央行政主管部门或者有关机构负责人所授权或委托工作的有关部门官员和职工,应视为《刑法》第129~132条中所指的官员。

第九章 刑事条款

第70条 刑罚规定

任何人以扰乱公共机构的个人信息处理为目的,通过改变或删除上述机构处理的个人信息而导致上述机构暂停、瘫痪或其他严重工作困难的个人,应处以不超过10年的监禁劳动或者不超过1亿韩元的罚款。

第71条 刑罚规定

下列人员,应处以不超过5年的监禁劳动或者不超过5000万韩元的罚款:

1. 违反第17(1)i条的规定,即使第17(1)ii条不适用,未经数据主体同意,向第三方提供个人信息且故意接收上述个人信息的人;
2. 违反第18(1)条和第18(2)条、第19条、第26(5)条或第27(3)条,已经使用或向第三方提供个人信息,或者基于牟利或不正当的目的而故意接收上述个人信息的人;
3. 违反第23条,处理敏感信息的人;
4. 违反第24(1)条,处理唯一标识的人;
5. 违反第59(2)条,未经授权向其他人泄露、提供因业务所得的个人信息,以及基于牟利或不正当的目的故意接收上述个人信息的人;或者
6. 违反第59ii条,损害、毁坏、更改、伪造或泄露他人个人信息的人。

第72条 刑罚规定

下列人员,应处以不超过3年的监禁或不超过3000万韩元的罚款:

1. 违反第25(5)条,以初始目的以外的目的任意操作可视化数据处理设备,或将设备指向不同地点,或者使用录音功能的人员;

2. 违反第59i条,以欺诈、不正当或不公平的方式获得个人信息或获得同

意处理个人信息的人,以及基于牟利或不公平目的故意接收此类个人信息的人;或者

3. 违反第60条,在履行职务的过程中泄露所获得的秘密,或将其用于初始目的以外目的的人。

第73条 刑罚规定

下列人员,应处以不超过2年的监禁或不超过1000万韩元的罚款:

1. 违反第24(3)条、第25(6)条或第29条,未能采取必要措施确保安全,造成个人信息丢失、被盗、泄露、变更或者损坏的人;

2. 违反第36(2)条,未能采取必要措施予以纠正或者删除,并持续使用或者向第三方提供个人信息的人;或者

3. 违反第37(2)条,未能暂停处理个人信息,并持续使用或者向第三方提供个人信息的人。

第74条 共同刑罚规定

(1)如果公司的代表、法人或者个人的代理人、经理或者其他雇员,违反了第70条关于该法人或个人的业务的规定,不仅该实施者,该公司或个人也将被处以不超过7000万韩元的罚款;但该公司或个人尽到了合理注意义务和监督责任的除外。

(2)如果公司的代表、法人或者个人的代理人、经理或者其他雇员,违反了第71条关于该法人或个人的业务的规定,不仅该实施者,该公司或个人也应被处以有关条款规定的罚款;但该公司或个人尽到了合理注意义务和监督责任的除外。

第75条 因过失而罚款

(1)行为人具有下列行为的,将因过失而被处于不超过5000万韩元的罚款:

1. 违反第15(1)条规定,收集个人信息的;
2. 违反第22(5)条规定,未经法定代表人同意的;或者
3. 违反第25(2)条规定,安装和操作可视数据处理设备的。

(2)行为人具有下列行为的,将因过失而被处于不超过3000万韩元的罚款:

1. 违反第15(2)条、第17(2)条、第18(3)条或者第26(3)条规定,未能通知必要数据主体的;
2. 违反第16(2)条或者第22(4)条规定,拒绝向数据主体提供货物或

者服务的；

3. 违反第20(1)条规定，未告知数据主体该条规定的事实的；

4. 违反第21(1)条规定，未销毁个人信息的；

5. 违反第24(2)条规定，未向数据主体提供免交居民登记号码的可替代方式的；

6. 违反第24(3)条、第25(6)条或者第29条规定，未采取必要措施确保安全的；

7. 违反第25(1)条规定，安装和操作可视数据处理设备的；

8. 违反第34(1)条规定，未告知数据主体该条规定的事实的；

9. 违反第34(3)条规定，未报告通知结果的；

10. 违反第35(3)条规定，限制或者拒绝访问个人信息的；

11. 违反第36(2)条规定，未提供必要措施纠正或者删除错误信息的；

12. 违反第37(4)条规定，未采取必要措施中止处理个人信息，包括销毁个人信息；或者

13. 未按照第64(1)条规定，采取纠正措施的；

(3)行为人具有下列行为的，将因过失而被处于不超过1000万韩元的罚款：

1. 违反第21(3)条规定未单独存储以及管理个人信息的；

2. 违反第22(1)条至第22(3)条获得同意的；

3. 违反第25(4)条规定，未采取包括发布广告在内的必要措施的；

4. 违反第26(1)条规定，在委托期间未按照该条款规定完成书面手续的；

5. 违反第26(2)条规定，未公开委托的工作以及受托人的；

6. 违反第27(1)条以及第27(2)条规定，转让个人信息未通知数据主体的；

7. 违反第30(1)条或者第30(2)条规定，未建立或者公开个人信息处理政策的；

8. 违反第31(1)条规定，未指定隐私官的；

9. 违反第35(3)条、第35(4)条、第36(2)条、第36(4)条或者第37(3)条未能提供数据主体必要信息的；

10. 未能根据第63(1)条规定提供商品、文件等材料，或者提供虚假材料的；

11. 根据第63(2)条规定进行检查和询问时,行为人拒绝、阻碍或者阻止进入的;

(4)根据本条第(1)款至第(3)款规定因过失而受到处罚的,其受处罚的信息将会被公共管理和安全部部长以及总统法令规定的中央行政机关或者其他有关机关予以收集。在此情况下,中央行政机关或者其他有关机关应在其管辖范围内强制征收个人信息处理者因过失而缴纳的罚款。

附　　录

第1条　实施日期

本法案将在公布之日起6个月后生效,但第24(2)条以及第75(2)条在本法公布之日起1年后生效。

第2条　其他法律的废除

待本法案生效后,《公共机构保护个人信息法案》应被废除。

第3条　关于个人信息争议调解委员会的过渡性措施

截至本法案生效日,个人信息争议调解委员会根据现行《促进信息网络和通信数据使用保护法案》作出的行为,视为在本法案下作出的行为。

第4条　正在处理的个人信息过渡性措施

在本法实施前,依据其他法律、法规处理的个人信息,视为依据本法处理的。

第5条　关于刑事处罚使用的过渡性措施

(1)在本法实施以前,违反了先前个人信息保护相关法律的行为,公共机构应当统一适用先前保护个人信息相关法案。

(2)在本法实施以前,违反法案中关于促进信息网络和通信数据使用保护的行为适用刑法的,应当遵守《促进信息网络和通信数据使用保护法案》。

第6条　其他行为的修正

(1)法案中关于朝鲜战争中被杀害士兵挖掘工作问题的部分应修改为:

《公共机构个人信息保护法案》第14(1)ii条、第2ii条现为《个人信息保护法》第2i条。

(2)对《法案公务员道德法案》的部分应修改为:

《公共机构个人信息保护法案》第6(6)条及第6(9)条、第10条规定与《个人信息保护法案》第18条应当分别适用。

(3)对《法案国家官员法案》的部分应修改为:

《公共机构个人信息保护法案》第19－3(3)条、第2i条应被《个人信息保护法案》第2Ni条替代;《公共机构个人信息保护法案》第(4)款应被《个人信息保护法案》相同的条款替代。

(4)对《发明促进法案》的部分应修改为:

《公共机构个人信息保护法案》第10－2(1)条的规定应被《个人信息保护法案》替代。

(5)对《使用和保护信用信息法案》的部分应修改如下:

第23(2)ii条应被《个人信息保护法案》替代。

(6)对《儿童福利法案》的部分修改:

《公共机构个人信息保护法案》第9－2(3)条的规定应被《个人信息保护法案》替代。

(7)对法案中癌症管理中被第10333号全部修改部分应修改如下:

《公共机构个人信息保护法案》第14(1)条的第二部分、第3(2)条应被《个人信息保护法案》替代;以及

《公共机构个人信息保护法案》第49条、第10(3)条应被《个人信息保护法案》第18(2)条替代。

(8)对法案中防止歧视残疾人及补救措施部分应修改如下:

《公共机构个人信息保护法案》第3Niii c条中第二部分、第2ii条规定应被《个人信息保护法案》第2i条替代;

《公共机构个人信息保护法案》第22(2)条中规定应会被《个人信息保护法案》替代。

(9)法案中电子签名部分应修改如下:

删除《公共机构个人信息保护法案》第24(2)条。

(10)《电子政务法案》的部分应修改如下:

《公共机构个人信息保护法案》第21(2)条、第2ii条应被《个人信息保护法案》第2i条替代;

《公共机构个人信息保护法案》第39(4)条、第5条应被《个人信息保护法案》第32条替代;公共数据审议保护委员会根据第20(1)条规定进行审议应变成个人信息保护委员会根据《个人信息保护法案》第7条规定进行审议;以及

《公共机构个人信息保护法案》第42(1)条、第2Niii条将会被《个人信息保护法案》第2iii条替代;第10(3)i条以及第10(5)条将会被《个人信息保护

法案》第18(2)i条以及第19i条替代。

(11)法案中关于促进信息网络和通信数据使用保护部分的应修改如下:

第四章第4节(第33条、第33－2条、第34～40条)、第66条第1项、第67条分别废止;

在第4(1)条及第4(3)条、第64－2(3)条第二部分、第65(1)条以及第69条,行政管理与安全部部长、知识与经济部部长、广播与通信委员会应被知识与经济部部长以及广播通信委员会替代;以及

在总则部分,除了第64(1)条、第64(3)条、第64(4)条第一部分、第64(5)条第一部分、第64(6)条、第64(9)条、第64(10)条、第64－2(1)条、第64－2(2)条;在总则部分除了第64－2(3)条、第65(3)条、第76(1)xii条以及第76(4)条至第76(6)条,公共管理或者广播通信委员会应被广播与通信委员会替代。

(12)法案中关于公平索赔集合部分应修改如下:

《公共机构个人信息保护法案》第2v条、第2ii条应被《个人信息保护法案》第2i条替代。

(13)法案中关于移民管制部分应修改如下:

《公共机构个人信息保护法案》第12－2(6)条以及第38(3)条应被《个人信息保护法案》替代。

(14)法案中关于设立韩国奖学金基金会等规定部分应修改如下:

《公共机构个人信息保护法案》第50(3)条应被《个人信息保护法案》替代。

第7条　(与其他法案与条例的关系)

如果其他法案或者条例引用了《公共机构个人信息保护法案》之前的或本法令实施之日的,关于个人信息的规定,若本法有相应规定的,则适用本法,不适用以前的规定。

图书在版编目(CIP)数据

国际数据保护规则要览 / 李爱君，苏桂梅主编；中国政法大学互联网金融法律研究院，中国政法大学大数据与法制研究中心译. -- 北京：法律出版社，2018
(中国政法大学互联网金融法律研究院文库 / 李爱君主编)
ISBN 978-7-5197-2164-0

Ⅰ. ①国… Ⅱ. ①李… ②苏… ③中… ④中… Ⅲ. ①数据保护-规则 Ⅳ. ①TP309.2

中国版本图书馆 CIP 数据核字(2018)第071391号

国际数据保护规则要览 GUOJI SHUJU BAOHU GUIZE YAOLAN	李爱君　苏桂梅 主编	策划编辑 沈小英 责任编辑 沈小英　刘晓萌 装帧设计 马　帅

出版 法律出版社
总发行 中国法律图书有限公司
经销 新华书店
印刷 固安华明印业有限公司
责任校对 马　丽
责任印制 吕亚莉

编辑统筹 财经法治出版分社
开本 720毫米×960毫米 1/16
印张 30.5
字数 567千
版本 2018年4月第1版
印次 2018年4月第1次印刷

法律出版社/北京市丰台区莲花池西里7号(100073)
网址/www.lawpress.com.cn
投稿邮箱/info@lawpress.com.cn
举报维权邮箱/jbwq@lawpress.com.cn
销售热线/010-63939792
咨询电话/010-63939796

中国法律图书有限公司/北京市丰台区莲花池西里7号(100073)
全国各地中法图分、子公司销售电话：
统一销售客服/400-660-6393
第一法律书店/010-63939781/9782　西安分公司/029-85330678　重庆分公司/023-67453036
上海分公司/021-62071639/1636　深圳分公司/0755-83072995

书号：ISBN 978-7-5197-2164-0
定价：110.00元
(如有缺页或倒装，中国法律图书有限公司负责退换)